U0287469

中国科学院 白春礼院士题

论低维并筑器件

致广大而尽精微

白春礼

戊戌 春月

中国科学院科学出版基金资助出版

低维材料与器件丛书

成会明　总主编

低维材料概论

成会明　汤代明　邹小龙　张莉莉　著

科学出版社

北京

内 容 简 介

本书为“低维材料与器件丛书”之一。低维材料是以至少一个方向上为原子到纳米尺度的量子点、纳米晶、纳米线、纳米管、石墨烯、石墨炔及其他二维材料等为基本单元构筑的新兴材料体系，是当前凝聚态物理和材料科学的研究前沿，蕴含着精妙的理论、奇特的结构、独特的性质和能源、信息、健康等领域的广阔应用。本书简要阐述了低维材料的理论基础；介绍了低维材料的结构特点、表征方法，以及自下而上制备与组装和自上而下加工的结构控制策略；考察了低维材料的力学、电学、磁学、热学、化学和光学性质，以及其维度、尺度和耦合效应；系统梳理了低维材料与器件的应用优势、现状和挑战；在总结低维材料科学与应用中已取得巨大成就的基础上，对尚存难题、发展极限和突破方向进行了展望。

本书适于从事低维材料科学研究与开发的科研人员、高等学校相关专业师生以及科研院所和企业专业技术人员参考。

图书在版编目（CIP）数据

低维材料概论 / 成会明等著. —北京：科学出版社，2023.4
（低维材料与器件丛书/成会明总主编）
ISBN 978-7-03-074652-8

Ⅰ. ①低… Ⅱ. ①成… Ⅲ. ①低维物理－纳米材料－概论
Ⅳ. ①TB383

中国国家版本馆 CIP 数据核字（2023）第 013460 号

丛书策划：翁靖一
责任编辑：翁靖一　孙　曼 / 责任校对：杜子昂
责任印制：霍　兵 / 封面设计：东方人华

科 学 出 版 社 出版
北京东黄城根北街 16 号
邮政编码：100717
http://www.sciencep.com

北京九天鸿程印刷有限责任公司 印刷
科学出版社发行　各地新华书店经销
*
2023 年 4 月第　一　版　开本：720×1000　1/16
2023 年11月第二次印刷　印张：16 1/2
字数：310 000

定价：168.00 元

（如有印装质量问题，我社负责调换）

低维材料与器件丛书

编 委 会

总　　序

人类社会的发展水平，多以材料作为主要标志。在我国近年来颁发的《国家创新驱动发展战略纲要》、《国家中长期科学和技术发展规划纲要（2006—2020年）》、《"十三五"国家科技创新规划》和《中国制造2025》中，材料均是重点发展的领域之一。

随着科学技术的不断进步和发展，人们对信息、显示和传感等各类器件的要求越来越高，包括高性能化、小型化、多功能、智能化、节能环保，甚至自驱动、柔性可穿戴、健康全时监/检测等。这些要求对材料和器件提出了巨大的挑战，各种新材料、新器件应运而生。特别是自20世纪80年代以来，科学家们发现和制备出一系列低维材料（如零维的量子点、一维的纳米管和纳米线、二维的石墨烯和石墨炔等新材料），它们具有独特的结构和优异的性质，有望满足未来社会对材料和器件多功能化的要求，因而相关基础研究和应用技术的发展受到了全世界各国政府、学术界、工业界的高度重视。其中富勒烯和石墨烯这两种低维碳材料的发现者还分别获得了1996年诺贝尔化学奖和2010年诺贝尔物理学奖。由此可见，在新材料中，低维材料占据了非常重要的地位，是当前材料科学的研究前沿，也是材料科学、软物质科学、物理、化学、工程等领域的重要交叉领域，其覆盖面广，包含了很多基础科学问题和关键技术问题，尤其在结构上的多样性、加工上的多尺度性、应用上的广泛性等使该领域具有很强的生命力，其研究和应用前景极为广阔。

我国是富勒烯、量子点、碳纳米管、石墨烯、纳米线、二维原子晶体等低维材料研究、生产和应用开发的大国，科研工作者众多，每年在这些领域发表的学术论文和授权专利的数量已经位居世界第一，相关器件应用的研究与开发也方兴未艾。在这种大背景和环境下，及时总结并编撰出版一套高水平、全面、系统地反映低维材料与器件这一国际学科前沿领域的基础科学原理、最新研究进展及未来发展和应用趋势的系列学术著作，对于形成新的完整知识体系，推动我国低维材料与器件的发展，实现优秀科技成果的传承与传播，推动其在新能源、信息、光电、生命健康、环保、航空航天等战略新兴领域的应用开发具有划时代的意义。

为此，我接受科学出版社的邀请，组织活跃在科研第一线的三十多位优秀科学家积极撰写"低维材料与器件丛书"，内容涵盖了量子点、纳米管、纳米线、石墨烯、石墨炔、二维原子晶体、拓扑绝缘体等低维材料的结构、物性及制备方法，并全面探讨了低维材料在信息、光电、传感、生物医用、健康、新能源、环境保护等领域的应用，具有学术水平高、系统性强、涵盖面广、时效性高和引领性强等特点。本套丛书的特色鲜明，不仅全面、系统地总结和归纳了国内外在低维材料与器件领域的优秀科研成果，展示了该领域研究的主流和发展趋势，而且反映了编著者在各自研究领域多年形成的大量原始创新研究成果，将有利于提升我国在这一前沿领域的学术水平和国际地位、创造战略新兴产业，并为我国产业升级、国家核心竞争力提升奠定学科基础。同时，这套丛书的成功出版将使更多的年轻研究人员获取更为系统、更前沿的知识，有利于低维材料与器件领域青年人才的培养。

历经一年半的时间，这套“低维材料与器件丛书”即将问世。在此，我衷心感谢李玉良院士、谢毅院士、俞书宏院士、谢素原院士、张跃院士、康飞宇教授、张锦教授等诸位专家学者积极热心的参与，正是在大家认真负责、无私奉献、齐心协力下才顺利完成了丛书各分册的撰写工作。最后，也要感谢科学出版社各级领导和编辑，特别是翁靖一编辑，为这套丛书的策划和出版所做出的一切努力。

材料科学创造了众多奇迹，并仍然在创造奇迹。相比于常见的基础材料，低维材料是高新技术产业和先进制造业的基础。我衷心地希望更多的科学家、工程师、企业家、研究生投身于低维材料与器件的研究、开发及应用行列，共同推动人类科技文明的进步！

成会明

中国科学院院士，发展中国家科学院院士

中国科学院深圳理工大学（筹）材料科学与工程学院名誉院长

中国科学院深圳先进技术研究院碳中和技术研究所所长

中国科学院金属研究所，沈阳材料科学国家研究中心先进炭材料研究部主任

Energy Storage Materials 主编

SCIENCE CHINA Materials 副主编

前　言

维度在一定程度上体现了人类对世界的认知。远古时代，中国有天圆地方的传说，人类以为自己生活在一个二维平面上；希腊人通过几何测量认识到地球是一个三维球体；牛顿力学描述体系随时间的演化，世界变成三加一维；而爱因斯坦的相对论则告诉我们，时空是四维关联的，随着速度而变换，伴随质量而扭曲。除了时间、空间显性的直观维度外，随着人类认识的深入，还发现自旋等更多隐性、抽象的维度。

20 世纪以来，人类对世界的认识突飞猛进，在多个方向上取得突破性进展。在空间测量方面，激光干涉引力波天文台（LIGO）的精度达到 10^{-18}m，相当于原子核直径的千分之一，于 2015 年探测到黑洞融合产生引力波导致的极微小空间变形。在时间测量方面，处于超低温光栅格中的冷镱原子钟可实现 10^{-18} 精度，相当于从宇宙诞生那一刻开始到现在约 138 亿年中所产生的误差仅为 0.44s。透射电子显微镜和扫描探针显微镜的发明，让我们可以看清、操纵单个原子。作为现代信息社会的基础，微处理器代表了精密制造的极致高度，极紫外光刻机可加工出特征尺寸小于 10nm 的晶体管。

另一方面，自工业革命以来人类文明呈指数发展，但同时也给地球生态环境带来巨大压力。世界人口从 1900 年 16.5 亿增长到 2022 年突破 80 亿，预计 2100 年将超过 100 亿。1960～2022 年，世界生产总值从 1.4 万亿美元增长到 95 万亿美元。世界能源消耗从 1965 年的 43263TW·h 增长到 2021 年的 163709TW·h。大气中的 CO_2 等温室气体浓度近百年来直线上升，突破了过去 80 万年间最高纪录的 300ppm[①] 左右，2022 年达到 421ppm。2019 年《自然》杂志发表评论文章称，全球气候很有可能处于不可逆转的临界点。南极洲冰川、北冰洋海冰、格陵兰岛冰盖的融化，以及亚马孙热带雨林的退化、大西洋环流的变缓、澳大利亚珊瑚礁的大量破坏、西伯利亚冻土中温室气体的释放等都是不可忽视的证据和警示。

如何在空间、能源都有限的地球上延续人类文明并可持续发展，是人类命运共同体面临的挑战。技术革新是解放生产力和解决重大难题的关键，包括以蒸汽机为代表的第一次工业革命，将化石燃料产生的热能转化为机械能；以电力为代表的第二次工业革命，利用发电机与电动机分别发电和用电，电子成为能量载体；

---

① $1\text{ppm} = 10^{-6}$。

以信息技术为代表的第三次工业革命，控制微型器件弱电流信号实现逻辑功能，控制电子自旋实现信息存储，利用光子传输实现信息交换。由此可见，每一次工业革命，都是建立在对物质更深层次、更微妙的理解上。正如1959年费曼的著名演讲所说“小尺度，大作为”。随着晶体管的尺寸按照摩尔定律逼近原子尺度，信息技术以后如何发展？第四次工业革命的材料基础是什么？这是当前科学家，特别是材料学家正在探索的问题。其中一个重要方向是，更深入地探索和利用低维度、小尺度上更精妙的物理原理，利用低维材料独特的结构和优异性质，实现更高效的器件和新的功能，从而解决人类面临的重大挑战。

低维材料体系蕴含的独特物理化学性质从诺贝尔物理学奖和化学奖上就可见一斑。诺贝尔物理学奖涉及二维电子气整数与分数量子霍尔效应（1985年、1998年）、石墨烯二维材料的发现（2010年）、拓扑相与拓扑序（2016年）、高速光电器件半导体异质结（2000年）和发光二极管（LED）的发明（2014年）。诺贝尔化学奖涉及超分子化学（1987年）、零维富勒烯（1996年）、一维聚乙炔导电聚合物（2000年）、分子机器（2016年）和锂离子电池的开发（2019年）。

中国在低维材料领域的研究发展迅速，走在世界前列。过去三十年间，在国家实施的攀登计划、973计划、纳米研究国家重大科学研究计划、量子调控研究国家重大科学研究计划、国家重点研发计划中，纳米科技一直是被重点支持的研究领域。中国纳米相关的论文发表量、ESI全球Top 1%高被引论文数量、Nature Index排名均为世界第一，涌现出一大批具有国际影响力的重要研究成果：清华大学薛其坤团队量子反常霍尔效应的实验发现、中国科学院金属研究所卢柯团队在纳米金属领域的系列发现、北京大学李彦团队和张锦团队制备出手性富集的单壁碳纳米管、中国科学技术大学侯建国团队在化学键水平上探测单分子拉曼光谱、国家纳米科学中心裘晓辉团队利用非接触原子力显微镜（AFM）观测到分子间氢键、中国科学院金属研究所任文才团队发现层状二维$MoSi_2N_4$材料家族等。与基础研究众多成果相对应，低维材料的研究成果也正在逐步走向产业化、商业化和实用化。

本书作者及其研究团队在低维材料领域，特别是在碳纳米管和石墨烯等低维材料的可控制备与物性探索、锂离子电池和超级电容器等电化学能量储存与转化器件、太阳能光电转化材料等方面耕耘多年。在单壁碳纳米管的宏量制备、石墨烯等二维材料的控制制备、三维石墨烯的构筑、高效储能的层次孔材料设计，以及原位电镜生长和测量等方面取得了一系列比较有价值和影响的成果。在多年研究过程中，我们深刻体会到，要产生“0到1”的颠覆性创新成果，充分发挥低维材料的潜力并实现应用，必须回归基础。从基础理论出发，挖掘低维材料中蕴含的深层次规律和优异特性，可控制备低维材料，优化器件设计，才能构建基于新原理的新器件。因此撰写了本书，希望能给在低维材料这一宽广领域中探索的科技工作者一点脉络和启示。本书将按以下结构展开。

第 1 章阐述低维材料的理论基础。重点介绍作为能量和信息载体的电子、光子和声子等粒子的能量形式、分布，输运和转化过程中的对称性，以及维度和限域效应。

第 2 章介绍低维材料的独特结构。在热力学框架内，讨论维度、尺度、对称性、表面能和应变能等因素的影响下，零维幻数稳定性、一维手性螺旋性、二维异质结构等异于块体晶体的结构特征。

第 3 章关注的是低维材料的制备与结构控制。分“自下而上”与“自上而下”两种策略，以低维晶体形核与生长热力学及动力学为基础阐述低维材料的生长，在不同尺度作用力的基础上介绍低维材料层次结构的组装与加工。

第 4 章概述低维材料的结构表征。在实空间、倒空间、能量和动量空间探索低维材料的结构及其与性能的关联；以透射电子显微镜、扫描电子显微镜和扫描探针显微镜为主介绍原子尺度的原位观察、操纵和测量；以及通过谱学表征技术在原子尺度上解析低维材料的成分价态、缺陷结构和界面结构等。

第 5 章考察低维材料的力学、电学、磁学、热学、化学和光学性质，重点突出性质与维度、尺度、形状、界面等结构特征的关联，以及功能器件中各种性质的耦合。

第 6 章介绍低维材料在信息、能源和健康等领域中的应用。从器件工作原理、性能与结构的关系说明低维材料的优势、潜力、应用现状和挑战。

第 7 章总结低维材料的进展、挑战和展望。回顾基础研究中发现的新结构、发明的新技术；审视实际应用中已取得的成果、存在的问题和挑战；提出低维材料研究中仍需解决的难题和设想突破原子极限的未来发展方向。

常言道，最好的学习是写一本书。本书从 2016 年 9 月开始筹划，历经 6 年多终得以完成，收获颇丰，更满怀感激之情。首先感谢科学出版社针对低维材料这个新兴领域组织出版了这套丛书。特别感谢翁靖一编辑，她的专业精神、耐心和执着激励着我们，才使本书最终得以完稿。衷心感谢清华-伯克利深圳学院、中国科学院深圳理工大学（筹）材料科学与工程学院、中国科学院深圳先进技术研究院碳中和技术研究所、中国科学院金属研究所沈阳材料科学国家研究中心先进炭材料研究部的老师和同学在本书撰写过程中的支持和帮助。诚挚感谢众多同事和同行的学术交流与科研素材等方面的支持。低维材料的发展日新月异，请谅解我们有限的知识面和素材选择方面的“偏见”。希望以本书出版为契机与同行进一步交流，请专家和读者提出宝贵意见，我们将择机修改和完善。

作　者

2023年3月1日

目　　录

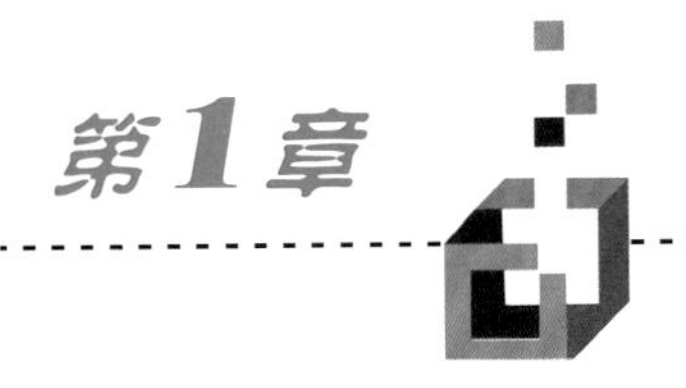

第1章 低维材料的理论基础

低维材料定义为至少在一个维度上尺寸处于纳米尺度的材料，主要包括零维、一维和二维结构，以及以低维结构为基本单元构筑的复合结构、组装体和功能器件。低维材料研究以量子力学为基础，在从原子到宏观尺度的多层次、多耦合的复杂体系中，研究维度与尺度效应，建立结构-物性关联，设计、生长和加工低维材料与结构，构建功能器件，实现其在能源、环境、信息和健康等领域的应用（图 1.1）。

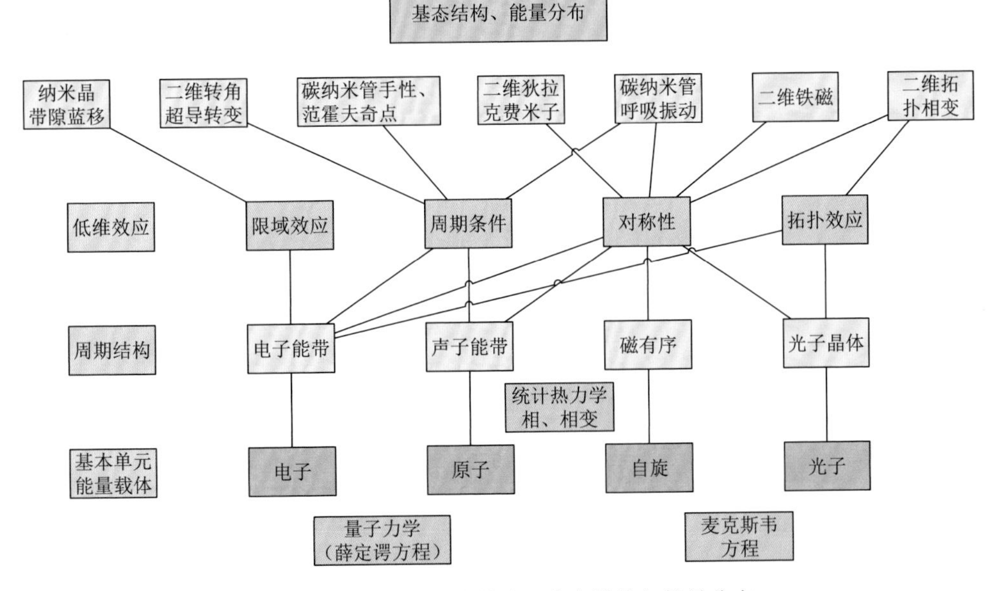

图 1.1　低维材料理论基础：基态结构与能量分布

维度与尺度效应体现在能量的分布形式与输运过程中。决定一个体系是否出现量子效应的特征长度是德布罗意波长，即 $\lambda = h / P = h / \sqrt{2mE}$，与粒子质量 m 成反比。光子是零质量的粒子，其在任何温度和尺度下都会表现出量子波动特性。材料中费米面附近的电子，对应的德布罗意波长为 $\lambda_{\mathrm{F}} = h / \sqrt{2m^{*}E_{\mathrm{F}}}$，与电子有效

质量 m^* 成反比。在金属和半导体中，德布罗意波长通常为纳米尺度。输运行为的特征长度是平均自由程和相位弛豫长度，分别对应粒子散射过程中初始动量信息丢失和相位信息丢失的长度，也在纳米量级。因此低维材料可能表现出分立能级、弹道输运和相干传输等量子效应。

本章将介绍低维材料的理论基础，包括量子力学基础、平衡态的能量分布、非平衡态的能量输运和转化过程。以低维材料为平台，考察其电子、声子和光子等作为能量载体的基本（准）粒子依据量子力学基本理论而发生的相互作用，进而展现与维度和尺度相关的独特性质。从薛定谔方程出发，将从三个方面介绍低维材料的理论基础：①能量形式与分布；②能量如何传递；③能量如何转化。

1.1 量子力学基础

量子力学是决定材料结构、性质和功能的最基本原理，被称为“第一性原理”。本节将以薛定谔方程为起点，介绍从自由电子到低维体系中电子的薛定谔方程求解过程，各自边界条件体现量子化能量的限域作用和维度效应。

1.1.1 薛定谔方程

薛定谔方程描述了量子态及其随时间的演化：

$$\mathrm{i}\hbar\frac{\partial\Psi}{\partial t}=H\Psi$$

其中，Ψ 为体系波函数；i 为虚数单位；$\hbar$ 为约化普朗克常量；$\frac{\partial}{\partial t}$ 为时间微分算符；H 为系统哈密顿量。波函数（Ψ）是体系自由度（空间坐标、时间和自旋等）的一个复函数，需要满足费米子或玻色子所对应的对称性要求。波函数本身不是一个可以被感知或测量的物理量，没有经典物理量的对应关系。由波函数（Ψ）可以计算概率分布，即波函数振幅的平方（$|\Psi|^2$），表示体系在某时刻处于某状态的概率，因此波函数可理解为概率波。如果 Ψ 是方程的解，具有不同相位的 $\Psi\exp(\mathrm{i}\phi)$ 也是方程的解，不会改变其概率分布和系统状态物理量的测量结果。波函数的相位是量子态干涉和量子计算的基础。另外，薛定谔方程是一个线性方程，因此如果 Ψ_1 和 Ψ_2 都是方程的解，其线性组合也是方程的解，这就是量子力学中的态叠加原理、量子干涉等波动效应的来源。

H 是哈密顿量，对应体系能量，体现了系统内以及环境的相互作用。通常哈密顿量包括体系中每个粒子的动能（T）和势能（V），即 $H=T+V$。非相对论条件下，哈密顿量可一般性地表述为 $H=-\frac{\hbar^2}{2m}\nabla^2+V(\vec{r},t)$。不同的量子体系则体现在其势能的不同。电场中的带电粒子具有电势能；磁场中的粒子则要考虑电磁向量势的作用；多粒子体系要考虑粒子之间的库仑相互作用；在含重原子的材料中需要考虑电子自旋-轨道相互作用等。只要体系哈密顿量确定，求解薛定谔方程原则上可以获得该体系所有可获得的信息。实际困难在于，一方面对体系相互作用的准确理解和哈密顿量形式的确定，另一方面随着体系粒子数目的增加，求解方程的复杂度呈指数增加。

材料的稳态性质对应于哈密顿量 H 不显含时的情况。薛定谔方程可以通过变量分离的方法，分成空间与时间两部分，其空间部分为定态薛定谔方程：

$$H\Psi(\vec{r}) = E\Psi(\vec{r})$$

其中，H 为哈密顿量；$\Psi(\vec{r})$ 为多粒子波函数；E 为本征能量。求解后获得的具有本征能量 E 的系统波函数 $\Psi(\vec{r},t)=\Psi(\vec{r})\mathrm{e}^{-\mathrm{i}Et/\hbar}$，称为定态。由于特定的本征能量 E 是常数，其对应的定态物理可观测量期望值也是常数。求解定态薛定谔方程得到的能量本征值及其分布是理解材料物理性质的基础。从分子的能级分布就可分析其光吸收谱的特征；从半导体能带结构可推知其直接或间接带隙，预估其作为光催化半导体的光吸收范围等性质。

材料中非平衡态的能量输运和转化等过程，如结构表征中的粒子散射、半导体器件中的电子输运、光催化半导体材料中的光生载流子或激子动力学等，需要考虑量子态的时间演化，体系状态由含时薛定谔方程决定，即

$$H\Psi(\vec{r},t) = -\frac{\hbar^2}{2m}\nabla^2\Psi(\vec{r},t) + V(\vec{r},t)\Psi(\vec{r},t) = \mathrm{i}\hbar\frac{\partial}{\partial t}\Psi(\vec{r},t)$$

需要注意的是，薛定谔方程不满足洛伦兹变换。相对论条件下，对自旋 $\frac{1}{2}$ 的粒子，对应的是著名的狄拉克方程，其哈密顿量为 $H = c\vec{\alpha}\cdot\vec{p} + mc^2\vec{\beta}$。其中，$4\times4$ 矩阵 $\vec{\alpha}_i = \begin{pmatrix} 0 & \vec{\sigma}_i \\ \vec{\sigma}_i & 0 \end{pmatrix}$；$\vec{\beta} = \begin{pmatrix} \vec{I} & 0 \\ 0 & -\vec{I} \end{pmatrix}$；$\vec{\sigma}_i$ 为泡利矩阵；$\vec{I}$ 为 2×2 的单位矩阵。通常只有速度接近光速的体系才需要考虑相对论效应，而在石墨烯二维体系中，由于其特殊的晶体对称性，电子满足的方程具有零质量费米子狄拉克方程的形式。

1.1.2　量子限域和维度效应

材料的物理化学性质主要由电子结构决定。通过电子间的相互作用形成了不同的化学键，决定了材料的化学性质；化学键结合进一步构成分子和晶体，决定了材料的力学和热学等性质；电子在周期势场中形成能带结构，决定材料的电学性质；电子与光场的相互作用则决定了材料的光学性质。

材料的电子性质可通过求解在不同哈密顿量和边界条件下的薛定谔方程得

到。模型体系包括自由电子、无限深势阱中的电子、原子球对称势阱中的电子和周期势场的晶体电子等。

自由电子的哈密顿量只有动能，没有势能。波函数解为平面波，能量与动量色散关系为 $E=\dfrac{\hbar^2k^2}{2m}$，其中 k 为波矢。金属中近自由电子和半导体中导带底与价带顶电子的色散关系近似保持类似的抛物线形式。

氢原子中的电子在球对称库仑作用势下有解析解，$\Phi(\vec{r})=R_{nl}(r)Y_{lm}(\theta,\phi)$，其中，$r$、$\theta$、$\phi$ 为球坐标系中的径向、极角和方位角坐标；R 为一个随 r 指数衰减的函数；Y 为球谐函数；n 为与能量相关的主量子数；l 与 m 分别为角动量量子数与磁量子数，不同的量子数组合成不同的电子轨道。

低维材料中的电子可用无限深势阱模型描述，在此边界条件下，边界波函数为零，导致的一个重要结果是能量量子化：$E_n=\dfrac{1}{2m}\left(\dfrac{nh}{2d}\right)^2$，与势阱宽度的平方（$d^2$）成反比。低维材料的有限尺度决定了势阱的宽度，这是零维纳米晶、一维碳纳米管、二维材料的带隙与尺寸、直径和厚度关联出现量子限域效应的根本原因［图 1.2（a）］。

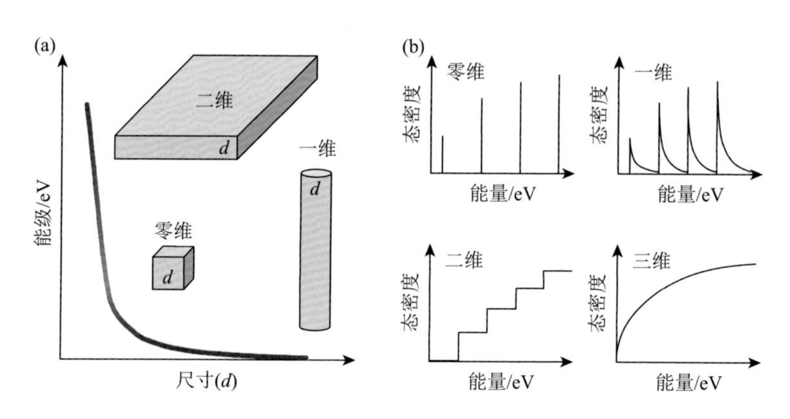

图 1.2 电子结构的量子限域和维度效应：（a）零维、一维和二维等低维材料的特征能级随特征尺寸（d^2）的减小而反比例增大；（b）不同维度体系的态密度示意图，包括零维的分立能级、一维的范霍夫奇点、二维的台阶和三维的抛物线特征

低维材料电子结构与维度的关系体现在近自由电子在不同维度的态密度形式上［图 1.2（b）］。对于自由电子气的态密度，根据其抛物线色散关系，可得三维自由电子气的态密度 $g(E)\propto\sqrt{E}$；二维：$g(E)$～常数，态密度呈台阶状；一维：$g(E)\propto 1/\sqrt{E}$，表现出一系列范霍夫奇点；零维：$g(E)\propto\delta(E)$，能态为分立能级。

1.2 低维体系的能量分布

低维材料的能量载体主要有电子、声子和光子。在晶体周期势场中，粒子哈密顿量具有周期性，其基态波函数的形式由布洛赫定理决定：

$$\Psi(\vec{r}+\vec{R})=\mathrm{e}^{\mathrm{i}\vec{k}\cdot\vec{R}}\Psi(\vec{r})$$

其中，$\vec{R}$ 为晶体实空间的晶格矢；$\vec{k}$ 为晶格波矢。根据布洛赫定理，周期势场中的电子波函数可以写成平面波和周期性波函数的乘积：$\Psi(\vec{r})=\mathrm{e}^{\mathrm{i}\vec{k}\cdot\vec{r}}u(\vec{r})$，$u(\vec{r})$ 满足 $u(\vec{r})=u(\vec{r}+\vec{R})$，称为布洛赫函数。

布洛赫定理适用于薛定谔方程描述的电子在晶体中的运动，是半导体能带理论的基础。布洛赫定理也适用于麦克斯韦方程描述的光子波动方程，在不同折射率的介电材料周期结构中，可形成类似电子能带的光子禁带等特征结构，是光子晶体的理论基础。

1.2.1 电子能带

体系的稳态性质由定态薛定谔方程决定，$H\Psi(\vec{r})=E\Psi(\vec{r})$，哈密顿量为 $H=-\frac{1}{2m}\nabla^2+V_{\text{eff}}(\vec{r})$，多体作用包含在有效势函数 $V_{\text{eff}}(\vec{r})$ 中。如狄拉克预言的那样，材料的物理和化学基本理论与数学方法已经确立，困难在于这些精确理论应用于具体体系的方程太复杂（10^{23} 量级）而难以求解，必须采取近似。

（1）绝热近似：由于电子与原子核的质量的巨大差距，电子与原子核之间的相互作用力对离子运动的影响显著小于电子，而电子可以即时响应离子的运动。电子和原子核运动分离，体系哈密顿量分解成电子与原子核哈密顿量的加和。薛定谔方程变量分离，对应的体系波函数变成电子与原子核波函数的乘积，形成电子与原子核两套方程分别求解。

（2）经典核近似：对原子核与电子运动进行分离后，原子核的薛定谔方程因其高维特性仍求解困难。考虑到原子核波函数相对于键长或原子波函数是非常局域的，原子核的量子效应不明显，可用经典核代替，其运动方程可以通过牛顿方程求解。

（3）电子相互作用近似：在上述近似基础上，体系简化成在固定的原子核位置下的电子薛定谔方程，但方程仍是复杂的多电子问题，需要对电子间相互作用进行近似，包括独立粒子近似（忽略电子之间的库仑相互作用）、Hartree 近似（通过经典方法引入库仑相互作用）、Hartree-Fock 近似（通过 Slater 行列式考虑电子的交换相互作用）和密度泛函理论（近似考虑交换相互作用，基态由电子密度决定）等。

以二维石墨烯和准一维碳纳米管为例，介绍低维材料的能带结构及其维度效应。石墨烯是由碳原子 sp^2 杂化构成的六方晶格结构，其对应的实空间的晶格矢如图 1.3（a）所示，包括两套子晶格。早在 1947 年，Wallace[1]就采用紧束缚方法近似计算获得石墨烯的能带结构，其色散关系可表示为

$$E_{\pm}(\vec{k}) = \pm t\sqrt{3 + f(\vec{k})} - t'f(\vec{k})$$

$$f(\vec{k}) = 2\cos(\sqrt{3}k_y a) + 4\cos\left(\frac{\sqrt{3}}{2}k_y a\right)\cos\left(\frac{3}{2}k_x a\right)$$

其中，t（～2.8eV）和 t'（～0.1eV）分别代表近邻和次近邻作用，正负号分别代表上（反键 π^*）和下（成键 π）能带。在费米面附近，将上述色散关系在倒空间的 K 和 K' 点展开，波矢可以表示成 $\vec{k} = K + q(|q| \ll |K|)$，则

$$E_{\pm}(\vec{k}) \approx \pm v_{\mathrm{F}}|q|$$

其中，v_{F} 为石墨烯的费米速度，在 K 点附近由两条线性能带交叉形成狄拉克锥［图 1.3（b）］。线性色散关系与相对论能量公式 $E^2 = c^2p^2 + m^2c^4$ 对比发现，数学形式上，它对应了零质量（$m = 0$）的狄拉克相对论粒子。

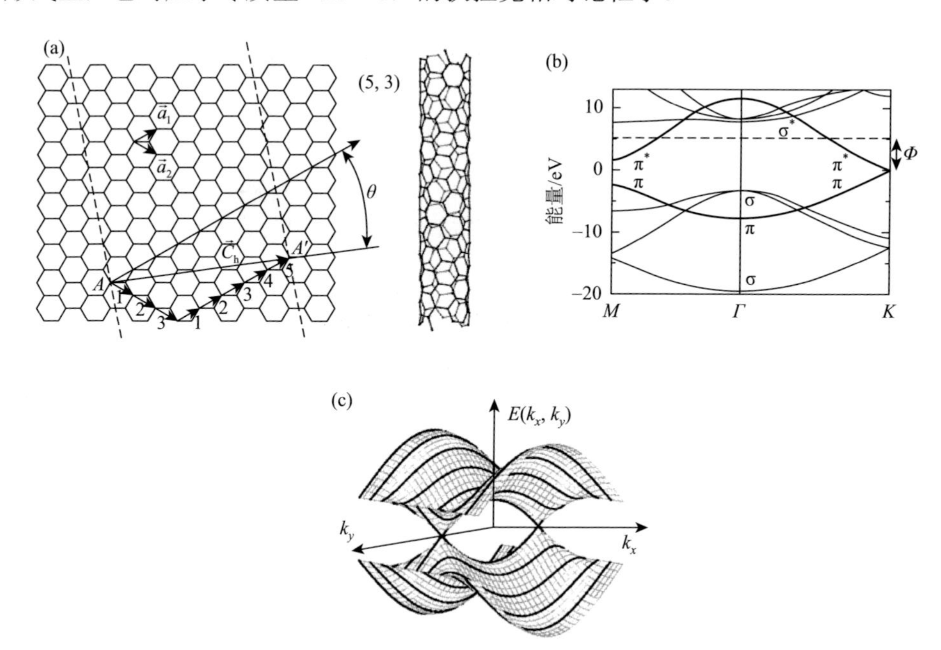

图 1.3 几何边界条件对电子结构的影响：（a）石墨烯和沿 $\vec{C}_\mathrm{h}$ 方向卷曲封闭而成碳纳米管的结构模型；（b）石墨烯的能带结构，在 K 点（即狄拉克点）表现为线性色散关系；（c）碳纳米管的能带结构，由于圆周的周期条件限制呈条状分布[2]

碳纳米管可视为石墨烯卷曲而成的准一维结构，相应地引入圆周方向的周期边界条件［图 1.3（a）］，以及对倒空间矢量 $\vec{k}$ 取值的限制。碳纳米管的能带是由

离散的线切割石墨烯能带所形成［图 1.3（c）］，切割线是否经过 K 点决定其为金属或半导体，其中半导体碳纳米管的带隙与其直径成反比。

1.2.2　晶格声子

绝热近似将电子和原子核运动分离，将原子核运动的晶格振动进行晶格波量子化处理后得到声子模型。声子是热的能量载体，其能量分布、传输与相互作用是热学性质、电子-声子耦合、光子-声子耦合的基础。

原子振动可以用简谐模型描述。振动势能与原子偏离平衡位置的位移 x 呈平方关系：$V(x)=\frac{k}{2}x^2$，其中 k 为弹性常数。其哈密顿量表达式为 $H=\frac{1}{2}p^2+\frac{1}{2}\omega^2x^2$，算符形式：$H\Rightarrow -\frac{\hbar^2}{2}\frac{\partial^2}{\partial x^2}+\frac{1}{2}\omega^2x^2$，定态薛定谔方程有如下形式：

$$-\frac{\hbar^2}{2}\frac{\partial^2\Psi(x)}{\partial x^2}+\frac{1}{2}\omega^2x^2\Psi(x)=E\Psi(x)$$

求解方程得到谐振子能谱分布为 $E_n=\hbar\omega\left(n+\frac{1}{2}\right)$，其中 n 对应了第 n 个本征态。体系的能量是量子化的，能级之差为 $\hbar\omega$。基态能量不等于 0，而是 $\frac{\hbar\omega}{2}$，即零点振动能。

晶格振动的本征态可视为晶体中所有原子的振动线性叠加而成，引入简正坐标，振动本征态可表示为 $Q_\sigma(\vec{q},t)$，其中 $\vec{q}$ 为波矢，σ 代表不同的集体振动模式，对应的哈密顿量为

$$H=\frac{1}{2}\sum_{\vec{q},\sigma}[P_\sigma^*(\vec{q},t)P_\sigma(\vec{q},t)+\omega_\sigma^2(\vec{q})Q_\sigma^*(\vec{q},t)Q_\sigma(\vec{q},t)]$$

其中，P 为 Q 的共轭动量，晶格振动哈密顿量表示为经典谐振子哈密顿量之和，振动能相应也表达为独立谐振子能量的加和：

$$E=\sum_{\vec{q},\sigma}\left(n_{\vec{q},\sigma}+\frac{1}{2}\right)\hbar\omega_{\vec{q},\sigma}$$

其中，σ 的求和总数为体系振动的总自由度 $3N$。这样，晶格振动可用准粒子“声子”来表述：声子是晶格波的量子，每个特定的声子的能量为 $\hbar\omega_{\vec{q},\sigma}$。处于一定温度下，当某种振动处于本征态 $\left(n_{\vec{q},\sigma}+\frac{1}{2}\right)\hbar\omega_{\vec{q},\sigma}$ 时，体系中这一状态上有 $n_{\vec{q},\sigma}$ 个声子被激发。

由前述晶格振动哈密顿量，可得本征值 $\omega_{\vec{q},\sigma}$ 与波矢 $\vec{q}$ 的函数，即声子色散关系。与电子的能带色散关系中每个波矢 $\vec{k}$ 处存在无穷多个电子本征态不同，晶体振动本征态的数目是有限的，由晶体单胞中原子总数 N 决定。声子模式可分为声

学和光学两种类型，3 个声学分支，描述晶胞整体运动的振动模式，其他 3（N–1）个光学分支描述晶胞内原子的相对运动的振动模式。

分子和晶格振动模式由其对称性决定，用分子或晶体对称群描述。低维材料兼具分子与晶体的特性，展现出与三维块体晶体不同的独特振动模式。

以石墨烯和碳纳米管为例，介绍其声子结构和维度效应。二维石墨烯单胞中包括 2 个原子［图 1.3（a）］，其声子谱［图 1.4（a）］中有 6 个声子分支，包括 3 条声学分支（A）和 3 条光学分支（O）；根据其振动方向是平面内（in-plane）和垂直于平面（out-of-plane），可分为 i 型和 o 型两种模式；根据振动方向与[1, 1]方向的关系，可分为纵波（L）与横波（T）两种类型[3]。

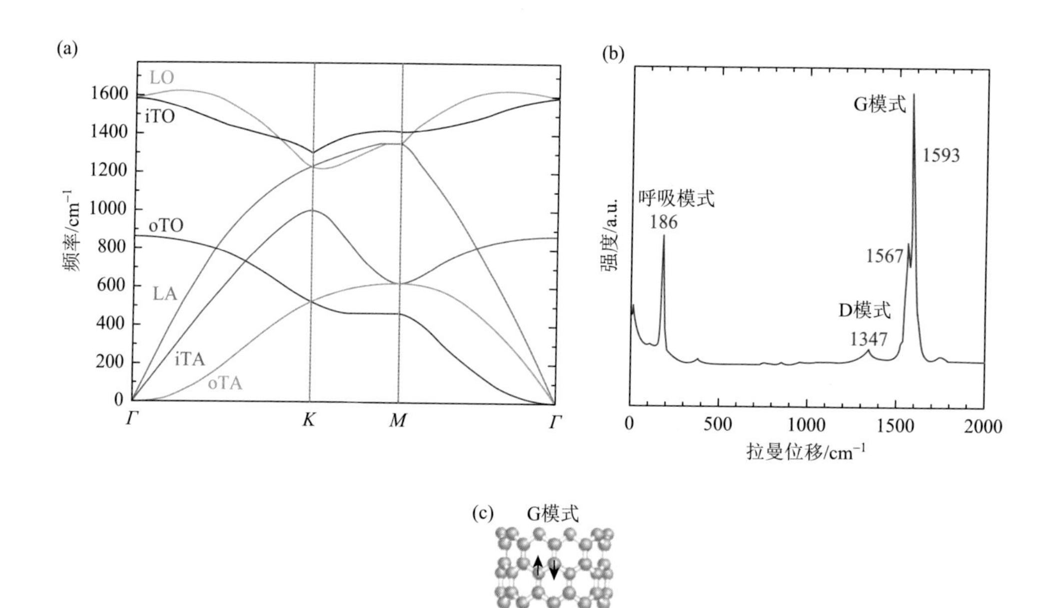

图 1.4　几何对称性对声子结构的影响：（a）二维石墨烯的声子谱，包括声学、光学；面内、垂直；纵波、横波类型分支；（b）准一维碳纳米管的拉曼散射光谱，包括 G、D 模式和特有呼吸模式等特征峰；（c）碳纳米管的层内拉伸振动模式（G 模式）和管状几何构型特有的呼吸模式，在（b）中分别对应 1593cm^{-1} 和 186cm^{-1}[4]

用计算电子能带结构类似的方法，将石墨烯的声子结构折叠可近似获得碳纳米管的声子结构。受到周期条件的限制，碳纳米管的声子能带结构表现为石墨烯声子能带结构的条状切割。受到维度效应的影响，碳纳米管的声子态密度中也具有一维特征的范霍夫奇点[3]。

除了与石墨烯相同的 G 模式与 D 模式，碳纳米管的一维管状结构产生了独特的振动模式，其振动本征态为所有原子同时径向收缩或扩张，称为呼吸模式［图 1.4（b）、（c）］[4]。

1.2.3　光子晶体

除了电子和声子外，另一种能量载体基本粒子是光子。经典物理中辐射场（电磁波，即光）是可视为数目众多且具有不同波矢 $\vec{k}$ 和频率 ω 的单色平面波叠加形成的。引入光子的概念以后，这些单色平面波模式可以和光子一一对应，动量和能量分别为 $\hbar\vec{k}$ 和 $\hbar\omega$。微观粒子按照其自旋为半整数和整数分成费米子和玻色子，分别服从费米-狄拉克分布和玻色-爱因斯坦分布。电子自旋为 1/2，是费米子，其分布受泡利不相容原理的限制。光子和声子是玻色子，数量由体系能量决定。

从波的角度，光和电子有很多对应的现象。电子遵循薛定谔方程，光波用麦克斯韦波动方程描述。电子波函数：$\Psi(\vec{r},t)=\Psi(\vec{r})\mathrm{e}^{(\mathrm{i}E/\hbar)t}$，对应的厄米算子是 $\dfrac{-\hbar^2\nabla^2}{2m}+V(\vec{r})$；电磁波函数：$\vec{H}(\vec{r},t)=\vec{H}(\vec{r})\mathrm{e}^{\mathrm{i}\omega t}$，对应的厄米算子是 $\nabla\times\left(\dfrac{1}{\varepsilon(\vec{r})}\nabla\times\right)$。电子波在周期势场中形成布洛赫波与能带结构；光波在周期介电常数结构中也能形成类似的能带和禁带结构，即光子晶体[5]。

1.2.4　态密度的维度效应

现在我们可以更一般地描述能量色散关系的维度效应。对光子而言，一般为线性色散：$E=ck$，其中，c 为光波速率，k 为波矢。对声子而言，不同的振动模式，表现为不同的色散关系。声学声子是线性色散：$E=vk$，v 为弹性波速率；在石墨烯二维体系中，柔性模式声子具有抛物线色散：$E=vk^2$。对电子而言，最简单的是抛物线关系：$E=\dfrac{(\hbar k)^2}{2m}$，适用于自由电子气和半导体的带边电子。而在石墨烯或拓扑绝缘体的狄拉克点附近，电子满足线性色散关系 $E=v_\mathrm{F}k$。忽略系数因子，将上述色散关系一般性地写成 $E=k^n$。

态密度的一般表达式为：$g(E)=\dfrac{\mathrm{d}N}{\mathrm{d}E}=g(\vec{k})\dfrac{\mathrm{d}\vec{k}}{\mathrm{d}E}$，其中 $g(\vec{k})=\dfrac{\mathrm{d}N}{\mathrm{d}\vec{k}}$，是 $\vec{k}$ 空间的状态密度，与 $\vec{k}$ 空间维度相关；$\dfrac{\mathrm{d}\vec{k}}{\mathrm{d}E}$ 由色散关系给出，也与维度相关：

对三维情况，

$$\frac{\mathrm{d}\vec{k}}{\mathrm{d}E}=\frac{4\pi k^2\mathrm{d}k}{\mathrm{d}E}=\frac{4\pi}{n}E^{(3-n)/n}$$

对二维情况，

$$\frac{\mathrm{d}\vec{k}}{\mathrm{d}E}=\frac{2\pi k\mathrm{d}k}{\mathrm{d}E}=\frac{2\pi}{n}E^{(2-n)/n}$$

对一维情况，

$$\frac{\mathrm{d}\vec{k}}{\mathrm{d}E}=\frac{2\mathrm{d}k}{\mathrm{d}E}=\frac{2}{n}E^{(1-n)/n}$$

1.3 能带拓扑空间

能带不仅给出了能量与动量的关系，本身也构成了一个“能带空间”，具有奇特的拓扑结构。实空间拓扑结构有直观的例子，如实心球和甜甜圈，各有 0 个和 1 个洞，在连续变形时，孔洞的数量是不变的，即拓扑不变量。数学上孔洞数定义为亏格 g，可用高斯曲率 K 的表面积分表示。材料中的拓扑结构包括晶体中的位错、自旋结构中的斯格明子等。能带空间属于倒空间，其拓扑结构与波函数性质和晶体对称性密切相关[6]。

1980 年，von Klitzing 等发现，低温强磁场下，二维电子气出现整数化 N 的霍尔电导 $\sigma_\mathrm{H}=Ne^2/h$，即整数量子霍尔效应[7]。1982 年，Thouless 等将数学中的拓扑概念与电子波函数相位联系在一起，指出整数量子霍尔效应的根源是拓扑不变量（TKNN 理论），表明费米面存在无能隙的受拓扑保护的手性边界态，其数目对应数学中的陈数[8]（陈数是类似于亏格的拓扑不变量，图 1.5）。体系的拓扑特性可由电子波函数的相位特性来表达，不考虑偶然简并情况下，当电子态在 $\vec{k}$ 空间沿回路积分，其波函数 $|u_m(\vec{k})\rangle$ 会得到一个额外的相位，即贝里相位。通过波函数可以定义贝里联络 $\vec{A}_m=\mathrm{i}\langle u_m|\nabla|u_m\rangle$ 及其散度，即贝里曲率 $\vec{B}_m=\nabla\times\vec{A}_m$。陈数即为 $\vec{A}_m$ 的线积分或者 $\vec{B}_m$ 的面积分：$n_m=\frac{1}{2\pi}\int\mathrm{d}^2k\vec{B}_m$。TKNN 理论指出，量子霍尔电导 σ_H 具有和陈数一样的表达式，其整数系数 N 即为求和得到的 n。

石墨烯晶格是一个重要的拓扑模型体系，1988 年 Haldane 基于石墨烯模型提出无外磁场的量子反常霍尔效应[9]。2010 年方忠、戴希和张首晟等提出在 Bi_2Se_3/Bi_2Te_3 体系中通过 Cr、Fe 磁性掺杂可能实现量子反常霍尔效应[10]。2013 年，薛其坤等在 $Cr_{0.15}(Bi_{0.1}Sb_{0.9})_{1.85}Te_3$ 薄膜中成功观测到量子反常霍尔效应[11]。

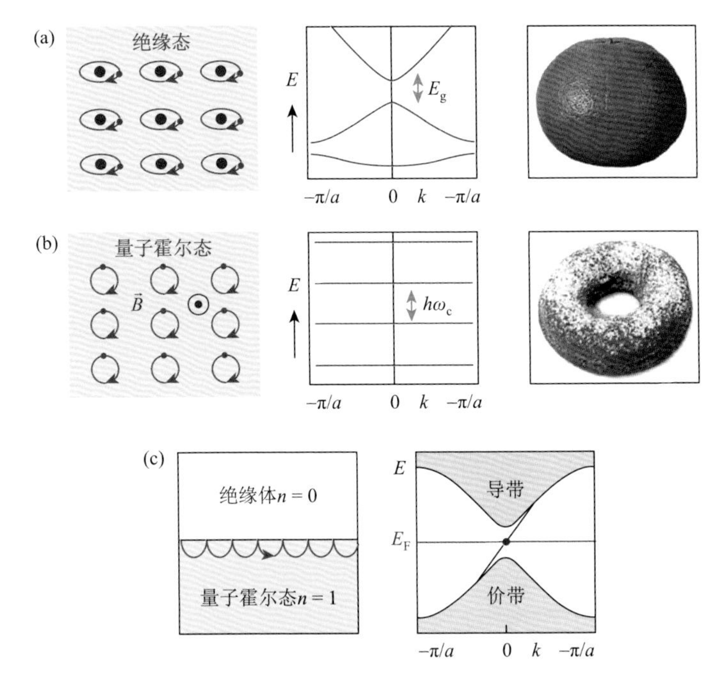

图 1.5　原子绝缘体和拓扑绝缘体：（a）原子绝缘体的电子运动、能带结构和亏格为 0 的实心球拓扑结构示意图；（b）量子霍尔态的电子回旋运动、能带结构与亏格为 1 的甜甜圈拓扑示意图；（c）拓扑相界面的无带隙单向导电通道[12]

受到电子能带拓扑结构的启发，科学家也在探索光子和声学拓扑有序现象。拓扑光子晶体是 Haldane 和 Raghu 于 2008 年提出的[13]，他们发现实现光子晶体里的手性边缘态的关键在于光子超材料中需存在打破时间反演对称性的单向媒介。Wang 等在实验上观察到微波区电磁波的单向传播[14]。

2009 年，Prodan E 和 Prodan C 提出了声学体系的拓扑非平庸模式[15]，相关理论由李保文和张力发等于 2010 年给出[16]。拓扑非平庸的横向和纵向弹性波传播的固态拓扑声子晶体的概念由 Wang 等提出[17]。在具有非平庸的拓扑声子结构中，利用回旋惯性效应来打破时间反演对称性，可实现声子的量子霍尔效应。

1.4　低维热力学

薛定谔方程描述的是一个时间可逆过程，而实际的过程很多都是不可逆的。另外，宏观体系由大量微观粒子构成，准确描述其每一个粒子的状态，几乎是不可能的，事实上也没有必要。一个体系的宏观性质是相应微观量的统计平均，这就是统计力学和热力学研究路径。

统计力学存在两个基本假设：①平衡的孤立系统中，各个微观状态出现的概率是相等的，即等概率原理；②从任一初态出发，在足够长时间后可遍历体系所有可能的微观状态，即各态历经假说。当系统数量足够大时，处于某一宏观态的概率占据绝对优势，其宏观性质稳定。同时，热力学量都在平均值附近涨落，与涨落系统的粒子数相关。对于低维小体系，系统涨落将起到重要作用，可能出现多个局部亚稳态。

热力学自由能由系统能量和熵两部分构成，在不同构型形成能相当的条件下，低维体系中组态熵扮演重要角色。最近的研究表明单壁碳纳米管纳米尺度边界的组态熵可以影响手性单壁碳纳米管的稳定性，解释了实验中观察到的手性单壁碳纳米管的手性分布随温度的关系[18]。

低维热力学的一个重要结果是 Mermin-Wagner 定理[19, 20]，它指出连续长程有序能够存在的最低维度是三维。由于涨落，二维晶格或二维铁磁序等长程有序不能存在。由于衬底的影响和各向异性的作用，具有长程周期结构的二维晶体和二维磁体可以稳定存在，其发现是二维材料的重要进展，将在第 2 章与第 5 章中阐述。

1.5 低维体系的能量输运

平衡态的研究能提供能级与能量分布。在功能器件中，要对不同粒子状态及其携带的信息和能量进行控制利用，则需要考虑非平衡传输过程。本节从粒子和波的传输两个角度来介绍，突出低维体系中小尺度导致的弹道输运和相干传播等效应（图 1.6）。

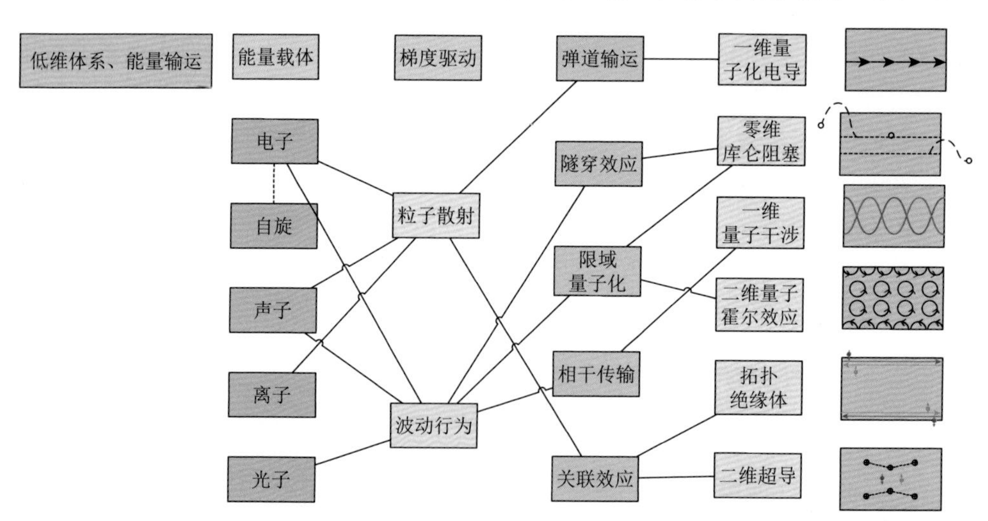

图 1.6 低维体系中能量输运机制：电子、声子和光子等能量载体在梯度驱动力作用下，在不同尺度上表现出粒子或波动行为，在特征尺度内体现出隧穿、量子限域、弹道输运、相干传输和关联等效应，表现为量子化电导、库仑阻塞、量子干涉、量子（反常）霍尔效应、拓扑绝缘体和超导等输运性质

1.5.1　玻尔兹曼方程

玻尔兹曼方程是计算粒子散射输运性质的基本方程：

$$\frac{\partial f(\vec{k},\vec{r},t)}{\partial t}=-\frac{\mathrm{d}\vec{k}}{\mathrm{d}t}\cdot\nabla_k f(\vec{k},\vec{r},t)-\frac{\mathrm{d}\vec{r}}{\mathrm{d}t}\cdot\nabla_r f(\vec{k},\vec{r},t)+\frac{\partial f(\vec{k},\vec{r},t)}{\partial t}\bigg|_{\mathrm{coll}}$$

其中，右边三项分别是 $\vec{k}$ 动量空间、$\vec{r}$ 实空间中以及由碰撞导致的分布函数 f 的变化。以电子为例，一方面电子在电场梯度下做加速运动；另一方面电子通过碰撞恢复平衡分布。求解分布函数 $f(\vec{k})$ 可得单位体积 $\mathrm{d}\vec{k}$ 中的电子数（考虑电子的自旋简并度 2）为 $2f(\vec{k})\mathrm{d}\vec{k}/(2\pi)^3$，对应的电流密度为 $-2ef(\vec{k})\vec{v}(\vec{k})\mathrm{d}\vec{k}/(2\pi)^3$，进而计算电导率等性质。

通过玻尔兹曼方程对各种不同的输运行为进行研究的关键之一在于对碰撞项的处理。常用弛豫时间近似，假设碰撞引起的分布函数对平衡的偏离在弛豫时间 τ 内指数衰减：

$$\frac{\partial f(\vec{k},\vec{r},t)}{\partial t}\bigg|_{\mathrm{coll}}=\frac{f-f_0}{\tau}$$

稳态条件下不考虑空间变化的影响，对应的玻尔兹曼方程为

$$-\frac{\mathrm{d}\vec{k}}{\mathrm{d}t}\cdot\nabla_k f(\vec{k},t)=\frac{f-f_0}{\tau}$$

对分布函数进行幂级数展开推导，可以得到欧姆定律一般表达式：

$$\vec{j}=-2e^2\int\tau\vec{v}(\vec{k})[\vec{v}(\vec{k})\cdot\vec{E}]\frac{\partial f_0}{\partial E}\mathrm{d}\vec{k}/(2\pi)^3$$

以及电导率公式

$$\sigma_{\alpha\beta}=-2e^2\int\tau(\vec{k})v_\alpha(\vec{k})v_\beta(\vec{k})\frac{\partial f_0}{\partial E}\mathrm{d}\vec{k}/(2\pi)^3$$

对各向同性的金属体系，电导率简化为经典电子气公式：

$$\sigma=\frac{ne^2\tau}{m^*}$$

1.5.2　粒子扩散漂移

非平衡传输的一个普遍现象是浓度和外场梯度引起的扩散，不同粒子的扩散与漂移过程具有相似的形式。

粒子扩散：浓度梯度驱动下的扩散满足菲克第一定律：$\vec{J}=-D\nabla n$，其中，$\vec{J}$、

D 和 n 分别为粒子流量、扩散系数和浓度。

热扩散：温度梯度驱动扩散是作为热载体的粒子运动的具体体现，满足傅里叶定律 $\vec{q}_{\mathrm{t}} = -\kappa \dfrac{\mathrm{d}T}{\mathrm{d}x}$，其中，$\vec{q}_{\mathrm{t}}$、$\kappa$ 和 T 分别为热通量密度、热导率和温度。

电子漂移：在电场作用下电子加速与随机散射共同作用下，电子会发生漂移，可用欧姆定律描述：$\vec{J}_{\mathrm{e}} = -\sigma \nabla \varphi = \sigma \vec{E}$，其中，$\vec{J}_{\mathrm{e}}$、$\sigma$、$\varphi$ 和 $\vec{E}$ 分别为电流密度、电导率、电势和电场强度。

离子输运：离子在受到电场力驱动的同时，也受到黏滞摩擦力的作用。电场力为 $\vec{F}_E = ze\vec{E}$，其中，z、e 和 $\vec{E}$ 分别为单个离子的电荷数、基本电荷和电场。黏滞摩擦力 F_f 可由斯托克斯关系得到：$F_f = fv = 6\pi\eta Rv$，其中，η、R 和 v 分别为动力学黏度系数、离子半径和离子相对于液体的运动速率。由力学平衡条件，可得离子迁移率 $\mu_{\mathrm{ion}} = \dfrac{ze}{f} = \dfrac{ze}{6\pi\eta R}$，离子的尺寸越大，迁移率越低。

爱因斯坦关系：扩散和漂移的本质都是粒子的散射输运，因而扩散系数 D、迁移率 μ 等参量都关联在一起，满足爱因斯坦关系：$D = \mu k_{\mathrm{B}} T$。如果是带电粒子的扩散，上式变为 $D = \dfrac{\mu_q k_{\mathrm{B}} T}{q}$，这里 q 为粒子所带的电量。

1.5.3 粒子弹道输运

当系统尺寸小于平均自由程时，粒子发生弹道输运。平均自由程 l 表示两次散射之间粒子运动的平均距离，表达为 $l = v\tau$，其中 v 为粒子的运动速率。对于弹道输运，上一节中的经典散射理论和本构方程不再适用，而是出现量子化电导等效应。

参与电输运的主要是费米面附近的电子，因此平均自由程与费米速度 v_{F} 相关。碳纳米管和石墨烯由于特殊的线性色散关系，具有很高的费米速度（10^6m/s），平均自由程可达到微米水平。2001 年，戴宏杰等在金属钛接触的金属碳纳米管中测量出相当于 $2G_0 = 4\dfrac{e^2}{h}$ 的量子化电导，体现了弹道输运性质；并观测到随着门电压和费米能改变出现电导振荡，体现了波动相干输运特性[21]。

相比于具有常数量子化电导的电子输运，声子输运对应的单位量子化热导与温度成正比。电学测量可以分开调控电子化学势和温度，而热学测量主要控制的是温度单一变量，而且声子平均自由程通常比电子的短很多，因而声子弹道输运的量子化行为的观测更加困难。Schwab 等通过制备氮化硅的纳米结构形成一维波导，在最低能的模式和热浴之间形成良好耦合，在 600mK 以下观察到量子化热导 $G_{\mathrm{th}} = \dfrac{\pi^2 k_{\mathrm{B}}^2 T}{3h}$[22]。

1.5.4 波动相干传播

前面关于散射的讨论主要从类比粒子出发，根据量子波粒二象性，能量载体粒子也具有波的特点，在相干长度内具有波传播特性。

波传播是一个普遍的现象，不同类型的波及其耦合蕴含着丰富的信息。机械波和声子本质上是机械振动，分布在不同的频率范围。与之对照，不同波长的光可分为长波、微波、可见光、X 射线和 γ 射线。声波频率和能量整体比电磁波低，但高频声波在能量上与光子谱交叠，可产生耦合作用。在 GHz 频段，机械振动与微波的共振是量子光力学器件的基础。在 THz 频段的声子与光子相互作用是拉曼光谱、布里渊散射光谱的基础。

粒子的相干输运与其波长密切相关。光子的波长较长，可见光的波长达数百纳米，因此光的相干行为容易观测到。物质中的电子或晶格声子波长较短，在 1～10nm 量级，通常只有在小尺度低维结构和低温下可表现出波动效应。

外村彰等通过单电子发射双缝实验清晰验证了电子的概率波特性和真空中的相干传输[23]。透射电子显微镜利用电子在物质中传播的相干输运，经过晶格的布拉格衍射后不同相位的电子波进一步干涉形成高分辨率照片。在“洁净”的低维体系中，电子的相干输运得到直观呈现。Cheianov 等在栅极调控的石墨烯 p-n 结中观察到了电子干涉行为和聚焦现象[24]，其中费米动量扮演了光学中折射率的角色，在导带中为正，价带中为负，在正负折射率中间的 p-n 结平面则形成一个 Veselago 棱镜。

相比于电子，波长更短的声子相干输运的观察更具挑战性，对纳米结构的表面粗糙度和界面平整度控制有更高的要求。麻省理工学院（MIT）陈刚研究组测量了砷化镓/砷化铝超晶格的热导率，在 30～150K 范围内，热导率随着超晶格周期数的增加而线性增加，体现了相干传输特征[25]。东京大学 Nomura 研究组在硅薄膜上加工出不同大小的微孔阵列，按半径逐渐减小或增大的方式径向排布，观察到声子的聚焦和发散效应[26]。

1.6 低维体系的能量转化

低维功能材料和器件的功能主要是信息、能量和物质的相互转化。这三种转化往往是结合在一起的，物质是信息和能量的载体，作为能量载体的电子、光子等同时也是信息的载体。考虑能量转化器件，包括太阳能电池吸收光转化为电能；发光二极管则是相反的电子-空穴复合发光；电热丝通电将电能转化为热能；热电器件则相反地将温差转化为电能；通过光合作用，将光转化为化学能；而在燃料电池中则是将化学能转变为电能［图 1.7（a）］。

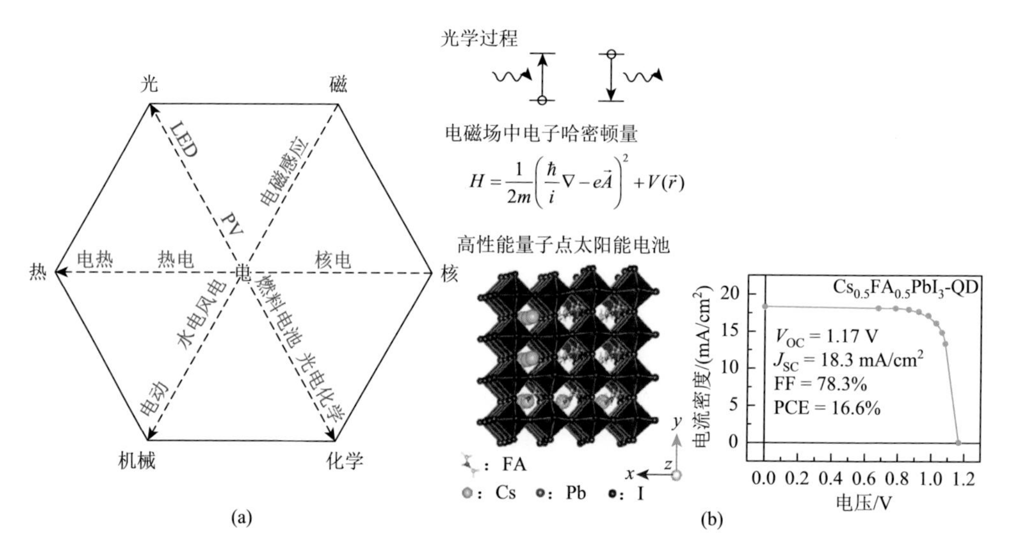

图 1.7　（a）低维材料功能器件中的能量转化；（b）光学过程、电磁场中电子哈密顿量和高性能量子点太阳能电池的设计（FF. 填充因子；PCE. 功率转换效率）[27]

在能量的转化过程中，材料体系与外界环境之间有能量的输入与输出。不仅要考虑单一能量载流子的输运，还要考虑不同载流子之间的耦合作用。不能只考虑载流子的散射问题，在能量转化过程中，载流子可能被激发，也可能被吸收，总数量不再保持恒定。本节以光-电作用为例进行介绍，从光的本质到光-介质作用来介绍光学过程的能量转化以及太阳能电池的设计准则［图 1.7（b）］。

宏观经典理论中，麦克斯韦方程组是光和电磁理论的基本方程，应用到真空条件可获得波动方程：$\nabla^2\vec{E}-\mu_0\varepsilon_0\ddot{\vec{E}}=0$。其平面波解为$\vec{E}(\vec{r},t)=\vec{E}_0\exp[\mathrm{i}(\vec{k}\cdot\vec{r}-\omega t)]$，其波矢和角频率的关系为$\frac{c^2k^2}{\omega^2}=1$。在量子理论中，通过引入矢势$\vec{A}$和标势$\phi$可以写出电磁波的哈密顿量，形式和简谐振子类似：$H=\sum_{\vec{k},s}\hbar\omega_{\vec{k},s}a^\dagger_{\vec{k},s}a_{\vec{k},s}$，下标$\vec{k}$和$s$分别代表电磁波的波矢和极化方向。$\omega_{\vec{k},s}$为对应模式的频率，而$a^\dagger_{\vec{k},s}$和$a_{\vec{k},s}$则分别代表对应模式的产生和湮灭算符。此哈密顿量对应的能量为$E_{\vec{k},s}=\left(n_{\vec{k},s}+\frac{1}{2}\right)\hbar\omega_{\vec{k},s}$，$n_{\vec{k},s}$为非负整数，对应的准粒子即光子。由于其本质也是量子化谐振子，光子的哈密顿量、能量形式等，均与 1.2.2 节中声子的形式一致。

光学过程也可以从宏观和微观两个方面考虑。宏观方面，可以通过复介电函数和复折射率描述反射、折射和透射等过程，对应的规律性表述可以通过考虑不同介质界面的边界连续性条件得到。微观方面，通过描述光与物质的相互作用，可以理解吸收、发射和散射等基本过程。

在介质中无自由电荷、无磁化强度和可忽略的电流密度的条件下，麦克斯韦方程为$\nabla^2\vec{E}-\mu_0\varepsilon_0\varepsilon(\omega)\ddot{\vec{E}}=0$，方程解的表达式与真空中一样，但此时波矢和角频率的关系为$\dfrac{c^2k^2}{\omega^2}=\varepsilon(\omega)$，其中$\varepsilon(\omega)$为介电函数。材料复折射率定义为$\tilde{n}^2=\varepsilon(\omega)$，$\tilde{n}=n+\mathrm{i}\kappa$。假设介质中的电磁波沿 z 方向传播，其电场波函数可以表示为$E=E_0\mathrm{e}^{\mathrm{i}(\omega t-\tilde{n}kz)}=E_0\mathrm{e}^{-\kappa kz}E_0\mathrm{e}^{\mathrm{i}(\omega t-nkz)}$，由此可见复折射率公式中的虚部$\kappa$代表的是光吸收率，而实部$n$则代表普通的折射率。

光与物质的激发过程可用能级模型表示，E_{g} 和 E_{ex} 分别代表基态和激发态能量。当入射光子的能量$\hbar\omega$大于或等于激发态与基态的能量差时，电子可吸收光子能量，从基态跃迁到激发态。处于激发态的电子可自发从激发态跃迁到基态，分成自发辐射复合和自发非辐射复合。处于激发态的电子在入射光子激发下跃迁到基态，并发射出和入射光子状态一样的光子，称受激发射。如果跃迁过程中伴随声子的产生或湮灭，则是拉曼散射或布里渊散射。

光学过程的量子化处理要考虑电子、电磁场及其相互作用的总哈密顿量，可以表示成：$H=H_{\mathrm{el}}+H_{\mathrm{light}}+H_{\mathrm{inter}}$，其中相互作用项可以看成微扰。通过矢势（$\vec{A}$）引入电磁场，单粒子哈密顿量可以写成：$H=\dfrac{1}{2m}\left(\dfrac{\hbar}{i}\nabla-e\vec{A}\right)^2+V(\vec{r})$，其中$V(\vec{r})$为静电势。在库仑规范（$\nabla\cdot\vec{A}=0$）下，作矢势的一阶近似得到：

$$H=\frac{\hbar^2}{2m}\nabla^2+V(\vec{r})-\frac{e}{m}\vec{A}\frac{\hbar}{i}\nabla=H_{\mathrm{el}}-\frac{e}{m}\vec{A}\frac{\hbar}{i}\nabla=H_{\mathrm{el}}+H^{(1)}$$

其中，$H^{(1)}$为一阶微扰哈密顿量。计算从初态 i 到末态 f 之间的跃迁率：$W_{\mathrm{if}}=\dfrac{2\pi}{\hbar}\left|H_{\mathrm{if}}^{(1)}\right|^2D(E)$，其中，$D(E)$为满足动量守恒条件下的终态态密度。$H_{\mathrm{if}}^{(1)}$为跃迁矩阵元，其表达式为$H_{\mathrm{if}}^{(1)}=\int\Psi_{\mathrm{f}}^*(\vec{r})H^{(1)}\Psi_{\mathrm{i}}(\vec{r})\mathrm{d}\tau=\langle\Psi_{\mathrm{f}}|H^{(1)}|\Psi_{\mathrm{i}}\rangle$，跃迁矩阵元的模方为跃迁概率。

计算过程的细节推导在此不详细介绍，计算结果有以下三个重要结论。

（1）吸收过程跃迁率的表达式为$W_{\mathrm{if}}\propto|A_0\langle\Psi_{\mathrm{f}}|H^{(1)}|\Psi_{\mathrm{i}}\rangle|^2D(E_{\mathrm{i}}+\hbar\omega)=A_0^2|H_{\mathrm{if}}^{(1)}|(E_{\mathrm{i}}+\hbar\omega)$，正比于光强的平方$(A_0^2)$，即光子密度。

（2）利用$H^{(1)}$的厄米性和本征波函数之间的正交性可得：$\langle\Psi_{\mathrm{f}}|H^{(1)}|\Psi_{\mathrm{i}}\rangle=\langle\Psi_{\mathrm{i}}|H^{(1)}|\Psi_{\mathrm{f}}\rangle$。受激发射和吸收的跃迁概率是一样的，跃迁率的差别仅在于处于初态 i 和末态 f 的状态数，因而受激产生相干激光的一个前提条件就是激发态与基态数目的反转。

（3）将 $H^{(1)}$ 和波函数代入方程，并对指数部分积分可得 $E_{ex} - E_g - \hbar\omega = 0$，$\hbar\vec{k}_{ex} - \hbar\vec{k}_g - \hbar\vec{k} = 0$，体现光学过程中的能量和动量守恒。

对于光电器件的设计，能量和动量守恒是一个基本的出发点。在太阳能电池中，只有能量大于带隙的光子才会被吸收。半导体带隙越小，可吸收的光子越多。另外，带隙越小，吸收光子产生电子-空穴对的能量也越低。同时考虑最大化利用可见光占主要部分的太阳光谱，理论上单结光伏电池的最佳半导体带隙约 1.3eV。动量守恒则限制半导体的类型，直接带隙半导体的光吸收率远高于间接带隙半导体的光吸收率。在以上基本原理的基础上，昆士兰大学王连洲等采用一系列策略，在钙钛矿 $Cs_{1-x}FA_xPbI_3$ 纳米晶体系中，利用其直接带隙提高光吸收率，通过改变成分获得接近最佳带隙以提高太阳光谱利用率，控制缺陷浓度降低电输运损失，通过尺寸限制相分离以提高结构稳定性，获得了认证效率达到 16.6%的量子点太阳能电池［图 1.7（b）］[27]。

1.7 小结

本章介绍了低维材料的理论基础，从薛定谔方程出发，简要介绍了包括以电子、声子和光子为载体的能量存在形式、色散关系、输运过程和转化机制。从中看到低维体系中量子限域效应产生的能量量子化、小尺度下的弹道输运和相干传播等量子效应；也看到属于不同微观粒子类型的电子、声子和光子在能量分布及输运过程中的相通之处。从光-电作用的量子理论自然引出电子跃迁过程中遵循的能量和动量守恒定理，以及在光电器件设计中的基本原理。在后面的章节中，我们将应用这些基本理论，阐述基本原理如何决定低维材料的性质，指导其结构控制制备；考察维度、尺度等结构特征与低维材料性质的关系，探讨高性能和基于新原理的低维功能器件的设计（图 1.8）。

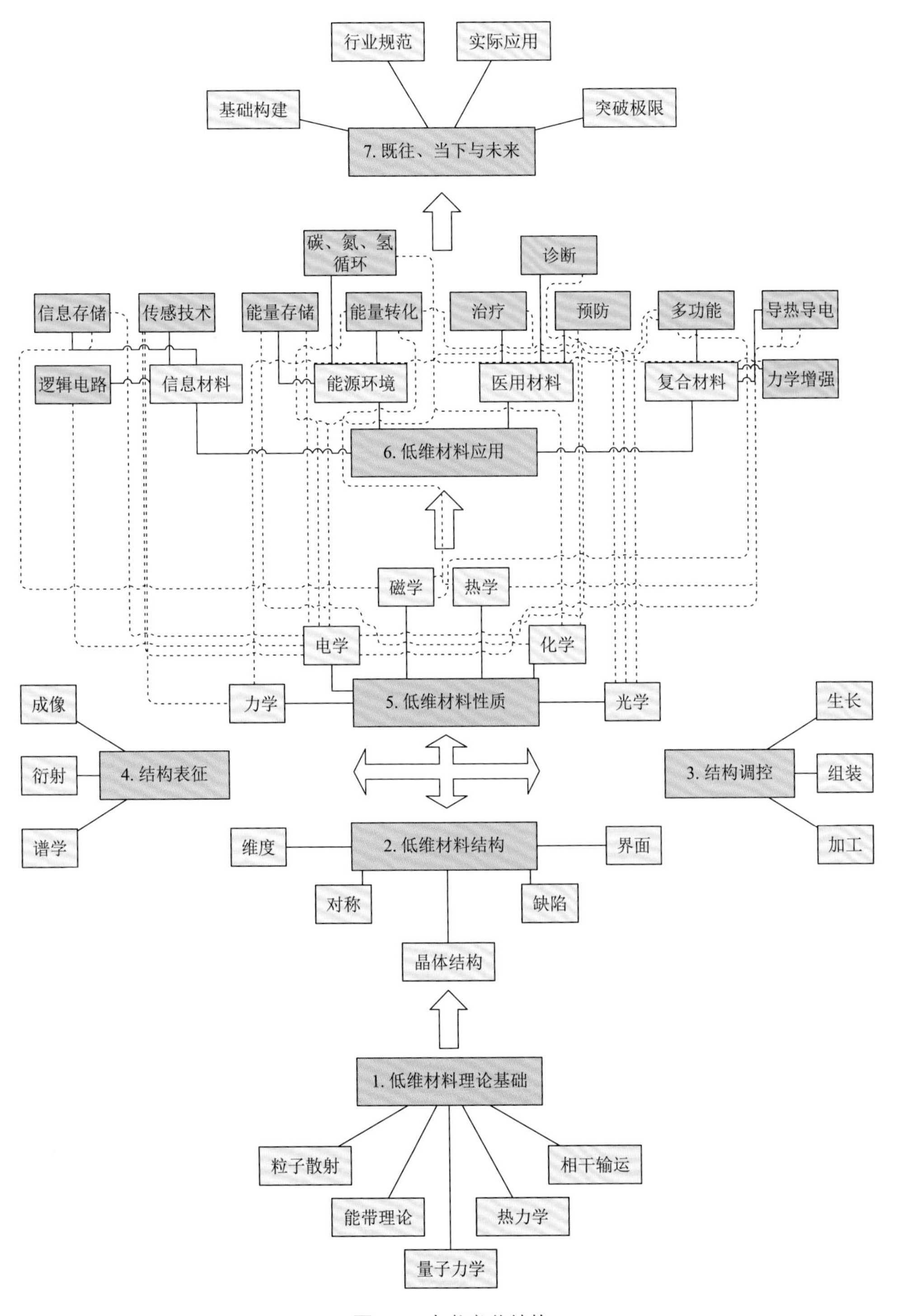
行业规范
实际应用
基础构建
突破极限
7. 既往、当下与未来
碳、氮、氢循环
诊断
信息存储
传感技术
能量存储
能量转化
治疗
预防
多功能
导热导电
逻辑电路
信息材料
能源环境
医用材料
复合材料
力学增强
6. 低维材料应用
磁学
热学
电学
化学
成像
力学
5. 低维材料性质
光学
生长
衍射
4. 结构表征
3. 结构调控
组装
谱学
加工
维度
2. 低维材料结构
界面
对称
缺陷
晶体结构
1. 低维材料理论基础
粒子散射
相干输运
能带理论
热力学
量子力学

图 1.8　本书章节结构

参考文献

[1] Wallace P R. The band theory of graphite. Physical Review，1947，71（9）：622-634.

[2] Charlier J C，Blase X，Roche S. Electronic and transport properties of nanotubes. Reviews of Modern Physics，2007，79（2）：677-732.

[3] Jorio A，Dresselhaus M，Saito R，et al. Raman Spectroscopy in Graphene Related Systems. Weinheim：Wiley-VCH，2011：73-101.

[4] Dresselhaus M S，Jorio A，Saito R. Characterizing graphene，graphite，and carbon nanotubes by Raman spectroscopy. Annual Review of Condensed Matter Physics，2010，1（1）：89-108.

[5] Yablonovitch E. Inhibited spontaneous emission in solid-state physics and electronics. Physical Review Letters，1987，58（20）：2059-2062.

[6] Chen X，Gu Z C，Liu Z X，et al. Symmetry protected topological orders and the group cohomology of their symmetry group. Physical Review B，2013，87（15）：155114.

[7] von Klitzing K，Dorda G，Pepper M. New method for high-accuracy determination of the fine-structure constant based on quantized Hall resistance. Physical Review Letters，1980，45（6）：494-497.

[8] Thouless D J，Kohmoto M，Nightingale M P，et al. Quantized Hall conductance in a two-dimensional periodic potential. Physical Review Letters，1982，49（6）：405-408.

[9] Haldane F D M. Model for a quantum hall effect without landau levels：condensed-matter realization of the "parity anomaly". Physical Review Letters，1988，61（18）：2015-2018.

[10] Yu R，Zhang W，Zhang H J，et al. Quantized anomalous Hall effect in magnetic topological insulators. Science，2010，329（5987）：61-64.

[11] Chang C Z，Zhang J S，Feng X，et al. Experimental observation of the quantum anomalous Hall effect in a magnetic topological insulator. Science，2013，340（6129）：167-170.

[12] Hasan M Z，Kane C L. Colloquium：topological insulators. Reviews of Modern Physics，2010，82（4）：3045-3067.

[13] Haldane F D M，Raghu S. Possible realization of directional optical waveguides in photonic crystals with broken time-reversal symmetry. Physical Review Letters，2008，100（1）：013904.

[14] Wang Z，Chong Y，Joannopoulos J D，et al. Observation of unidirectional backscattering-immune topological electromagnetic states. Nature，2009，461（7265）：772-775.

[15] Prodan E，Prodan C. Topological phonon modes and their role in dynamic instability of microtubules. Physical Review Letters，2009，103（24）：248101.

[16] Zhang L F，Ren J，Wang J S，et al. Topological nature of the phonon Hall effect. Physical Review Letters，2010，105（22）：225901.

[17] Wang P，Lu L，Bertoldi K. Topological phononic crystals with one-way elastic edge waves. Physical Review Letters，2015，115（10）：104302.

[18] Magnin Y，Amara H，Ducastelle F，et al. Entropy-driven stability of chiral single-walled carbon nanotubes. Science，2018，362（6411）：212-215.

[19] Mermin N D，Wagner H. Absence of ferromagnetism or antiferromagnetism in one- or two-dimensional isotropic Heisenberg models. Physical Review Letters，1966，17（22）：1133-1136.

[20] Hohenberg P C. Existence of long-range order in one and two dimensions. Physical Review，1967，158（2）：383-386.

[21] Kong J，Yenilmez E，Tombler T W，et al. Quantum interference and ballistic transmission in nanotube electron

waveguides. Physical Review Letters，2001，87（10）：106801.
[22] Schwab K，Henriksen E A，Worlock J M，et al. Measurement of the quantum of thermal conductance. Nature，2000，404（6781）：974-977.
[23] Tonomura A，Endo J，Matsuda T，et al. Demonstration of single-electron buildup of an interference pattern. American Journal of Physics，1989，57（2）：117-120.
[24] Cheianov V V，Fal’ko V，Altshuler B L. The focusing of electron flow and a Veselago lens in graphene p-n junctions. Science，2007，315（5816）：1252-1255.
[25] Luckyanova M N，Garg J，Esfarjani K，et al. Coherent phonon heat conduction in superlattices. Science，2012，338（6109）：936-939.
[26] Anufriev R，Ramiere A，Maire J，et al. Heat guiding and focusing using ballistic phonon transport in phononic nanostructures. Nature Communications，2017，8（1）：15505.
[27] Hao M，Bai Y，Zeiske S，et al. Ligand-assisted cation-exchange engineering for high-efficiency colloidal $Cs_{1-x}FA_xPbI_3$ quantum dot solar cells with reduced phase segregation. Nature Energy，2020，5（1）：79-88.

第2章 低维材料的独特结构

结构决定性质，低维材料的优异物理化学性质与其低维度和纳米尺度的独特结构密不可分。低维材料领域的开创性突破往往源自新型结构的发现，如零维富勒烯[1]、一维碳纳米管[2]和二维石墨烯[3]。材料结构是在分子、团簇、晶格、相、晶界、表面和组装体的不同层次上，由热力学、动力学和环境共同作用形成的对称性、周期性及缺陷等特征（图 2.1）。本章将阐述这些基本原理在低维度体系中的体现，考察决定低维材料结构的因素，进而关联其物理化学性质。

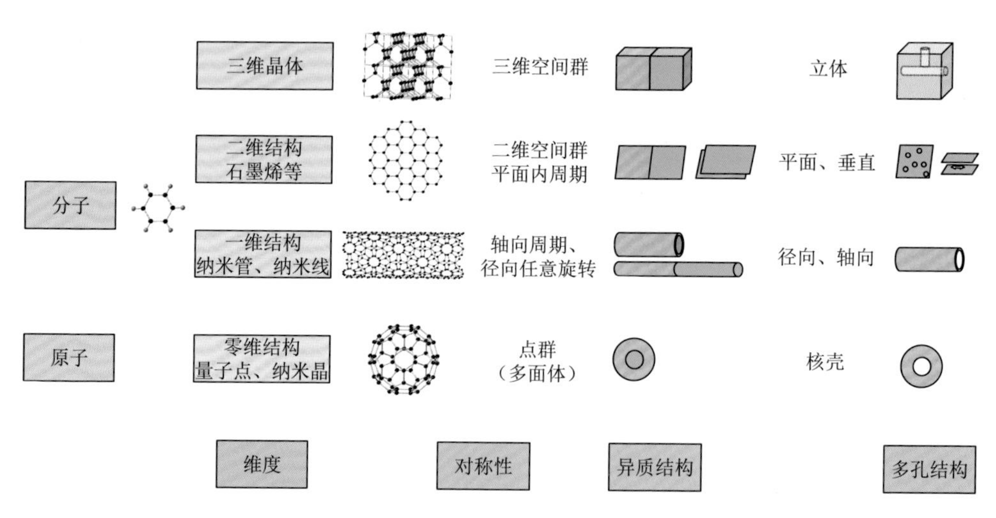

图 2.1　低维材料结构：以原子和分子为基本单元构成零维、一维和二维等低维结构以及三维晶体，体现维度相关的对称性特点和限制；在均质结构的基础上，不同组分构成异质结构，“虚实”空间构成多孔结构

能量最低原理是决定物质基态和材料结构的基本物理原理。电子按照洪德定则排列，形成原子的电子结构，组成元素周期表。原子遵循电子轨道杂化理论形成化学键构成分子，其对称性由点群描述，取决于电子轨道对称性。例如，甲烷分子中四个碳-氢 σ 键形成对称的四面体结构，而苯分子中碳原子由三个 σ

键形成对称的 120°平面结构。大量原子通过化学键结合，形成凝聚态物质，结晶成周期性排列的晶体，其具有平移对称性，由空间群描述。晶体结构类型与化学键性质密切相关。金属原子通过离域电子形成金属键，非金属元素通过共用电子对形成共价键，金属与非金属原子通过电荷转移形成离子键。金属键无方向性、无饱和度，倾向于形成紧密堆垛的面心立方、密排六方和体心立方等晶体结构。共价键具有方向性与饱和性特点，其晶体结构对称性与分子单元构型基本一致。sp^2 杂化的石墨具有平面六方结构，sp^3 杂化的金刚石保留四面体构型。

低维材料结构介于分子与块体晶体之间，有一个或多个维度处于纳米尺度，不同方向上受到不同的对称性和周期性限制，由此而产生丰富、新奇的结构。理想晶体是无穷大的周期结构，而实际材料不可避免具有表面，从而破坏平移对称性。低维材料由于表面原子的高比例，表面能起到更为重要的作用。对于一定体积，球形具有最小表面积。晶体结构中，密排面具有较小表面能。表面能和悬键结合能促使低维材料形成由密排面构成的近球形结构，但与晶体结构各向异性不兼容，由此产生晶格畸变弹性能，成为决定材料结构的另一种能量（图 2.2）。表面能与面积成正比，与特征尺寸为平方关系；而弹性能则与体积成正比，与特征尺寸为立方关系。二者的竞争关系在不同尺度下表现出不一样的特点，尺寸越小，表面原子比例越高，表面能越占主导。

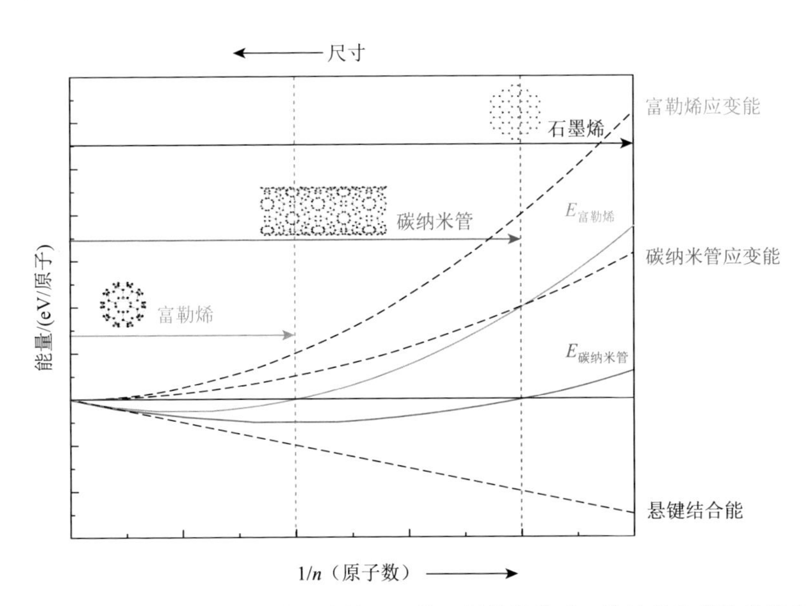

图 2.2 尺寸相关的低维碳材料结构稳定性：二维石墨烯卷曲成一维管状的碳纳米管和零维球形富勒烯，需要克服弯曲应变能，同时通过减少悬键结合能而降低体系能量，这两种与尺寸相关的能量竞争，决定了富勒烯和碳纳米管稳定性的临界尺寸

材料处于一定环境中，不同温度、压力条件下材料具有不同的相结构。相平衡与转化属于化学热力学范畴，其中一个基本假设是体系趋近无穷大，而统计起伏与体系大小的平方根成反比。因而与块体材料相比，低维材料中会出现更为丰富的结构。这是低维材料很多奇特物理化学性质的结构根源，同时对材料的结构控制提出了更大的挑战。

实际材料中不可避免存在缺陷，事实上正是各种偏离完美晶体结构的缺陷形成了材料的“个性”和功能。对缺陷、界面结构的调控是材料科学的精髓。本章在单个低维结构的基础上也将介绍低维材料中的缺陷和界面结构。

2.1 零维结构

零维结构三个维度方向上都是纳米尺度，如果按照 1～10nm 尺寸估算，原子数在 10^2～10^5 个之间，大于小分子，远远小于宏观固体。与分子相比，零维材料在原子势作用下倾向于形成长程有序的周期结构；与固体相比，零维材料表面原子比例高，表面能占主导。晶体内聚能、表面能和晶格畸变弹性能等能量在小尺度上的竞争，在一定的几何、拓扑和对称性框架内，决定了零维材料的结构。以下将介绍零维材料的经典范例：金属键结合的金属团簇与纳米晶、离子键结合的半导体纳米晶和共价键结合的富勒烯，以及各自的结构特点，包括金属团簇的幻数稳定性、半导体纳米晶的晶面与形状和 C_{60} 的正二十面体对称性等。

2.1.1 团簇的幻数稳定性

金属纳米颗粒可以追溯到 19 世纪法拉第关于金胶体的经典工作，他描述了这一体系的丁铎尔现象，推测其中含有当时显微镜不可分辨的极小颗粒。150 多年后，这一胶体体系仍然保持稳定[4]。Turkevich 等用透射电子显微镜进行表征，发现主要是 2～6nm 尺寸的纳米晶[5]。

20 世纪 80 年代，科学家发现当数十到数百个金属原子构成团簇时，某些特定的原子数量表现出高稳定性，体现在质谱中相应峰位的突出强度，如 8、20、40 和 58 等[6]。这些结构稳定幻数的分布规律，与元素周期表中电子排列方式有类似之处。金属键的特点是电子离域化，正离子则可看成一个均匀的平均势场，因而一个金属团簇可以看作一个果冻模型的超原子结构。在这一模型中，采用单电子近似，考虑正离子构成的平均势场：$U(r)=-\dfrac{U_0}{e^{(r-r_0)/\varepsilon}+1}$，其中，$U_0$ 为费米面能量与功函数能量之和，r_0 为颗粒有效大小，ε 为一个调节势垒梯度的参量。通过求解这一势场下的薛定谔方程，可以得到与原子中电子排列类似的规律和核壳结构。与原子的电子费米子排列不一样，其主量子数 n 与角动量量子数 l 没有限制关系。因而根据能量高低的排列，在金属团簇中可以出现 1s、1p、1d、2s、1f、2p 和 1g 等壳层，对应 2、8、18、20、34、40 和 58 等电子数[7]。简单金属中，考虑每一个原子贡献一个价电子，这就能解释金属团簇中出现的幻数稳定性现象。

当原子数增加到数百、数千时，金属纳米颗粒表现出另一种幻数稳定性规律。如前所述，表面能对纳米尺度下的颗粒结构有很大的影响，而表面台阶处配位数较低，导致表面能提高。当金属形成特定晶面构成多面体时，每一个封闭结构将对应一个稳定的构型[8]。不同金属根据其晶体结构的对称性，倾向于构成不同构型的多面体。金属的原子数（n）与几何核壳的层数（K）表现出多面体对应的幻数排列规律：立方体：$n=K^3$；正四面体：$n=\frac{1}{6}K^3+\frac{1}{2}K^2+\frac{1}{3}K$；正八面体：$n=\frac{2}{3}K^3+\frac{1}{3}K$；正十面体：$n=\frac{5}{6}K^3+\frac{1}{6}K$；正二十面体：$n=\frac{10}{3}K^3-5K^2+\frac{11}{3}K-1$。

2.1.2　纳米晶的晶面与形状

纳米晶的形状由表面能主导，体现为 Wulff 法则：$\frac{\gamma_{hkl}}{R_{hkl}}=$常数，其中，$\gamma$ 为表面能，hkl 为晶面指数，R 为 hkl 对应方向半径，即面心到体心的垂直距离。以面心立方（FCC）金属为例，密排面为（111）面，根据（111）面与（001）面表面能的比值，FCC 金属颗粒应具有截角正八面体的构型。如果由（111）面构成多面体所有表面，形成正十面体或者正二十面体，则表面能进一步降低。但是这样的构型将引入五重对称中心，引起约 5%的晶格畸变[9]。晶格畸变弹性能与颗粒体积成正比，纳米晶由于其小体积能够容纳更高的应力与应变能。因而在尺寸较小的条件下，从（001）面转变为（111）面所带来的表面能降低能够克服应变能。Koga 和 Li 等发现金纳米晶在极小尺寸形成正二十面体结构，随着尺寸增大向十面体结构转变[10, 11]。

半导体纳米晶成键方式与金属的不同，体现出不一样的结构特点。半导体纳米晶主要由带极性的离子键和部分共价键结合。不同晶面暴露出不同密度的不饱和悬键，具有不一样的表面能与化学反应活性。通常条件下，半导体纳米晶的表面由热力学稳定和表面能低的表面构成。在金红石相二氧化钛纳米晶中，（101）面在 Wulff 构造晶体结构中占据 94%的表面，但具有更高反应活性的是（001）面。逯高清团队通过对二氧化钛晶体不同表面与不同吸附元素的表面能进行系统计算对比，发现氟原子能够使（101）与（001）面的相对稳定性反转，从而获得（001）占优的截角八面体形状二氧化钛单晶（图 2.3）[12, 13]。Menzel 等通过提高氟含量进一步提高了（001）面的比例，得到接近纳米片的形状[14]。彭笑刚等利用离子晶体不同表面阴阳离子密度的差异，控制 CdSe 量子点的形状[15]。CdSe 两个端面（$00\bar{1}$）与（001）分别为 Cd^{2+}和 Se^{2-}交错终结面，在侧面则阴阳离子均匀分布。（001）面的 Cd^{2+}上有一个悬键，容易被磷酸根离子吸附钝化，而（$00\bar{1}$）面的 Cd^{2+}上有三个悬键，不能被完全钝化，导致各向异性生长，可控获得不同长径比的纳米晶结构。

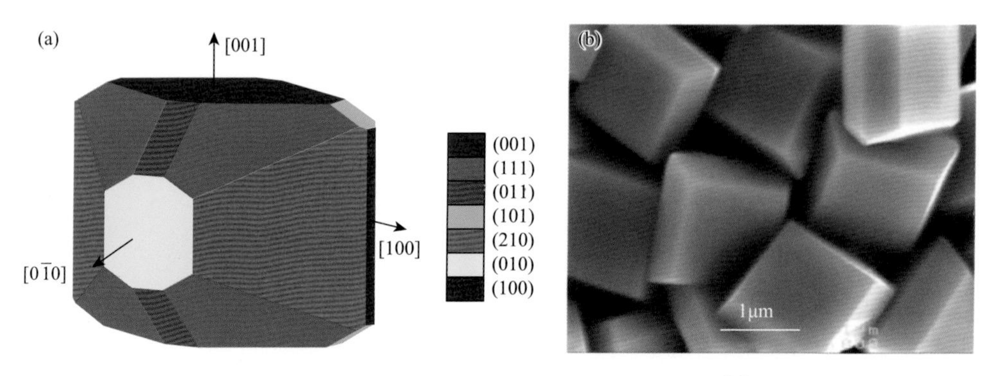

图 2.3 纳米晶的晶面与形状：（a）TiO_2 晶体的 Wulff 平衡构型[16]；（b）（001）面占优的 TiO_2 晶体[12]

2.1.3 最完美的分子 C_{60}

C_{60} 的发现源于 Kroto 对星际空间中长链碳分子的兴趣[17]。1985 年他与莱斯大学的 Curl 和 Smalley 合作，利用高强度激光轰击石墨模拟星际空间的高能等离子体状态，研究碳链分子的形成过程。他们通过气相质谱检测到了由几十个原子构成的碳团簇，出乎意料的是，对应 60 个碳原子的峰强度异常高，体现出 C_{60} 不同寻常的结构稳定性[1]。普通的碳同质异构体，sp^3 杂化的金刚石构型的表面和 sp^2 杂化石墨片层的边缘，都有未配对的孤对电子，不能解释出现在特定原子数上的高稳定性。通过引入五元环，他们发现可以实现石墨片层的弯曲和闭合，通过 sp^2 杂化形成 σ 键，构成封闭的具有正二十面体对称性足球状分子。在构建模型的过程中得到建筑师巴克敏斯特·富勒（Buckminster Fuller）设计的球形屋顶的启示，所以将 C_{60} 取名为富勒烯。1990 年 Huffman 等采用电弧法获得较大量的样品，通过提纯得到以 C_{60} 为结构单元的单晶。X 射线衍射显示其为面心立方结构；红外吸收光谱探测到了四个特征分子振动模式[18]；核磁共振谱中观察到单一峰位；表征结果与 C_{60} 的截角正二十面体结构模型相一致[19]。由于 C_{60} 的发现，Curl、Kroto 和 Smalley 被授予 1996 年诺贝尔化学奖[17, 20]。

C_{60} 分子包括 60 个碳原子，处于截角正二十面体结构的顶点处，构成 12 个不相邻的正五边形，20 个相接的正六边形。多面体的拓扑结构遵循欧拉定理：$f+v=e+2$，其中，f、v、e 分别为面、顶点和边的数量。对于任意原子数组成的富勒烯分子，考虑正六边形（h）与正五边形（p），则有如下关系：$f=h+p$；$2e=5p+6h$；$3v=5p+6h$。可推得：不管由多少个碳原子构成，p 总是 12，一个多面体需要 12 个正五边形才能形成封闭结构，而正六边形的数量 h 可以是任意的偶数。

C_{60} 的稳定性与其原子排列几何构型和电子排列方式密切关联。五元环相邻会导致局部应力集中，12 个不相邻的正五边形所构成的最小分子就是 C_{60}。在 C_{60} 中，所有的碳原子都处于相同的环境中，以 sp^2 杂化方式与三个相邻碳原子成键，没有悬键，因而结构稳定。

C_{60} 结构属于 I_h 对称群，包括六个五次旋转对称轴，穿过 12 个正五边形的中心；10 个三次旋转对称轴，穿过 20 个正六边形的中心；15 个二次旋转对称轴，连接 30 个正六边形交界中心；共计 120 个对称操作，在所有已知分子中具有最高的对称度，被称为最完美的分子[17]。正二十面体是被称为柏拉图实体的五种正多面体之一，在希腊哲学中具有重要地位。欧几里得《几何原本》中有一卷专门讨论了这一类几何体的属性。文艺复兴时期，正二十面体作为代表性构型出现在达 • 芬奇画作和《神圣比例》一书中。到了现代，正二十面体对称性更成为足球的经典造型，融入大众文化中。由此可见对于和谐、对称和美的欣赏与追求，是人类永恒的主题（图 2.4）。

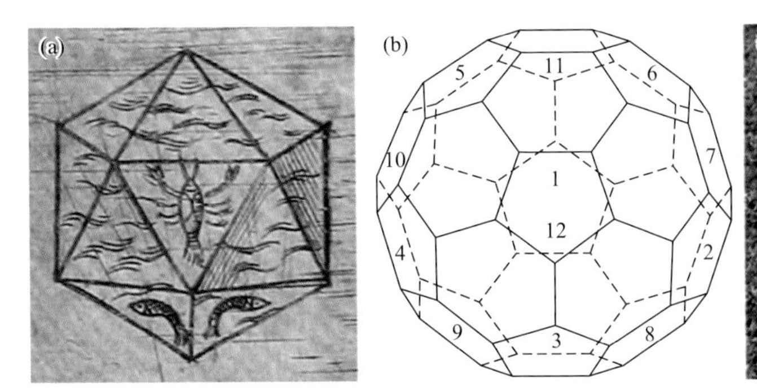

图 2.4　正二十面体：（a）柏拉图实体；（b）C_{60} 分子结构[21]；（c）现代足球

2.2　一维结构

一维晶体在长度方向上为宏观尺寸，满足平移对称性；横向为纳米尺度，受到量子限域效应，具有很强的各向异性。本节将分别举例说明，截面尺寸为原子尺度的聚乙炔，1nm 尺度的单壁碳纳米管和超细金属纳米线，10nm 尺度的半导体纳米线，以及由电子结构、电子相互作用、原子几何配位和表面能与应变能的竞争所产生的独特结构。

2.2.1 聚乙炔：极限一维结构

一维材料的极限结构是单原子构成的无限长链，如果能够稳定存在，将具有线性 $C_{\infty v}$ 对称性，即在轴向的无限旋转对称与垂直轴向的镜面对称。然而这种单原子链结构往往不稳定，质谱分析和原位透射电镜观察发现碳原子在特定条件下可能形成约 30 个原子的链状结构[22, 23]。

聚乙炔是以碳原子链为骨架所构成的长链碳氢分子结构，是可以稳定存在的极限一维材料。聚乙炔中的碳原子的三个价电子通过 sp^2 杂化与相邻碳原子以及一个氢原子形成 σ 键，另一个价电子则形成 π 键。聚乙炔的能带结构，由于每个碳原子贡献一个价电子，是半填充状态。未填满能带通常呈金属性，然而聚乙炔是一个带隙约 1.5eV 的半导体。早在 20 世纪 30 年代，Mott 与 Peierls 就对一维结构进行了研究，发现这种链状分子会自发形成二聚体结构。正空间的周期变成原来的两倍，而相应地在 $\vec{k}$ 空间的 $ka = \pm\pi/2$ 处形成带隙，称为“Peierls 相变”[24]。这一结构转变被 Fincher 等用 X 射线衍射实验所验证，发现对称性破缺导致的畸变约为 0.03Å[25]。1977 年日本科学家白川英树获得了结晶态聚乙炔材料，与美国科学家 Alan Heeger 和 Alan MacDiarmid 合作，发现 Br 掺杂后电导率可以提升 10^7 倍，甚至接近银的电导率[26]。三位科学家因为开创导电聚合物这一领域而分享了 2000 年诺贝尔化学奖[27, 28]。

2.2.2 碳纳米管的手性

聚乙炔具有一维分子构型，但一般以薄膜聚集形式存在。碳纳米管是一种 sp^2 杂化碳原子构成的中空管状结构，是一种能以个体单独稳定存在的准一维结构[2]。1991 年日本科学家 Iijima 用高分辨透射电子显微镜与电子衍射方法发现了碳纳米管及其独特的螺旋结构[2]。Dresselhaus 等应用群论方法对单壁碳纳米管的对称性进行了理论研究，并对其电学、晶格振动等性质做了理论预测[29, 30]。

碳纳米管的结构与富勒烯有密切关系，C_{70} 可以看成将 C_{60} 赤道面切开插入一层 sp^2 结合的 10 个碳原子所形成。可以想象，如果这一过程重复一万次，则可以形成直径约 0.7nm，长度是微米量级的碳纳米管构型（C_{100060}）。从零维体系演变成一维体系，边界条件从三维方向的量子限域，转变成轴向平移对称与径向周期边界，会呈现新的结构特点与理化性质。

系统的能量决定材料的稳定性，碳纳米管的结构稳定性与边缘悬键封闭及弯曲应力的竞争相关。Robertson 等通过第一性原理和经验势的计算表明应变能与直径的平方成反比，因而直径为纳米尺度的碳纳米管承受较大弹性应变[31]。但与富勒烯相比，由于碳纳米管的弯曲主要发生在周向一个方向，碳纳米管的平均应变能比富勒烯低。与平面展开同等宽度的石墨烯纳米带相比，碳纳米管悬键闭合降低了系统表面能，从而提高其结构稳定性[31-33]。

从构建过程可见，碳纳米管具有富勒烯的部分结构特征，如对称性与分子拓扑结构。碳纳米管端帽可视为半个富勒烯，管壁处理为满足周期边界条件，形成“甜甜圈”构型。与富勒烯的封闭球面拓扑构型不一样，碳纳米管的“甜甜圈”构型符合如下欧拉定律：$v-e+f=0$，其中，v 为顶点数，e 为棱边数，f 为平面数。如果仅考虑五元环与六元环，通过简单运算可得五元环数量为 0，碳纳米管的管壁全由六元环构成[34]。而如果考虑五元环、六元环与七元环，则可得出五元环与七元环数量相等。这些简单的拓扑规律在碳纳米管的结构及其缺陷结构中有重要的影响。值得一提的是，把一个二维空间卷曲成的轴向与径向分别满足不同周期边界条件的环面“甜甜圈”结构，在正空间中对应于碳纳米管的构型，在倒空间中则对应着二维布里渊区，是理解二维材料能带拓扑结构的重要模型。

如图 2.5 所示，石墨烯卷曲闭合构成碳纳米管，卷曲方向与周期边界条件决定单壁碳纳米管的主要结构特征。卷曲方向就是碳纳米管的手性向量（$\vec{C}_{\mathrm{h}}$），在石墨烯二维晶体结构中，由 $\vec{a}_1$ 与 $\vec{a}_2$ 方向的投影可以确定手性指数（n, m），$\vec{C}_{\mathrm{h}}=n\vec{a}_1+m\vec{a}_2$。$\vec{C}_{\mathrm{h}}$ 的长度也就是碳纳米管的周长，决定其直径：$d=\dfrac{L}{\pi}=\dfrac{a\sqrt{n^2+nm+m^2}}{\pi}$。一个很重要的结构参量是手性角，也就是 $\vec{C}_{\mathrm{h}}$ 与 $\vec{a}_1$ 方向的夹角。两种非螺旋的碳纳米管分别为：螺旋角为 30°的（n, n）扶手椅型和螺旋角为 0°的（$n, 0$）锯齿型，具有与富勒烯相类似的点对称群，其他手性指数的碳纳米管仅保留螺旋对称而不具有旋转和镜面等对称性[37]。特定的手性指数（n, m）对应特定的对称性。n 与 m 如果有公约数 d，则此碳纳米管具有 $\vec{C}_d$ 方向的 d 次旋转对称性，此类对称性可以分解为：$C_N=C_N\otimes C_{N/d}$。手性指数确定了碳纳米管的结构特征，进而决定其物理性质，因而手性控制是碳纳米管研究的前沿和最重要目标之一。2017 年北京大学张锦团队利用催化剂的 4 次与 6 次对称，控制生长出（8, 4）、（12, 6）手性富集的碳纳米管[38]，是碳纳米管对称性控制的重要进展。

2.2.3　超细金属纳米线

东京工业大学 Takayanagi 等利用原位透射电子显微镜技术对超细金属纳米线的形成过程、结构特点及电学性质开展了系列工作[39-43]。在超高真空透射电子显微镜中，利用扫描隧道显微镜（STM）探针操纵和观察金纳米线的拉伸变形过程，发现金可以形成数根原子宽度的超细纳米线，并原位测量到量子化电导[40]。

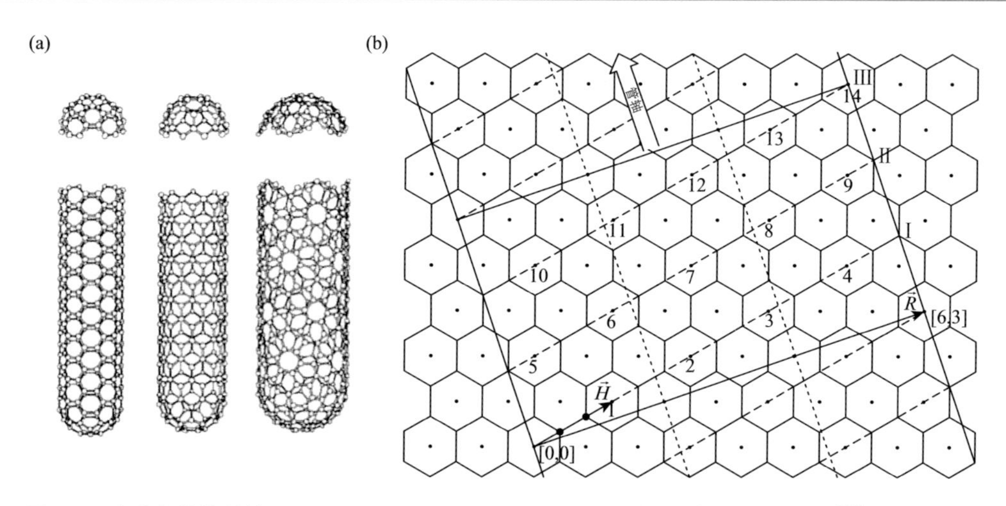

图 2.5 碳纳米管的结构：(a)(5, 5)、(9, 0)、(10, 5) 手性碳纳米管的原子模型[35]；(b) 石墨烯卷曲成 (6, 3) 碳纳米管的周向 $\vec{R}$ 与螺旋对称操作 $\vec{H}$ [36]

在 1nm 的尺度上，超细金属纳米线体现出奇特的结构特点。金纳米线转变成与碳纳米管类似的同轴螺旋结构，每一层之间原子数递增 7[42]。直径约为 2nm 的超细金属纳米线在超高真空状态下会发生表面重构，初始晶带轴为[001]的金纳米线表面与内部分别呈现六边形与正方形排列方式[39]。Diao 等用分子动力学模拟的方法研究了重构机制，发现这一转变的驱动力来自表面压应力[44]。他们估算了表面压应力的大小：$\sigma = 4fL/S$，其中，σ 为表面压应力，f 为表面应力系数，L 和 S 分别为纳米线的长度与横截面积。对于宽度为 1.8nm 的金纳米线，其表面压应力可达约 6GPa，驱使其表面发生从面心立方结构向体心正交结构的转变。

我们利用原位透射电镜对金属填充碳纳米管进行原位加工和电学测量，获得了碳纳米管夹持体心立方（BCC）晶体结构的铁原子链，并展示了量子化电导［图 2.6（a）］。第一性原理计算显示铁原子链保持其自旋极化特性，是一个极限尺寸的电子自旋

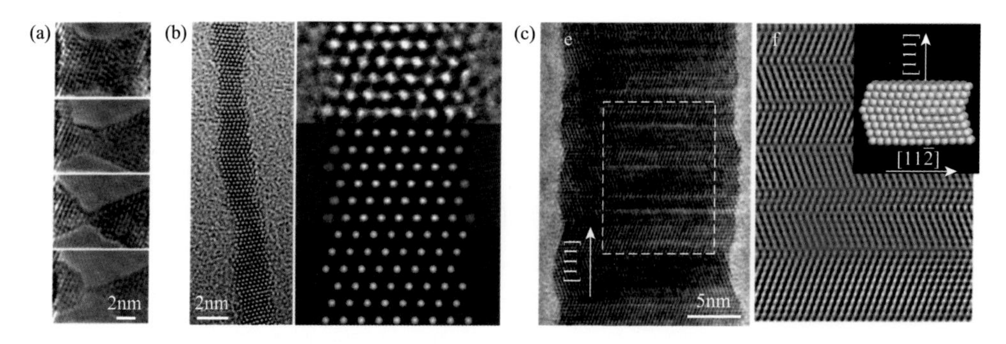

图 2.6 准一维纳米线结构：(a) 金属原子链[55]；(b) 超细金纳米线，含有大量层错[50]；(c) 磷化镓纳米线，含有大量孪晶，形成 (111) 侧面[56]

过滤器[45]。利用超细金属纳米线的量子化电导特性，日本国立材料科学研究所的 Aono 小组制作了原子开关，其实现了记忆和学习等功能，并已经通过日本电气公司（NEC）实现商业化，在太空恶劣电磁环境中的卫星上成功应用[46-49]。

原位透射电镜中观察到的一维金属是采用一种特殊方法在特殊环境中自上而下加工出来的特殊结构。2016 年加州大学伯克利分校杨培东等则报道了直径小于 2nm 的超细金属纳米线的大量制备[50]。利用油胺同时作为溶剂、还原剂和表面活性剂，诱导氯金酸还原成单质金的过程中定向生长出一维结构。利用球差矫正高分辨透射电子显微镜，观察到[111]方向生长的超细金纳米线中有大量层错结构［图 2.6（b）］。高密度层错结构与其生长过程是密切相关的，其生长过程是一个由表面能降低来驱动的、金属纳米晶定向组装的过程[51]。面心立方结构的金（111）面在组装过程中，ABABAB 与 ABCABC 排列的能量差很小，容易发生两种堆垛方式的交替出现，即观察到的层错结构[50]。超细金属纳米线的抗弯刚度很小，Roy 等发现金（111）面会在各向异性表面能的作用下产生扭曲现象[52]。由于其优异的柔韧性，超细金属纳米线在可穿戴压力传感器、透明导电薄膜等领域展示了优异的性质与应用前景[53, 54]。

2.2.4 半导体纳米线

半导体纳米线的晶体结构与尺寸密切相关。直径较大的纳米线的晶体结构与块体的基本一致，如硅、锗的金刚石结构，Ⅲ-Ⅴ族半导体 GaAs、GaP、GaN 等立方闪锌矿结构，Ⅱ-Ⅵ族半导体 CdS、ZnS、ZnO 等的六方纤锌矿结构。直径较小的纳米线晶体结构和生长方向则受表面能影响。

纳米线一般通过一个液相催化剂颗粒引导的气-液-固（V-L-S）转变过程来生长，其生长方向由催化剂-纳米线界面能以及生长基体的取向关系决定[57]。稳态生长条件下的界面能应该满足如下关系：横向力学平衡：$\sigma_{\mathrm{L}}\cos\beta=-\sigma_{\mathrm{LS}}$，纵向生长驱动：$\sigma_{\mathrm{L}}>\sigma_{\mathrm{S}}/\sqrt{2}$，其中，$\sigma_{\mathrm{L}}$、$\sigma_{\mathrm{S}}$、$\sigma_{\mathrm{LS}}$分别为液相表面能、固相表面能、固液界面能[58]。

纳米线生长方向一般都是其密排面，如立方金刚石结构 Si 的（111）面[59]、立方闪锌矿 GaAs 的（111）面[60]和六方纤锌矿结构 ZnO 的（0002）面[61]。由于侧面在纳米线的表面中所占比例大，侧面表面能对纳米线结构有重要影响，也倾向由密排面构成。端面与侧面同时由密排面构成，往往不能满足。通常硅纳米线生长方向为[111]方向，其侧面则为（110）面。

当纳米线直径小于 5nm，侧面表面能将占主导作用。哈佛大学 Lieber 小组报道了[110]方向生长的硅纳米线，其侧面由（111）、（001）面构成[62]。侧面表面能的影响还体现在半导体纳米线晶体的缺陷结构上。Ⅲ-Ⅴ族 GaP、InP 和 GaAs 等半导体纳米线中，经常观察到生长方向的层错与孪晶结构。生长方向是[111]方向，其侧面表面应该是（112）面，在（111）面上出现的[11$\bar{2}$]方向逐层滑移所形成的孪晶结构，使其侧面由（111）密排面台阶构成［图 2.6（c）］[56, 63]。

2.3 二维结构

二维材料是厚度方向为单原子或者单个晶胞的极限平面结构。历史上二维结构只是作为理想化的理论模型，热力学理论证明二维体系不能存在长程有序。然而 2004 年曼彻斯特大学 Geim 研究组利用透明胶带的机械剥离这一极为简单的方法分离出第一个二维材料石墨烯。他们发现二维材料不仅能稳定存在，并且石墨烯具有很高的电子迁移率，表现出狄拉克费米子输运性质[3, 64, 65]。因为“二维材料石墨烯的开创性实验”，Andre Geim 和 Konstantin Novoselov 获得了 2010 年诺贝尔物理学奖[66]。

二维材料已经发展成一个丰富的家族，涵盖了从金属、半金属、半导体、绝缘体、拓扑绝缘体和超导体的丰富材料类型[67]，包括从石墨烯衍生出的氧化[68, 69]、氢化[70]和氟化石墨烯[71]，sp^2 杂化的苯环与 sp 杂化的碳链形成的石墨炔[72, 73]，处于第四主族的硅烯[74-76]、锗烯[77, 78]，处于第五主族的二维黑磷[79, 80]，以及石墨烯的等电子体六方氮化硼[81, 82]。二维过渡金属硫化物（TMD）系列可以用 MX_2 表示，其中 M 代表过渡金属 Mo、W 等，X 代表硫族元素 S、Se、Te 等[83-85]。由层状 MAX 相衍生出的过渡金属碳化物、氮化物和碳氮化合物可以用 $M_{n+1}X_nT_x$ 表示，其中 M 代表过渡金属，X 代表碳或者氮，T 代表表面官能团 ═O、—OH 和—F 等[86]。金属氧化物和氢氧化物纳米片则构成非电中性的二维材料体系[87, 88]。二维材料也拓展到有机体系中，包括金属有机骨架（MOF）材料[89]和共价有机骨架（COF）材料[90]。

2.3.1 二维材料的稳定性

作为 sp^2 杂化碳材料的基本模型，石墨烯的晶体结构、对称性和电子结构等基本物理性质备受关注。20 世纪 40 年代 Wallace 等就对其有深入研究，Semenoff 理论上预测出其能带结构中费米面附近独特的线性色散关系[91-93]。但根据 Mermin-Wagner 定理，由于长波长声子的能量不收敛，所产生的起伏将破坏二维晶体结构，使其不能稳定存在[94-96]。二维及以下维度下的长程有序相稳定性是一个一般性问题，2016 年诺贝尔物理学奖授予 Kosterlitz、Haldane 和 Thouless，获奖原因是他们关于拓扑相和拓扑相转变的理论发现，其中最基本、最重要的理论模型之一就是二维体系中具有拓扑性质的涡流相[97, 98]。

二维材料的相对稳定性可以从晶体结晶过程的热力学考虑。形核吉布斯自由能可以用以下公式描述：$\Delta G = V\Delta\mu + A\gamma$，其中，$\Delta\mu$ 为结晶所降低的体积自由能（负）；γ 为结晶形成新表面所增加的表面能（正）。体积自由能 $\Delta\mu$ 越高，表面能 γ 越低，则相应的二维材料势能越低，结构越稳定。对于各向同性或者接近同性的晶体而言，这两项均与其原子间作用势相关，原子间作用力越强，则内聚能与表面能均越高。稳定的二维材料大多为各向异性层状材料。以石墨烯为例，其形成焓为 716kJ/mol，高于硅的 450kJ/mol；由于表面没有悬键，石墨的表面能为 46.7mJ/m^2，远远低于硅的表面能 1240mJ/m^2[99, 100]。由此可见，形成稳定二维材料的必要条件是，层内为强化学键结合，主要是共价键；层间则为弱化学键，典型的是范德瓦耳斯力，因而二维材料也被称为范德瓦耳斯晶体。

二维材料的稳定性可从晶格振动角度考虑[101]。以石墨烯为例，其晶格单胞内有两个原子，面内具有两个声学分支和两个光学分支振动模式。由于二维石墨烯处于三维空间中，还具有两个垂直于平面的振动模式，一个是面外声学模式，对应于石墨烯平面的整体平移；另一个是面外光学模式，对应于相邻原子垂直于平面的交替振荡，频率 ω 与波数 k 的色散关系为 $\omega_{\text{flex}}(k) = \left(\dfrac{\kappa}{\sigma}\right)^{1/2} k^2 \propto k^2$，其中，$\kappa$ 与 σ 分别为弯曲和拉伸弹性系数。计算单位面积上声子模式数量：$N_{\text{ph}} = \dfrac{1}{2\pi}\int_0^{\infty} \mathrm{d}k \dfrac{k}{\mathrm{e}^{\beta\sqrt{\kappa/\sigma}k^2 - 1}}$，其中，$\beta = 1/k_{\text{B}}T$，对于 $T>0$，当 k 趋近于 0 时，这一积分将趋近于发散，意味着热力学不稳定。

实际二维材料存在且稳定，其稳定性归结于自发形成波动起伏结构和衬底作用。Fasolino 等[102]与 Meyer 等[103]采用分子动力学模拟方法和高分辨透射电子显微镜观察到悬空二维材料自然形成的波纹起伏结构。另外，二维材料一般附着在一个衬底框架上，由于拉伸应力的作用，其面外声子色散关系变成：$\omega(k) = k\left(\dfrac{\kappa}{\sigma}k^2 + \dfrac{\gamma}{\sigma}\right)^{1/2}$，其中，$\gamma$ 为层间耦合系数。当 k 趋近于 0 时，频率色散关系将趋近于线性而不是平方关系，因而不会出现发散的积分计算结果，避免了热力学不稳定[104]。

2.3.2　二维材料的对称性

与零维、一维晶体相比，二维晶体受到更为严格的对称性要求。零维 C_{60} 的对称性属于点群。一维碳纳米管在轴向方向有平移对称的限制，而在轴向上可以出现任意次的旋转对称。二维晶体则在面内两个维度方向上受到长程平移对称的限制，其对称空间群有 17 个对称元素，分别属于单斜、正交、菱方、四方和六方晶系[105]。理想的二维材料可以看成由其晶体单胞在二维方向上无限延伸而构成，其最基本的单元应该是平面结构。因而二维材料大多为平面六边形蜂窝结构，包括石墨烯、硅烯、锗烯、六方氮化硼、过渡金属硫族化合物和卤族化合物等，被（本书作者等）统称为六元环无机材料（图 2.7）[106]。

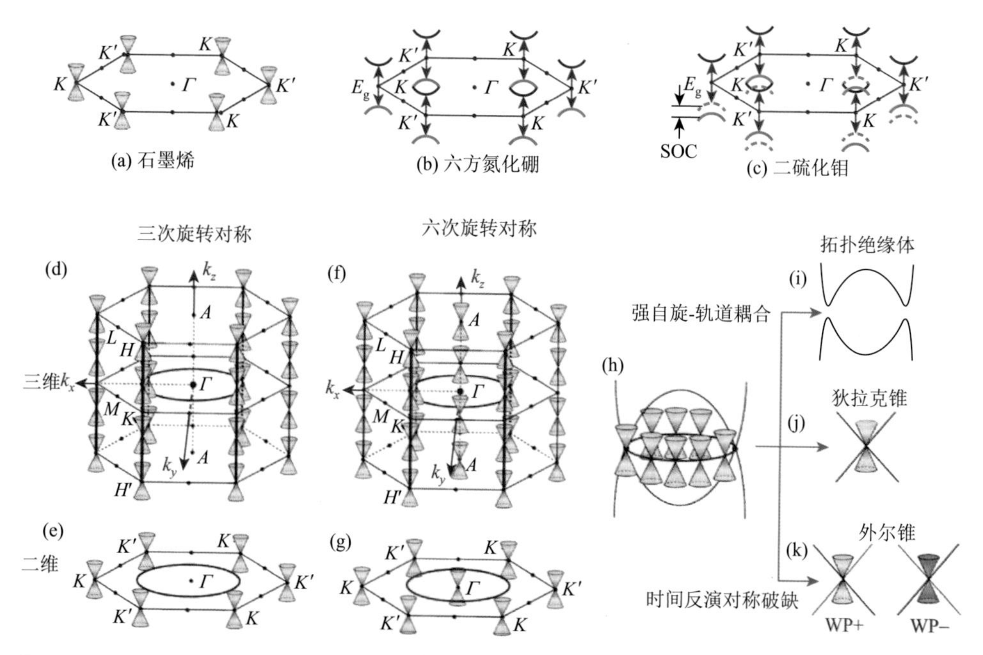

图 2.7 六元环基本单元构成的二维材料体系：（a）石墨烯；（b）六方氮化硼；（c）二硫化钼（E_g. 电子带隙；SOC. 自旋-轨道耦合）；（d～g）三维和二维布里渊区中三次和六次旋转对称可能存在的狄拉克锥；（h）狄拉克节点；（i～k）狄拉克锥及其在强自旋-轨道耦合与时间反演对称破缺条件下分别形成的拓扑绝缘体和外尔锥[106]

石墨烯中碳原子外层四个价电子，三个价电子通过 sp^2 杂化形成平面内成 120° 夹角的 σ 键，另一个价电子则形成 π 键。石墨烯以六元环为基本单元扩展成蜂窝结构，是最接近理想模型的二维材料。石墨烯单胞内包括两个碳原子，其哈密顿量可以用一个 2×2 的矩阵描述；两个碳原子具有空间反演对称，加上时间反演对称，是石墨烯电子结构中出现狄拉克点的根本原因，而石墨烯晶格具有的三次旋转对称则决定了狄拉克点出现的位置（K 和 K'）[104]。

硅烯、锗烯、锡烯和石墨烯都是第四主族单一组分二维材料，外层均为四个价电子，如果能够通过 sp^2 杂化形成与石墨烯一样的平面蜂窝结构，也将具有无质量狄拉克费米子的特性。但硅和锗原子比碳原子大，纯 sp^2 杂化后 p_z 电子交叠程度不足以形成类似石墨烯的 π 键。Takeda 和 Shiraishi 发现硅与锗可以通过 sp^2 与 sp^3 杂化混合的成键方式，形成带扭折的类蜂窝结构[74]。Cahangirov 等发现这种扭折蜂窝结构仍然具有空间反演对称和三次旋转对称，保证了狄拉克点的存在[107]。Liu 等考虑自旋-轨道耦合效应导致狄拉克点的打开，预言了量子自旋霍尔效应[108]。

Vogt 等在银表面沉积了单原子层厚度硅烯，发现其蜂窝平面构型可以稳定存在，而且费米面附近存在电子线性能量色散关系，即狄拉克点[75]。

六方氮化硼（h-BN）中硼与氮分别有三个和五个价电子，硼原子通过 sp^2 杂化与氮原子形成 σ 键，构成与石墨烯晶格参数基本一致的蜂窝型结构，因而 h-BN 被称为“白石墨烯”[81, 109]。由于硼氮原子不具备石墨烯中的空间反演对称，h-BN 失去了 K 点上的简并态，是一个带隙为 5.2eV 的绝缘体。h-BN 由于与石墨烯相近的晶体结构、良好绝缘性和原子级平整度，成为研究石墨烯和其他二维材料电子输运性质的理想基体[110]。

TMD 二维材料是两层硫族原子和一层金属原子组成的三明治结构，根据其层间堆垛顺序可以分成 ABA 排列三角棱柱配位的 2H 相和 ABC 排列八面体配位的 1T 相，在一定条件下两相可互相转变。

层状氧化物和双金属氢氧化物纳米片是含有离子空位而带电的二维材料。静电排斥作用使它们在溶液中易于分散，可以获得横向尺寸为数十微米而厚度为一个晶胞单元的二维材料胶体体系。氧化物纳米片的基本单元是阳离子在中心，氧离子在顶角的八面体，共边形成正交二维结构，或者通过共顶点形成正方二维结构。典型的氧化物纳米片有 $Ti_{0.91}O_2^{0.36-}$、$Ca_2Nb_3O_{10}^-$、$MnO_2^{0.4-}$、$Nb_6O_{17}^{4-}$、TaO_3^-、$TiNbO_5^-$ 和 $Cs_4W_{11}O_{36}^{2-}$ 等[88]。双金属氢氧化物纳米片则是金属离子在中心，OH^-在顶角构成的变形八面体通过共边相连而成的六方二维结构[87, 111]。典型的双金属氢氧化物纳米片可以用 $M_{1-x}^{2+}M_x^{3+}(OH)_2^{x+}$ 表示，其中 M^{2+}主要有 Mg^{2+}、Co^{2+}、Ni^{2+}和 Zn^{2+}，M^{3+}主要是 Al^{3+}、Co^{3+}和 Fe^{3+}。层状氧化物与双金属氢氧化物纳米片，由于其原子级厚度和静电作用，作为结构单元可以构建出性质多种多样的异质结构[112]。

2.3.3　二维材料的缺陷

实际的材料中不可避免会有缺陷。一方面，空位等热激活缺陷，在一定温度下达到热力学平衡浓度；另一方面，实际材料因有限尺寸必然有边缘、界面和表面等。对于二维材料而言，根据 Mermin-Wagner 定理[94, 96]，理想的长程有序晶体结构不稳定，也会促使缺陷的产生。

二维材料的点缺陷包括化学键转动、空位、替换原子、杂质原子以及它们组合形成的缺陷群。点缺陷往往形成原子级尺寸分布的局域电子态，在能带中形成缺陷能级，可作为高品质单光子源在量子通信中应用[113, 114]。

石墨烯中一类重要的点缺陷是 Stone 和 Wales 提出的由碳-碳键转动 90°而形成的 55-77 构型 S-W 缺陷，由于不会引入额外悬键，具有较低的形成能（4.5～5.3eV）[21]。S-W 缺陷中 5-7 环是石墨烯位错的核心，其迁移激活能很高（～10eV）[115]，在室温条件下难以激活，高温条件下则是石墨烯塑性变形的主要机制[116]。

由于悬键原子的出现，空位的形成能较高（～7.5eV），根据空位原子的个数，可以分为单原子、双原子和多原子空位[115]。空位与杂质原子可以形成稳定的复合构型，包括铂、铜、铁和硅等[117-119]。过渡金属原子与碳原子之间成键和电荷转移，有助于形成单原子催化剂[120]。空位与 S-W 缺陷的融合以及化学键持续的转动，将形成更为复杂的缺陷构型，由多个 5-7 环构成，并可转化成二维非晶结构[121, 122]。

h-BN 与石墨烯的晶体结构接近，可以看作硼氮原子替代石墨烯中相邻的碳原子形成的六元蜂窝网络结构。通过第一性原理计算 h-BN 中空位与替换原子的形成能，发现硼空位与氮空位具有相当的形成能[123]。电子束辐照条件下，由于硼氮原子的质量差异，更易形成硼空位和氮原子终结的三角形空位[124]。

二维 TMD 的缺陷结构则更为复杂，以 MoS_2 为例，空位和替换原子缺陷可分为单原子硫空位（V_S）、双原子硫空位（V_{S_2}）、MoS_3 空位（V_{MoS_3}）、MoS_6 空位（V_{MoS_6}）以及 Mo 与 S_2 的交换位置（Mo_{S_2}、S_{2Mo}）等[125]。

空位形成后，由于边缘原子的高活性，在一定的温度与气氛中，会通过扩散、刻蚀的方式生长成孔洞。边缘构型一方面由表面能（边缘能）决定，另一方面在生长与刻蚀过程中与动力学密切相关。任文才等发现扶手椅（AC）型边缘的生长与刻蚀速率均高于锯齿（ZZ）型边缘，通过反复刻蚀-生长，获得了超大尺寸的扶手椅型边缘石墨烯单晶（图 2.8）[126]。MoS_2 具有复杂的边缘结构，可分为 Mo 与 S 原子终结的边缘，其中按边缘 S 原子比例又可分为 0%、50%、75%和 100%的构型，产生不同的边缘电子态和催化性质[127]。孔洞不断长大到极限情况，相邻孔洞之间的 MoS_2 变成只由边缘态构成的一维金属态导线[128]。

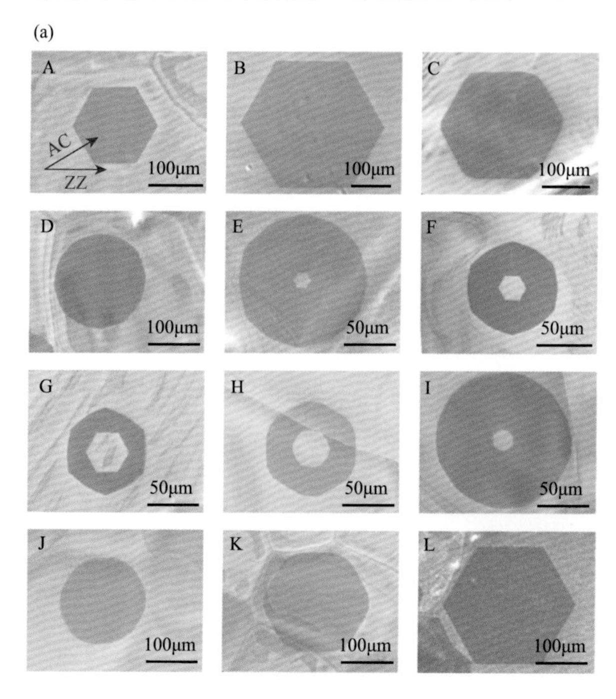

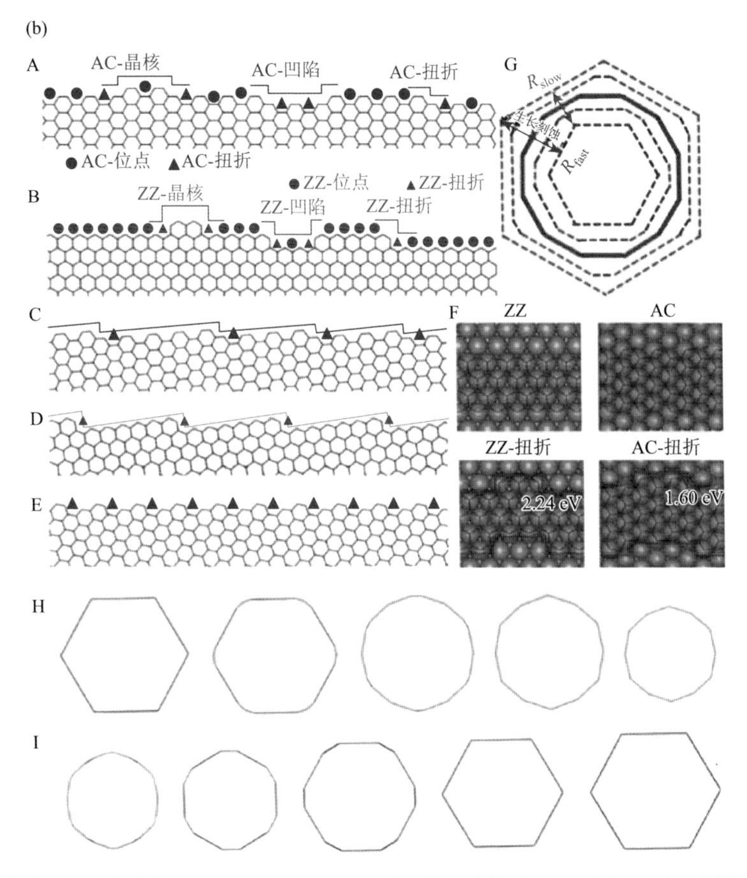

图 2.8　石墨烯的边缘结构：(a) 实验与 (b) 理论模拟边缘取向相关的生长和刻蚀过程；通过反复生长-刻蚀获得毫米级正六边形石墨烯单晶[126]

实际二维材料的单晶尺寸都是有限的，晶界是一种重要的线缺陷。由于晶界两侧的取向差，石墨烯中的晶界一般由 5-7 环和刃型位错构成[129]。晶界能决定晶界具体构型，Liu 等计算表明晶界能与两侧取向差呈现抛物线关系，取向差约 15° 时由晶界导致的应变能最大[130]。对于 h-BN，为避免同类原子相邻导致的局部电荷排斥效应，理论预测其晶界由 4-8 环构成[131]，Cretu 等观察到这种晶界及高温下伴随塑性变形的晶界迁移[132]。二维 TMD 复杂的晶体结构，也体现在其丰富的晶界结构上。周武等采用高分辨透射电镜观察到多种 MoS_2 晶界结构，如 4-4、4-6、4-8、5-7 和 6-8 等组合[125]。

2.4　异质结构

界面和“结”是半导体电子器件功能的基础与核心，界面结构对力学、热学和催化等性质也有重要影响。本节将介绍低维材料中的异质界面，以及结合能、界面能、表面能和弹性能的竞争关系如何决定界面结构。

异质界面一般是指两个不同的相接触所产生的界面，根据其比例可定义为基体相与第二相。两种不同的元素或者不同的相结构，是形成固溶体还是产生相分离而形成异质界面，在经典理论中由 Hume-Rothery 法则来描述：相近的原子尺寸、晶体结构、价电子数与电负性有利于固溶体的形成。前两点主要与异类原子引起的晶格弹性应变有关，后两点主要与不同晶格结构所对应的电子浓度有关。当组分之间电负性差异较大时，结合能很高，有可能形成有序结构相；结合能较高，复合体系将在一定成分范围内形成固溶体，而含量超出固溶度则发生相分离而产生异质界面。

异质界面可分为共格与非共格两类。共格界面保持晶格连续，通过成键降低体系内聚能，但晶格错配将引入畸变弹性能。弹性能与晶格错配度及外延层厚度相关，当弹性能达到位错形核能的阈值时，将通过界面位错的方式释放，形成界面缺陷。在传统薄膜异质结构和超晶格结构中，通常晶格错配度不超过 1%。低维材料由于尺寸小，可以容纳更大的弹性应变与弹性能，可在更大成分范围内形成异质结构[133, 134]。

2.4.1 零维核壳结构

在零维体系中，多元金属元素结合可形成均相固溶体、有序中间相、相分离和核壳等多种结构[135]。在纳米尺度下，表面能起主导作用。金与银由于其相同的晶体结构，在体相平衡相图中呈全成分范围无限互溶。而在纳米颗粒中，由于二者表面能的差异，会形成金-银核壳结构[136]。

Chen 等发明了一种基于原子力显微镜的蘸笔纳米光刻技术，系统研究了多达五元合金的纳米结构和相分离规律[137]。Guisbiers 等研究了由金、银、铜、铂、钯、镍和钴等组成的多种二元金属纳米颗粒，总结出纳米颗粒核壳结构相分离的两条规则：①熔点差异大，则高熔点金属形成外壳；②熔点差异小，则表面能低者形成外壳[136, 138]。在远离热力学平衡条件下，纳米颗粒可以形成新结构。Yao 等发明了超高速率热冲击合成方法，获得了含有多达八种金属元素的高熵纳米颗粒，体现了动力学对材料结构的影响[139]。

核壳结构纳米晶在催化和光学领域有重要作用。催化剂中表面、台阶原子具有较高活性。核壳结构能够把催化活性高的元素分布在表面，同时内核提供稳定的钉扎作用。二者保持晶格外延关系则能通过界面应力调控壳层电子结构，使得核壳结构多元金属催化剂兼具高活性与高稳定性[140-142]。

由于表面原子的高比例，表面电子态对半导体量子点的电子结构及光学性质有重要影响，往往成为电子-空穴陷阱而降低量子产率。彭笑刚等设计了具有外延关系的 CdSe-CdS 核壳结构纳米晶，利用界面应力调控内层 CdSe 能带结构，使其激发态空穴限制在内核，而电子在整个颗粒内离域，有效提高了发光量子产率[143]。

晶格应变能与体积成正比，由于纳米晶体积小，可以在更大晶格错配度下形成具有外延关系的核壳结构［图 2.9（a）、（b）］。Smith 等报道了 CdTe-ZnSe 核壳量子点，二者晶格错配度高达 11.4%，纳米晶直径在 4nm 以下，可形成外延关系。通过应力有效调控能带位置与发光波长，获得了窄峰宽与高量子产率[144, 145]。Chen 等通过控制外延层生长速率，获得了高质量 CdSe-CdS 核壳纳米晶，其限制了荧光间歇性闪烁，展示了在生物体内成像与诊断的应用前景[146]。

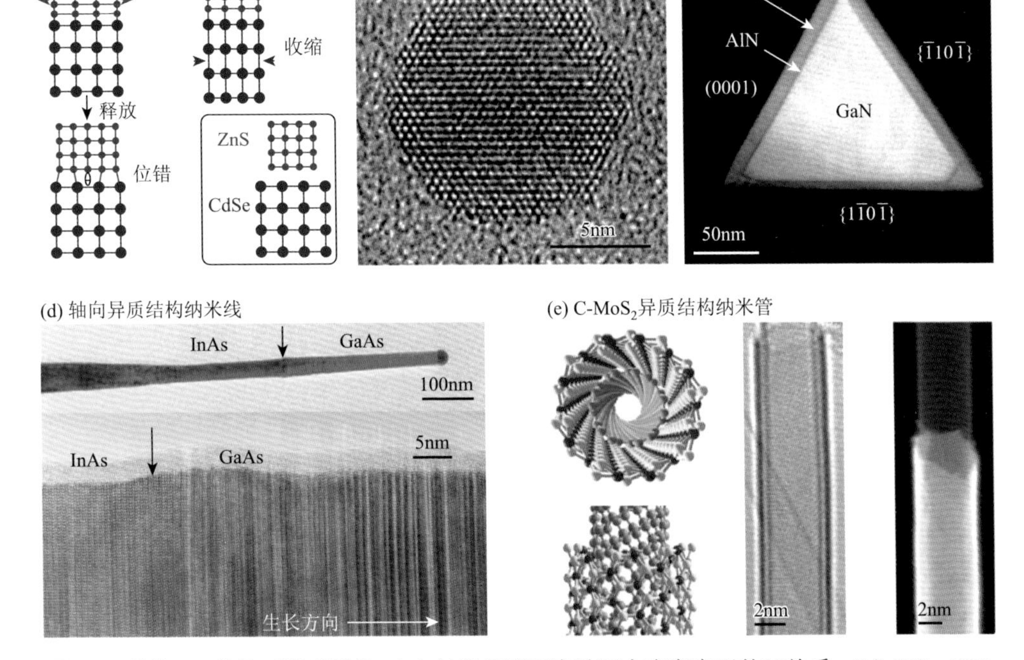

图 2.9　零维、一维外延异质结构：(a) 纳米尺度可容纳更大应变实现外延关系；(b) CdSe-CdTe 核壳结构纳米晶[145]；(c) GaN-AlN-AlGaN 核壳结构纳米线的截面 TEM 照片[147]；(d) InAs-GaAs 轴向异质结构[148]；(e) 碳纳米管-二硫化钼（C-MoS_2）轴向范德瓦耳斯异质结构[149]

2.4.2　一维异质结构

一维体系纳米线与纳米管在径向方向具有原子到纳米级尺度，而在轴向方向上具有微米以上尺寸，因而异质界面可以分为径向与轴向两种类型。轴向异质结可视为限制在一维空间的量子点和超晶格。径向异质结可将载流子限制在界面处，避免表面散射，提高载流子迁移率。

半导体异质结构纳米线在Ⅳ族、Ⅲ-Ⅴ族和Ⅱ-Ⅵ族体系中均有很多研究与报道［图 2.9（c）、（d）］[148, 150-153]。Lieber 小组设计制备了 Si-Ge 核壳纳米线，构建了高迁移率晶体管器件[150]；由Ⅲ-Ⅴ半导体纳米线异质结构构建的蓝光 LED 体现出高电子迁移率和高亮度[147, 153]。Philippe 等发现通过金属有机化合物气相外延方法可以实现错配度高达 14.6%的 GaAs-InSb 轴向外延异质结构[154]。外延关系所引起的晶格畸变弹性能超过一定限度将产生界面位错，晶格畸变弹性能与位错形成能的竞争决定了一定错配度下的临界外延层厚度[155, 156]。

在碳纳米管中，手性直接决定电子结构，通过形成分子内相同成分而不同手性的异质结构可获得极限尺寸新型半导体器件[157, 158]。Yakobson 理论研究表明，在碳纳米管分子结界面处，一对 5-7 环对应手性指数（1, 1）的改变。而 5-7 环也是 sp^2 杂化碳六元环构成的碳纳米管位错核心，通过 5-7 环的形成与位错滑移可以实现整根碳纳米管手性与电学性质的转变[159]。我们通过原位透射电镜对单根碳纳米管进行电脉冲与拉伸处理，实现了对其手性的改造，原位晶体管电学测量展示了金属-半导体转变[160]。东京大学丸山茂夫和项荣等制备出 C-BN、C-MoS_2、C-BN-MoS_2 等多种径向异质结构纳米管，精细的电子显微镜表征发现外层手性有一定的关联［图 2.9（e）］[161]。

2.4.3 二维异质结构

传统半导体器件都是基于薄膜体系的界面结构，具有外延关系的异质界面在高迁移率光电子器件中具有尤为重要的作用。薄膜体系的极限是原子层厚度的二维材料，但二维材料与器件中的异质结并不是传统半导体的简单延伸。传统半导体一般是共价键三维方向结合，其薄膜可视为厚度很小的三维晶体。二维材料是异于三维晶体的新体系，层内由共价键结合，层间由范德瓦耳斯力结合。

2013 年，曼彻斯特大学 Geim 等提出范德瓦耳斯异质结构概念（图 2.10）[162]。由于二维材料的柔韧性、范德瓦耳斯力无方向性和饱和性，对通常限制异质结构的界面应力具有更高容忍度，从而构成了丰富的二维范德瓦耳斯异质结构体系。一个经典范例是六方氮化硼（h-BN）与二维材料构成的异质结构，由于 h-BN 表面原子级平整、无悬键，是理想的介电材料，因此二维材料电子器件的迁移率提高一个数量级[163]。

从半导体的发展历程可知，高迁移率的“干净”电子体系将带来奇特的输运性质。例如，h-BN 与石墨烯形成的莫尔条纹对后者电子结构加入一个较弱的周期调制，使其变成复杂的分形能带结构，称为“霍夫施塔特蝴蝶”（Hofstadter butterfly）。这一奇特现象被曼彻斯特大学、哥伦比亚大学和麻省理工学院的研究者独立发现和同时报道[164-166]。华盛顿大学 Xu 等在最近的综述中系统阐述了二维过渡金属硫化物体系异质结构的丰富性以及其所具有的复杂而引人入胜的物理性质[167]，包括电子与空穴分别分布在不同层间的超快光电过程与对称性保护的自旋电子传输等[168]。2018 年麻省理工学院 Pablo Jarillo-Herrero 等在 *Nature* 杂志“背靠背”发表了两篇关于“魔角”双层石墨烯电子结构与输运性质的论文。在特定转角条件下，双层石墨烯层间相互作用形成的莫尔条纹导致电子的局域化，形成莫特（Mott）绝缘体，体现出与高温氧化物超导体相似的量子相变[169, 170]。

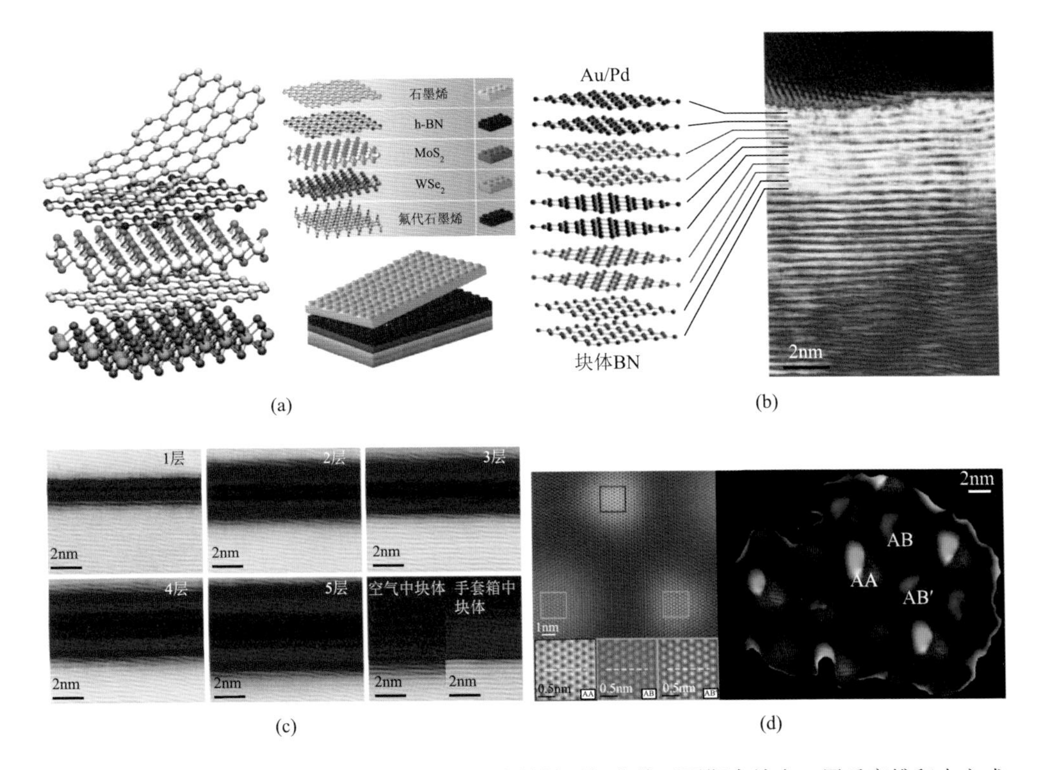

图 2.10　二维范德瓦耳斯异质结构：(a) 二维材料层间范德瓦耳斯力结合，用乐高堆积木方式构建异质结构的概念[162]；(b) 石墨烯/h-BN 异质结构的截面 TEM 照片[171]；(c) 不同层数 h-BN/TMD 异质结构的 TEM 照片显示有原子级残留杂质层[172]；(d) 石墨烯/h-BN 异质结构的取向差与应力分布[173]

2.5　小结

从团簇幻数稳定性、最完美分子 C_{60}、多面体纳米晶和碳纳米管手性，到不应该存在而存在的二维有序物质，本章介绍了热力学等基本原理在低维体系中如何决定材料的基本结构，包括对称性、缺陷、界面和表面结构等。

由于低维结构的小尺寸和较大热力学起伏，可能有多种相近的结构共存，对于控制制备是一个很大的挑战。例如，碳纳米管手性结构之间的能量差很小，控制生长单一手性和均匀电学性质的高密度碳纳米管阵列，仍然是使其发挥优异本征电学性质而在高性能晶体管中大规模应用的瓶颈。在将来的研究中，一方面要结合低维材料的结构特征，探索控制结构的新方法；另一方面要寻求利用低维材料多种多样的结构特性探索新的应用。

参考文献

[1] Kroto H W，Heath J R，O'Brien S C，et al. C_{60}：Buckminsterfullerene. Nature，1985，318：162-163.

[2] Iijima S. Helical microtubules of graphitic carbon. Nature，1991，354（6348）：56-58.

[3] Novoselov K S，Geim A K，Morozov S V，et al. Electric field effect in atomically thin carbon films. Science，2004，306（5696）：666-669.

[4] Edwards P P，Thomas J M. Gold in a metallic divided state：from faraday to present-day nanoscience. Angewandte Chemie International Edition，2007，46（29）：5480-5486.

[5] Turkevich J，Stevenson P C，Hillier J. A study of the nucleation and growth processes in the synthesis of colloidal gold. Discussions of the Faraday Society，1951，11：55-75.

[6] Knight W D，Clemenger K，de Heer W A，et al. Electronic shell structure and abundances of sodium clusters. Physical Review Letters，1984，52（24）：2141-2143.

[7] de Heer W A，Knight W D，Chou M Y，et al. Electronic shell structure and metal clusters. Solid State Physics，1987，40：93-181.

[8] Martin T P. Shells of atoms. Physics Reports，1996，273（4）：199-241.

[9] Howie A，Marks L D. Elastic strains and the energy balance for multiply twinned particles. Philosophical Magazine A：Physics of Condensed Matter Structure Defects and Mechanical Properties，1984，49（1）：95-109.

[10] Koga K，Ikeshoji T，Sugawara K I. Size- and temperature-dependent structural transitions in gold nanoparticles. Physical Review Letters，2004，92（11）：115507.

[11] Li Z Y，Young N P，Di Vece M，et al. Three-dimensional atomic-scale structure of size-selected gold nanoclusters. Nature，2008，451：46-48.

[12] Yang H G，Sun C H，Qiao S Z，et al. Anatase TiO_2 single crystals with a large percentage of reactive facets. Nature，2008，453：638-641.

[13] Liu G，Yang H G，Pan J，et al. Titanium dioxide crystals with tailored facets. Chemical Reviews，2014，114（19）：9559-9612.

[14] Menzel R，Duerrbeck A，Liberti E，et al. Determining the morphology and photocatalytic activity of two-dimensional anatase nanoplatelets using reagent stoichiometry. Chemistry of Materials，2013，25（10）：2137-2145.

[15] Peng X G，Manna L，Yang W，et al. Shape control of CdSe nanocrystals. Nature，2000，404：59-61.

[16] Gong X Q，Selloni A. First-principles study of the structures and energetics of stoichiometric brookite TiO_2 surfaces. Physical Review B，2007，76（23）：235307.

[17] Kroto H. Symmetry，space，stars，and C_{60}（Nobel Lecture）. Angewandte Chemie International Edition in English，1997，36（15）：1578-1593.

[18] Krätschmer W，Lamb L D，Fostiropoulos K，et al. Solid C_{60}：a new form of carbon. Nature，1990，347：354-358.

[19] Taylor R，Hare J P，Abdul-Sada A K，et al. Isolation，separation and characterisation of the fullerenes C_{60} and C_{70}：the third form of carbon. Journal of the Chemical Society，Chemical Communications，1990，（20）：1423-1425.

[20] Kroto H. Symmetry，space，stars and C_{60}. Reviews of Modern Physics，1997，69（3）：703-722.

[21] Stone A J，Wales D J. Theoretical studies of icosahedral C_{60} and some related species. Chemical Physics Letters，1986，128（5）：501-503.

[22] Lou L，Nordlander P. Carbon atomic chains in strong electric fields. Physical Review B，1996，54（23）：16659-16662.

[23] Jin C，Lan H，Peng L，et al. Deriving carbon atomic chains from graphene. Physical Review Letters，2009，102（20）：205501.

[24] Mott N F，Peierls R. Discussion of the paper by de Boer and Verwey. Proceedings of the Physical Society，1937，49（4S）：72.

[25] Fincher C R，Chen C E，Heeger A J，et al. Structural determination of the symmetry-breaking parameter in *trans*-$(CH)_x$. Physical Review Letters，1982，48（2）：100-104.

[26] Shirakawa H，Louis E J，MacDiarmid A G，et al. Synthesis of electrically conducting organic polymers：halogen derivatives of polyacetylene，$(CH)_x$. Journal of the Chemical Society，Chemical Communications，1977，（16）：578-580.

[27] Heeger A J. Semiconducting and metallic polymers：the fourth generation of polymeric materials（Nobel Lecture）. Angewandte Chemie International Edition，2001，40（14）：2591-2611.

[28] Shirakawa H. The discovery of polyacetylene film：the dawning of an era of conducting polymers（Nobel Lecture）. Angewandte Chemie International Edition，2001，40（14）：2574-2580.

[29] Dresselhaus M S，Dresselhaus G，Saito R. Carbon fibers based on C_{60} and their symmetry. Physical Review B，1992，45：6234-6242.

[30] Saito R，Fujita M，Dresselhaus G，et al. Electronic structure of chiral graphene tubules. Applied Physics Letters，1992，60（18）：2204-2206.

[31] Robertson D H，Brenner D W，Mintmire J W. Energetics of nanoscale graphitic tubules. Physical Review B，1992，45（21）：12592-12595.

[32] Sawada S I，Hamada N. Energetics of carbon nano-tubes. Solid State Communications，1992，83（11）：917-919.

[33] Lucas A A，Lambin P H，Smalley R E. On the energetics of tubular fullerenes. Journal of Physics and Chemistry of Solids，1993，54（5）：587-593.

[34] Monastyrsky M I. Topology in Condensed Matter. Berlin：Springer-Verlag，2006.

[35] Dresselhaus M S，Dresselhaus G，Eklund P C. Science of Fullerenes and Carbon Nanotubes. Amsterdam：Elsevier，1996.

[36] White C T，Robertson D H，Mintmire J W. Helical and rotational symmetries of nanoscale graphitic tubules. Physical Review B，1993，47（9）：5485-5488.

[37] Saito R，Dresselhaus G，Dresselhaus M S. Physical Properties of Carbon Nanotubes. London：Imperial College Press，1998.

[38] Zhang S，Kang L，Wang X，et al. Arrays of horizontal carbon nanotubes of controlled chirality grown using designed catalysts. Nature，2017，543（7644）：234-238.

[39] Kondo Y，Takayanagi K. Gold nanobridge stabilized by surface structure. Physical Review Letters，1997，79（18）：3455-3458.

[40] Ohnishi H，Kondo Y，Takayanagi K. Quantized conductance through individual rows of suspended gold atoms. Nature，1998，395（6704）：780-783.

[41] Kondo Y，Ru Q，Takayanagi K. Thickness induced structural phase transition of gold nanofilm. Physical Review Letters，1999，82（4）：751-754.

[42] Kondo Y，Takayanagi K. Synthesis and characterization of helical multi-shell gold nanowires. Science，2000，289（5479）：606-608.

[43] Oshima Y，Onga A，Takayanagi K. Helical gold nanotube synthesized at 150 K. Physical Review Letters，2003，91（20）：205503.

[44] Diao J，Gall K，Dunn M L. Surface-stress-induced phase transformation in metal nanowires. Nature Materials，2003，2：656-660.

[45] Tang D M. *In Situ* Transmission Electron Microscopy Studies of Carbon Nanotube Nucleation Mechanism and Carbon Nanotube-Clamped Metal Atomic Chains. Berlin：Springer，2013.

[46] Terabe K，Hasegawa T，Nakayama T，et al. Quantized conductance atomic switch. Nature，2005，433（7021）：47-50.

[47] Waser R，Aono M. Nanoionics-based resistive switching memories. Nature Materials，2007，6（11）：833-840.

[48] Hasegawa T，Ohno T，Terabe K，et al. Learning abilities achieved by a single solid-state atomic switch. Advanced Materials，2010，22（16）：1831-1834.

[49] Hasegawa T，Terabe K，Tsuruoka T，et al. Atomic switch：atom/ion movement controlled devices for beyond von-Neumann computers. Advanced Materials，2012，24（2）：252-267.

[50] Yu Y，Cui F，Sun J，et al. Atomic structure of ultrathin gold nanowires. Nano Letters，2016，16（5）：3078-3084.

[51] Halder A，Ravishankar N. Ultrafine single-crystalline gold nanowire arrays by oriented attachment. Advanced Materials，2007，19（14）：1854-1858.

[52] Roy A，Kundu S，Müller K，et al. Wrinkling of atomic planes in ultrathin Au nanowires. Nano Letters，2014，14（8）：4859-4866.

[53] Sánchez-Iglesias A，Rivas-Murias B，Grzelczak M，et al. Highly transparent and conductive films of densely aligned ultrathin Au nanowire monolayers. Nano Letters，2012，12（12）：6066-6070.

[54] Gong S，Schwalb W，Wang Y，et al. A wearable and highly sensitive pressure sensor with ultrathin gold nanowires. Nature Communications，2014，5：3132.

[55] Tang D M，Yin L C，Li F，et al. Carbon nanotube-clamped metal atomic chain. Proceedings of the National Academy of Sciences，2010，107（20）：9055-9059.

[56] Xiong Q，Wang J，Eklund P C. Coherent twinning phenomena：towards twinning superlattices in Ⅲ-Ⅴ semiconducting nanowires. Nano Letters，2006，6（12）：2736-2742.

[57] Wei L，Charles M L. Semiconductor nanowires. Journal of Physics D：Applied Physics，2006，39（21）：R387.

[58] Schmidt V，Wittemann J V，Senz S，et al. Silicon nanowires：a review on aspects of their growth and their electrical properties. Advanced Materials，2009，21（25-26）：2681-2702.

[59] Hochbaum A I，Fan R，He R，et al. Controlled growth of Si nanowire arrays for device integration. Nano Letters，2005，5（3）：457-460.

[60] Persson A I，Larsson M W，Stenström S，et al. Solid-phase diffusion mechanism for GaAs nanowire growth. Nature Materials，2004，3：677-681.

[61] Yang P，Yan H，Mao S，et al. Controlled growth of ZnO nanowires and their optical properties. Advanced Functional Materials，2002，12（5）：323-331.

[62] Wu Y，Cui Y，Huynh L，et al. Controlled growth and structures of molecular-scale silicon nanowires. Nano Letters，2004，4（3）：433-436.

[63] Caroff P，Dick K A，Johansson J，et al. Controlled polytypic and twin-plane superlattices in Ⅲ-Ⅴ nanowires. Nature Nanotechnology，2009，4：50-55.

[64] Novoselov K S，Geim A K，Morozov S V，et al. Two-dimensional gas of massless Dirac fermions in graphene. Nature，2005，438（7065）：197-200.

[65] Zhang Y，Tan Y W，Stormer H L，et al. Experimental observation of the quantum Hall effect and Berry's phase in graphene. Nature，2005，438（7065）：201-204.

[66] Geim A K. Nobel Lecture：Random walk to graphene. Reviews of Modern Physics，2011，83（3）：851-862.

[67] Miro P，Audiffred M，Heine T. An atlas of two-dimensional materials. Chemical Society Reviews，2014，43（18）：6537-6554.

[68] Zhu Y，Murali S，Cai W，et al. Graphene and graphene oxide：synthesis，properties，and applications. Advanced Materials，2010，22（35）：3906-3924.

[69] Kim J，Cote L J，Huang J. Two dimensional soft material：new faces of graphene oxide. Accounts of Chemical Research，2012，45（8）：1356-1364.

[70] Elias D C，Nair R R，Mohiuddin T M G，et al. Control of graphene's properties by reversible hydrogenation：evidence for graphane. Science，2009，323（5914）：610-613.

[71] Nair R R，Ren W，Jalil R，et al. Fluorographene：a two-dimensional counterpart of teflon. Small，2010，6（24）：2877-2884.

[72] Li G，Li Y，Liu H，et al. Architecture of graphdiyne nanoscale films. Chemical Communications，2010，46（19）：3256-3258.

[73] Li Y，Xu L，Liu H，et al. Graphdiyne and graphyne：from theoretical predictions to practical construction. Chemical Society Reviews，2014，43（8）：2572-2586.

[74] Takeda K，Shiraishi K. Theoretical possibility of stage corrugation in Si and Ge analogs of graphite. Physical Review B，1994，50（20）：14916-14922.

[75] Vogt P，de Padova P，Quaresima C，et al. Silicene：compelling experimental evidence for graphenelike two-dimensional silicon. Physical Review Letters，2012，108（15）：155501.

[76] Feng Y，Liu D，Feng B，et al. Direct evidence of interaction-induced Dirac cones in a monolayer silicene/Ag（111）system. Proceedings of the National Academy of Sciences，2016，113（51）：14656-14661.

[77] Liu C C，Feng W，Yao Y. Quantum spin Hall effect in silicene and two-dimensional germanium. Physical Review Letters，2011，107（7）：076802.

[78] Li L F，Lu S Z，Pan J B，et al. Buckled germanene formation on Pt（111）. Advanced Materials，2014，26（28）：4820-4824.

[79] Li L，Yu Y，Ye G J，et al. Black phosphorus field-effect transistors. Nature Nanotechnology，2014，9：372-377.

[80] Ling X，Wang H，Huang S，et al. The renaissance of black phosphorus. Proceedings of the National Academy of Sciences，2015，112（15）：4523-4530.

[81] Pakdel A，Bando Y，Golberg D. Nano boron nitride flatland. Chemical Society Reviews，2014，43（3）：934-959.

[82] Song X，Gao J，Nie Y，et al. Chemical vapor deposition growth of large-scale hexagonal boron nitride with controllable orientation. Nano Research，2015，8（10）：3164-3176.

[83] Wang Q H，Kalantar-Zadeh K，Kis A，et al. Electronics and optoelectronics of two-dimensional transition metal dichalcogenides. Nature Nanotechnology，2012，7：699-712.

[84] Chhowalla M，Shin H S，Eda G，et al. The chemistry of two-dimensional layered transition metal dichalcogenide nanosheets. Nature Chemistry，2013，5：263-275.

[85] Manzeli S，Ovchinnikov D，Pasquier D，et al. 2D transition metal dichalcogenides. Nature Reviews Materials，2017，2：17033.

[86] Naguib M，Mochalin V N，Barsoum M W，et al. 25th Anniversary article：MXenes：a new family of two-dimensional materials. Advanced Materials，2014，26（7）：992-1005.

[87] Ma R，Sasaki T. Nanosheets of oxides and hydroxides：ultimate 2D charge-bearing functional crystallites. Advanced Materials，2010，22（45）：5082-5104.

[88] Minoru O，Takayoshi S. Two-dimensional dielectric nanosheets：novel nanoelectronics from nanocrystal building blocks. Advanced Materials，2012，24（2）：210-228.

[89] Shekhah O，Liu J，Fischer R A，et al. MOF thin films：existing and future applications. Chemical Society Reviews，2011，40（2）：1081-1106.

[90] Chandra S，Kandambeth S，Biswal B P，et al. Chemically stable multilayered covalent organic nanosheets from covalent organic frameworks via mechanical delamination. Journal of the American Chemical Society，2013，135（47）：17853-17861.

[91] Wallace P R. The band theory of graphite. Physical Review，1947，71（9）：622-634.

[92] Slonczewski J C，Weiss P R. Band structure of graphite. Physical Review，1958，109（2）：272-279.

[93] Semenoff G W. Condensed-matter simulation of a three-dimensional anomaly. Physical Review Letters，1984，53（26）：2449-2452.

[94] Mermin N D，Wagner H. Absence of ferromagnetism or antiferromagnetism in one-or two-dimensional isotropic heisenberg models. Physical Review Letters，1966，17（22）：1133-1136.

[95] Hohenberg P C. Existence of long-range order in one and two dimensions. Physical Review，1967，158（2）：383-386.

[96] Mermin N D. Crystalline order in two dimensions. Physical Review，1968，176（1）：250-254.

[97] Kosterlitz J M，Thouless D J. Long range order and metastability in two dimensional solids and superfluids.（Application of dislocation theory）. Journal of Physics C：Solid State Physics，1972，5（11）：L124.

[98] Kosterlitz J M，Thouless D J. Ordering，metastability and phase transitions in two-dimensional systems. Journal of Physics C：Solid State Physics，1973，6（7）：1181.

[99] Gilman J J. Direct measurements of the surface energies of crystals. Journal of Applied Physics，1960，31（12）：2208-2218.

[100] Wang S，Zhang Y，Abidi N，et al. Wettability and surface free energy of graphene films. Langmuir，2009，25（18）：11078-11081.

[101] Wirtz L，Rubio A. The phonon dispersion of graphite revisited. Solid State Communications，2004，131（3）：141-152.

[102] Fasolino A，Los J H，Katsnelson M I. Intrinsic ripples in graphene. Nature Materials，2007，6：858-861.

[103] Meyer J C，Geim A K，Katsnelson M I，et al. The structure of suspended graphene sheets. Nature，2007，446（7131）：60-63.

[104] Castro Neto A H，Guinea F，Peres N M R，et al. The electronic properties of graphene. Reviews of Modern Physics，2009，81（1）：109-162.

[105] Hahn T. International Tables for Crystallography. Volume A：Space-Group Symmetry. 5th ed. Dordrecht：Springer，2002：92-109.

[106] Liu G，Chen X Q，Liu B，et al. Six-membered-ring inorganic materials：definition and prospects. National Science Review，2021，8（1）：nwaa248.

[107] Cahangirov S，Topsakal M，Aktürk E，et al. Two- and one-dimensional honeycomb structures of silicon and germanium. Physical Review Letters，2009，102（23）：236804.

[108] Liu C C，Jiang H，Yao Y. Low-energy effective Hamiltonian involving spin-orbit coupling in silicene and two-dimensional germanium and tin. Physical Review B，2011，84（19）：195430.

[109] Hod O. Graphite and hexagonal boron-nitride have the same interlayer distance. Why? Journal of Chemical Theory and Computation，2012，8（4）：1360-1369.

[110] Dean C R，Young A F，Meric I，et al. Boron nitride substrates for high-quality graphene electronics. Nature Nanotechnology，2010，5（10）：722-726.

[111] Liu Z，Ma R，Osada M，et al. Synthesis，anion exchange，and delamination of Co-Al layered double hydroxide：assembly of the exfoliated nanosheet/polyanion composite films and magneto-optical studies. Journal of the American Chemical Society，2006，128（14）：4872-4880.

[112] Li L，Ma R，Ebina Y，et al. Layer-by-layer assembly and spontaneous flocculation of oppositely charged oxide and hydroxide nanosheets into inorganic sandwich layered materials. Journal of the American Chemical Society，2007，129（25）：8000-8007.

[113] Aharonovich I，Toth M. Quantum emitters in two dimensions. Science，2017，358（6360）：170-171.

[114] Tran T T，Bray K，Ford M J，et al. Quantum emission from hexagonal boron nitride monolayers. Nature Nanotechnology，2015，11：37-41.

[115] Banhart F，Kotakoski J，Krasheninnikov A V. Structural defects in graphene. ACS Nano，2011，5（1）：26-41.

[116] Warner J H，Margine E R，Mukai M，et al. Dislocation-driven deformations in graphene. Science，2012，337（6091）：209-212.

[117] Krasheninnikov A V，Lehtinen P O，Foster A S，et al. Embedding transition-metal atoms in graphene：structure，bonding，and magnetism. Physical Review Letters，2009，102（12）：126807.

[118] Robertson A W，Montanari B，He K，et al. Dynamics of single Fe atoms in graphene vacancies. Nano Letters，2013，13（4）：1468-1475.

[119] Ramasse Q M，Seabourne C R，Kepaptsoglou D M，et al. Probing the bonding and electronic structure of single atom dopants in graphene with electron energy loss spectroscopy. Nano Letters，2013，13（10）：4989-4995.

[120] Yang X F，Wang A，Qiao B，et al. Single-atom catalysts：a new frontier in heterogeneous catalysis. Accounts of Chemical Research，2013，46（8）：1740-1748.

[121] Meyer J C，Kisielowski C，Erni R，et al. Direct imaging of lattice atoms and topological defects in graphene membranes. Nano Letters，2008，8（11）：3582-3586.

[122] Kotakoski J，Krasheninnikov A V，Kaiser U，et al. From point defects in graphene to two-dimensional amorphous carbon. Physical Review Letters，2011，106（10）：105505.

[123] Azevedo S，Kaschny J R，de Castilho C M C，et al. A theoretical investigation of defects in a boron nitride monolayer. Nanotechnology，2007，18（49）：495707.

[124] Jin C，Lin F，Suenaga K，et al. Fabrication of a freestanding boron nitride single layer and its defect assignments. Physical Review Letters，2009，102（19）：195505.

[125] Zhou W，Zou X，Najmaei S，et al. Intrinsic structural defects in monolayer molybdenum disulfide. Nano Letters，2013，13（6）：2615-2622.

[126] Ma T，Ren W，Zhang X，et al. Edge-controlled growth and kinetics of single-crystal graphene domains by chemical vapor deposition. Proceedings of the National Academy of Sciences，2013，110（51）：20386-20391.

[127] Lauritsen J V，Kibsgaard J，Helveg S，et al. Size-dependent structure of MoS_2 nanocrystals. Nature Nanotechnology，2007，2：53-58.

[128] Lin J，Cretu O，Zhou W，et al. Flexible metallic nanowires with self-adaptive contacts to semiconducting

transition-metal dichalcogenide monolayers. Nature Nanotechnology，2014，9：436-442.

[129] Huang P Y，Ruiz-Vargas C S，van der Zande A M，et al. Grains and grain boundaries in single-layer graphene atomic patchwork quilts. Nature，2011，469：389-392.

[130] Liu Y，Yakobson B I. Cones，pringles，and grain boundary landscapes in graphene topology. Nano Letters，2010，10（6）：2178-2183.

[131] Liu Y，Zou X，Yakobson B I. Dislocations and grain boundaries in two-dimensional boron nitride. ACS Nano，2012，6（8）：7053-7058.

[132] Cretu O，Lin Y C，Suenaga K. Evidence for active atomic defects in monolayer hexagonal boron nitride：a new mechanism of plasticity in two-dimensional materials. Nano Letters，2014，14（2）：1064-1068.

[133] Spencer B J，Tersoff J. Dislocation energetics in epitaxial strained islands. Applied Physics Letters，2000，77（16）：2533-2535.

[134] Raychaudhuri S，Yu E T. Critical dimensions in coherently strained coaxial nanowire heterostructures. Journal of Applied Physics，2006，99（11）：114308.

[135] Ferrando R，Jellinek J，Johnston R L. Nanoalloys：from theory to applications of alloy clusters and nanoparticles. Chemical Reviews，2008，108（3）：845-910.

[136] Guisbiers G，Mendoza-Cruz R，Bazán-Díaz L，et al. Electrum，the gold-silver alloy，from the bulk scale to the nanoscale：synthesis，properties，and segregation rules. ACS Nano，2016，10（1）：188-198.

[137] Chen P C，Liu X，Hedrick J L，et al. Polyelemental nanoparticle libraries. Science，2016，352（6293）：1565-1569.

[138] Guisbiers G，Mejia-Rosales S，Khanal S，et al. Gold copper nano-alloy，“tumbaga”，in the era of nano：phase diagram and segregation. Nano Letters，2014，14（11）：6718-6726.

[139] Yao Y，Huang Z，Xie P，et al. Carbothermal shock synthesis of high-entropy-alloy nanoparticles. Science，2018，359（6383）：1489-1494.

[140] Bu L，Zhang N，Guo S，et al. Biaxially strained PtPb/Pt core/shell nanoplate boosts oxygen reduction catalysis. Science，2016，354（6318）：1410-1414.

[141] Tao F，Grass M E，Zhang Y，et al. Reaction-driven restructuring of Rh-Pd and Pt-Pd core-shell nanoparticles. Science，2008，322（5903）：932-934.

[142] Wang D，Xin H L，Hovden R，et al. Structurally ordered intermetallic platinum-cobalt core-shell nanoparticles with enhanced activity and stability as oxygen reduction electrocatalysts. Nature Materials，2012，12：81.

[143] Peng X，Schlamp M C，Kadavanich A V，et al. Epitaxial growth of highly luminescent CdSe/CdS core/shell nanocrystals with photostability and electronic accessibility. Journal of the American Chemical Society，1997，119（30）：7019-7029.

[144] Smith A M，Mohs A M，Nie S. Tuning the optical and electronic properties of colloidal nanocrystals by lattice strain. Nature Nanotechnology，2009，4：56-63.

[145] Smith A M，Nie S. Semiconductor nanocrystals：structure，properties，and band gap engineering. Accounts of Chemical Research，2010，43（2）：190-200.

[146] Chen O，Zhao J，Chauhan V P，et al. Compact high-quality CdSe-CdS core-shell nanocrystals with narrow emission linewidths and suppressed blinking. Nature Materials，2013，12：445-451.

[147] Li Y，Xiang J，Qian F，et al. Dopant-free GaN/AlN/AlGaN radial nanowire heterostructures as high electron mobility transistors. Nano Letters，2006，6（7）：1468-1473.

[148] Paladugu M，Zou J，Guo Y N，et al. Nature of heterointerfaces in GaAs/InAs and InAs/GaAs axial nanowire heterostructures. Applied Physics Letters，2008，93（10）：101911.

[149] Xiang R，Inoue T，Zheng Y，et al. One-dimensional van der Waals heterostructures. Science，2020，367（6477）：537-542.

[150] Xiang J，Lu W，Hu Y，et al. Ge/Si nanowire heterostructures as high-performance field-effect transistors. Nature，2006，441：489-493.

[151] Nilsson H A，Duty T，Abay S，et al. A radio frequency single-electron transistor based on an InAs/InP heterostructure nanowire. Nano Letters，2008，8（3）：872-875.

[152] Wang K，Chen J J，Zeng Z M，et al. Synthesis and photovoltaic effect of vertically aligned ZnO/ZnS core/shell nanowire arrays. Applied Physics Letters，2010，96（12）：123105.

[153] Qian F，Li Y，Gradečak S，et al. Gallium nitride-based nanowire radial heterostructures for nanophotonics. Nano Letters，2004，4（10）：1975-1979.

[154] Philippe C，Maria E M，Borg B M，et al. InSb heterostructure nanowires：MOVPE growth under extreme lattice mismatch. Nanotechnology，2009，20（49）：495606.

[155] Kästner G，Gösele U. Stress and dislocations at cross-sectional heterojunctions in a cylindrical nanowire. Philosophical Magazine，2004，84（35）：3803-3824.

[156] Chuang L C，Moewe M，Chase C，et al. Critical diameter for III-V nanowires grown on lattice-mismatched substrates. Applied Physics Letters，2007，90（4）：043115.

[157] Yao Z，Postma H W C，Balents L，et al. Carbon nanotube intramolecular junctions. Nature，1999，402：273-276.

[158] Ouyang M，Huang J L，Cheung C L，et al. Atomically resolved single-walled carbon nanotube intramolecular junctions. Science，2001，291（5501）：97-100.

[159] Yakobson B I. Mechanical relaxation and “intramolecular plasticity” in carbon nanotubes. Applied Physics Letters，1998，72（8）：918-920.

[160] Tang D M，Kvashnin D G，Cretu O，et al. Chirality transitions and transport properties of individual few-walled carbon nanotubes as revealed by *in situ* TEM probing. Ultramicroscopy，2018，194：108-116.

[161] Zheng Y，Kumamoto A，Hisama K，et al. One-dimensional van der Waals heterostructures：growth mechanism and handedness correlation revealed by nondestructive TEM. Proceedings of the National Academy of Sciences，2021，118（37）：e2107295118.

[162] Geim A K，Grigorieva I V. Van der Waals heterostructures. Nature，2013，499：419-425.

[163] Zomer P J，Dash S P，Tombros N，et al. A transfer technique for high mobility graphene devices on commercially available hexagonal boron nitride. Applied Physics Letters，2011，99（23）：232104.

[164] Hunt B，Sanchez-Yamagishi J D，Young A F，et al. Massive Dirac fermions and Hofstadter butterfly in a van der Waals heterostructure. Science，2013，340（6139）：1427-1430.

[165] Dean C R，Wang L，Maher P，et al. Hofstadter’s butterfly and the fractal quantum Hall effect in moiré superlattices. Nature，2013，497：598-602.

[166] Yu G L，Gorbachev R V，Tu J S，et al. Hierarchy of Hofstadter states and replica quantum Hall ferromagnetism in graphene superlattices. Nature Physics，2014，10：525-529.

[167] Rivera P，Yu H，Seyler K L，et al. Interlayer valley excitons in heterobilayers of transition metal dichalcogenides. Nature Nanotechnology，2018，13（11）：1004-1015.

[168] Hong X，Kim J，Shi S F，et al. Ultrafast charge transfer in atomically thin MoS_2/WS_2 heterostructures. Nature Nanotechnology，2014，9：682-686.

[169] Cao Y，Fatemi V，Demir A，et al. Correlated insulator behaviour at half-filling in magic-angle graphene superlattices. Nature，2018，556（7699）：80-84.

[170] Cao Y，Fatemi V，Fang S，et al. Unconventional superconductivity in magic-angle graphene superlattices. Nature，2018，556（7699）：43-50.

[171] Haigh S J，Gholinia A，Jalil R，et al. Cross-sectional imaging of individual layers and buried interfaces of graphene-based heterostructures and superlattices. Nature Materials，2012，11：764-767.

[172] Rooney A P，Kozikov A，Rudenko A N，et al. Observing imperfection in atomic interfaces for van der Waals heterostructures. Nano Letters，2017，17（9）：5222-5228.

[173] Argentero G，Mittelberger A，Monazam M R A，et al. Unraveling the 3D atomic structure of a suspended graphene/hBN van der Waals heterostructure. Nano Letters，2017，17（3）：1409-1416.

第3章 低维材料的控制制备

材料科学的核心是结构与性能关系，结构控制是实现材料功能与应用的前提。传统金属材料的制备与加工，包括微观结构组织、表面状态与构件外形的控制，以及不同构件之间的连接，可分为材料生长、组装和加工三个类型，包括冶炼、铸造、锻造、热处理、机加工、表面改性、焊接和铆接等（图 3.1）。低维材料的制备与结构控制，从基础研究角度，是探索和检验低维基础理论的物质基础；从实际应用角度，是实现其优异性质和独特功能的必经之路。

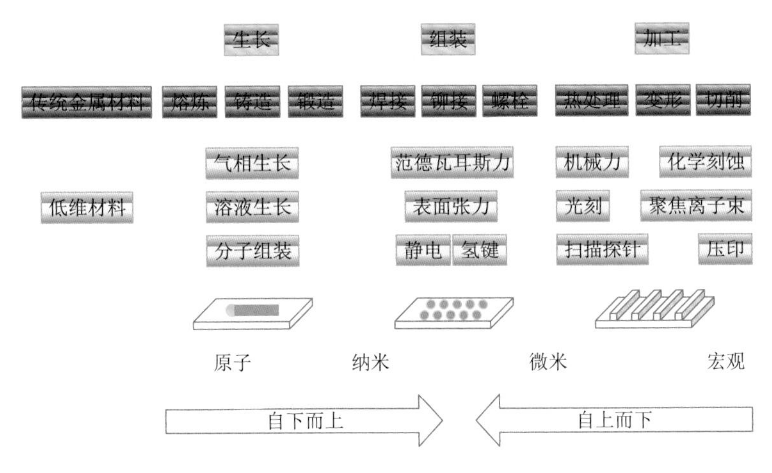

图 3.1 传统金属材料与新型低维材料的生长、组装、加工等制备技术（均可分为自下而上和自上而下两条控制策略）

低维材料的特征尺度是纳米水平，其性质与其原子尺度的精细结构密切相关，要求在原子或分子水平上实现结构均匀性控制；又需要通过组装和界面连接构筑成宏观尺度的功能器件，要求各个层次上有序度与界面结构的精确控制；最终能否得以应用还取决于实际制备过程的控制精度、生产规模和生产成本等。针对低维材料结构控制的综合挑战，需要深入理解其生长机理，开发和改进生长、组装、加工方法及装备。

低维材料的制备与结构控制是一个极为活跃的研究领域，在 Web of Science 收录的 SCI 论文数据库中，标题包括“纳米合成”或“纳米生长”的论文每年有 9000 篇左右，涵盖了零维、一维、二维、异质结构的金属、陶瓷、半导体和聚合物等体系。本章的目标是在这个“丛林”中，梳理出低维材料制备的通用基础原理与结构控制策略。

如图 3.1 所示，与传统材料一样，低维材料的制备包括生长、组装和加工。以下各节中，3.1 节阐述低维材料生长和组装的热力学与动力学基本原理，以及结构控制策略；3.2 节介绍自下而上的低维材料生长原理与控制方法；3.3 节介绍低维材料的组装与层次结构的构筑；3.4 节介绍自上而下的低维材料加工方法；3.5 节总结低维材料控制制备方面的成果、面临的挑战和未来发展方向。

3.1 低维材料制备基本原理

3.1.1 自下而上与自上而下

材料制备可分为两条路径：自下而上生长与组装和自上而下的加工。化学合成是典型的自下而上方法，可制造大量全同分子，这些分子具有分子尺度的均匀性，但通常在宏观尺度无序排列；传统的材料加工则是典型的自上而下方法，对大量原子整体统一增减或变形重组，但加工精度受限于加工手段。低维材料介于分子和块体材料之间，其性质与原子排列密切相关，而在一个或多个维度上的尺寸又比普通小分子大几个数量级，其制备需要考虑组成、尺度、维度、形状、表面和界面等多层次的结构控制。

自下而上路径包括低维材料的生长和组装，遵循的热力学与动力学基本原理相通，但涉及的具体作用、能量和过程则相差甚远。生长主要是原子间共价键等强化学键的形成过程，形成具有纳米特征尺度的低维结构；组装是低维单体结构之间通过范德瓦耳斯力等弱相互作用的连接和堆垛。自上而下的低维材料加工路径则主要涉及各种外力作用下的降维过程、外形控制和连接构筑。实际的制备过程中，经常将自下而上和自上而下两条路径结合运用。如图 3.2 所示，一个有效的低维材料大量制备方法是模板法。用加工的方式制备出规则排列的孔道或表面结构，在模板的限制作用下生长出微观和宏观上均有序的低维材料。

3.1.2 生长和组装热力学

材料生长和组装的热力学与动力学是微观结构控制的基础。热力学回答的问题是平衡条件下最有可能的稳定结构。动力学回答的是具体环境条件下，不同构型的竞争形成过程。热力学统计是以大体系为基本假设，系统中包含足够多的个

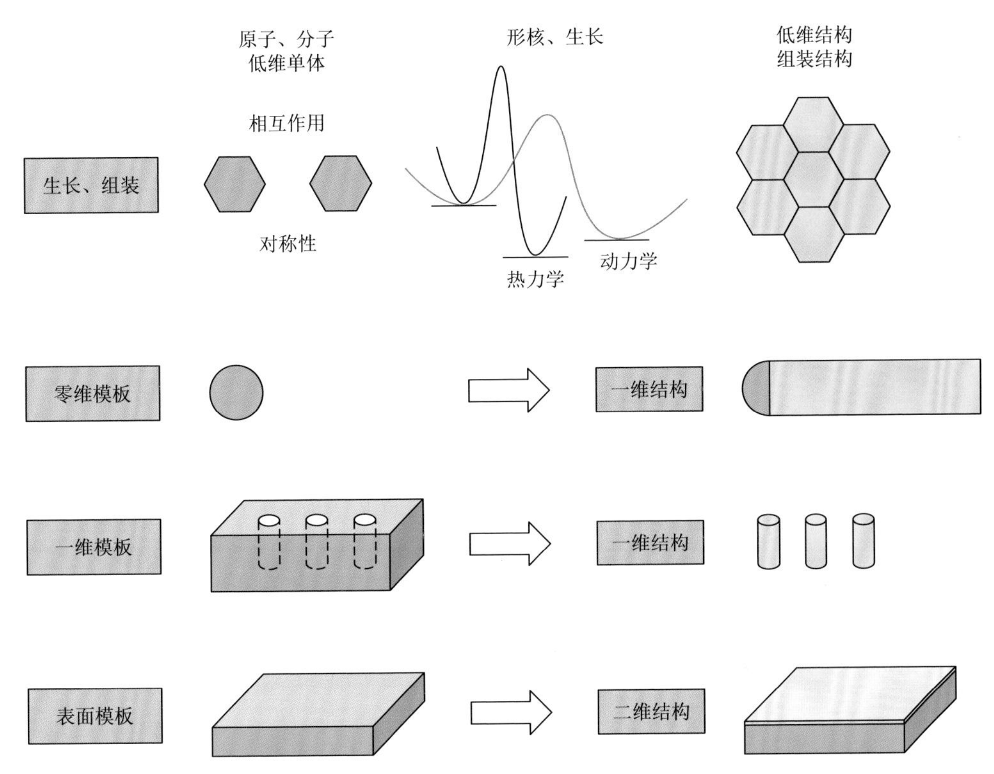

图 3.2　低维材料的生长和组装：以原子和分子为组成单元的生长及以低维结构为组成单元的组装，均在单体相互作用与对称性的影响下进行，最终通过形核与生长制备出低维结构与组装结构，其过程受热力学和动力学控制；另外，模板辅助也是控制维度与尺度的常用策略，包括零维纳米颗粒催化剂生长纳米线与纳米管、一维孔道模板生长纳米线和二维表面模板生长二维结构

体，或者经过足够长的时间，遍历所有可能的构型，“寻找”并达到热力学平衡。而低维材料的生长是一个有限体系在有限时间发生的过程，需要考虑空间和时间尺度效应。

以等温等压热力学过程为例，$\Delta G = \Delta H - T\Delta S$，其中，$G$ 为吉布斯自由能；H 为热焓，与系统内能和相互作用相关；T 为温度；S 为熵。材料的生长过程是一个多相的，在重力、电场和磁场等外场作用下的过程，材料生长过程要考虑外场中的化学势，对应于等温等压过程 $\mathrm{d}G = \sum_{i=1}^{n} \mu_i \mathrm{d}N_i$，外部作用包含在化学势 μ 中。对应于材料生长和组装，有必要了解在一定环境条件下，系统中的相互作用、能量和熵的来源。

1. 结合能

材料生长的主要步骤是强化学键的形成，因而结合能是首要考虑的热力学能量形式。化学键相互作用类型决定材料性质，也在一定程度上决定了合成与加工路径。金属低维材料以金属键结合，半导体和介电材料以共价键或离子键结合。金属材料中自由电子变成共用“电子海”，离子键则通过电荷转移形成阴阳离子，金属材料和离子键结合材料可以通过溶液中离子反应合成。共价键结合的材料，电子形成局域共用电子对，结合能较高，通常需要更高激活能和更高温度的反应。

低维材料的组装则是在静电、氢键、范德瓦耳斯力、主客体作用等弱化学键和相互作用下的有序化过程，其结合较弱，因而激活能相对较低，通常在温和条件下进行组装。例如，在液体表面发生的 Langmuir-Blodgett 组装过程，相互作用保持在 $k_B T$ 水平，接近平衡状态，在热扰动的帮助下，材料结构逐步接近平衡结构。

2. 表面能和边缘能

低维结构与块体相比，最显著的特点是表面原子比例大，因而表面能或边缘能是重要的能量项。富勒烯与碳纳米管结构能够稳定存在的原因就是小尺度下，石墨烯片层形成封闭结构而降低边缘能。根据 Wulff 理论，在一定体积下，体系总表面能趋向最小化。以面心立方结构为例，表面能排序为（111）＜（100）＜（110），因而倾向由（111）和（100）两种晶面围成的截面八面体。表面能的相对大小与实际所处的环境及表面官能团等相关，也是调节晶体形貌的基本出发点。

3. 熵的影响

低维结构可以看作一个大分子，随着原子个数的增加，可组成很多结合能相当的分子构型，不同构型熵的差异是决定相对稳定性的重要因素。以富勒烯和碳纳米管为例，形成封闭石墨笼状结构要求 12 个不相邻的五元环。在这一拓扑几何限制下，组成碳原子数越多，其结合能相近的异构体也越多。Bichara 等提出不同手性指数对应的组态熵是决定单壁碳纳米管手性分布的主导因素[1]。

低维材料的组装过程，由于相互之间作用较弱，与生长过程相比，熵起到更为重要的作用[2]。熵通常被认为是无序度的体现，更准确的定义是体系相空间中的占据体积，在一定条件下可能的组合数。对于固体材料而言，原子的平动自由度被冻结以后，熵主要来自原子振动和转动自由度。对于简单的硬球堆垛模型，其组态熵体现在“自由体积”。密排结构能够更为充分地利用三维空间，有效自由体积更大，具有更高的自由度和更高的组态熵。因而理想硬球模型在熵最大原理下，以面心立方结构紧密堆垛[3]。

4. 外场作用

化学键的作用通常限于相邻的原子或组装单元之间，属于近邻作用，随距离 r 增大而快速减小，如库仑作用满足 r^{-2} 关系，范德瓦耳斯力符合 r^{-6} 关系。而外场作用则可以在一个很大的空间内形成一个相对均匀的场，如重力场、电场和磁场等，在形成大范围长程有序的组装过程中起到重要作用。

3.1.3　生长和组装动力学

材料的生长过程，包括反应、形核、生长和扩散等动力学过程。理解每一步不同构型和过程对应的激活能等动力学特征，是选择控制材料实际最终结构的基础。生长动力学可看成系统状态点在势能面上行走并达到控制结构目标的过程。这个势能面的信息很难获得，而且通常很复杂，对低维材料生长动力学的研究是一个很大的挑战。

形核是决定最终材料构型的关键步骤，后续生长是在形核中心的基础上对称性降低的过程。形核驱动力来自体系吉布斯自由能的降低：$\Delta G = -V\rho\Delta\mu + A\gamma + E_{\text{strain}} - E_{\text{defect}}$，其中，$V$ 为体积；ρ 为粒子数量密度；$\Delta\mu$ 为两相的化学势之差；A 为面积；γ 为表面能；后两项分别为应变能和缺陷能。形核具有一个临界尺寸，对应于晶胚继续长大引起吉布斯自由能升高或降低的临界点。小于临界尺寸的颗粒将溶解，大于临界尺寸的颗粒才能继续生长。

根据是否有形核中心可分为均质形核和异质形核。由于异质界面的存在，异质形核对应的临界尺寸比均质形核的小很多，更容易发生，可通过界面关系控制形核结构。通常纳米晶的液相生长是一个均质形核过程，而一维与二维材料的生长是异质形核过程，发生在催化剂或基体的界面上。

低维材料组装过程与生长过程相比，由于组装单元大而相互作用弱，体现出不同的动力学特点。在一定温度下，达到热平衡，粒子平均动能为$k_{\text{B}}T$，同时粒子动能可表示为$\frac{1}{2}mv^2$。动能一定，粒子越大，平均速率越小，需要更长时间才能达到平衡状态。Weidman 等采用原位 X 射线衍射表征了蒸发过程中 PdS 纳米晶超晶格的形成过程。从均匀胶体，经过面心立方（FCC）到体心正交（BCT）中间状态，形成最终的体心立方（BCC）超晶格构型，其特征时间长达 10min[4]。

3.1.4　低维结构的控制策略

在生长、组装和加工的基本原理基础上，低维材料的结构控制策略主要可以分为热力学、动力学两类。在一定条件下，反应时间越长，获得热力学稳定构型的概率越高。而动力学控制则要考虑不同构型之间的相对竞争速度，最佳条件是目标构型能够生长的临界条件附近。

具体的结构控制策略可分为本征性质主导、模板诱导和外场调控，以及三种策略综合运用。极限低维材料存在于本征结构限制范围内，如二维材料通常来源于块体层状晶体。在低维材料的小尺度条件下，与尺度相关的能量项发生变化，材料的本征性质和稳定性也会发生变化，一个经典的例子是高度弯曲而承受巨大应变作用的 C_{60} 分子特定构型的特别稳定性，是边缘封闭、机械应变和对称性作用的结果。模板诱导控制媒介包括化学气相沉积方法中的催化剂和基体、液相生长中的胶束等。对于热力学预言不能稳定存在的二维材料，与基体的结合是提高其稳定性、实现控制生长的关键。催化剂-低维材料生长界面反应和物质输运机理的理解是调控碳纳米管和纳米线等一维材料结构的基础。外场调控在大范围有序组装方面起到重要作用，近期也发现生长过程中的静电场作用能够影响碳纳米管的金属性和半导体性等本征性质[5]。

3.2 低维材料的生长方法

低维材料自下而上的合成生长是原子尺度共价键等强化学键的连接，由化学反应和晶体生长的热力学与动力学控制，影响因素包括晶体本征相稳定性、对称性、表面能差异、化学环境和模板限制等。本节将分为分子合成、液相生长和气相生长三个部分，从本征性质、模板诱导和外场调控三个方面介绍低维材料生长的控制策略，穿插对于化学反应、晶体生长和物质传输等生长机理的理解，并简单介绍机器学习等新技术在模拟和优化生长中的应用。

3.2.1 分子合成

费曼在一场著名的演讲中提出过一个梦想——操纵一个个原子构建材料器件，并指出从物理原理考虑这并不是不可能的[6]。过去数十年间，随着扫描探针显微镜技术的发明和进步，单个原子的操纵以及构造具有量子特性的结构已经可以实现[7, 8]。另外，用分子合成的方法，Sauvage、Stoddart 和 Feringa 设计和制造了“分子机器”，并因此获得了 2016 年诺贝尔化学奖，这展示了从原子、分子自下而上设计和制作功能器件的前景。分子通过自组装或者共价键偶联的方法，原则上可获得原子级精度控制，从而精准控制材料的物理化学性质，这是一个特别有吸引力的制备路径。

低维材料的分子合成通常结合扫描探针显微镜，在金属单晶基体表面增加分子停留、碰撞和反应机会，形成自组装的纳米结构，利用金属的催化活性促进分子之间的偶联反应，以共价键形式连接起来而形成功能结构大分子或低维结构，同时用 STM 或 AFM 原位表征分子反应前后以及中间构型，并研究其电子结构等性质。

如图 3.3 所示，以苯环为基本单元可构筑石墨烯零维量子点、一维纳米带和二维单晶[9]。2007 年，Grill 等报道了含有溴的有机分子在金（111）表面上脱溴偶联反应，在固体表面上实现了乌尔曼反应，制备了二聚体、一维长链和二维网格等共价键连接的纳米结构[10]。2010 年，Fasel 和 Müllen 等采用前驱体分子先通过脱溴偶联形成长链，再经加热脱氢环化形成平面型的石墨烯结构，合成了宽度只有 1nm 的扶手椅型石墨烯纳米带[11]。

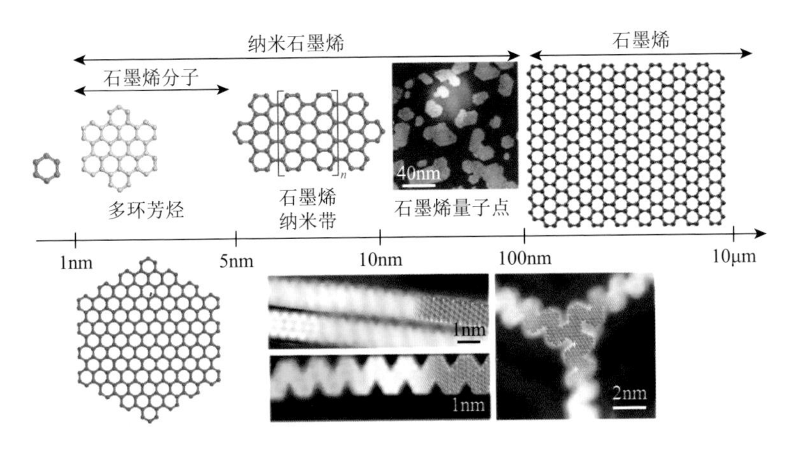

图 3.3 分子合成石墨烯：从苯环分子到石墨烯零维量子点、一维纳米带和二维单晶[9]

分子合成方法的关键是分子前驱体的设计，根据其对称性，可生长成各向同性或各向异性的不同维度低维结构。Fasel 等采用具有三次旋转对称的聚苯分子作前驱体，在 Cu（111）表面通过 C—C 偶联反应合成出三角形构型的纳米石墨烯[12]。通过设计分子前驱体，也能合成出低维多孔结构。Fasel 等设计了两个苯环之间 C—C 偶联的前驱体分子，聚合生成有序多孔石墨烯蜂窝结构[13]。

2019 年，Kaiser 等合成了一个 18 个碳原子的纯碳环[14]。早在 1966 年研究者就已经开始理论研究 C_{18} 环的结构和性质，但实验上合成难度很大。Kaiser 等采用原子力显微镜操纵分子反应的方法获得了成功。首先合成环碳氧化物分子前驱体 $C_{24}O_6$，而后用针尖将 CO 逐一去除，留下一个 C_{18} 环。原位表征发现这是一个 sp 杂化形成的三键和单键交替的结构。这个工作在分子水平上完美结合了自下而上合成与自上而下加工这两条路线。

随着原子个数的增加，分子合成得到特定构型的难度越来越大。用分子合成的方法制备一个籽晶，而后通过外延生长，保持其籽晶结构，能够充分体现分子设计合成的优势，同时克服其体系大小的限制。Fasel 等设计了一个多环烃前驱体分子 $C_{96}H_{54}$，通过 C—C 偶联去氢反应合成了一个（6, 6）单壁碳纳米管的碳帽结构，而后通过外延生长的方法获得了（6, 6）单一手性单壁碳纳米管[15]。

3.2.2 液相生长

低维材料的液相生长历史至少可以追溯到 19 世纪法拉第采用溶液法合成金纳米颗粒。液相合成包括金属、氧化物、硫化物、Ⅱ-Ⅵ族和Ⅲ-Ⅴ族半导体等众多体系，能够对成分、尺寸、形状、缺陷和界面等进行有效控制，可获得大量稳定存在于溶液或溶胶中结构均匀的低维材料。液相反应条件温和，有利于实际生产和大量应用。

纳米晶的生长，要考虑前驱体、表面配体和溶剂环境体系中的相互作用，包括前驱体化学反应与晶体形核生长两部分。前驱体反应主要是金属盐的还原或者分解。随着浓度增大，达到过饱和以后，通过均质形核形成籽晶。纳米晶在溶液中的稳定性与表面配体及其相互作用密切相关。表面配体与不同晶面的结合强度是调节晶面表面能、生长速率以及产物尺寸、形状的重要手段。

1. 尺寸控制

液相生长纳米晶通常是一个均质形核生长的过程，尺寸控制有赖于形核-生长机理的理解。一个挑战是奥斯特瓦尔德熟化，随着反应进行和反应物浓度下降，在表面能作用下，小颗粒溶解或被吞并，大颗粒持续生长，导致尺寸分布不均。要解决熟化问题，一个是对形核进行控制，避免尺寸不均一的晶胚；另一个是对过饱和度的控制。

哥伦比亚大学 LaMer 和 Dinegar 指出，获得单一尺寸胶体粒子的必要条件是：单次而非连续形核，在较小过饱和度条件下缓慢生长[16]。美国贝尔实验室 Brus 研究组和麻省理工学院 Bawendi 研究组提出“热配位溶剂中的有机金属合成”，将反应物前驱体快速注入到溶液中，瞬间大量形核，而后溶液浓度降低，过饱和度降低，实现了接近单尺寸分散的 CdSe 等Ⅱ-Ⅵ族纳米晶的制备[17, 18]。美国劳伦斯伯克利国家实验室 Alivisatos 和彭笑刚等发明了“尺寸聚焦”方法，从过饱和度的控制出发，反应物浓度略高于饱和浓度，在接近平衡条件下生长纳米晶。小颗粒生长快，大颗粒生长慢，实现尺寸集中“聚焦”[19, 20]，在Ⅱ-Ⅵ族和Ⅲ-Ⅴ族等体系中获得了普遍成功[21]。

2. 晶面控制

纳米晶不同表面的催化等性质有显著差异，控制其表面晶面构成和晶体形状是纳米晶生长的重要课题。主要调控参数是不同晶面之间的表面能差异，通过表面配体选择性吸附的方式实现。

华盛顿大学夏幼南等总结了形状控制金属纳米晶的生长规律（图 3.4）[22]，突出了形核过程中缺陷的影响，包括层错、孪晶和多重孪晶等，以及不同晶面表面能大小和比例在生长过程中对形状演变的决定性作用。多种金属包括钯、银、金、铂、铜、铑、铋、铁和钴等，都能够制备出多种形状的纳米晶，包括球体、立方体、八面体、十面体、二十面体、纳米片和纳米棒等[23]。

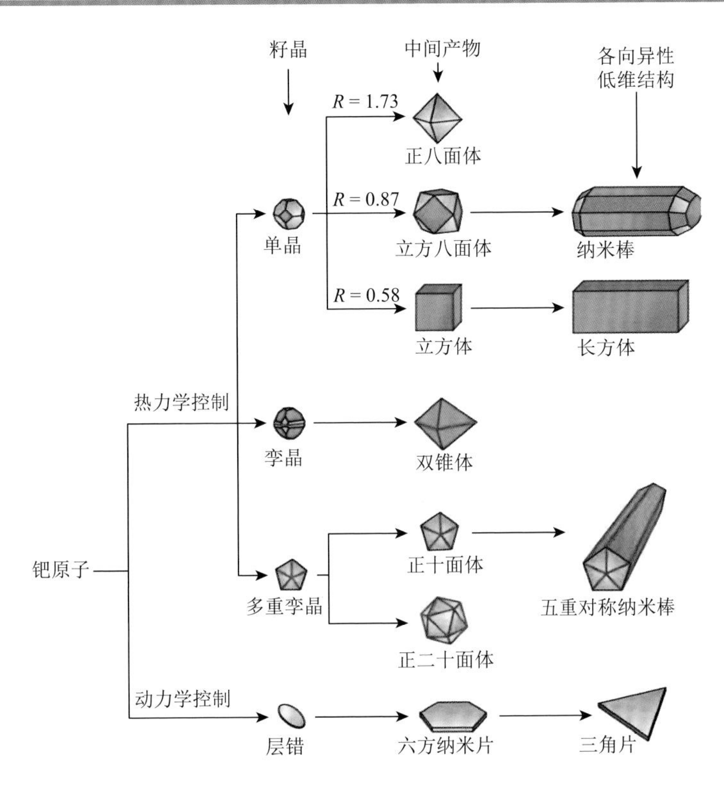

图 3.4　钯纳米晶在生长热力学与动力学控制下形成的不同形状（R 为<100>与<111>方向上晶体生长速率之比）[22]

离子键结合的硫化铅（PbS）表面有铅和硫原子各占一半的非极性的（001）表面和铅原子终结的极性（111）面。不同的表面构型和阴阳离子排列方式决定表面吸附分子或离子状态。美国劳伦斯伯克利国家实验室汪林望等利用 OH^- 等基团在极性和非极性面结合能的差异，成功调控了（111）面和（001）面的比例，预测并制备了不同形状的 PbS 纳米晶[24]。

一般而言，晶体表面倾向由表面能低、稳定性高的晶面构成。然而稳定性高的晶面通常化学活性较低。对于光催化应用很重要的 TiO_2，热力学稳定的是（101）面，而活性更高的是（001）面。昆士兰大学逯高清等发现氟原子的吸附能够改变 TiO_2 表面能的大小顺序，使得（001）面的表面能比（101）面低，从而制备出（001）面占优的晶体[25]。在此基础上，中国科学院金属研究所刘岗等调控出一系列不同晶面主导的特定形貌的 TiO_2 晶体[26]。近期东京大学 Domen 研究组报道了由（110）和（100）晶面构成的 $SrTiO_3$ 晶体，利用这两种晶面对共催化剂不同的吸附作用，沉积了共催化剂 Rh/Cr_2O_3 和 CoOOH，分别加速析氢反应（HER）和析氧反应（OER），表现出优异的光分解水性能[27]。

3. 成分控制

异质结构在催化、光学和电学等功能材料和器件中都很重要。通过合理的成分控制，在催化剂中，将高活性的贵金属分布在表面，高稳定性的廉价金属组成核心，能够在降低成本的同时提高催化活性与稳定性。在半导体器件中，将参与光电输运过程的电子限制在异质界面而不是在表面，可避免表面缺陷的影响。

合金和异质纳米晶可通过多步外延生长的方式获得，以第一步生成纳米晶为模板，异质界面控制形核生长壳层纳米晶。关键是生长外层纳米晶的过程中，控制其前驱体的过饱和度，使均质形核不发生，而优先在核心纳米晶上形核生长。

芝加哥大学 Guyot-Sionnest 等采用二步法生长 CdSe-ZnS 核壳结构纳米晶。表面 ZnS 层具有比 CdSe 更大的带隙，形成一个球壳形量子阱，荧光量子产率提高 50%[28]。浙江大学彭笑刚等合成了一系列不同厚度的 CdSe-CdS 核壳结构量子点，发现厚度为 4～16 个原子层的壳层结构能够减少发光过程中的闪烁现象，从而提高总体发光效率和亮度[29]。

纳米晶生长与选择性刻蚀结合可获得笼状、空心和多层等异质结构。美国阿贡国家实验室 Wang 等首先合成了 PtNi 合金纳米晶，然后通过酸刻蚀选择性去除表面 Ni，经过高温退火处理获得了表层 Pt 富集的异质催化剂结构[30]。在氧还原电化学反应中，与常规 Pt 催化剂相比，这种异质催化剂的活性能够提高一个数量级。

4. 孔结构控制

很多时候，我们看材料，看到的是材料的“实体”，而在很多应用中，“空间”是材料功能的不可或缺的部分。对于物质输运、能量储存等过程，输运通道和储存位置都需要由“实体”材料构成的“空间”。纳米空间材料，传统上也称为“多孔材料”，包括沸石、金属有机骨架（MOF）材料、共价有机骨架（COF）材料和中孔材料等。

纳米空间材料的制备，核心任务就是造孔，主流的方法是模板法，其中常用的方法是胶束模板法。利用表面活性剂等双亲分子在水相中自组装形成零维、一维和二维相互连接的聚合体。前驱体以此为模板，在受限空间内反应，生成有序多孔结构。限于篇幅，本书不展开介绍关于纳米空间材料的制备，感兴趣的读者可参考近期发表的综述[31]～[34]。

3.2.3 气相生长

上一节介绍了液相生长低维材料方法，可归为传统的“化学方法”。此方法要找到合适的液相反应和在液相中稳定存在的前驱体，并且前驱体以离子形式参与反应。对于共价键结合的低维材料，往往不适用。

本节介绍气相中低维材料的生长，通过加热和溅射等方式产生前驱体，在气相中通过分子或原子反应、形核和生长。与液相生长相比，气相生长能够提供更高的能量，在热力学势能面上进行更大范围的起伏，从而获得更为极端的结构。20 世纪 80 年代，纳米材料的先驱，德国萨尔兰大学的 Gleiter 教授就是通过气相生长方法制备纳米晶粉末，而后将其烧结形成具有纳米组织的固体材料[35]。

1. 电弧放电与激光烧蚀法

电弧放电与激光烧蚀法产生高达 5000K 的极端高温，将反应物变成远离平衡态的等离子体，而后凝聚成固态低维材料。1985 年，Kroto 等[36]为研究长链碳分子在星际空间的形成机理，用激光将石墨电极气化，意外发现气相质谱中对应 60 和 70 个碳原子的峰强度特别高。他们提出一种截角正二十面体封闭结构模型（足球）来解释 C_{60} 的特殊稳定性，模型包含 60 个顶点，组成 12 个五边形和 20 个六边形。Krätschmer 等采用石墨棒为电极，在惰性气氛下在两个电极之间形成电弧，阳极碳在高温等离子体作用下形成碳等离子体，在阴极上沉积制备大量富勒烯[37]。

1991 年，Iijima 利用高分辨透射电子显微镜分析电弧法制备的富勒烯产物，意外观察到了碳纳米管[38]，这是此种极端制备方法的又一个惊喜。1993 年，Iijima 和 Ichihashi[39]及 Bethune 等[40]独立地采用电弧法生长出单壁碳纳米管，其关键是引入了铁和钴过渡金属催化剂。

电弧放电与激光烧蚀法所得到的低维材料结晶度很高，但生长条件难以精确控制，生长过程也难以定量研究和准确理解，大量制备和应用受到一定限制。

2. 化学气相沉积

化学气相沉积（CVD）是目前主流的低维材料气相生长方法，与电弧放电和激光烧蚀法相比，条件相对温和，温度一般在 2000K 以内。前驱体通常是气体分子，主要能量来源一般是加热高温，称为热 CVD。结合等离子体辅助活化和分解前驱体，可降低反应和生长温度，称为等离子增强 CVD。生长过程中可用催化剂和基体来引导和调控低维材料的结构。

CVD 方法可以生长出多种半导体纳米线，包括硅、锗、氮化镓、磷化镓和氧化锌等，可以控制其直径、晶体结构、生长位置和生长方向，以及异质结构。通过螺型位错等缺陷诱导，可生长螺旋结构的纳米线等复杂结构[41, 42]。CVD 方法的生长机理，已经有很多理论和原位研究（图 3.5）。早在 1964 年 Wagner 等提出了气-液-固（V-L-S）生长机理，包括气相反应物在催化剂作用下的催化分解，溶入催化剂形成共晶液相颗粒，浓度达到过饱和，在固液界面析出和继续生长过程，其基本过程可以用二元共晶相图来理解[43, 44]。

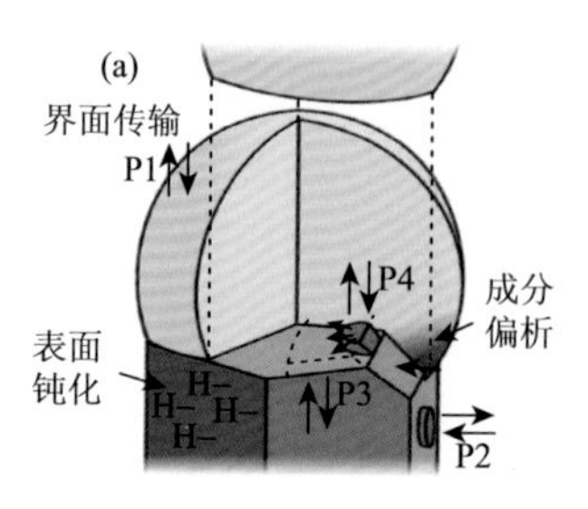

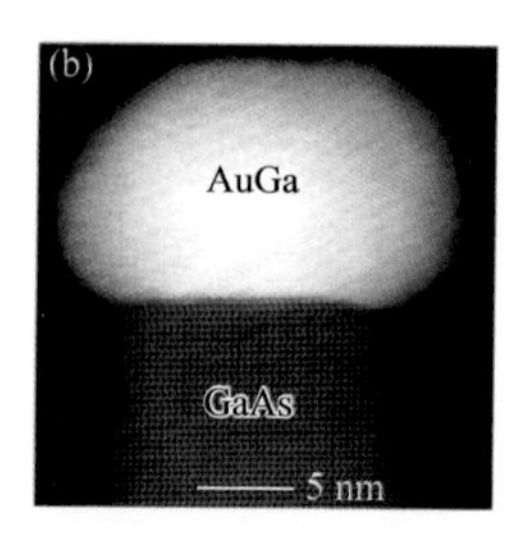

图 3.5 （a）CVD 方法生长纳米线的气-液-固机理中的界面传输过程：P1. 气态反应物—液态催化剂颗粒；P2. 气态反应物—固态纳米线侧壁；P3. 纳米线侧壁—催化剂颗粒；P4. 催化剂颗粒—纳米线内部；（b）纤锌矿结构砷化镓纳米线与顶部金-镓合金催化剂颗粒的高分辨扫描透射电子显微镜（STEM）照片[42, 45]

CVD 是生长和控制碳纳米管结构的主流方法，控制关键在于催化剂的设计，特别是对催化剂-碳纳米管生长界面的理解和控制[46]。碳纳米管的生长位置由催化剂的位置决定[47]；结合气流控制，可获得水平方向平行排列阵列；利用拥挤效应，可控制碳纳米管阵列垂直生长[48, 49]；使催化剂浮动起来，可实现大量连续生长[50]；调节气氛，可控制碳纳米管金属性和半导体性的比例[51]；采用高温时结构稳定的固态催化剂，利用界面外延关系，可一定程度上控制碳纳米管的手性分布[52]。另外，以碳纳米管为模板，通过二次 CVD 生长，可获得不同成分的异质纳米管结构[53]。

随着表征技术的发展和理论研究的深入，人们对 CVD 生长碳纳米管机理有了更多认识。我们发现采用固态氧化物催化剂可生长单壁碳纳米管，原位 TEM 观察发现催化剂颗粒在碳纳米管生长过程中保持固态晶体结构，从而提出了气-固-固（V-S-S）机制[54]。在金属钴催化生长碳纳米管的原位 TEM 观察发现催化剂呈固态，与碳反应生成碳化钴（Co_3C）相，碳原子通过催化剂表面及其与碳纳米管的界面扩散供给，从而解释了这一体系中多壁碳纳米管快速生长的供碳问题[55]。

CVD 也广泛用于生长二维材料，与一维纳米线和纳米管生长的不同之处在于，催化剂从零维颗粒变成平面基体，用于稳定热力学上不稳定的二维结构[56]，在晶粒尺寸[57]、边缘结构[58]和洁净程度[59]等方面取得了有效控制。北京大学刘忠范、彭海琳团队致力于“超洁净”石墨烯的开发，系统分析了石墨烯表面污染来源，采用气相反应调控、选择性刻蚀等多种方法实现石墨烯表面清洁[60]。中国科学院金属研究所任文才等对石墨烯生长动力学进行了一系列的调控，提出“生长-刻蚀-再生长”策略，降低形核密度和修复结构缺陷，获得了高质量的大尺寸石墨烯单晶[61]；通过调控反应气氛和冷却速度，获得了从微米到纳米尺度分布的石墨烯多晶，通过改变晶界密度调控其电学、力学和热学性质[62, 63]。

单层过渡金属硫化物（TMD）是一个重要的二维材料家族，结构相近而性质有很大差异，可用于构建功能丰富的光电子器件。采用热蒸发输运方法，以单质硫族元素为前驱体，以过渡金属氧化物为金属前驱体，可以在基体上通过 CVD 方法生长结晶度很高的单层晶体[64, 65]。Ajayan 和段镶锋等通过二次外延生长获得了不同 TMD 构成的层间与层内异质结构[66-68]。金属氧化物前驱体熔点高而饱和蒸气压低，生长温度相对较高。日本国立材料科学研究所李世胜等发现添加的 NaCl 可与金属氧化物形成低熔点化合物，降低生长温度，以气-液-固方式生长二维材料，获得纳米带、晶圆级单层和掺杂异质结构等多种构型（图 3.6）[69-71]。新加坡南洋理工大学刘政等发展了这一方法并制备出多达 47 种不同组分的 TMD 系列二维材料[72]。

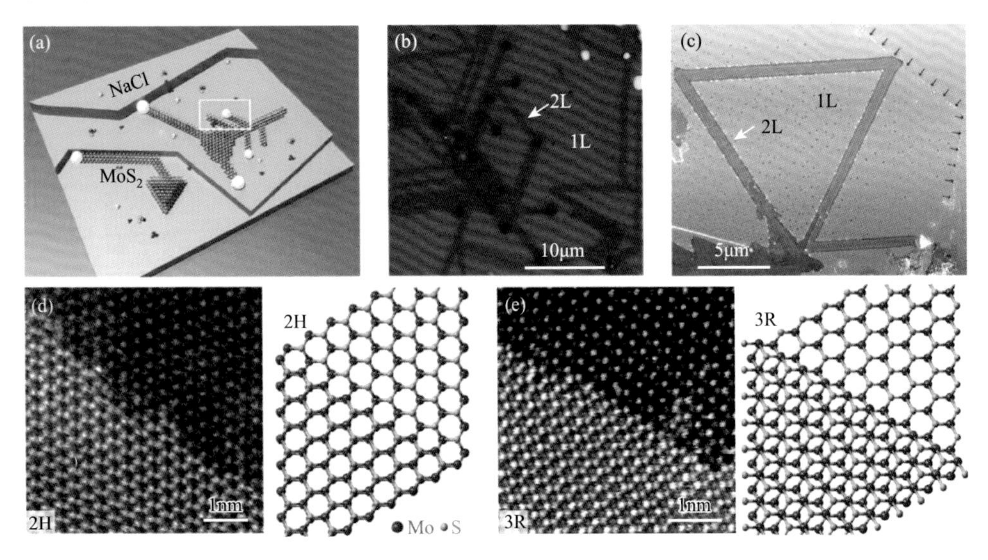

图 3.6 “加盐”气-液-固机制生长二维材料和纳米带：(a) 添加 NaCl，提高金属元素前驱体饱和蒸气压，降低生长温度，促进二维材料生长；(b、c) 在单层 MoS_2 上生长 MoS_2 纳米带的光学和扫描电子显微镜照片；(d、e) 分别具有 2H 和 3R 堆垛关系的上下层 MoS_2 透射电子显微镜照片及其原子模型[70]

二维层状氮化物和碳化物是另一个二维材料家族，通常是层状 MAX 相选择性刻蚀获得，称为 MXene[73]，其中 M 为过渡金属，A 为 Al 或 Si，X 是 C 或 N。通过选择性刻蚀 A 层，可获得二维过渡金属碳化物（TMC）或过渡金属氮化物（TMN）结构，但不可避免地引入缺陷[74]。任文才研究组发现气相生长过程中引入 Si 可钝化二维氮化钼的表面悬键，形成 SiN-MoN_2-SiN 三明治夹层结构。材料生长行为由岛状转为平面生长，获得了厘米级大面积连续单层薄膜，其表现出优异的力学强度和化学稳定性[75]。

3.2.4 机器学习辅助生长

低维材料生长与结构控制本质上是在生长参数空间中的优化过程，挑战在于参数空间复杂：①信息不完整，形核与生长机理不清楚；②信息不完全，参数空间庞大，无法遍历；③信息不完美，实验总是有误差。

传统的低维材料生长往往是在一个生长策略提出后，根据经验在一个较小参数空间内，通过试错的方式，研究单一变量的独立影响来逐步优化，效率较低。在不完全和非完美信息的复杂庞大参数空间中的优化，机器学习具有独特的优势，在三方面发挥作用：①数据挖掘，包括历史文献数据、数据库数据、高通量实验和计算数据；②监督或非监督的学习方式，提取有价值的信息，建立参数-结构关联；③深度学习等算法，针对目标性质预测和优化生长条件。机器学习已经应用在分子和材料研究中[76]，包括对碳纳米管[77]、金属有机骨架（MOF）结构[78]和纳米孔沸石[79]等体系的优化、模拟与设计等。

材料科学的核心是过程-结构-性能关系。通过机器学习模型能获得数据中隐含的模式规律。劳伦斯伯克利国家实验室 Ceder 和 Jain 等采用无监督机器学习方法，对 300 多万篇科学论文的摘要，通过主成分分析的方法对其中的词组归类，建立模型模拟了词组之间的关联，预测了材料成分与性能的关系，并预测了热电性能优异的组分[80]。

半导体量子点的尺寸均匀性决定其光学性质均匀性和在光电领域的应用。多伦多大学 Edward Sargent 小组采用贝叶斯优化算法，对 6 年间积累的 2300 组 PbS 量子点制备条件进行了分析。发现影响其尺寸均一性的因素主要有 Pb/S 比例、溶液注入温度、作为溶剂和表面配体的油胺浓度等。模型预测的最佳合成条件已通过实验验证，在 950nm 波长的激发发光峰线宽为 55meV，接近单个量子点的线宽极限（50meV）[81]。

高通量实验是实现快速筛选、优化材料设计和建立材料制备数据库的重要方法。我们采用阵列催化剂高通量生长单壁碳纳米管，结合高通量拉曼光谱建立了一个 1280 组生长条件的数据库，采用机器学习预测并验证了高质量碳纳米管的优化生长条件，获得了拉曼光谱中 G 模式与 D 模式强度比高达 138 的碳纳米管网络结构（图 3.7）[82]。美国西北大学 Mirkin 小组利用纳米压印的方法[83]，获得了多元成分梯度和颗粒尺寸梯度的数据库，筛选出之前没有报道过的单壁碳纳米管催化剂成分 Au_3Cu[84]。

材料生长的智能自动化系统也在开发中，美国空军研究实验室 Benji Maruyama 小组报道了碳纳米管的自动优化生长系统。他们通过调节生长温度和前驱体分压，结合原位拉曼光谱表征多壁和单壁碳纳米管的比例，采用逻辑回归算法选择下一轮生长参数，有效提高了优化效率[77]。2020 年利物浦大学 Burger 等采用工业机器人和贝叶斯优化算法，自主进行光催化材料合成实验并自动优化条件，8 天进行了 688 组实验，经优化后光催化材料的催化性能提高了 6 倍[85]。

可以预见在不久的将来，重复性劳动将由机器替代，优化问题将交给机器学习算法。人类科学家则将创造力用于提出猜想，做出判断，与机器人成为工作伙伴。高通量、在线机器学习、反馈自动控制和研究人员专业知识结合下的“自动化科学发现”将在新材料的发现与优化方面发挥更大的作用。

(a) 催化剂阵列

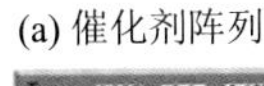

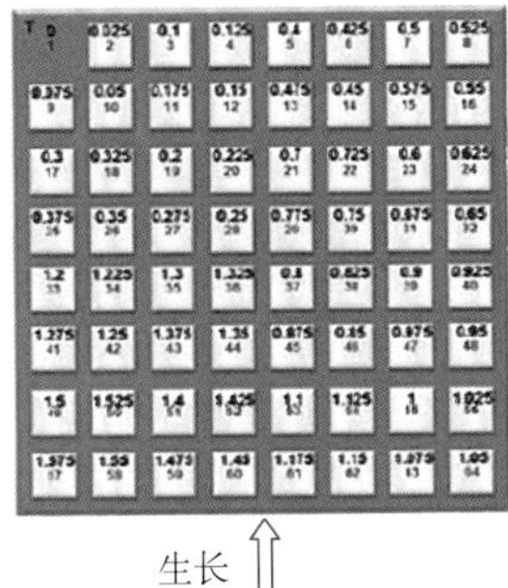

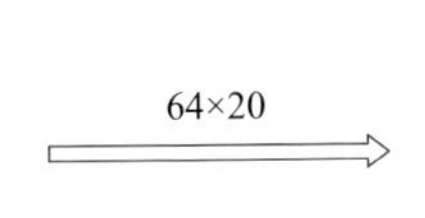

(b) 生长参数-材料结构数据库

t_{Co} /nm	T/℃	t_R /min	C /sccm	I_G/I_D
0.025	800	7	40	2
0.05	850	7	40	16
0.075	900	5	30	79
0.1	900	7	80	15
0.125	900	10	40	32
……	……	……	……	……
1.575	950	7	40	4

生长

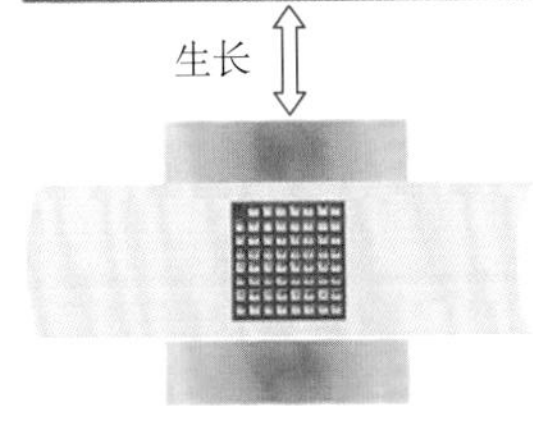

(d) 表征、验证

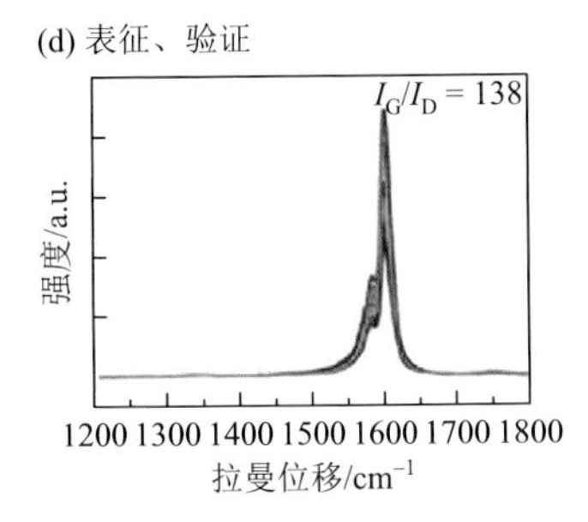

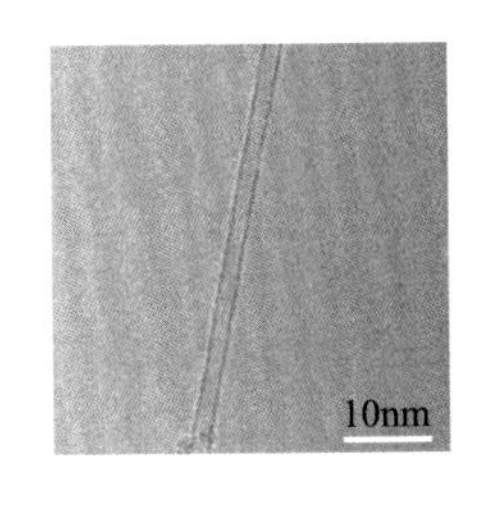

(c) 机器学习模型

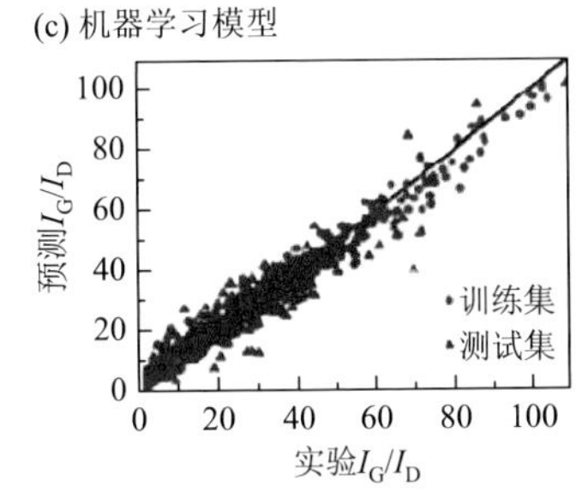

图 3.7 高通量-机器学习方法优化高结晶度碳纳米管的生长，包括：（a）催化剂阵列的制备；（b）生长参数-材料结构数据库的建立（t_{Co}为 Co 的表观沉积厚度，T 为反应温度，t_R 为还原时间，C 为碳源流量，I_G/I_D 为拉曼光谱 G 模式和 D 模式强度比）；（c）机器学习模型预测最佳条件；（d）结构表征和验证生长[82]

3.3 低维结构的组装方法

自组装是组件在相互作用和外部作用下，“自发”组成更高层次特定有序结构的过程。自组装现象发生在各个空间和时间尺度上，广义而言，从晶体的生长到纳米结构的组装，到生物分子—细胞—生命形态，都包含自下而上的组装过程。苏格兰生物学家和数学家达西 • 汤普森在 1917 年出版的经典著作《生长与形态》（*On Growth and Form*）中[86]，用物理、数学和机械原理揭示了生物的生长形态，从单细胞到生命有机体，从无机化合物到生物矿物质结构，都存在惊人的相似模式与数学规律，体现了多尺度上相似的物理原理。

低维材料自组装是单个低维材料结构实现宏观尺度实际应用的一个必经阶

段，其中涉及很多科学与技术问题。如何在宏观尺度上保持低维材料结构纳米尺度和低维度相关的独特性质？如何保证组装宏观体具有足够的结构刚度、力学强度和热稳定性？如何通过低维结构的组装，实现组件单元不具备的“层展涌现”性质和功能？本节将简要介绍低维材料结构的自组装原理和方法。

3.3.1 自组装基本原理

低维结构自组装是在分子尺度“弱”化学键作用下的有序化过程，与生长合成相比，可看成是一个更大尺度和更弱作用的过程。低维材料自组装有三个要素：组件、相互作用和外部环境（图 3.8）。

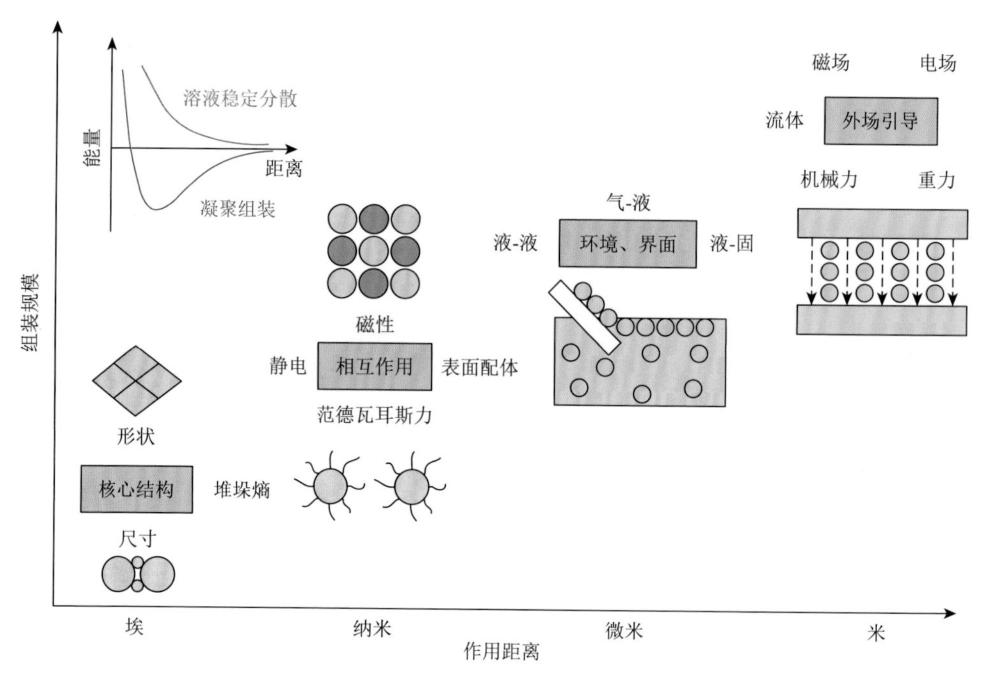

图 3.8 低维结构自组装原理：从硬球模型的直接接触，到纳米尺度上单体之间的相互作用，微米尺度上环境与界面作用和宏观尺度上的外场引导作用

组件指的是单个低维结构，包括量子点、纳米晶、纳米线、纳米管和纳米片等。如前所述，材料生长也可以看成原子或分子的组装过程，但原子和分子本质上是不可区分的“全同”粒子。组装单元则是原子聚集体，因而自组装的前提是低维材料的结构控制制备，包括维度、尺度、形状、晶体结构和表面化学的均一性。相互作用指的是低维结构组装单元之间的作用力，包括氢键、范德瓦耳斯力、静电作用和表面张力等。熵也是系统自由能的重要部分，分为组态熵和自由体积熵。自组装通常是在溶液环境中进行，传统的超分子自组装的组件是胶体粒子。纳米晶等无机材料需要通过表面配体才能形成稳定分散的溶液，需要考虑核心-配体结构与溶剂的相互作用。

低维结构的组装，是其组装单元在相互作用及外场作用下的结合与生长过程，与晶体生长过程有相似之处。组装结构稳定性与外部条件关系构成的热力学相图，对组装设计具有指导作用。热力学考察最稳定、能量最低的最终态；动力学则考虑组装时间和具体过程，组装结构存在冻结在亚稳状态的可能。对于开放的能量耗散体系，组装形态可能随着环境变化、能量交换和物质输运而形成动态、复杂的组装体。

3.3.2 液相组装

液相组装是最简单的低维材料组装方法，也最能体现“自组装”的过程。低维材料能够稳定分散在溶液中，主要是靠相互之间合适的排斥力对抗范德瓦耳斯力等吸引作用。排斥力主要是表面配体空间位阻效应和电荷静电作用。溶液失稳发生沉淀、絮凝和组装等过程，也可以从这两个方面考虑：一方面是溶剂蒸发导致作为溶质的低维结构浓度提高，相互之间距离缩短，从而增大吸引力；另一方面，引入新的带电离子或者带异类电荷的其他低维结构，破坏排斥力的平衡。

在溶液挥发过程中，通过水浴或油浴控制温度，通过真空阀控制蒸发溶剂速度，就可析出纳米晶三维有序组装体。在各向同性范德瓦耳斯力作用下，单一组分超晶格平衡结构为密排结构，包括面心立方（FCC）和密排六方（HCP）结构[87]。

异质纳米晶超晶格则要考虑组装单元形状、尺寸比例等结构参数对填充比例、组态熵和自由体积熵的影响[88, 89]。对于 FePt 硬铁磁体与软铁磁性 Fe_3Pt 纳米晶的二元组装体，通过调节组成单元的比例与尺寸，优化交换作用形成“交换弹簧磁体”[90]，结合硬磁相的高矫顽力（H_c）和软磁相的高饱和磁化强度（M_s）。组装体的磁能量密度（磁能积）为 20.1MGOe①，超过单相 FePt 的理论极限，体现了组装的“层展涌现”现象[91]。Pd 与 Pt 纳米晶通过气液界面蒸发自组装形成二元 AB_{13} 型超晶格，在氧还原反应（ORR）中，电化学反应电流密度分别是 Pt 多面体和简单混合物的 2 倍和 4 倍，这归结于 Pt 纳米晶的特定（111）暴露晶面以及 Pt-Pd 协同效应[92]。

将带异类电荷的低维结构混合产生絮凝是快速获得宏量超晶格结构的一种软化学方法。日本国立材料科学研究所 Takayoshi Sasaki 研究组采用这一方法获得了多种二维材料超晶格，包括石墨烯、氧化物和氢氧化物纳米片，形成分子层次上的复合结构，能够优化催化活性、电导率和离子扩散通道，在能量存储和转化方面有优异的表现。

3.3.3 液晶组装

各向异性的一维和二维结构，在溶液中的浓度高到一定程度，可自发发生液

---

① $1G = 10^{-4}T$，$1Oe = 79.5775A/m$。

晶转变，从各向同性的溶液转变成定向排列的向列结构[93]。轴向和面间平行排列，而垂直方向仍然有一定自由度。液晶转变已经在碳纳米管和氧化石墨烯等低维材料的溶液中被观察到，并用于制作高强度、高导电性的纤维材料。

莱斯大学 Matteo Pasquali 研究组发现碳纳米管的强酸溶液经过离心浓缩可获得液晶相，临界转变浓度随酸性提高而增加[94, 95]。在超强氯磺酸中碳纳米管发生质子化而单根分散，其质量分数可达到 2%～6%，形成的液晶相经小孔挤出，用丙酮或水等凝结剂去除酸溶剂后可获得宏观连续的碳纳米管纤维。其拉伸强度达到 1.3GPa，杨氏模量为 200GPa，电导率为 0.3MS/m，热导率为 380W/(m·K)[96]。

浙江大学高超研究组发现氧化石墨烯经过高浓度硫酸和高锰酸钾处理后能改进其分散性，提高其在水溶液中的溶解度并发生液晶转变。氧化石墨烯片在水溶液中形成液晶相的临界浓度为 0.025%，层间定向排列，并具有长程螺旋手性特征[97, 98]。Xu 等采用湿法纺丝方法制备了还原氧化石墨烯纤维[98-100]，其拉伸强度达到 2.2GPa，模量为 440GPa[101]。经过掺杂后，电导率达到 2.24×10^7S/m，接近金属的电导率[102]。

3.3.4 液相界面组装

在表面能和界面能的驱动下，低维结构倾向在表面或界面富集组装[103]。芝加哥大学 Jiwoong Park 研究组利用这一效应，构造了有机-无机二维材料逐层组装超晶格结构[104]。将分子前驱体注入戊烷-水的液液界面上形成层流，经聚合反应自组装形成大面积二维高分子。通过控制单体分子的注入顺序，可制备二维高分子平面异质结构。将单体分子通过共价键或配位键连接成二维周期结构，形成二维共价有机骨架结构或二维金属有机骨架结构，并可将其转移到石英基体或制作成自支撑薄膜[104]。

3.3.5 气液界面组装

1935 年，通用电气公司 Langmuir 与 Blodgett 发明了一种在气液界面组装单分子层的方法，即 Langmuir-Blodgett（L-B）方法[105, 106]。LB 膜方法能够实现大面积均匀组装，包括分子在液面上的组装和提拉基体的转移两个过程。

纳米晶等低维结构在液体表面的组装过程，可看成一个二维的相变过程。纳米晶表面通常带有疏水性配体，在非极性溶剂中形成稳定溶液或胶体，加到极性液体中，会产生相分离，纳米晶溶液在极性液体表面形成单分子厚度薄膜。通过施加压力，可以调节纳米晶之间的间距以及相互作用，导致其组装结构发生二维相变，类似于“气-液-固”的转变[107]。颗粒间距较大、相互作用可忽略时，对应的是类似“气相”；随着颗粒间距减小，覆盖面积减小，表面能增加，对应于“液相”状态；颗粒间距进一步减小，形成紧密堆积，表面能陡升，对应于有序的“固相”状态。液面纳米晶组装结构可通过提拉基体的方式转移，在基体上形成有序单层结构。

L-B方法被广泛用于组装零维、一维和二维等低维材料[108-111]。德国汉堡大学Horst Weller研究组采用L-B方法，将CoPt纳米晶组装成大面积、连续和紧密排列的单层膜结构。通过直流电学测量，对应于1μm区域，室温下其电导为6.5nS，通过80～300K的变温电学测量，发现电子输运的主要势垒来自纳米晶表面配体层的电容充电，对应的热激活能为18meV[112]。斯坦福大学戴宏杰研究组报道了L-B方法组装单壁碳纳米管薄膜，以P*m*PV聚合物非共价键官能化碳纳米管，共轭主链与单壁碳纳米管之间发生π-π相互作用，稳定分散在1, 2-二氯乙烷（DCE）溶液中，在水面上经L-B过程组装。用这种方法制作的场效应晶体管在3V的源漏电压下，电流达到3mA[110]。

2013年，国际商业机器公司（IBM）的曹庆等采用L-B方法改进的Langmuir-Schaefer方法实现了高密度单壁碳纳米管薄膜组装。将碳纳米管分散在油性溶剂1, 2-二氯乙烷（DCE）中，DCE在水面上铺展和挥发，通过机械挤压引导碳纳米管平行排列，而后将其转移到基体上制作器件，对应的电流密度达到120μA/μm[113]。2020年，北京大学彭练矛研究组采用多次高分子选择性包覆和分散方法将半导体富集度提高到99.9999%以上。采用Langmuir-Schaefer方法，向聚合物包覆单壁碳纳米管的三氯乙烷溶液加入2-丁烯-1, 4-二醇上层液体，形成一个液体分层界面，碳纳米管在上下层液面之间定向自组装。缓慢提升基体，经过26h碳纳米管薄膜完全覆盖4in[①]硅片。碳纳米管的定向性，用极化拉曼光谱表征，定向偏差在9°以内，排列密度为100～200根/μm。制作的场效应晶体管电流密度达到1.3mA/μm，对应的亚阈值摆幅小于90mV/dec，顶栅5级环形振荡器的最高工作频率超过8GHz[114]。

3.3.6　静电逐层组装

溶液中稳定存在的低维纳米结构通常是带电荷的，Decher和Hong利用分子静电性质发明了逐层组装（LBL）方法[115]。将基体进行官能化使基体带电，放置到溶液中，或者将溶液喷洒到基体上。由于静电作用，带有相同电荷的分子会在基体上组装成单层结构。逐次喷洒带有相反电荷的分子溶液，可依次逐层组装[116, 117]。这种方法只需要静电作用，可实现结构与功能差异很大的低维材料的组装。Kotov等采用LBL方法制备了聚合物与无机纳米颗粒和纳米线的复合多层材料[118]。Takayoshi Sasaki研究组用LBL的方法组装了氧化物和氢氧化物纳米片薄膜[119-121]，发现二氧化钛薄膜具有很高的介电常数（125）和低漏电流（10^{-7}A/cm^2）[121]。逐层组装的钙钛矿结构纳米片薄膜的介电常数高达470，是厚度小于10nm的介电材料的最高值，有可能在超高存储密度电容器中应用[122]。

---

① 1in = 2.54cm。

3.3.7 外场引导组装

低维材料的“自组装”主要强调材料之间的相互作用，但环境和外场的作用不可忽视。除了已经包含在“自组装”范畴内的溶液环境和溶剂作用、温度场和重力场外，外部施加电场、磁场和应力场也能够有效调控低维材料的组装过程和结构。

介电泳是利用电场作用排列组装低维材料的一种方法。在一个非均匀电场作用下，极化粒子将受到定向介电力，沿着电场梯度最大的方向移动，在电极表面组装。粒子的极化有其特征频率，与其形状等相关。当施加的交流电频率与粒子极化频率相当时产生最大的介电泳作用，从而实现粒子结构的筛选。Freer 等采用介电泳方法实现了多达 16000 组单根纳米线的组装[123]。Sarker 等利用介电泳方法组装了平行排列的半导体性富集单壁碳纳米管薄膜，通过改变频率和浓度可调控碳纳米管的密度从 1 根/μm 到 25 根/μm[124]。

任文才研究组开发了离心制膜方法，可快速制备二维材料薄膜及其复合结构。以氧化石墨烯为例，其分散液流体在高速旋转中受到剪切力与离心力作用。剪切力使二维材料定向排列，离心力导致材料致密化。利用该方法，1min 内可制备厚度 10μm、长度超过 1m 的超大面积自支撑薄膜。其拉伸强度为 660MPa，电导率为 650S/cm。将其与碳纳米管构成复合结构薄膜，用于全固态柔性超级电容器，表现出 407F/cm^3 的体积容量和 10mW·h/cm^3 的能量密度（图 3.9）[125]。

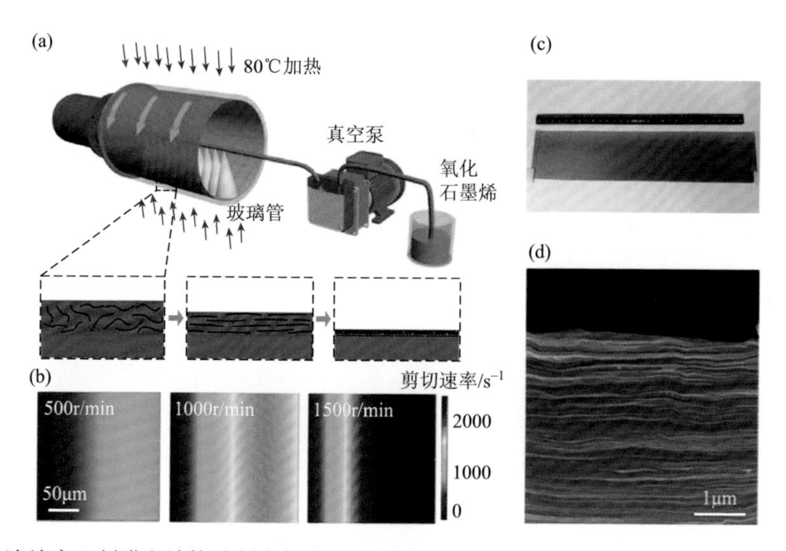

图 3.9 连续离心制膜方法快速制备氧化石墨烯薄膜：（a）制膜装置示意图，核心部分是快速旋转的圆桶；（b）对应不同转速的瞬时剪切率分布模拟结果；（c）氧化石墨烯薄膜照片，其厚度为 100μm，长宽分别为 10cm 和 30cm；（d）截面结构的扫描电子显微镜照片[125]

3.3.8　动态自组装

前面主要介绍了低维材料的静态自组装，是在相互作用和外场作用下接近平衡态的组装过程。组装完成后保持其稳定构型，对于材料的可靠使用是很重要的。另外，动态自组装在大自然中十分常见，生命体本身就可以看成是一个不断生长和变化的自组装体。与静态自组装不同，动态自组装伴随能量转移和物质输运，随时间变化，对环境响应[126]。

1952 年，英国科学家图灵从数学的角度探讨了用反应-扩散系统的数学模型来描述自然界中的图案[127]。2007 年，诺贝尔化学奖得主 Gerhard Ertl 从表面化学反应的角度总结了普遍的动态自组装现象，扩散-反应步骤耦合可形成随时间周期振荡的复杂动态图案。动态自组装不仅体现在原子尺度的表面化学反应中，也能从自然界的动物皮毛图案，甚至凡・高名作《星夜》中找到相似的规律[128, 129]。总体而言，对动态自组装的研究还比较少，但在方兴未艾的微纳机器人和智能材料等领域，其将是很重要的研究方向。

3.4　低维材料的加工方法

加工是利用外力与材料的相互作用自上而下制备低维材料的方法，外力包括机械力、流体剪切力、温度、重力、光照、电子和离子束等（图 3.10）。从维度来

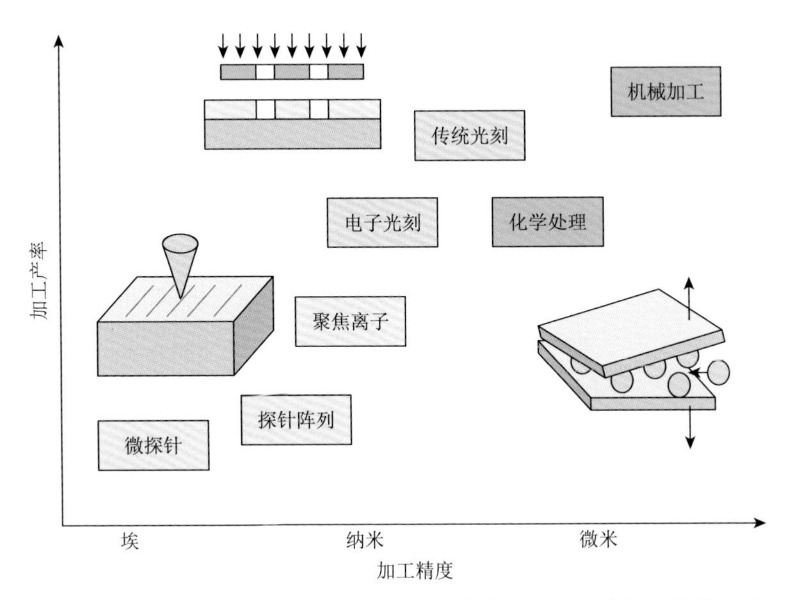

图 3.10　低维材料的加工方法，包括微探针加工、聚焦离子、电子光刻、传统光刻、化学处理和机械加工，存在加工精度与加工产率之间的权衡

看，加工是一个从高到低的降维过程，以三维块体材料为原料，利用物理、化学和机械作用，获得低维（零维、一维和二维）材料和器件。材料加工本质上是一个可控破坏过程，如何高效且准确地去除“多余”部分，同时避免对“有用”部分的结构损伤，是加工的核心问题。本节将简要介绍代表性加工方法的基本原理、控制精度和研究进展。

3.4.1 光刻加工

光刻加工是微电子工业的基础，已经进入了纳米尺度范畴。光刻的核心是光学曝光产生光刻胶图案，经过曝光、刻蚀、镀膜和离子注入掺杂等多轮往复流程制作电子器件。光学手段的精度受到衍射效应的限制，为了提高加工精度极限，工业中不断改进光路设计并采用波长越来越短的光源，包括深紫外光、X 射线和电子束等。

光刻加工的瑞利极限：$R = k\dfrac{\lambda}{\mathrm{NA}}$，其中，$k$ 为与光路系统相关的一个常数，λ 为光波长，NA 为数值孔径。与透镜成像极限一样，体现的都是衍射极限。成像是为了看清楚，而加工的精度是光照产生材料变化的特征尺度。在提高分辨率和突破极限的方法中，加工与成像有相通之处，也有不同的地方。

决定分辨率的最根本的问题是光的波长。对于固定的波长，衍射极限为 0.61λ。随着半导体电子器件的特征尺度从微米减小至 10nm 以下，光刻机采用的光波波长，从近紫外的 365nm 缩短到深紫外的 248nm 和 193nm，甚至极限紫外的 13.5nm[130]。

对于光刻加工，公式中 k 与光路镜片的像差等畸变相关，同时也与光-光刻胶相互作用相关。半导体工业中，通过调整光刻胶对光束曝光的非线性响应而提高曝光图案精度是一个重要的工艺。另一个重要参数是光介质的折射率，包含在 NA 中，高折射率的沉浸式曝光就是基于这一原理。

光刻加工技术在低维半导体电子器件的制备和输运性质测量等方面应用广泛。采用传统光刻技术，结合氧化和定向湿法刻蚀等工艺，Chen 等加工出直径 10～20nm、长度达到 100μm 的硅纳米线阵列，其在晶圆水平上达到 90%以上的成品率（图 3.11）[131]。

3.4.2 粒子束加工

电子和离子束的德布罗意波长比光波长短很多，远远小于 1nm。因而用电子和离子束替代光进行精细结构的曝光和加工以提高加工精度是一个自然的选择。作为粒子的电子和离子与材料的直接作用比光强很多，可以对材料进行直接加工而避免曝光步骤，简化工艺流程。电子和离子扫描过程中收集二次电子等可以同

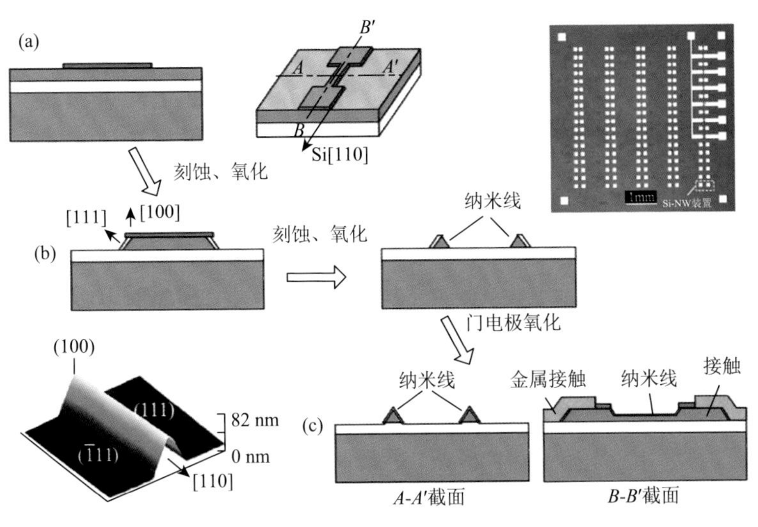

图 3.11 光刻加工硅纳米线器件阵列：（a、b）多步选择性刻蚀、氧化；（c）金属沉积步骤；插图是器件阵列的光学照片和单个硅纳米线器件的原子力显微镜照片[131]

步成像，从而可以加工三维复杂结构。随着入射能量的提高，粒子束与材料作用的体积增大，理论模拟综合考虑的电子束光刻（EBL）分辨率约 10nm[132]。随着球差矫正技术的发展，低加速电压下产生的电子束也可以达到原子水平，减小辐照损伤的同时提高加工精度，有望达到单原子水平[133]。

电子束光刻已经成为制作纳电子器件的常用手段，用以探索缩微极限尺寸的器件性能。Mirza 等采用电子束光刻方法制作了宽度从 12nm 减小到 4nm 的硅晶体管，发现其电子输运行为从三维逐步转变成二维和一维特征，沟道电阻率的增大体现了表面粗糙度对器件性能的不利影响[134]。北京大学彭练矛研究组采用电子束光刻技术加工制备了栅极长度为 5nm 的碳纳米管晶体管，以原子级厚度的石墨烯为源漏电极，在 0.4V 的工作电压下，亚阈值摆幅仅 73mV/dec，接近理论极限。其门延时仅为 43fs，性能优于相当尺寸的硅互补金属氧化物半导体（CMOS）[135]。

聚焦离子束（FIB）与 EBL 相比，粒子动能更高，可以对材料进行直接切削。其在材料中散射角度小，可更精确快速加工，被视为“离子刀”。通入气体前驱体则可用离子束诱导沉积而形成三维复杂形状，如同纳米水平雕刻[136]。Li 等采用聚焦离子束对 Si_3N_4 薄膜进行加工，制作出直径约为 1.8nm 的孔，能够探测单个 DNA 分子通过的离子电流[137]。

3.4.3 机械加工

传统的材料加工，如锻造和切削等，都是利用机械力进行加工，其精度与使用工具的尺寸相关。对于单个低维结构的可控加工，普通的工具显然都太大了。

二维材料通过机械剥离的方式分离则是机械加工的一个惊喜发现[138, 139]。利用层状晶体的层间弱化学键结合的特点，用看起来很粗糙的胶带法实现了单原子层厚度材料的制备，这也说明加工方法要与材料结构特性结合起来。

1. 扫描探针操纵

基于扫描探针显微镜（STM）操纵对材料表面和亚表面加工可实现纳米级甚至单原子尺度精度，可以认为是机械加工的极限。直接接触的方式避免了光波加工的衍射极限，只要针尖足够尖，就可以在单原子或单分子水平进行加工[140]。除了直接接触刻画以外，还可以通过调整电压、电流、加热和化学反应等方式引起材料表面局部结构转变而实现图案化和器件加工[141]。

澳大利亚新南威尔士大学Simmons研究组开发了基于STM的氢辅助掩模法，在原子尺度上控制掺杂原子的位置，制作电子器件[142]。使用STM针尖在氢终结的硅（001）表面“画线”，施加偏压使宽度为1.5nm、长度为100nm左右的区域内的氢原子脱附。磷化氢在暴露区域优先吸附，将高浓度掺杂磷原子限制在一个很窄的区间内，制作了宽度接近单原子的纳米线。这种宽度小于 1nm 的超细纳米线，电学特征仍然满足欧姆定律，并表现出很低的电阻率（0.3mΩ·cm）[143]。他们将单个磷掺杂原子放置在磷重掺杂的源漏电极间隙中，制作了单原子晶体管，测量到量子化能级和库仑阻塞效应[144]。

IBM 公司的 Pires 等采用扫描探针局部加热的方法引起局部玻璃化转变，对分子薄膜进行加工，获得了特征尺寸为 15nm 的平面图案。这一方法可用于三维微纳结构的加工，雕刻出一个高度为25nm的“阿尔卑斯山马特峰”[145]。美国海军研究实验室 Wei 等采用原子力显微镜针尖局部加热的方法还原氧化石墨烯，制作了镶嵌在氧化石墨烯绝缘体中的导电石墨烯纳米带，宽度仅为12nm[146]。

将原子一个一个地加工，制备效率太低，而且并不是所有的应用都需要对每一个原子的位置精确控制。压印加工方法则可以快速实现纳米水平的图形化[147]，密歇根大学 Guo 研究组报道了基于纳米压印的卷对卷大面积连续加工，在 4in 的晶圆上加工出线宽为 300nm 的图案[148]。

2. 浸笔微刻

扫描探针可以作为一个雕刻刀，也可以作为一支画笔进行低维材料描绘加工。美国西北大学 Chad Mirkin 研究组发明了浸笔式纳米光刻（DPN）方法，用原子力显微镜针尖在基体上构建单分子层图案[149]。通过调控湿度控制针尖与基体之间的水接触薄层，利用毛细作用将针尖表面的分子输送到基体表面，在控制探针移动的同时画线，整个过程如同蘸水笔作画[150]。这展示了 DNA 分子在金属和绝缘基体上的阵列分布，特征线宽为 100nm[151]。

单个针尖的材料加工，不管是雕刻还是描画，效率都很低。Mirkin 研究组改进了 DPN 技术，制作了纳米蘸水笔阵列，将数万个纳米针尖组装在一起，在厘米区域内同步加工[152, 153]。为保持每个针尖与基体的紧密接触，他们在压电陶瓷马达和针尖阵列之间添加一个可变形和固化的树脂层，辅助针尖阵列适应基体表面起伏。他们制作了 55000 个针尖的大规模阵列，加工出 8800 万个金量子点排列，其中一个针尖生成一个 40×40 的点阵，每个点的尺寸约 100nm，间距为 400nm[152]。

2008 年北京奥运会期间，Huo 等用聚合物制作了针尖阵列，采用多达 1100 万个针尖同步加工了约 15000 个奥运会图标，其特征尺寸为 90nm，展示了该方法低成本大规模应用的前景[83]。Chen 等使用金、银、铜、钴和镍五种金属的嵌段共聚物作前驱体，在基体上制备了成分从单一组分到五元合金的纳米颗粒，获得了不同金属组合的相分布规律。利用这一方法，能够高通量快速筛选催化剂和高熵合金的成分组合[154]。

3. 机械剥离

曼彻斯特大学 Andre Geim 和 Konstantin Novoselov 等通过机械剥离方法，用透明胶带反复撕高定向石墨等层状材料宏观单晶，获得了单原子层厚度石墨烯[138]。层状晶体经过自上而下机械加工而获得的原子级厚度二维晶体表现出优异的结构完整性、力学、电学和热学性质，开创了一个新的二维材料与物性研究领域。

我们以 MoS_2 为模型层状晶体，在透射电子显微镜中模拟了机械剥离获得原子级二维晶体的实验过程。用一个直径约 5nm 的 STM 钨针尖接触 MoS_2 晶体边缘，在高分辨原位成像观察下选择接触层数进而利用压电效应控制针尖移动和操纵。STM 探针“撕”下单原子层厚度二维晶体，可保持其结构完整性，我们研究了不同层数二维晶体在弯曲、拉伸和滑移过程中的力学行为，发现剥离过程中二维材料的构型取决于外力弯矩与层间范德瓦耳斯力的平衡（图 3.12）[155]。

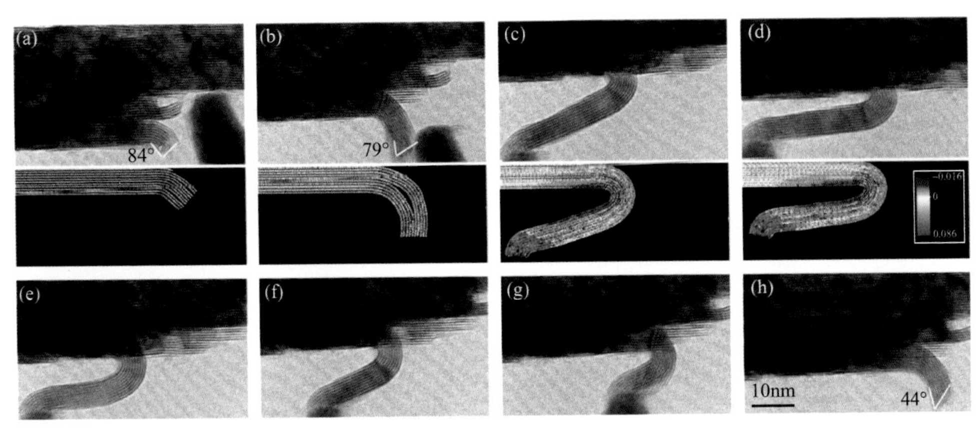

图 3.12 微探针对层状 MoS_2 晶体机械剥离过程的原位 TEM 观察与应力分布的分子动力学模拟[155]

二维材料的机械剥离，本质上是利用二维材料层间弱化学键结合、层内强共价键结合的特点，在外力作用下产生可控破裂的过程，其裂纹主要沿着弱结合的层间扩展而形成二维结构。麻省理工学院 Shim 等根据金属镍、蓝宝石以及二氧化硅与二维材料之间的相对结合强度差异，设计了不同基体之间二维材料的晶圆级剥离和转移方法。在蓝宝石基体上生长多层二维材料晶体，表面沉积镍薄膜，进而剥离二维材料叠层，转移到其他表面。这一方法适用于六方氮化硼、二硫化钨、二硒化钨、二硫化钼和二硒化钼单层，采用这些单层已构筑了多层范德瓦耳斯异质结构，制作了载流子迁移率约 $100cm^2/(V·s)$的场效应晶体管[156]。

由于二维材料层间的范德瓦耳斯力弱结合，将二维材料堆垛起来形成二维“乐高”，可能涌现出单个二维结构本身不具有的特性。起源于丹麦的“LEGO”（乐高），拉丁语的意思就是“放在一起很好玩”。二维材料的“乐高”——范德瓦耳斯异质结构确实为材料学与物理学领域打开了一个全新的方向[157]。放置在 h-BN 上的石墨烯，在磁场作用下，其具有狄拉克特征的输运谱出现自相似特征和量子化朗道能级的分形图案，称为“霍夫施塔特蝴蝶”花样[158]。相同成分的二维材料，错开一定角度以后重叠在一起，由于层间的弱耦合，也会形成新的周期条件和能带结构。麻省理工学院 Pablo Jarillo-Herrero 研究组通过石墨烯的转移和堆垛，获得了不同角度转角的双层石墨烯，观察到莫特绝缘体和超导相变等一系列奇特的量子输运现象，这种双层石墨烯被称为“魔角石墨烯”[159]。

4. 热机械加工

利用焦耳加热或者电致迁移等方式，对纳米材料加热的同时进行机械加工，也是调控低维材料构型的有效手段。碳纳米管可以看成一维大分子，具有独特的手性结构，这决定了其电学性质为金属性或半导体性[160]，理论上如果能够改变碳纳米管的手性，则可控制其电学性质[161]。但以共价键结合的碳纳米管在室温下是脆性材料，难以可控加工[162]，黄建宇等发现在高温条件下拉伸碳纳米管可以激活位错运动而使其获得超塑性[163]。

我们对焦耳加热的碳纳米管进行塑性变形的同时，采用电子衍射的方法原位观察其手性转变过程，发现其手性指数的变化有一定规律，倾向于转变到接近 30°的高角区间。在手性转变过程中，结合原位晶体管电学测量获得的电流开关比为反馈信号，实现了碳纳米管金属性-半导体性的可控转变。我们采用这一方法加工出导电沟道长度仅为2.8nm 的碳纳米管分子结场效应晶体管，观察到室温下的量子输运特性[164, 165]。

3.4.4 剥离减薄

机械剥离可获得接近完美晶体结构的二维材料，其适于探索极限物理性质。但是材料产率低，难以控制层数和尺寸。液相剥离是获得二维材料的“软化学”

方法，利用面内和层间不同的化学键结合，选择性减弱层间作用，进而分离。液相剥离方法结合溶液中化学修饰，可实现二维材料在宏量薄膜和复合材料等方面的应用[166]。其难点在于：一方面在减弱层间作用的同时不可避免地对结构造成破坏；另一方面是保持面内化学键和晶体结构的完整性需要相对温和的条件。对于层间作用为范德瓦耳斯力、离子键和共价键结合的不同层状化合物，需要采取不同的剥离策略。

传统的 Hummers 方法[167]，在强酸性介质中氧化石墨，引入含氧官能团削弱层间作用，通过超声分离可获得氧化石墨烯，加入还原剂可获得还原氧化石墨烯。这一方法具有成本低廉、可批量生产材料的优势，但是氧化过程破坏了石墨片层结构，引入了大量缺陷，而且产生大量污染液。中国科学院金属研究所裴松峰等采用电化学氧化方法，数秒内可完成石墨的氧化过程，避免强酸污染物，实现了绿色大批量生产氧化石墨烯（图 3.13）[168]。

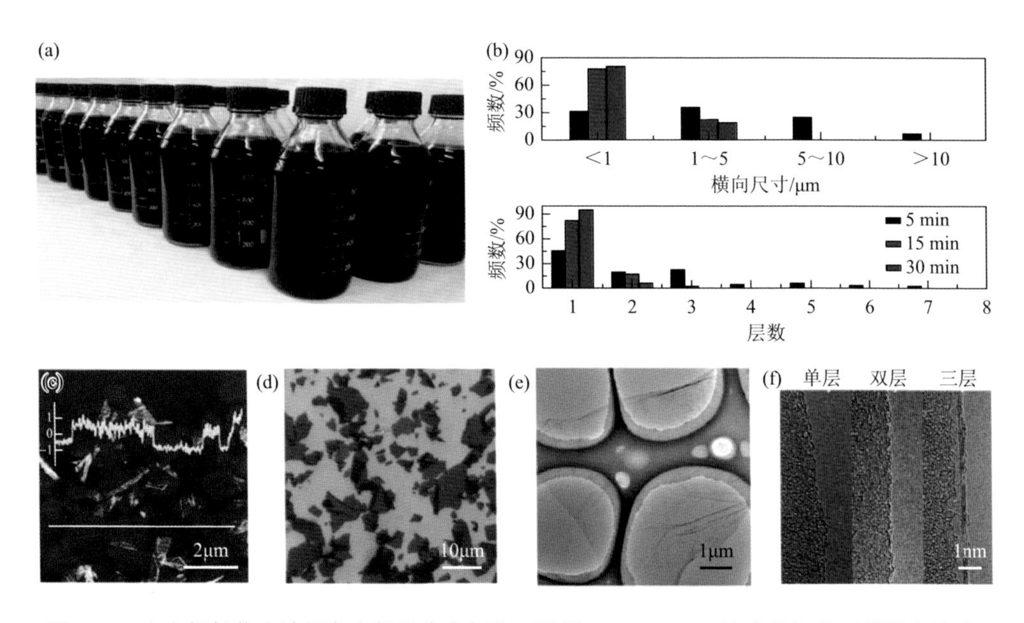

图 3.13　水电解氧化方法绿色大批量生产氧化石墨烯：（a）5mg/L 浓度的氧化石墨烯水溶液；（b）横向尺寸与层数的统计；（c）原子力显微镜照片；（d）扫描电子显微镜照片；（e、f）透射电子显微镜照片[168]

利用合适的溶剂表面张力可减弱层间作用，都柏林三一学院的 Coleman 小组在表面能匹配的溶剂中结合高速剪切方法，获得了大批量、高质量和表面无氧化的少层石墨烯、h-BN 和 MoS_2 等二维材料[166, 169, 170]。过渡金属氧化物（TMO）和层状双金属氢氧化物（LDH）层间结合为较强的离子键，通过离子交换可调节层间离子类型、间距和结合强度。1996 年，日本国立材料科学研究所 Takayoshi Sasaki

等发现质子交换后的$K_{0.8}Ti_{1.73}Li_{0.27}O_4$晶体，在四丁基铵离子（$TBA^+$）嵌入后产生很大的层间膨胀，而后通过温和的机械振荡就可获得单层的氧化物纳米片胶体溶液[171]，采用这一途径，他们获得了一系列氧化物和氢氧化物纳米片[172, 173]。

3.5 小结

本章从自下而上与自上而下两条路径介绍了低维材料的制备、组装和加工的基本原理、方法与结构控制策略。自下而上路径利用结构单元之间的相互作用形成有序结构，是一个局部过程。自上而下则是利用外界作用来加工，能够对整体进行控制。实际生成过程中，通常要结合两条路径实现宏观整体排列、微观界面结合与原子晶体结构的多尺度控制。

自下而上的分子合成与自上而下的扫描探针加工，都达到了原子级控制精度。纳米晶的尺寸和形状、碳纳米管的手性及二维材料的边缘这些决定低维材料电学性质的精细结构特征都在材料生长过程中得到一定的控制。以低维结构为单元，采用在弱化学键相互作用下的自组装方法可获得有序结构，从纳米尺度跨越到宏观尺度。与此同时低维材料的结构控制还存在控制精度、机理理解、缺陷控制及生产规模与成本等多方面挑战。

值得注意的是，排列整齐的“漂亮”结构并不一定对应“好的”性能。功能往往来自缺陷和界面调控，如缺陷发光中心与界面电子传输等。面向实际应用，不仅需要控制单个低维材料的结构，更需要针对特定功能，在成分、晶体结构、缺陷、尺寸、形状、表面和界面等方面进行多层次调控。这需要开发上下结合的制备系统，并从生产应用全链条考量，从生产—消费—循环—环境整个过程中全面考虑绿色制造和材料回收等。

低维材料结构的进一步精细控制，有赖于对其制备过程与机理的深入理解。随着各种原位研究手段的进步和应用，以及理论计算规模的增大，近年来对低维材料生长机理的认识不断加深。未来的研究要加强不同层次上的生长机理研究，建立多尺度的生长条件与结构的关联。

参考文献

[1] Magnin Y，Amara H，Ducastelle F，et al. Entropy-driven stability of chiral single-walled carbon nanotubes. Science，2018，362（6411）：212-215.

[2] Manoharan V N. Colloidal matter：Packing，geometry，and entropy. Science，2015，349（6251）：1253751.

[3] Bolhuis P G，Frenkel D，Mau S C，et al. Entropy difference between crystal phases. Nature，1997，388（6639）：235-236.

[4] Weidman M C，Smilgies D M，Tisdale W A. Kinetics of the self-assembly of nanocrystal superlattices measured by real-time *in situ* X-ray scattering. Nature Materials，2016，15（7）：775-781.

[5] Wang J，Jin X，Liu Z，et al. Growing highly pure semiconducting carbon nanotubes by electrotwisting the helicity. Nature Catalysis，2018，1：326-331.

[6] Feynman R P. Plenty of room at the bottom. California Institute of Technology Journal of Engineering and Science，1960，4（2）：23-36.

[7] Eigler D M，Schweizer E K. Positioning single atoms with a scanning tunnelling microscope. Nature，1990，344（6266）：524-526.

[8] Crommie M F，Lutz C P，Eigler D M. Confinement of electrons to quantum corrals on a metal surface. Science，1993，262（5131）：218-220.

[9] Chen L，Hernandez Y，Feng X，et al. From nanographene and graphene nanoribbons to graphene sheets：chemical synthesis. Angewandte Chemie International Edition，2012，51（31）：7640-7654.

[10] Grill L，Dyer M，Lafferentz L，et al. Nano-architectures by covalent assembly of molecular building blocks. Nature Nanotechnology，2007，2（11）：687-691.

[11] Cai J，Ruffieux P，Jaafar R，et al. Atomically precise bottom-up fabrication of graphene nanoribbons. Nature，2010，466（7305）：470-473.

[12] Treier M，Pignedoli C A，Laino T，et al. Surface-assisted cyclodehydrogenation provides a synthetic route towards easily processable and chemically tailored nanographenes. Nature Chemistry，2011，3（1）：61-67.

[13] Bieri M，Treier M，Cai J，et al. Porous graphenes：two-dimensional polymer synthesis with atomic precision. Chemical Communications，2009，(45)：6919-6921.

[14] Kaiser K，Scriven L M，Schulz F，et al. An sp-hybridized molecular carbon allotrope，cyclo[18]carbon. Science，2019，365：1299-1301.

[15] Sanchez-Valencia J R，Dienel T，Groning O，et al. Controlled synthesis of single-chirality carbon nanotubes. Nature，2014，512（7512）：61-64.

[16] LaMer V K，Dinegar R H. Theory，production and mechanism of formation of monodispersed hydrosols. Journal of the American Chemical Society，1950，72（11）：4847-4854.

[17] Steigerwald M L，Brus L E. Semiconductor crystallites：a class of large molecules. Accounts of Chemical Research，1990，23（6）：183-188.

[18] Murray C B，Norris D J，Bawendi M G. Synthesis and characterization of nearly monodisperse CdE（E = sulfur，selenium，tellurium）semiconductor nanocrystallites. Journal of the American Chemical Society，1993，115（19）：8706-8715.

[19] Peng X，Manna L，Yang W，et al. Shape control of CdSe nanocrystals. Nature，2000，404：59-61.

[20] Peng Z A，Peng X. Formation of high-quality CdTe，CdSe，and CdS nanocrystals using CdO as precursor. Journal of the American Chemical Society，2001，123（1）：183-184.

[21] Peng X，Wickham J，Alivisatos A P. Kinetics of Ⅱ-Ⅵ and Ⅲ-Ⅴ colloidal semiconductor nanocrystal growth：“focusing” of size distributions. Journal of the American Chemical Society，1998，120（21）：5343-5344.

[22] Xiong Y，Xia Y. Shape-controlled synthesis of metal nanostructures：the case of palladium. Advanced Materials，2007，19（20）：3385-3391.

[23] Younan X，Yujie X，Byungkwon L，et al. Shape-controlled synthesis of metal nanocrystals：simple chemistry meets complex physics? Angewandte Chemie International Edition，2009，48（1）：60-103.

[24] Zherebetskyy D，Scheele M，Zhang Y，et al. Hydroxylation of the surface of PbS nanocrystals passivated with oleic acid. Science，2014，344（6190）：1380-1384.

[25] Yang H G，Sun C H，Qiao S Z，et al. Anatase TiO_2 single crystals with a large percentage of reactive facets.

Nature，2008，453：638-641.

[26] Liu G，Yang H G，Pan J，et al. Titanium dioxide crystals with tailored facets. Chemical Reviews，2014，114（19）：9559-9612.

[27] Takata T，Jiang J，Sakata Y，et al. Photocatalytic water splitting with a quantum efficiency of almost unity. Nature，2020，581（7809）：411-414.

[28] Hines M A，Guyot-Sionnest P. Synthesis and characterization of strongly luminescing ZnS-capped CdSe nanocrystals. Journal of Physical Chemistry，1996，100（2）：468-471.

[29] Qin H，Niu Y，Meng R，et al. Single-dot spectroscopy of zinc-blende CdSe/CdS core/shell nanocrystals：nonblinking and correlation with ensemble measurements. Journal of the American Chemical Society，2014，136（1）：179-187.

[30] Wang C，Chi M，Li D，et al. Design and synthesis of bimetallic electrocatalyst with multilayered Pt-skin surfaces. Journal of the American Chemical Society，2011，133（36）：14396-14403.

[31] Slater A G，Cooper A I. Function-led design of new porous materials. Science，2015，348（6238）：aaa8075.

[32] Zhu C，Du D，Eychmüller A，et al. Engineering ordered and nonordered porous noble metal nanostructures：synthesis，assembly，and their applications in electrochemistry. Chemical Reviews，2015，115（16）：8896-8943.

[33] Kitagawa S. Future porous materials. Accounts of Chemical Research，2017，50（3）：514-516.

[34] Li W，Liu J，Zhao D. Mesoporous materials for energy conversion and storage devices. Nature Reviews Materials，2016，1：16023.

[35] Gleiter H. Nanocrystalline materials. Progress in Materials Science，1989，33（4）：223-315.

[36] Kroto H W，Heath J R，O'Brien S C，et al. C_{60}：buckminsterfullerene. Nature，1985，318：162-163.

[37] Krätschmer W，Lamb L D，Fostiropoulos K，et al. Solid C_{60}：a new form of carbon. Nature，1990，347：354-358.

[38] Iijima S. Helical microtubules of graphitic carbon. Nature，1991，354（6348）：56-58.

[39] Iijima S，Ichihashi T. Single-shell carbon nanotubes of 1-nm diameter. Nature，1993，363（6430）：603-605.

[40] Bethune D S，Kiang C H，de Vries M S，et al. Cobalt-catalysed growth of carbon nanotubes with single-atomic-layer walls. Nature，1993，363（6430）：605-607.

[41] Dasgupta N P，Sun J，Liu C，et al. 25th anniversary article：semiconductor nanowires：synthesis，characterization，and applications. Advanced Materials，2014，26（14）：2137-2184.

[42] Ek M，Filler M A. Atomic-scale choreography of vapor-liquid-solid nanowire growth. Accounts of Chemical Research，2018，51（1）：118-126.

[43] Wagner R S，Ellis W C. Vapor-liquid-solid mechanism of single crystal growth. Applied Physics Letters，1964，4（5）：89-90.

[44] Magnin Y，Zappelli A，Amara H，et al. Size dependent phase diagrams of nickel-carbon nanoparticles. Physical Review Letters，2015，115（20）：205502.

[45] Krogstrup P，Jørgensen H I，Johnson E，et al. Advances in the theory of Ⅲ-Ⅴ nanowire growth dynamics. Journal of Physics D：Applied Physics，2013，46（31）：313001.

[46] Jourdain V，Bichara C. Current understanding of the growth of carbon nanotubes in catalytic chemical vapour deposition. Carbon，2013，58：2-39.

[47] Kong J，Soh H T，Cassell A M，et al. Synthesis of individual single-walled carbon nanotubes on patterned silicon wafers. Nature，1998，395（6705）：878-881.

[48] Hata K，Futaba D N，Mizuno K，et al. Water-assisted highly efficient synthesis of impurity-free single-walled carbon nanotubes. Science，2004，306（5700）：1362-1364.

[49] Jiang K，Li Q，Fan S. Spinning continuous carbon nanotube yarns. Nature，2002，419（6909）：801.

[50] Cheng H M，Li F，Su G，et al. Large-scale and low-cost synthesis of single-walled carbon nanotubes by the catalytic pyrolysis of hydrocarbons. Applied Physics Letters，1998，72（25）：3282-3284.

[51] Li Y，Peng S，Mann D，et al. On the origin of preferential growth of semiconducting single-walled carbon nanotubes. Journal of Physical Chemistry B，2005，109（15）：6968-6971.

[52] Yang F，Wang X，Zhang D，et al. Chirality-specific growth of single-walled carbon nanotubes on solid alloy catalysts. Nature，2014，510（7506）：522-524.

[53] Xiang R，Inoue T，Zheng Y，et al. One-dimensional van der Waals heterostructures. Science，2020，367（6477）：537-542.

[54] Liu B，Tang D M，Sun C，et al. Importance of oxygen in the metal-free catalytic growth of single-walled carbon nanotubes from SiO_x by a vapor-solid-solid mechanism. Journal of the American Chemical Society，2011，133（2）：197-199.

[55] Wang Y，Qiu L，Zhang L，et al. Precise identification of the active phase of cobalt catalyst for carbon nanotube growth by *in situ* transmission electron microscopy. ACS Nano，2020，14（12）：16823-16831.

[56] Li X，Cai W，An J，et al. Large-area synthesis of high-quality and uniform graphene films on copper foils. Science，2009，324（5932）：1312-1314.

[57] Yan Z，Peng Z，Tour J M. Chemical vapor deposition of graphene single crystals. Accounts of Chemical Research，2014，47（4）：1327-1337.

[58] Ma T，Ren W，Zhang X，et al. Edge-controlled growth and kinetics of single-crystal graphene domains by chemical vapor deposition. Proceedings of the National Academy of Sciences，2013，110（51）：20386-20391.

[59] Lin L，Zhang J，Su H，et al. Towards super-clean graphene. Nature Communications，2019，10（1）：1912.

[60] Zhang J，Sun L，Jia K，et al. New growth frontier：superclean graphene. ACS Nano，2020，14（9）：10796-10803.

[61] Ma T，Ren W，Liu Z，et al. Repeated growth-etching-regrowth for large-area defect-free single-crystal graphene by chemical vapor deposition. ACS Nano，2014，8（12）：12806-12813.

[62] Ma T，Liu Z，Wen J，et al. Tailoring the thermal and electrical transport properties of graphene films by grain size engineering. Nature Communications，2017，8：14486.

[63] Zhao T，Xu C，Ma W，et al. Ultrafast growth of nanocrystalline graphene films by quenching and grain-size-dependent strength and bandgap opening. Nature Communications，2019，10（1）：4854.

[64] Najmaei S，Liu Z，Zhou W，et al. Vapour phase growth and grain boundary structure of molybdenum disulphide atomic layers. Nature Materials，2013，12：754-759.

[65] Wang X，Gong Y，Shi G，et al. Chemical vapor deposition growth of crystalline monolayer $MoSe_2$. ACS Nano，2014，8（5）：5125-5131.

[66] Duan X，Wang C，Shaw J C，et al. Lateral epitaxial growth of two-dimensional layered semiconductor heterojunctions. Nature Nanotechnology，2014，9（12）：1024-1030.

[67] Gong Y，Lei S，Ye G，et al. Two-step growth of two-dimensional $WSe_2/MoSe_2$ heterostructures. Nano Letters，2015，15（9）：6135-6141.

[68] Gong Y，Lin J，Wang X，et al. Vertical and in-plane heterostructures from WS_2/MoS_2 monolayers. Nature Materials，2014，13（12）：1135-1142.

[69] Li S，Wang S，Tang D M，et al. Halide-assisted atmospheric pressure growth of large WSe_2 and WS_2 monolayer crystals. Applied Materials Today，2015，1（1）：60-66.

[70] Li S，Lin Y C，Zhao W，et al. Vapour-liquid-solid growth of monolayer MoS_2 nanoribbons. Nature Materials，

2018，17（6）：535-542.

[71] Li S，Hong J，Gao B，et al. Tunable doping of rhenium and vanadium into transition metal dichalcogenides for two-dimensional electronics. Advanced Science，2021，8（11）：2004438.

[72] Zhou J，Lin J，Huang X，et al. A library of atomically thin metal chalcogenides. Nature，2018，556（7701）：355-359.

[73] VahidMohammadi A，Rosen J，Gogotsi Y. The world of two-dimensional carbides and nitrides（MXenes）. Science，2021，372（6547）：eabf1581.

[74] Naguib M，Kurtoglu M，Presser V，et al. Two-dimensional nanocrystals produced by exfoliation of Ti_3AlC_2. Advanced Materials，2011，23（37）：4248-4253.

[75] Hong Y L，Liu Z，Wang L，et al. Chemical vapor deposition of layered two-dimensional $MoSi_2N_4$ materials. Science，2020，369（6504）：670-674.

[76] Butler K T，Davies D W，Cartwright H，et al. Machine learning for molecular and materials science. Nature，2018，559（7715）：547-555.

[77] Nikolaev P，Hooper D，Perea-López N，et al. Discovery of wall-selective carbon nanotube growth conditions via automated experimentation. ACS Nano，2014，8（10）：10214-10222.

[78] Fanourgakis G S，Gkagkas K，Tylianakis E，et al. A universal machine learning algorithm for large-scale screening of materials. Journal of the American Chemical Society，2020，142（8）：3814-3822.

[79] Moliner M，Román-Leshkov Y，Corma A. Machine learning applied to zeolite synthesis：the missing link for realizing high-throughput discovery. Accounts of Chemical Research，2019，52（10）：2971-2980.

[80] Tshitoyan V，Dagdelen J，Weston L，et al. Unsupervised word embeddings capture latent knowledge from materials science literature. Nature，2019，571（7763）：95-98.

[81] Voznyy O，Levina L，Fan J Z，et al. Machine learning accelerates discovery of optimal colloidal quantum dot synthesis. ACS Nano，2019，13（10）：11122-11128.

[82] Ji Z H，Zhang L，Tang D M，et al. High-throughput screening and machine learning for the efficient growth of high-quality single-wall carbon nanotubes. Nano Research，2021，14：4610-4615.

[83] Huo F，Zheng Z，Zheng G，et al. Polymer pen lithography. Science，2008，321（5896）：1658-1660.

[84] Kluender E J，Hedrick J L，Brown K A，et al. Catalyst discovery through megalibraries of nanomaterials. Proceedings of the National Academy of Sciences，2019，116（1）：40-45.

[85] Burger B，Maffettone P M，Gusev V V，et al. A mobile robotic chemist. Nature，2020，583（7815）：237-241.

[86] Thompson D A W. On Growth and Form. Cambridge：Cambridge University Press，1917.

[87] Boles M A，Engel M，Talapin D V. Self-assembly of colloidal nanocrystals：from intricate structures to functional materials. Chemical Reviews，2016，116（18）：11220-11289.

[88] Murray C B，Kagan C R，Bawendi M G. Synthesis and characterization of monodisperse nanocrystals and close-packed nanocrystal assemblies. Annual Review of Materials Science，2000，30（1）：545-610.

[89] Chen Z，O'Brien S. Structure direction of Ⅱ-Ⅵ semiconductor quantum dot binary nanoparticle superlattices by tuning radius ratio. ACS Nano，2008，2（6）：1219-1229.

[90] Kneller E F，Hawig R. The exchange-spring magnet：a new material principle for permanent magnets. IEEE Transactions on Magnetics，1991，27（4）：3588-3560.

[91] Zeng H，Li J，Liu J P，et al. Exchange-coupled nanocomposite magnets by nanoparticle self-assembly. Nature，2002，420（6914）：395-398.

[92] Kang Y，Ye X，Chen J，et al. Design of Pt-Pd binary superlattices exploiting shape effects and synergistic effects

for oxygen reduction reactions. Journal of the American Chemical Society，2013，135（1）：42-45.

[93] Zakri C，Blanc C，Grelet E，et al. Liquid crystals of carbon nanotubes and graphene. Philosophical Transactions of the Royal Society A：Mathematical，Physical and Engineering Sciences，2013，371（1988）：20120499.

[94] Rai P K，Pinnick R A，Parra-Vasquez A N G，et al. Isotropic-nematic phase transition of single-walled carbon nanotubes in strong acids. Journal of the American Chemical Society，2006，128（2）：591-595.

[95] Davis V A，Parra-Vasquez A N G，Green M J，et al. True solutions of single-walled carbon nanotubes for assembly into macroscopic materials. Nature Nanotechnology，2009，4（12）：830-834.

[96] Behabtu N，Young C C，Tsentalovich D E，et al. Strong，light，multifunctional fibers of carbon nanotubes with ultrahigh conductivity. Science，2013，339（6116）：182-186.

[97] Xu Z，Gao C. Aqueous liquid crystals of graphene oxide. ACS Nano，2011，5（4）：2908-2915.

[98] Xu Z，Gao C. Graphene chiral liquid crystals and macroscopic assembled fibres. Nature Communications，2011，2：571.

[99] Xu Z，Gao C. Graphene in macroscopic order：liquid crystals and wet-spun fibers. Accounts of Chemical Research，2014，47（4）：1267-1276.

[100] Liu Y，Xu Z，Gao W，et al. Graphene and other 2D colloids：liquid crystals and macroscopic fibers. Advanced Materials，2017，29（14）：1606794.

[101] Xu Z，Liu Y，Zhao X，et al. Ultrastiff and strong graphene fibers via full-scale synergetic defect engineering. Advanced Materials，2016，28（30）：6449-6456.

[102] Liu Y，Xu Z，Zhan J，et al. Superb electrically conductive graphene fibers via doping strategy. Advanced Materials，2016，28（36）：7941-7947.

[103] Kutuzov S，He J，Tangirala R，et al. On the kinetics of nanoparticle self-assembly at liquid/liquid interfaces. Physical Chemistry Chemical Physics，2007，9（48）：6351-6358.

[104] Zhong Y，Cheng B，Park C，et al. Wafer-scale synthesis of monolayer two-dimensional porphyrin polymers for hybrid superlattices. Science，2019：eaax9385.

[105] Blodgett K B. Films built by depositing successive monomolecular layers on a solid surface. Journal of the American Chemical Society，1935，57（6）：1007-1022.

[106] Langmuir I，Blodgett K B. Über einige neue methoden zur untersuchung von monomolekularen filmen. Kolloid-Zeitschrift，1935，73（3）：257-263.

[107] Hussain S A，Dey B，Bhattacharjee D，et al. Unique supramolecular assembly through Langmuir-Blodgett（LB）technique. Heliyon，2018，4（12）：e01038.

[108] Chen X，Lenhert S，Hirtz M，et al. Langmuir-Blodgett patterning：a bottom-up way to build mesostructures over large areas. Accounts of Chemical Research，2007，40（6）：393-401.

[109] Tao A，Kim F，Hess C，et al. Langmuir-Blodgett silver nanowire monolayers for molecular sensing using surface-enhanced Raman spectroscopy. Nano Letters，2003，3（9）：1229-1233.

[110] Li X，Zhang L，Wang X，et al. Langmuir-Blodgett assembly of densely aligned single-walled carbon nanotubes from bulk materials. Journal of the American Chemical Society，2007，129（16）：4890-4891.

[111] Cote L J，Kim F，Huang J. Langmuir-Blodgett assembly of graphite oxide single layers. Journal of the American Chemical Society，2009，131（3）：1043-1049.

[112] Aleksandrovic V，Greshnykh D，Randjelovic I，et al. Preparation and electrical properties of cobalt-platinum nanoparticle monolayers deposited by the Langmuir-Blodgett technique. ACS Nano，2008，2（6）：1123-1130.

[113] Cao Q，Han S J，Tulevski G S，et al. Arrays of single-walled carbon nanotubes with full surface coverage for

high-performance electronics. Nature Nanotechnology，2013，8：180-186.

[114] Liu L，Han J，Xu L，et al. Aligned，high-density semiconducting carbon nanotube arrays for high-performance electronics. Science，2020，368（6493）：850-856.

[115] Decher G，Hong J D. Buildup of ultrathin multilayer films by a self-assembly process. 1. Consecutive adsorption of anionic and cationic bipolar amphiphiles on charged surfaces. Makromolekulare Chemie Macromolecular Symposia，1991，46（1）：321-327.

[116] Richardson J J，Björnmalm M，Caruso F. Technology-driven layer-by-layer assembly of nanofilms. Science，2015，348（6233）：aaa2491.

[117] Richardson J J，Cui J，Björnmalm M，et al. Innovation in layer-by-layer assembly. Chemical Reviews，2016，116（23）：14828-14867.

[118] Srivastava S，Kotov N A. Composite layer-by-layer（LBL）assembly with inorganic nanoparticles and nanowires. Accounts of Chemical Research，2008，41（12）：1831-1841.

[119] Sasaki T，Ebina Y，Tanaka T，et al. Layer-by-layer assembly of titania nanosheet/polycation composite films. Chemistry of Materials，2001，13（12）：4661-4667.

[120] Renzhi M，Takayoshi S. Synthesis of LDH nanosheets and their layer-by-layer assembly. Recent Patents on Nanotechnology，2012，6（3）：159-168.

[121] Osada M，Akatsuka K，Ebina Y，et al. Solution-based fabrication of high-κ dielectric nanofilms using titania nanosheets as a building block. Japanese Journal of Applied Physics，2007，46（10B）：6979-6983.

[122] Li B W，Osada M，Kim Y H，et al. Atomic layer engineering of high-κ ferroelectricity in 2D perovskites. Journal of the American Chemical Society，2017，139（31）：10868-10874.

[123] Freer E M，Grachev O，Duan X，et al. High-yield self-limiting single-nanowire assembly with dielectrophoresis. Nature Nanotechnology，2010，5（7）：525-530.

[124] Sarker B K，Shekhar S，Khondaker S I. Semiconducting enriched carbon nanotube aligned arrays of tunable density and their electrical transport properties. ACS Nano，2011，5（8）：6297-6305.

[125] Zhong J，Sun W，Wei Q，et al. Efficient and scalable synthesis of highly aligned and compact two-dimensional nanosheet films with record performances. Nature Communications，2018，9（1）：3484.

[126] Anon. Self-assembling life. Nature Nanotechnology，2016，11（11）：909.

[127] Turing A M. The chemical basis of morphogenesis. Philosophical Transactions of the Royal Society of London. Series B，Biological Sciences，1952，237（641）：37-72.

[128] Ertl G. Oscillatory kinetics and spatio-temporal self-organization in reactions at solid surfaces. Science，1991，254（5039）：1750-1755.

[129] Ertl G. Reactions at surfaces：from atoms to complexity（Nobel Lecture）. Angewandte Chemie International Edition，2008，47（19）：3524-3535.

[130] Wagner C，Harned N. Lithography gets extreme. Nature Photonics，2010，4：24-26.

[131] Chen S，Bomer J G，van der Wiel W G，et al. Top-down fabrication of sub-30 nm monocrystalline silicon nanowires using conventional microfabrication. ACS Nano，2009，3（11）：3485-3492.

[132] Vieu C，Carcenac F，Pépin A，et al. Electron beam lithography：resolution limits and applications. Applied Surface Science，2000，164（1）：111-117.

[133] Manfrinato V R，Zhang L，Su D，et al. Resolution limits of electron-beam lithography toward the atomic scale. Nano Letters，2013，13（4）：1555-1558.

[134] Mirza M M，MacLaren D A，Samarelli A，et al. Determining the electronic performance limitations in

top-down-fabricated Si nanowires with mean widths down to 4 nm. Nano Letters，2014，14（11）：6056-6060.

[135] Qiu C，Zhang Z，Xiao M，et al. Scaling carbon nanotube complementary transistors to 5-nm gate lengths. Science，2017，355（6322）：271-276.

[136] Tseng A A. Recent developments in nanofabrication using focused ion beams. Small，2005，1（10）：924-939.

[137] Li J，Stein D，McMullan C，et al. Ion-beam sculpting at nanometre length scales. Nature，2001，412（6843）：166-169.

[138] Novoselov K S，Geim A K，Morozov S V，et al. Electric field effect in atomically thin carbon films. Science，2004，306（5696）：666-669.

[139] Novoselov K S，Jiang D，Schedin F，et al. Two-dimensional atomic crystals. Proceedings of the National Academy of Sciences of the United States of America，2005，102（30）：10451-10453.

[140] Custance O，Perez R，Morita S. Atomic force microscopy as a tool for atom manipulation. Nature Nanotechnology，2009，4（12）：803-810.

[141] Garcia R，Knoll A W，Riedo E. Advanced scanning probe lithography. Nature Nanotechnology，2014，9：577-587.

[142] Schofield S R，Curson N J，Simmons M Y，et al. Atomically precise placement of single dopants in Si. Physical Review Letters，2003，91（13）：136104.

[143] Weber B，Mahapatra S，Ryu H，et al. Ohm's law survives to the atomic scale. Science，2012，335（6064）：64-67.

[144] Fuechsle M，Miwa J A，Mahapatra S，et al. A single-atom transistor. Nature Nanotechnology，2012，7：242.

[145] Pires D，Hedrick J L，de Silva A，et al. Nanoscale three-dimensional patterning of molecular resists by scanning probes. Science，2010，328（5979）：732-735.

[146] Wei Z，Wang D，Kim S，et al. Nanoscale tunable reduction of graphene oxide for graphene electronics. Science，2010，328（5984）：1373-1376.

[147] Chou S Y，Krauss P R，Renstrom P J. Imprint lithography with 25-nanometer resolution. Science，1996，272（5258）：85-87.

[148] Ahn S H，Guo L J. Large-area roll-to-roll and roll-to-plate nanoimprint lithography：a step toward high-throughput application of continuous nanoimprinting. ACS Nano，2009，3（8）：2304-2310.

[149] Piner R D，Zhu J，Xu F，et al. “Dip-pen” nanolithography. Science，1999，283（5402）：661-663.

[150] Salaita K，Wang Y，Mirkin C A. Applications of dip-pen nanolithography. Nature Nanotechnology，2007，2：145-155.

[151] Demers L M，Ginger D S，Park S J，et al. Direct patterning of modified oligonucleotides on metals and insulators by dip-pen nanolithography. Science，2002，296（5574）：1836-1838.

[152] Salaita K，Wang Y，Fragala J，et al. Massively parallel dip-pen nanolithography with 55000-pen two-dimensional arrays. Angewandte Chemie International Edition，2006，45（43）：7220-7223.

[153] Shim W，Braunschweig A B，Liao X，et al. Hard-tip，soft-spring lithography. Nature，2011，469：516-520.

[154] Chen P C，Liu X，Hedrick J L，et al. Polyelemental nanoparticle libraries. Science，2016，352（6293）：1565-1569.

[155] Tang D M，Kvashnin D G，Najmaei S，et al. Nanomechanical cleavage of molybdenum disulphide atomic layers. Nature Communications，2014，5：3631.

[156] Shim J，Bae S H，Kong W，et al. Controlled crack propagation for atomic precision handling of wafer-scale two-dimensional materials. Science，2018，362（6415）：665-670.

[157] Geim A K，Grigorieva I V. Van der Waals heterostructures. Nature，2013，499：419-425.

[158] Yu G L，Gorbachev R V，Tu J S，et al. Hierarchy of Hofstadter states and replica quantum Hall ferromagnetism in graphene superlattices. Nature Physics，2014，10：525-529.

[159] Cao Y，Fatemi V，Demir A，et al. Correlated insulator behaviour at half-filling in magic-angle graphene superlattices. Nature，2018，556（7699）：80-84.
[160] Saito R，Fujita M，Dresselhaus G，et al. Electronic structure of chiral graphene tubules. Applied Physics Letters，1992，60（18）：2204-2206.
[161] Yakobson B I. Mechanical relaxation and “intramolecular plasticity” in carbon nanotubes. Applied Physics Letters，1998，72（8）：918-920.
[162] Nardelli M B，Yakobson B I，Bernholc J. Brittle and ductile behavior in carbon nanotubes. Physical Review Letters，1998，81（21）：4656-4659.
[163] Huang J Y，Chen S，Wang Z Q，et al. Superplastic carbon nanotubes. Nature，2006，439（7074）：281.
[164] Tang D M，Kvashnin D G，Cretu O，et al. Chirality transitions and transport properties of individual few-walled carbon nanotubes as revealed by *in situ* TEM probing. Ultramicroscopy，2018，194：108-116.
[165] Tang D M，Erohin S V，Kvashnin D G，et al. Semiconductor nanochannels in metallic carbon nanotubes by thermomechanical chirality alteration. Science，2021，374（6575）：1616-1620.
[166] Nicolosi V，Chhowalla M，Kanatzidis M G，et al. Liquid exfoliation of layered materials. Science，2013，340（6139）：1226419.
[167] Hummers W S，Offeman R E. Preparation of graphitic oxide. Journal of the American Chemical Society，1958，80（6）：1339.
[168] Pei S，Wei Q，Huang K，et al. Green synthesis of graphene oxide by seconds timescale water electrolytic oxidation. Nature Communications，2018，9（1）：145.
[169] Hernandez Y，Nicolosi V，Lotya M，et al. High-yield production of graphene by liquid-phase exfoliation of graphite. Nature Nanotechnology，2008，3：563-568.
[170] Coleman J N. Liquid exfoliation of defect-free graphene. Accounts of Chemical Research，2013，46（1）：14-22.
[171] Sasaki T，Watanabe M，Hashizume H，et al. Macromolecule-like aspects for a colloidal suspension of an exfoliated titanate. Pairwise association of nanosheets and dynamic reassembling process initiated from it. Journal of the American Chemical Society，1996，118（35）：8329-8335.
[172] Ma R，Sasaki T. Nanosheets of oxides and hydroxides：ultimate 2D charge-bearing functional crystallites. Advanced Materials，2010，22（45）：5082-5104.
[173] Minoru O，Sasaki T. Two-dimensional dielectric nanosheets：novel nanoelectronics from nanocrystal building Blocks. Advanced Materials，2012，24（2）：210-228.

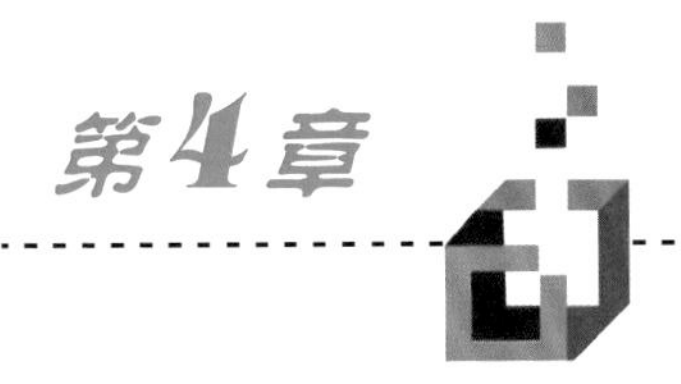

低维材料的结构表征

科学源于人类的好奇，人类经探索和发现逐渐建立起“世界”的模型。我们的“视界”在某种程度上决定了我们的“世界”。宏观大尺度上，通过望远镜观察浩瀚星空让我们知道宇宙之大。微观小尺度上，利用显微镜揭示出物质结构，让我们惊叹细微之美。科学史上很多争议都是通过一张照片“眼见为实”而得以解决，包括黑洞、DNA、位错等。对于低维材料，首要问题是解析其结构，特别是获得在接近实际使役条件下与性能相关的、真实的、本质的结构信息。本章将以低维材料的结构表征方法为主题。

4.1 结构表征原理

结构表征是对探测信号与材料相互作用后产生的激发信号，进行收集、处理和分析，从而反推相互作用过程和材料结构。探测信号包括物理探针［扫描探针显微镜（SPM）］，也包括可见光、X射线等电磁波和电子、中子等粒子。相互作用可分为光和粒子在材料中的弹性和非弹性散射；探测能量决定了相互作用类型和探测深度；探针尺寸与相互作用体积决定了空间分辨率；探针与材料的相互作用特征时间决定了时间分辨率。另外，探测器的敏感度和分辨率，以及数据采集速度和实时分析对于快速过程的理解至关重要。结构表征本质上是相互作用后的一个“影像”，其能否反映材料的真实结构需要严谨分析。分辨率越高，要求的激发能量越高，同时可能使材料的结构发生急剧变化，这是精细表征的一个矛盾之处。另外在量子力学中，量子态的测量会引起波函数的“坍缩”，使其从叠加态变成一个确定的本征态，同时获得对应于此本征态的物理量。如何表征量子材料和器件中的量子态与量子信息仍然是一个需要探索的重要课题。

4.1.1 表征技术分类

根据表征信息可以把低维材料表征方法分为三类：成像、衍射、谱学测量，分别对应实空间、倒空间、能量空间，并与其物理、化学性质关联。成像获得材料的直观图像，包括光学显微镜成像、X 射线成像、扫描电子显微镜（SEM）成像、透射电子显微镜（TEM）成像、扫描隧道显微镜（STM）成像、原子力显微镜（AFM）成像等，获得形状表面、晶体结构、原子占位、孔结构、缺陷、界面等信息。衍射则是体现材料的整体周期性，与更侧重局部的成像互补，在数学上与相应的成像技术通过傅里叶变换而互为倒易关系，包括 X 射线衍射、电子衍射、中子衍射等。谱学测量则是通过非弹性散射探测材料的原子成分、化学价态、能量分布、转化过程等，包括红外吸收光谱（IR）、拉曼（Raman）光谱、电子能量损失谱（EELS）、X 射线光电子能谱（XPS）、能量色散 X 射线谱（EDS）等。

不同表征技术，对应材料结构的不同方面。通过 SEM 能看到材料的表面形貌，TEM 能给出材料内部结构信息，SPM 则能给出平整表面的微小起伏特征。同一作用的不同过程会给出不同的结构信息。电子束与材料发生散射和相互作用，激发二次电子或者背散射电子形成 SEM 图像，透射电子形成 TEM 图像，弹性散射电子构成电子衍射谱，非弹性散射电子形成 EELS，特征 X 射线构成 EDS。因而要全面了解低维材料的结构，有必要将多种表征方法综合运用，避免“盲人摸象”。

先进结构表征的目的是建立材料的结构-性能关系，特别是在生长、加工、应用条件下随时间演变的动态关系。越来越多的原位技术将结构表征与性能测量结合在一起，在材料生长过程中观察形核过程，在工况条件下原位观察结构演变（图 4.1）。

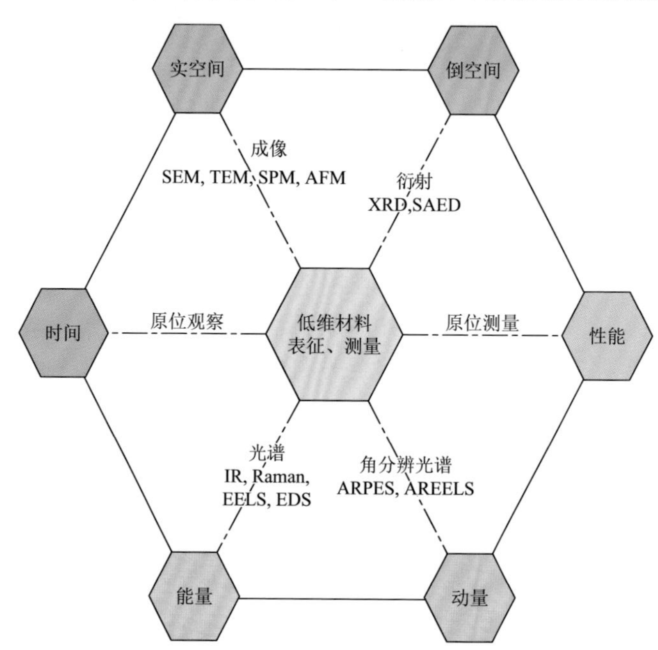

图 4.1 低维材料表征技术：探测信号与低维材料的相互作用，获得实空间图像、倒空间衍射谱图、能量-动量关系等结构信息；通过实时、工况条件下的观察与测量，建立结构、过程、性能之间的关联

4.1.2　衍射极限与成像突破

1015 年，阿拉伯科学家伊本·海赛姆发表了著作《论光学》，阐述了光的反射与折射现象用于放大成像的原理。根据阿贝成像原理，衍射效应限制了分辨率极限：$d = 0.61\dfrac{\lambda}{\alpha}$，其中，$\lambda$ 为光波波长，α 为限制光阑对应的入射半角。可见光的波长最短约 400nm，即使光学显微镜的镜头加工技术趋近完美，对应的衍射分辨率极限也超过 200nm。对于特征尺寸小于 100nm，甚至达到原子级别的低维材料，要突破这一极限，只能采用新的显微技术。

提高分辨率有两条路径，一是减小波长，二是避免衍射（图 4.2）。沿着减小波长这一路径开发出电子显微镜，因为电子的波长与加速电压相关，可小于 1nm。所以不管是 SEM 还是 TEM，其分辨率极限均远远优于光学显微镜。SEM 的分辨率约为 1nm，比光学显微镜小 2 个数量级。随着电磁透镜技术的日益完善，特别是球差矫正器的发明与推广，TEM 的分辨率已经达到原子水平，成为低维材料结构表征最强大的工具之一。

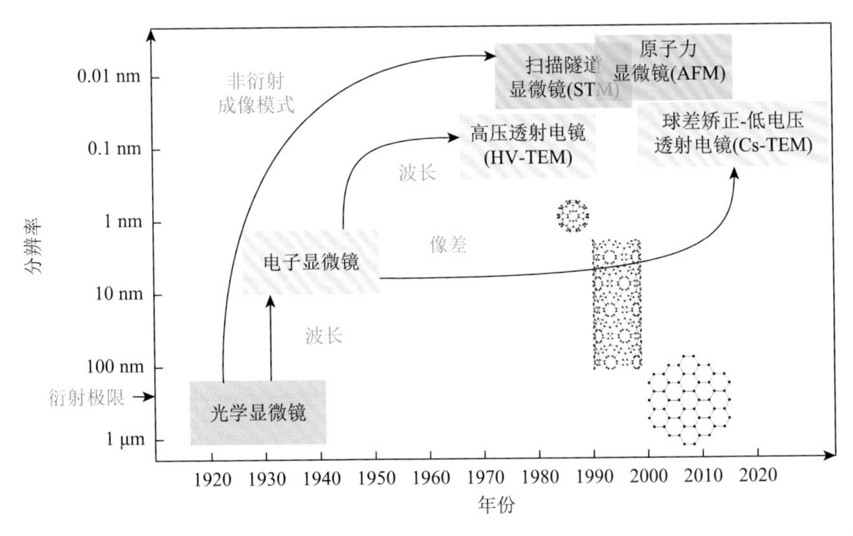

图 4.2　成像衍射极限与突破：光学显微镜受到衍射限制，分辨率极限约为 200nm；突破分辨率极限的方法，一是采用波长更短的电子为“光”而发明的电子显微镜，二是采用接触模式，从而避免远场衍射制约的扫描探针显微镜；显微成像技术在新型低维结构的发现与研究中起了关键作用

另一个突破衍射极限的方法是避免衍射，科学家利用微小探针在样品表面扫描的方式，发展出扫描探针显微镜。其本质上是一个近场过程，避免了远场的衍射效应，分辨率取决于探针尖端尺寸以及探针与样品表面相互作用对距离的敏感

程度。利用原子级针尖和样品之间隧穿电流与距离的指数关系发展出扫描隧道显微镜，可获得材料表面形貌、原子排列和电子结构；利用针尖-表面之间静电力、磁力、范德瓦耳斯力等作用开发出原子力显微镜，可以对样品表面的特征进行原子尺度的观察，以及高精度操控和测量。

4.2 透射电子显微镜

透射电子显微镜（TEM），顾名思义是透过电子来“看”材料结构，是利用电子波在透过物质过程中发生的相互作用而成像的显微表征仪器。1931 年，Ernst Ruska 发明了 TEM，因此分享了 1986 年诺贝尔物理学奖。TEM 是表征低维材料结构的利器，可在原子尺度上解析晶体结构、缺陷结构、化学组分。近年来 TEM 的功能更加丰富，能够给出材料的三维结构信息，并通过原位测量建立结构-过程-性能的关联。

在 TEM 模式下，电子枪发射的电子，经过数十到数百千伏的电压加速后，由会聚系统形成平行光，透过样品后，由物镜成像，中间镜放大，最后由投影镜投射到光传感器上形成图像。在 STEM 模式下，会聚系统将平行电子光会聚成电子束，在样品上来回扫描，同步收集不同角度的散射电子而成像。

电子的发射机制根据其克服功函数的方式分为两类：由热能提供动能越过能垒的方式称为热电子发射；施加电场降低能垒宽度，使电子隧穿进入真空，称为场发射。电子加速后速度接近光速，经相对论效应修正以后的波长由电子加速电压 V 决定：$\lambda = \dfrac{h}{\left[2m_0eV\left(1+\dfrac{eV}{2m_0c^2}\right)\right]^{1/2}}$，100kV 对应的电子波长为 0.0037nm，远远小于原子尺寸（约 0.1nm）。

电子束与材料相互作用以后，电子波函数的振幅与相位都发生改变，携带材料的结构信息。电子直接透过材料的称为透射束；弹性散射是电子衍射、衍射衬度、高分辨成像的基础；非弹性散射是分析型电镜技术的基础，包括电子吸收、二次电子、俄歇电子、特征 X 射线、电子能量损失、阴极发光、电子-空穴对、声子和加热等；分布在较大角度的非相干散射，其散射强度大致与原子序数的平方成正比，其成像衬度称为 Z 衬度，这是 STEM 模式下高角环形暗场像的基础原理。

透射电镜的核心是电磁透镜，电子束在圆周对称、轴向梯度分布的磁场中受到洛伦兹力作用，产生偏转和聚焦。电磁透镜只能实现凸透镜功能，Scherzer 指出圆周对称的透镜球差不可避免，因而限制其分辨率[1]。20 世纪 90 年代，Rose 等发明了球差矫正器，采用多级非圆周对称分布的磁极对进行实时测量、计算和矫正球差，将 TEM 和 STEM 分辨率提高到亚埃水平[2]。

4.2.1 高分辨成像

1. 新结构的发现

TEM 的高分辨率在新型低维材料的发现方面起到不可或缺的作用。场发射 TEM 高分辨成像技术是 20 世纪 70 年代美国亚利桑那州立大学 John Cowley 和 Sumio Iijima 等发展起来的[3, 4]。1991 年，Sumio Iijima 发表了题为“石墨碳的微螺旋管”的论文，高分辨照片清晰地呈现了双层到多层的中空管状结构。根据电子衍射谱对称性等特征，他提出由石墨片层卷曲封闭成管的结构模型[5]。1993 年，他发现了由单层石墨卷曲而成的单壁碳纳米管，并用电子衍射方法分析了螺旋角和手性指数[6]。

根据热力学理论，二维材料是不能稳定存在的[7]。2004 年曼彻斯特大学 Konstantin Novoselov 和 Andre Geim 却发现用简单的粘胶带撕裂方法可以分离出单层石墨和其他二维材料，特别有意思的是单原子层厚度的石墨烯是在光学显微镜下发现的[8]。德国马克斯-普朗克研究所 Meyer 等用 TEM 直接观察了悬空石墨烯的结构，用电子衍射方法确定了其稳定存在和长程有序的晶体结构[9]。2020 年，中国科学院金属研究所任文才团队通过化学气相沉积方法生长了一种新型层状二维晶体 $MoSi_2N_4$，如图 4.3 所示，在原子分辨高角环形暗场（HAADF）像中可清晰分辨出六角排列的原子位置和类型，其与原子模型相对应[10]。

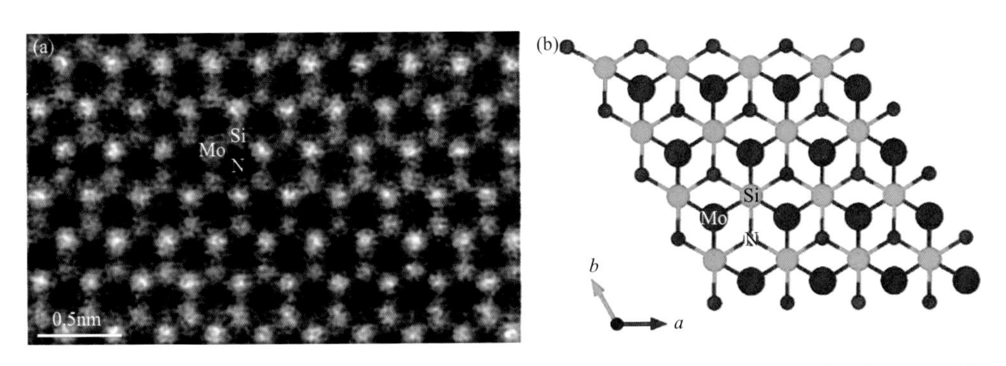

图 4.3 扫描透射电子显微镜表征二维 $MoSi_2N_4$ 结构：（a）原子分辨高角环形暗场像；（b）原子模型中钼、硅和氮原子对应位置与 HAADF 图像一致[10]

2. 低电压高分辨率

低维材料尺寸小，与传统块体材料相比，对电子束更敏感，因而如何对其结构进行表征是一个很大的挑战。电子辐照损伤主要包括原子碰撞、晶格加热、化学键离化等机制，与材料的元素种类、化学键类型、导热和导电性质等相关。

对于轻元素构成的纳米碳材料，损伤机制主要是电子-原子碰撞的动能传递，与电子加速电压相关。随着球差和色差矫正技术的出现，低加速电压TEM的分辨率也能达到原子水平。美国FEI公司、德国CEOS公司和德国乌尔姆大学主导了亚埃低电压电子显微镜（SALVE-microscope）项目，开发出球差/色差矫正器，具有20kV加速电压的TEM分辨率达到0.139nm[11]。日本电子公司与日本产业技术综合研究所合作开发的“Delta”系统能矫正高阶球差，在30kV的加速电压下，采用48mrad的超大会聚角度，在STEM-HAADF像中可清晰分辨出单层石墨烯的碳原子哑铃结构和六元环晶格[12]。

对于离子键结合为主的沸石等材料，电子辐照损伤的主要机制是化学键的离化作用。针对这一挑战，沙特阿卜杜拉国王科技大学韩宇研究组开发了低剂量成像技术。采用高灵敏度电子直接探测器，将电子辐照剂量限制在 $100e/Å^2$ 以内。他们开发了自动倾转样品技术，极大地减轻了晶体带轴倾转过程中的辐照损伤，从而实现了多种电子束敏感材料的原子级成像，包括有机-无机卤化钙钛矿 $CH_3NH_3PbBr_3$、金属有机骨架材料等[13]。

3. 单原子催化剂

扫描透射电子显微镜（STEM）以电子束为探针对样品逐点扫描，同步收集不同散射角度的透射电子形成扫描图像，可分为明场像、环形明场像、环形暗场像等。其中高角环形暗场（HAADF）像由非相干散射电子构成，其亮度近似与原子序数（Z）的平方成正比，可清晰呈现单个重原子在轻质基体上的衬度。将直接透过电子采集的电子能量损失谱（EELS）与HAADF结合，可以在单原子尺度上进行化学分析。日本产业技术综合研究所Suenaga等利用球差矫正STEM技术直接观察到单层石墨烯的六元环蜂窝状排列结构，并用EELS对每一个原子进行了成分分析，其可分辨边缘和内部碳原子的电子结构的精细差别[14]。

催化剂通常是质量较大的金属元素担载在质量较轻的氧化物基体上，基于 Z 衬度的STEM-HAADF像是表征单原子催化剂结构的利器[15]。2011年，中国科学院大连化学物理研究所张涛研究组报道了单原子催化剂 Pt_1/FeO_x 对CO的氧化反应具有优异的转化效率和稳定性，其中STEM-HAADF像清晰地呈现了Pt在 FeO_x 基体上的单原子分布状态[16]。洛斯阿拉莫斯国家实验室（LANL）Piotr Zelenay研究组采用STEM-HAADF像揭示了Fe原子在氮掺杂石墨烯上的分布和配位情况，结合单原子尺度的EELS分析，确定了 FeN_4 的催化活性位点配位结构[17]。

4. 轻元素原子成像

储能活性物质通常是轻元素，如氢和锂等，其散射截面小，传统表征手段很难直接表征其成分和结构。2009年，日本电子公司的Okunishi等报道了环形明场

（ABF）成像技术[18]，采集散射角度分布在 11～22mrad 之间的电子成像，其强度与原子序数的关系大致为 $Z^{1/3}$，因轻元素与重元素的衬度相差不大，从而可以同时显示[19]。东京大学 Eiji Abe 研究组采用 ABF 技术观察到了 YH_2 晶格中的 H 原子柱[20]。Yuichi Ikuhara 研究组采用这一成像技术观察到 $LiFePO_4$ 中的 Li 离子，发现部分脱锂的 $LiFePO_4$ 中 Li 离子倾向于间隔层分布，从而解释了 $LiFePO_4/FePO_4$ 分阶段相转变机理[21]。

4.2.2 相位解析

电子波与物质作用后携带的结构信息，包含在电子出射波函数的振幅与相位中。而在成像时，图像采集装置，不管是底片、CCD 相机还是电子直接探测器，都只能保留强度信息，电子波的相位信息则被丢失了。光学中用双缝干涉等方法可以呈现相位信息。在电子光学中，洛伦兹技术、电子全息成像和差分相衬度（DPC）等技术能够获得相位信息。

洛伦兹成像是利用不同方向磁场对电子的洛伦兹力产生偏转而形成衬度的显微成像技术。日本日立公司 Tonomura 等采用洛伦兹成像技术，观察到超导体磁涡流[22]。日本国立材料科学研究所于秀珍等在 $Fe_{0.5}Co_{0.5}Si$ 薄膜中观察到二维斯格明子六方晶格[23]。

全息成像技术则是穿过样品与通过真空的电子波形成干涉条纹，进而提取样品相关的电场和磁场的相位信息[24]。20 世纪 80 年代 Tonomura 等采用这一技术观察磁记录材料中的磁场和磁畴结构[25]。剑桥大学 Rafal Dunin-Borkowski 采用全息成像技术观察了磁性纳米线和纳米颗粒聚集体的磁场分布，发现自组装的钴纳米颗粒的磁场会形成有趣的封闭环形结构[26]。加州大学伯克利分校 Cumings 等采用电子全息成像技术分析了碳纳米管在场发射电子时的尖端电场，发现其呈球状集中分布在碳纳米管端部[27]。

洛伦兹成像和全息成像都是 TEM 模式，近年来发展起来的差分相衬度（DPC）显微成像技术则是基于 STEM 模式，通过测量电子束在电磁场作用下的偏转效应体现相位信息。东京大学 Yuichi Ikuhara 研究组和日本电子公司合作开发了分割探测器，获得不同方向的电子散射强度，通过代数运算获得样品的局部相位信息[28]。DPC 的分辨率与 STEM 相当，可达到原子级水平，可用于分析单个原子、原子级缺陷以及晶体单胞中的磁场与电场分布（图 4.4）[29]。

4D STEM 则是在分割探测器的方向上进一步发展，整个探测器的每个像素点均单独记录信息，电子束在样品上扫描的每个点对应的不是一个图像的强度点，而是对应于这一点的电子衍射谱，分析其精细结构能够获得丰富的样品结构信息。加州大学尔湾分校潘晓晴研究组通过分析 4D STEM 获得的会聚束衍射谱来解析电荷分布，能够分辨 $BiFeO_3$ 晶体单胞中阴离子和阳离子之间的电场[30]。哈佛大学

Fang 等采用 4D STEM 分析了 MoS_2 等二维材料中的电荷分布，发现了二维半导体晶格中存在金属性的一维缺陷[31]。

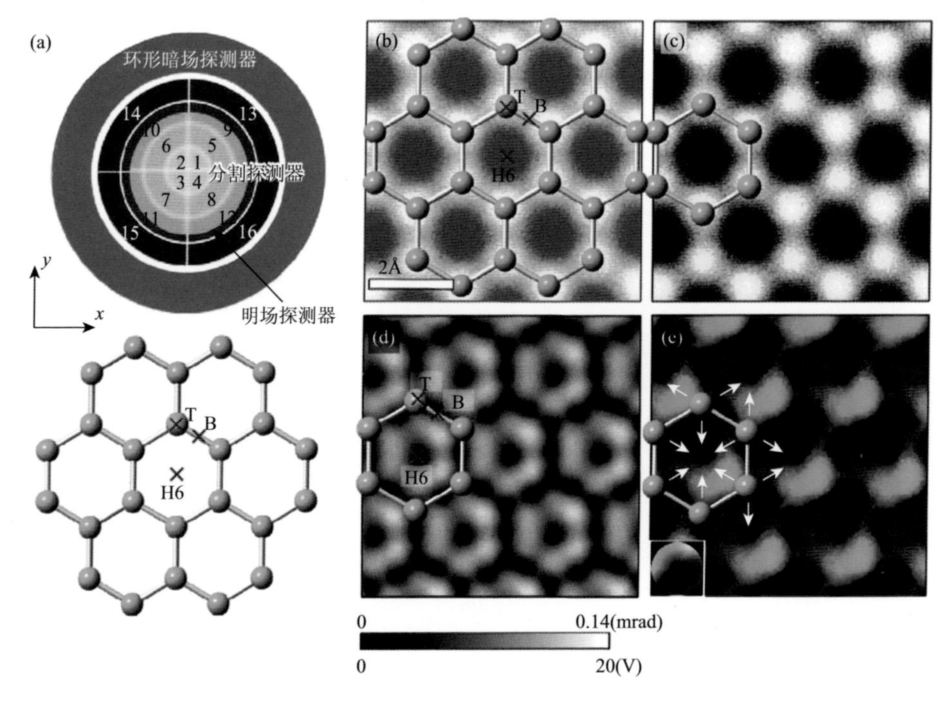

图 4.4 STEM-DPC 技术原子级分辨率解析晶体内部的电场分布：(a) 分割探测器；(b、c) 石墨烯的原子结构与 STEM-HAADF 图像；(d、e) 石墨烯的面内电场强度与电场方向[29]

4.2.3 三维重构

通常透射电镜成像为三维晶体在二维平面的投影，损失了一个维度的信息。三维重构技术是基于 1917 年 Randon 发明的算法，利用高维向低维空间的多重投影反向重构出高维空间。X 射线计算机断层成像（CT）可以对人体进行毫米级三维成像，已经成为医院不可或缺的诊断方法。同步辐射 X 射线三维成像达到 10nm 水平的分辨率，可对集成电路进行无损三维成像[32]。FIB-SEM 双束系统通过 FIB 逐层刻蚀和 SEM 成像，可获得 5nm 分辨率的三维重构[33]。三维原子探针通过跟踪纳米尖端场蒸发离子的轨迹，可获得原子级分辨率的三维结构[34]。

这里简要介绍透射电镜的三维重构技术在解析低维材料结构中的应用[35, 36]。由于球差矫正器、高灵敏度探测器、高精度自动控制测角台等硬件的发展，以及计算能力的提升，三维重构技术已经接近原子级分辨率。通过电子断层三维重构技术能够获得材料的三维结构信息，包括纳米颗粒的形貌、催化剂在介孔材料中的分布等。

在异相催化领域，金属催化剂纳米颗粒与载体之间的界面结合对于催化反应的活性和稳定性至关重要。英国剑桥大学 Midgley 研究组采用 HAADF 三维重构技术，解析了中孔氧化硅孔道中 PtRu 双金属颗粒的三维分布。通过分析孔的大小、体积、形状、表面积，发现催化剂管道是维度为 2.4 的分形结构，催化剂颗粒优先吸附在马鞍形位置[37]。González 等分析在氧化物表面负载的金催化剂颗粒的分布状态，发现其优先吸附位置为氧化物表面重构形成的多面体台阶处。高分辨表征发现催化剂颗粒与载体之间（111）面的外延关系，有助于我们理解催化剂的稳定性[38]。

结合球差矫正技术、快速灵敏探测器和高通量数据采集方法、强大的计算能力，美国加州大学洛杉矶分校 Jianwei Miao 研究组开发了原子分辨三维重构技术[39, 40]。利用球差矫正电镜获得亚埃分辨图像，围绕纳米颗粒质心在旋转过程中精确对中，通过傅里叶空间迭代重构建立原子模型，可获得纳米颗粒中每个原子的三维坐标。采用此技术解析出金纳米颗粒内部的多重孪晶、晶界上的原子台阶和层错等精细结构[39, 41]。与石墨烯窗口原位微型液体样品台结合，加州大学伯克利分校 Paul Alivisatos 研究组实现了液体环境中铂纳米颗粒的原子分辨三维重构，揭示出晶体生长过程中两个颗粒合并形成螺型位错的过程[42]。

4.2.4　原位透射电镜

对于材料科学研究，表征结构是为了建立结构与过程和性能之间的关系。低维材料的结构控制有赖于对其生长机理的理解，需要在其生长过程中对其结构的形成和演化过程进行观察。由于低维结构的纳米尺寸，其本征性质测量也自然需要在显微镜中进行。原位电子显微技术就是在材料的生长和测试过程中实时实地观察，直接建立过程-结构-性能关系的方法。

1. 时间分辨电镜

TEM 的空间分辨率已经达到原子水平，但其时间分辨率仍然受限于电子枪亮度、相机快门速度、传感器敏感度和数据传输速度等。近年出现的电子直接传感器由于其高灵敏度，可以达到每秒 1000 张的帧数和毫秒级时间分辨率。加州理工大学诺贝尔化学奖得主 Ahmed Zewail 发明了 4D 电子显微镜，将 TEM 的时间分辨率提高到皮秒（10^{-12}s）量级[43]。其关键是采用同步激光脉冲分别照射电子枪和样品，利用光电效应激发电子脉冲，利用激光激发样品的结构变化，通过调节两束激光的时间差而控制观察时间间隔。采用这一技术，他们获得了相变、热振动、机械振动、液体流动等超快动态信息[44, 45]。

哥廷根大学 Claus Ropers 研究组采用时间分辨电镜研究了 1T TaS_2 纳米片的电荷密度波相变[46]。他们用激光脉冲激发相转变，根据预期的相结构设计了特殊的光阑，采用暗场相跟踪相变过程，获得了 5nm 的空间分辨率和飞秒时间分辨率，观察到相变过程中畴结构移动的动态过程。

时间分辨 TEM 是电子显微学一个重要的发展方向。中国科学院物理研究所李建奇等研制的新一代场发射阴极可达到 0.27nm 的空间分辨率和飞秒时域的时间分辨率。他们观察到 h-BN 纳米管在激光作用下各向异性的动力学特征，揭示了快和慢两种特征的晶格动力学，分别对应 8ps 和 100～300ps 的特征时间[47]。

2. 原位生长观察

通常电子显微镜需要保持高真空环境，而催化反应和材料生长往往是在气体或者液体中进行。环境透射电子显微镜（ETEM）通过分级抽气系统，可以在电镜极靴附近保持约 1000Pa 的气体环境，与其他部分的高真空环境形成气体压力梯度[48]。另一种设计是环境反应器（ECell），用非晶薄膜窗口将反应与电镜腔体的真空环境隔开，可以达到 1～2atm①的气体环境；类似地，也可以引入液体实现液相反应和生长过程的原位观察[49]。

美国普渡大学 Frances Ross 研究组利用 ETEM 技术研究了包括 Si、Ge、GaP 等多种半导体纳米线的生长过程，发现对应催化剂颗粒中饱和度变化的气液固三相界面周期振荡[50]；在钯催化生长硅纳米线的过程中，发现催化剂形成了 Pd_xSi 合金相，观察到硅原子在催化剂-纳米线界面逐层析出的层流过程[51]。

Helveg 等在 ETEM 中观察了镍催化生长碳纳米管过程中催化剂的状态和碳层析出位置等，发现呈流动态的催化剂颗粒在碳层析出过程中周期性地拉长变形和挤出[52]。大阪大学 Yoshida 等发现单壁碳纳米管的形核与生长过程中，Fe_3C 催化剂保持固态晶体结构[53]。美国国家标准与技术研究院（NIST）Renu Sharma 观察到石墨烯片层在钴催化剂颗粒上的析出-锚定-拱起，最终转化为碳纳米管的碳帽形核生长过程[54]。

碳纳米管生长机理的一个基本核心问题是确定催化剂颗粒的物相状态与结构。在复杂的生长环境中，催化剂纳米颗粒有很多种可能的组合成分和物相。例如，钴与碳可形成 Co_2C 和 Co_3C 两种碳化物相，同时也有碳化物和钴混合相催化生长碳纳米管的报道[55]。由于纳米颗粒的小尺寸和衍射倒空间的倒易关系与拉长效应，物相标定是理解生长机理的一个挑战。我们提出了一个原位精确标定催化剂物相的方法，在接近实际生长条件的环境大气压 ECell 中原位生长碳纳米管。利用球差矫正 TEM 原位观察，对催化剂的颗粒高分辨像进行傅里叶变换，与模拟衍射图谱进行对照和分析，将晶面间距和夹角的测量误差分别限定为 5%和 2°以内，能够区分 Co_2C 和 Co_3C，发现钴催化剂在生长碳纳米管的过程中保持 Co_3C 单相结构（图 4.5）[56]。

① 1atm = 101325Pa。

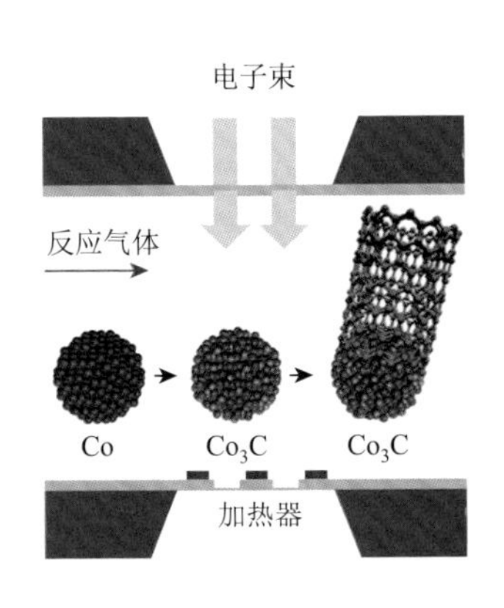

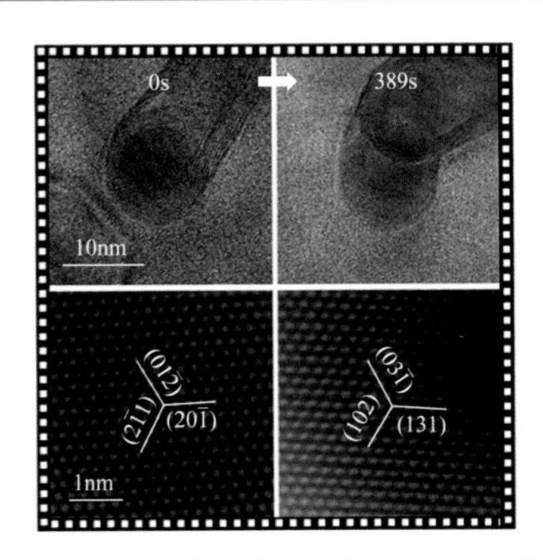

图 4.5　碳纳米管气相生长过程的原位 TEM 观察和催化剂物相分析，通过精确标定和统计分析确定钴催化生长碳纳米管的活性相为碳化钴（Co_3C）[56]

环境电镜在催化反应机理研究方面有重要的应用，可以在原子尺度上揭示反应过程机理。加州大学圣巴巴拉分校 DeRita 等采用原位 TEM 与光谱学表征结合，发现单原子分散的 Pt 催化剂具有多种配位环境和氧化价态，其随着反应条件的变化而动态变化[57]。Renu Sharma 研究组利用 STEM-EELS 表征了 CO 分子在三角形金纳米催化剂上的空间分布，发现反应气体分子优先吸附在三角形顶点处，等离子体特征峰的强度也是在三角形顶点处最高，这证实了等离子体辅助催化反应的活性位点在三角形顶点处[58]。浙江大学张泽、王勇研究组揭示了水分子优先吸附在 TiO_2（1×4）表面重构形成的孪生活性位置上形成的有序排列[59]，通过切换反应气体气氛，观察到金纳米颗粒在 TiO_2 表面的可逆转动和界面切换关系[60]。

与气体相比，液体环境对原位 TEM 是一个更大的挑战。液体密度比气体高 1000 倍，对电子束的散射也强 1000 倍。液体在电子束作用下容易分解形成气泡，导致窗口材料的破损。这就需要强度高、化学性质稳定、对电子束透明的超薄窗口材料[49, 61]。一个巧妙的设计是用石墨烯作原位液体反应器的窗口，利用其轻质原子构成的原子级厚度、电子束高透明度、高模量、高强度和化学稳定性等特点[62]。中国科学院物理研究所王立芬等采用石墨烯窗口的原位液体反应器，原位 TEM 观察发现立方晶系的氯化钠生长成奇特的六方形貌，进而揭示了空间受限体系中的非经典成核结晶动力学行为[63]。

3. 原位性质测量

在电子显微镜的原位观察下进行低维材料性质测量能够建立其结构与性质之间的直接关联，包括电学、力学、热学、光学性质等。过去十多年间，原位 TEM 测量已经发展成一个丰富的领域，这里主要结合我们的一些工作来介绍。

结合原位加工，我们研究了原子级异质结构和器件的电学性质。金属原子链是极限的一维结构，有可能作为原子开关而在新型电子器件中应用。我们利用电子辐照和电流加热效应对金属填充的碳纳米管进行加工，剥离外部碳层后逐层切削暴露的金属直至单原子宽度，制备出碳纳米管夹持金属原子链结构，在此过程中原位测量其电导性质，观察到量子化电导台阶[64]。碳纳米管的电学性质包括其半导体性或金属性，由其独特的手性结构决定。我们采用焦耳加热和机械拉伸的方法对单根碳纳米管进行塑性变形，改变其局部手性结构。原位构建晶体管和测量其输运性质并作为反馈信号控制加工参数，可控实现了金属-半导体转变，制备出金属-半导体-金属的全碳纳米管晶体管结构，并观察到室温量子化相干传输性质（图 4.6）[65]。

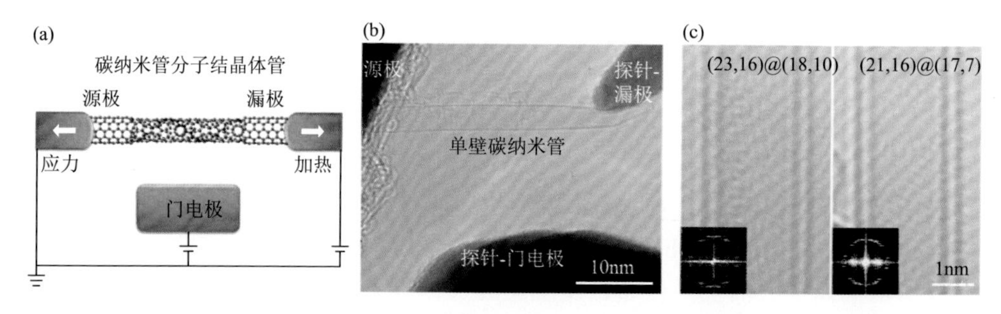

图 4.6 TEM 原位加工和测量碳纳米管分子结晶体管：（a）以碳纳米管为悬空导电沟道的分子结晶体管加工实验装置示意图；（b）TEM-STM 双探针加工单根碳纳米管的透射电子显微镜照片；（c）通过加热-应力改造碳纳米管手性后的高分辨透射电子显微镜照片和相应的傅里叶变换花样[65]

我们还用原位 TEM 的方法测量了单个低维纳米结构的弹性、塑性、弯曲和断裂等力学性质。用交流电场产生的周期静电力探测单根硅纳米线的共振频率。对同一根纳米线，从 1.1MHz 到 137.5MHz，观察到多达 10 个共振模式，分别对应两种共振条件下的第一到第五阶共振频率。结合原位表征，我们构建了 Si-SiO_2 核壳纳米线模型并预测其共振频率。预测值与实验测量值非常接近，偏差从第一阶的 3.14%减小到第五阶的 0.25%。由此计算了硅的弹性模量，发现在 20nm 尺度，其[110]方向的杨氏模量为 169GPa，与块体一致[66]。

利用 TEM-AFM 样品台对单根硅纳米线进行弯曲和拉伸力学测量。研究发现，在拉伸条件下纳米线呈脆性断裂，其断裂强度与尺寸相关，小直径纳米线的强度达到 11.3GPa，接近其理论强度极限。而在弯曲条件下，纳米线具有较大的塑性变形，伴随着位错运动和局部非晶化。这种应力状态相关的韧脆性行为可以用一个应力状态参数来理解，即最大拉应力和最大剪切应力的比值，其中，最大拉应力对应裂纹扩展-脆性断裂，最大剪切应力对应位错滑移-塑性变形的驱动力[67]。

二维材料具有原子级厚度、层内强共价键结合、层外弱范德瓦耳斯力结合的结构特点，适合应用于柔性电子。我们用 STM 探针在 TEM 内对不同层数的 MoS_2 晶体进行了机械剥离、拉伸、弯曲和原位观察。发现相对较厚的 20 层 MoS_2 晶体在弯曲过程中出现周期性的失稳曲折，对应于应力的突然释放。而当纳米片的层数在 10 层以内时，即使弯曲到 1.3nm 的极限曲率半径下，仍然保持层间结构稳定。对弯曲作用下单层材料的平衡形状进行分析，计算出层间作用力为 0.11N/m。这种层数相关的弯曲行为可以用层间具有晶格周期性的范德瓦耳斯力与层数相关的弯曲能之间的竞争来理解[68]。

4.3 扫描电子显微镜

上一节介绍的透射电子显微镜主要利用“透过”材料的电子进行成像和分析，与此相伴的扫描电子显微镜（SEM）则主要利用“反射”的电子分析材料的表面结构。SEM 的成像过程与扫描透射电子显微镜（STEM）有相似之处，都是以电子束为探针在材料表面扫描，探测信号与扫描位置的同步成像。SEM 可以采用二次电子或背散射电子成像。对二次电子能量进行分析可获得二次电子能谱；对电子激发 X 射线进行分析可获得材料的成分及其分布；同时还可以从电子背散射衍射（EBSD）花样获得材料的晶体结构与取向分布等信息。

4.3.1 原子级分辨率

SEM 的分辨率不仅仅取决于扫描电子束的尺寸，同时还受限于二次电子的激发体积。由于二次电子激发的非局域性，通常 SEM 的分辨率为纳米水平。1980 年，Pennycook 和 Howie 指出，原子内层电子激发产生的二次电子包含局域化和晶体学信息，重元素原子有可能获得原子级二次电子像[69]。

2009 年，美国布鲁克海文国家实验室（BNL）Zhu 和日本日立公司 Inada 等报道，在球差校正透射电子显微镜内，采用二次电子探测器收集样品表面二次电子，获得了原子级分辨率的 SEM 图像（图 4.7）[70]。碳膜支撑 UO_2 团簇样品中，单个 U 原子图像强度的半峰宽为 0.08nm。$YBa_2Cu_3O_{7-x}$ 晶体的 0.14nm 晶格也可清晰分辨[71]。与 TEM 相比，SEM 探测深度浅，仅 1～2 原子层厚度，适合浅层成分和结构表征，有助于对催化活性位等进行机理研究[72]。

原子级分辨率 SEM 是一个突破传统认识的发现。中国科学技术大学丁泽军与日本国立材料科学研究所达博等提出了内层电子激发的二次电子发射机制，采用蒙特卡罗法计算了入射电子的量子轨迹。由于内层电子作用的局域性，这种二次电子体现局部信息，原理上可达到单原子分辨率[73]。

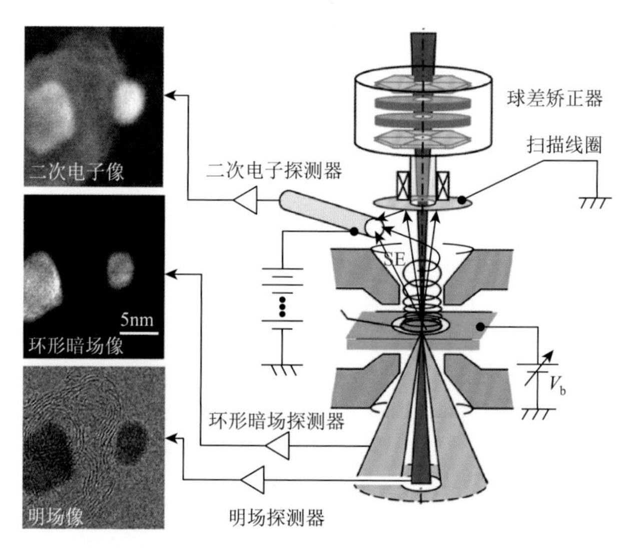

图 4.7 二次电子、环形暗场和明场电子信号同步采集和成像的高分辨扫描电子显微镜[70]

4.3.2 形貌与性质衬度

SEM 不仅可获得材料的表面形貌，并且其二次电子的激发过程与材料性质相关，因而 SEM 的像衬度包含了材料的性质信息。清华大学姜开利研究组利用 SEM 中二次电子产率与材料电子浓度等相关的特性，用二次电子衬度辅助判断单壁碳纳米管的金属性或半导体性。半导体性碳纳米管在电子辐照下累积电荷而产生电势，对入射电子有排斥作用，因而 SEM 图像中呈现为相对暗的衬度。SEM 衬度与导电属性的关联性用单根碳纳米管场效应晶体管的电学测量得以验证[74]。拍一张 SEM 照片即可批量获得碳纳米管阵列中的金属性与半导体性碳纳米管的比例，实现高通量表征[75]。采用这一方法，他们研究了电场作用下碳纳米管生长过程中的结构与电学性质的变化，发现随着外加电场反转金属性碳纳米管向半导体性转变的现象，获得了半导体性比例在 99.9%以上的碳纳米管水平阵列[76]。

4.3.3 原位测量材料性质

SEM 观察结合原位测量能够在纳米尺度上将材料的性质与其形貌、晶体结构等关联。与 TEM 相比，SEM 具有更大的腔体，可实现更多的功能。日本国立材料科学研究所 Takashi Sekiguchi 研究组搭建了一个纳米探针-阴极发光谱（CL）系统，集成了液氮/液氦温控冷却、压电控制纳米操作手和光学信号采集系统[77]。Watanabe 等利用这一系统研究了 ZnO 纳米线的能带结构与应变之间的关系。微操作纳米探针对单根 ZnO 纳米线施加弯曲应变至其弹性极限（≈4%），通过 CL 发光峰位的移动探测带隙大小，发现应变对带隙的调控效应随着应变量的增大而减小，这归结于弯曲变形引起的应变梯度[78]。

北京大学魏贤龙等利用原位 SEM 研究了二维材料的力学、电学性质。对石墨烯“小转盘”进行旋转操作，发现 c 轴方向的电阻随转角增加而单调增大[79]；对 MoS_2 表层进行提拉操作，测量的 MoS_2 的层间结合能为（0.55±0.13）J/m^2[80]。他们采用原位 SEM 研究了二维材料的摩擦性质，采用 SEM 中的微型操作手结合电子诱导沉积的方式从 CVD 生长的 MoS_2 上取出一小片，在另一片 MoS_2 晶体上滑动，通过微操作探针前端纳米线的变形估算压力和摩擦力，发现其摩擦系数为 10^{-4} 量级，在超润滑范围内[81]。

4.3.4　原位观察材料生长

类似 ETEM，SEM 也能实现一定压力的环境气氛，构成环境扫描电子显微镜（ESEM）。德国马克斯-普朗克研究所 Willinger 等实现了在 ESEM 下用铜基底原位生长石墨烯，观察到少层石墨烯堆叠顺序的形成过程[82]。魏贤龙研究组利用 SEM 腔体空间大的特点，组建了多功能原位平台，该平台集成了光学、电学、力学、气氛等多方面功能，从而实现了原位生长到结构表征、力学和电学性能测试“一条龙”研究路线[83]。在氧气气氛中激光加热钨，生长 $W_{18}O_{49}$ 纳米线阵列；EDS 分析单根纳米线的化学成分和分布；机械共振测量杨氏模量（128GPa），拉伸测量断裂强度（2.2GPa）；原位构建电子器件，测量电学性质（电导率为 241.1S/cm）；并评估了光学和气体传感器响应特性（图 4.8）。

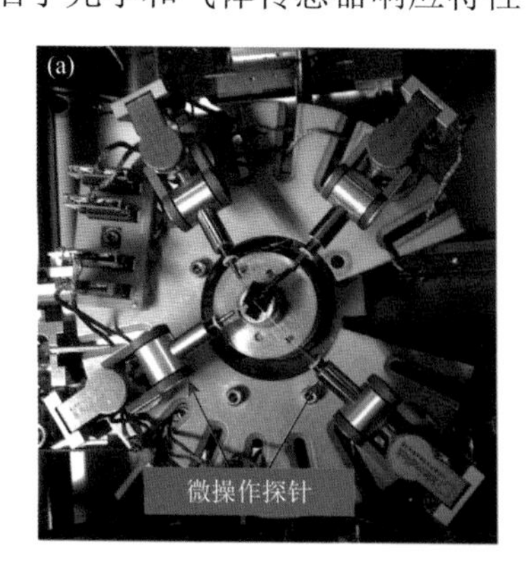

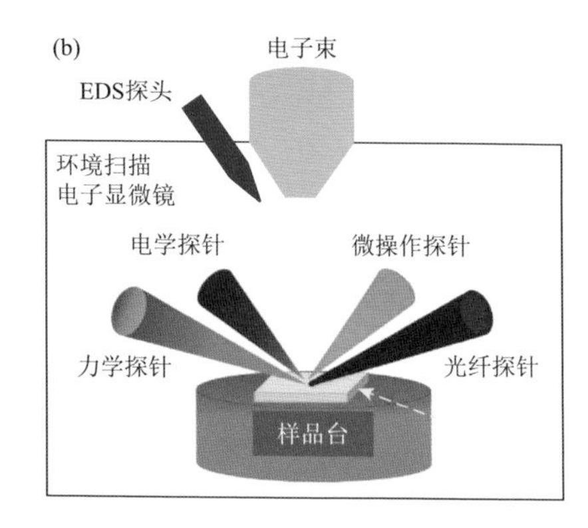

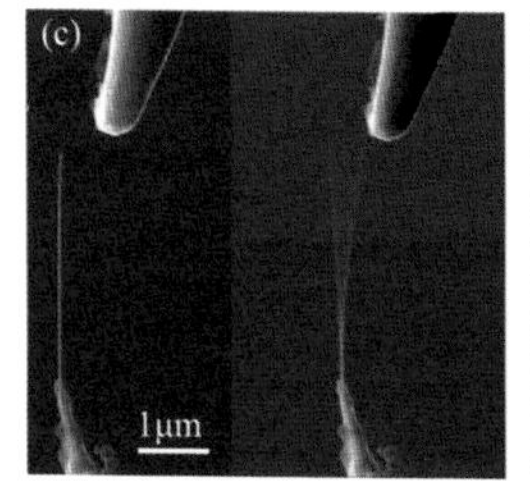

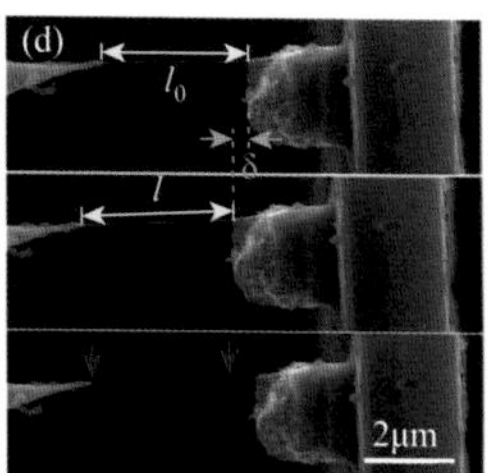

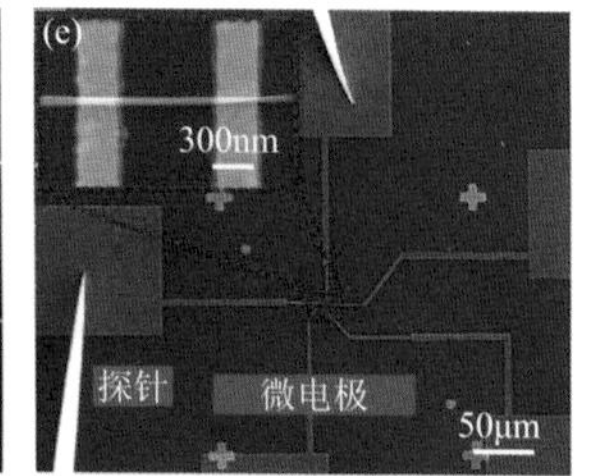

图 4.8　SEM 原位生长、表征、测量系统：（a、b）多探针 ESEM 平台的照片和示意图；（c）力学共振测量；（d）力学拉伸测量；（e）电学性质和传感器性能测量[83]

4.4 扫描探针显微镜

1959 年，费曼在“There’s Plenty of Room at the Bottom”演讲中将“一个一个原子按设计来排列”称为终极挑战[84]。1982 年 Gerd Binnig 和 Heinrich Rohrer 发明了扫描隧道显微镜（STM），其能够分辨出硅表面的原子排列，两位科学家因此分享了 1986 年诺贝尔物理学奖[85]。1990 年，Eigler 和 Schweizer 用 STM 展示了排列单个原子组成的特定图案，实现了操纵单个原子的“终极梦想”[86]。历史表明，要在物理原理的极限范围内大胆想象和不懈探索，才能实现从“零”到“一”的突破。

4.2 节中介绍的 TEM 能看到单个原子，需要数百千伏电压加速电子获得高能量的电子波。而 STM 的电子隧穿仅需要施加 1V 左右的偏压，与 TEM 相比是一个能量很低的过程。我们前面提到，突破衍射分辨率极限，一条路径是减小波长，另一条路径是避免衍射。TEM 采用第一条路径，STM 采用的是第二条路径，利用与间距呈指数关系的隧穿电流来获得样品表面的局部结构信息。

除了操纵单个原子，STM 结合光谱可实现近场光学和光谱分析单原子、单分子的能量过程。通过功能化探针而发展起来的扫描探针显微镜（SPM）能够测量样品表面的热、磁等相互作用和局部物理化学性质。先进的 SPM 还能在高温、大气环境下工作，成为表征低维材料的表面原子结构、电子结构、反应过程和性质关联的重要工具（图 4.9）[87, 88]。

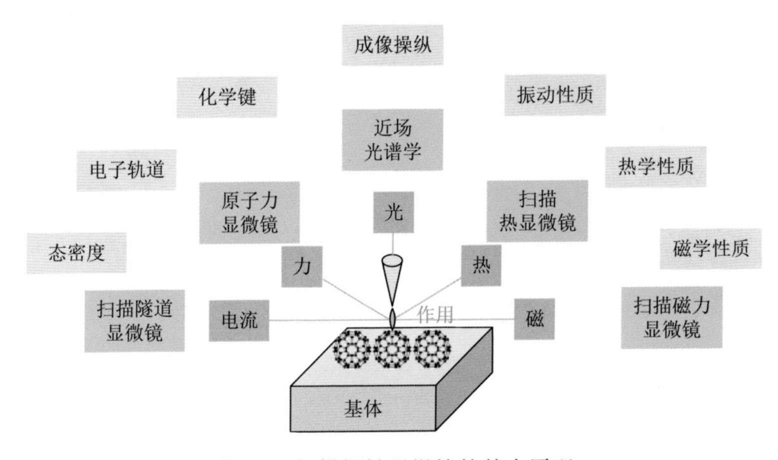

图 4.9 扫描探针显微镜的基本原理

4.4.1 扫描隧道显微镜

根据量子力学原理，两个物体足够靠近时会导致波函数重叠，在一定偏压下产生隧穿电流。在一维模型中用以下公式描述：$I_t \propto V \rho_S(E_F) e^{-1.025\sqrt{\Phi} z}$，其中，$V$

为偏压，$\rho_S(E_F)$为费米面的电子态密度，Φ 为电子功函数，z 为针尖到表面的距离。可见隧穿电流随着针尖到表面距离的增大而指数衰减。正是对距离的极度敏感，使 STM 具有极高的垂直分辨率。STM 的纵向分辨率约 0.01nm、横向分辨率约 0.1nm。

STM 将原子级尖锐的针尖逐渐靠近样品表面，测量隧穿电流，构成一个六维度信息空间，即时间、三维坐标、隧穿电流和偏压，可组合出多种成像模式。在恒定电流模式下，固定偏压，在样品上扫描 x、y 过程中，以隧穿电流为反馈信号调整高度 z，从而获得不同位置的高度，即表面形貌拓扑结构像。在恒定高度模式下，保持针尖相对样品表面的电压和高度恒定，在扫描过程中测量电流的变化，可研究样品表面电学性质的差异。在扫描隧道谱（STS）模式下，固定样品坐标，测量不同偏压下的隧穿电流，可获得样品费米面附近的能级分布和电子态密度，即其电子结构。

STM 在低维材料的结构表征中可以提供的信息包括：①表面和缺陷结构[85, 89]；②单原子和单分子操纵与组装过程[86, 90]；③化学信息，包括化学键及其变化[91]、反应过程[92]、分子轨道[93]、分子间非共价键等[94]；④局部物理性质，包括量子化电导[95]、单原子磁化曲线[96]、热电功率因子等[97]。图 4.10 是 STM 表征的典型实例。

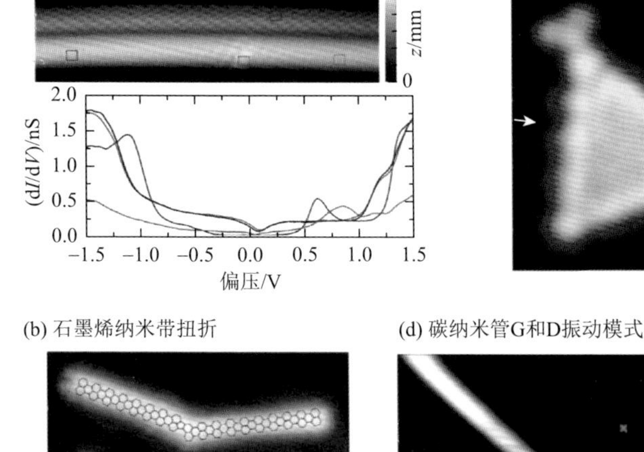

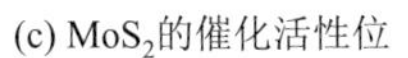

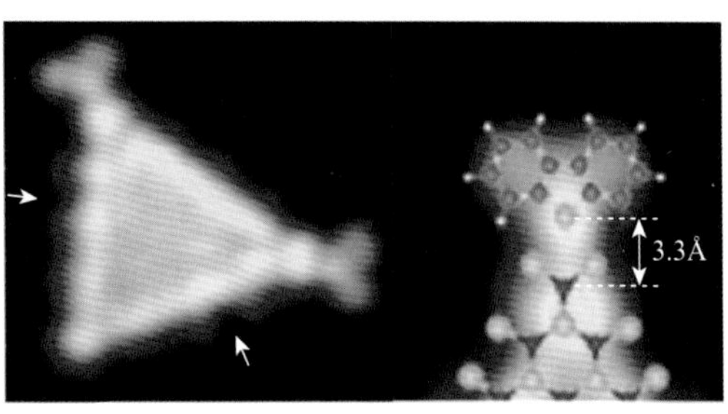

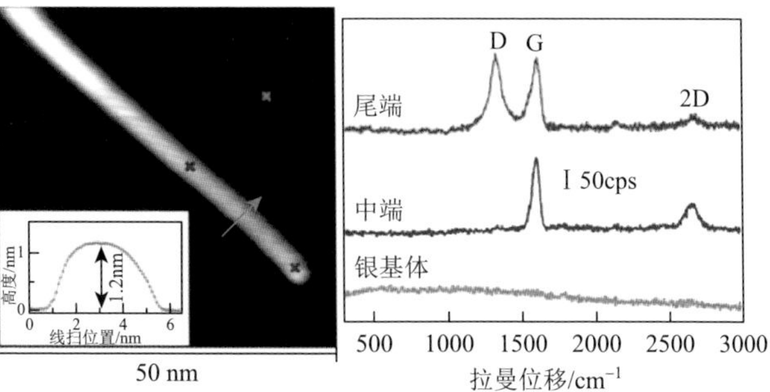

图 4.10　STM 表征低维材料：（a）碳纳米管中氮替代碳缺陷的原子结构与体现局部电子态密度的电流-电压谱[98]；（b）石墨烯纳米带扭折结构的 STM 像和电流-电压谱[99]；（c）MoS_2 纳米片的催化活性位的 STM 像和原子模型[100]；（d）碳纳米管的针尖增强拉曼光谱及其 G 和 D 振动模式的空间分布[101]

1. 表面形貌与电子结构

加州大学伯克利分校 Lu 等观察到不同取向的单个 C_{60} 分子的拓扑图像，通过 STS 可获得最高占据分子轨道（HOMO）和最低未占据分子轨道（LUMO）电子的空间分布[102]。德国基尔大学 Néel 在探针靠近和接触单个 C_{60} 分子过程中，观察到从量子隧穿到量子化电导（G_0）的过渡[103]。哈佛大学 Lieber 研究组用 STM 获得了原子级分辨率的单壁碳纳米管图像，可分辨出单个六元环结构并直接判断其手性。STS 获得的能带结构体现出范霍夫奇点，测量的带隙与直径呈反比关系，与理论预测相一致[104]。

碳纳米管在生长过程中可能发生手性变化而形成分子结，可用于组装全碳纳米管极限半导体器件。Lieber 研究组用 STM 观察到不同手性组合形成的碳纳米管分子结，STS 显示金属-半导体结上不存在局域态，而金属-金属结则会形成费米面附近的局域态[105]。巴黎第七大学 Tison 等观察到氮掺杂单壁碳纳米管多种构型的缺陷，在半导体性碳纳米管中形成非局域浅能级或者局域深能级，在金属性碳纳米管中形成第一个范霍夫奇点附近的施主能级［图 4.10（a）］[98]。

芬兰阿尔托大学 Kimouche 等测量了石墨烯纳米带扭折结构的 STM 像和电流-电压谱［图 4.10（b）］，发现在–120mV 和 100mV 处的尖峰，以及 300mV 处的肩峰，分别对应 HOMO-1、HOMO 和 LUMO 轨道，表明此宽度石墨烯纳米带具有约 200meV 的带隙[99]。亚利桑那大学 Brian LeRoy 研究组用 STM 和 STS 表征了 h-BN 上的石墨烯片层，发现二者耦合后出现莫尔条纹，石墨烯能够保持其狄拉克电子色散关系。与氧化硅基体相比，h-BN 上的石墨烯的表面粗糙度和电荷波动均减小一个数量级[106]，有助于理解 h-BN 基体上石墨烯的优异电学输运性质[107]。

TMD 是一个结构相似而物理化学性质丰富的二维材料体系，组成的范德瓦耳斯异质结能构成多种功能器件。哥伦比亚大学 Tony Heinz 研究组测量了 MoS_2/WS_2 异质结的能带结构，发现带隙分别为 2.16eV 和 2.38eV 的 MoS_2 和 WS_2 构成第二类异质结，其界面带隙为 1.45eV[108]。日内瓦大学 Christoph Renner 研究组用 STM 表征了 MoS_2 和 $NbSe_2$ 构成的垂直方向异质结，用化学性质稳定的 MoS_2 保护在空气中不稳定的 $NbSe_2$ 片层。他们发现二者之间的耦合与转角相关，较小转角下二者具有较强的耦合，表现出莫尔条纹；而在转角较大时，二者耦合弱，能够分别探测各自的本征性质，观察到 $NbSe_2$ 片层的超导带隙和电荷密度波等现象[109]。

2. 催化反应机理

STM 能够给出局部原子结构对应的电子结构，对于理解化学反应过程很有价值；能够提供优先吸附活性位置、反应过程中的电荷转移、中间产物构型等重要信息。

低维材料催化剂具有尺寸小、表面和边缘原子比例高的特点，在很多反应中表现出高反应活性，目前已发展出多个催化剂体系，包括单原子催化剂[16]、MoS_2[110]、纳米金[111]、纳米碳[112]等。在催化反应中，确认活性位点的结构与性质对于理解反应机理至关重要。一般研究手段难以在高温、常压条件下对催化剂进行原子级分辨的结构表征。德国慕尼黑大学 Joost Wintterlin 研究组利用原位 STM 技术研究了在 Co（0001）表面的费-托合成。在压力达到 950mbar①的 H_2/CO 气氛中，500K 的温度下，STM 成像揭示了催化剂表面的原子台阶随着反应进行的波动现象。利用表面溅射方法，控制表面台阶密度，通过原位气相色谱测量转化频率（TOF），发现反应活性与原子级台阶密度成正比，证实原子台阶是催化反应的活性位点[113]。

丹麦奥胡斯大学 Flemming Besenbacher 研究组用 STM 研究了 MoS_2 纳米片尺寸与加氢脱硫反应催化活性的关系。单层 MoS_2 晶体呈三角形，边长大于 6 个原子时倾向钼原子终结，小于 6 个原子的边缘倾向硫原子终结。当尺寸大于 1.5nm 时，MoS_2 与氢气反应生成边缘上的硫空位，与反应物二苯并噻吩（DBT）分子结合较弱。当纳米片小于 1.5nm 的临界尺寸时，硫空位主要在三角形顶角处形成，与反应分子具有较强吸附作用，从而解释了小尺寸 MoS_2 团簇的催化活性［图 4.10（c）］[100]。

美国塔夫茨大学 Charles Sykes 研究组利用 STM 研究了单原子铂催化 CO 低温氧化反应。发现 CO 分子优先吸附在 Cu_2O 表面的单个铂原子位置，反应中基体提供氧原子。X 射线光电子能谱（XPS）与密度泛函理论（DFT）计算结果表明铂保持中性原子状态[114]。奥地利维也纳工业大学 Parkinson 等研究了单原子催化剂与基体局部环境作用对 CO 吸附行为的影响，发现铜、银、金、镍、钯、铂、铑、铱系列过渡金属在 Fe_3O_4 上都处于二重对称的氧原子位置，基体与催化剂金属 d 轨道电子之间发生的电荷转移可能强化或弱化催化剂与 CO 分子之间的吸附作用。根据 Sabatier 原理，催化剂与反应物、中间产物和反应产物的吸附能是评价催化活性和选择性的关键参数。将基体对吸附作用的影响作为一个新参量，能帮助设计比铂更高效的廉价催化剂[115]。

3. 针尖增强光谱

太阳能电池等光电器件，包含光吸收、激发、输运、衰减等光-电过程，理解这些过程与结构的关系，是提高能量转化效率的关键。通过光谱分析能够获得宏观能量分布和转化过程，但空间分辨率受到光学衍射效应的限制。STM 与光谱结合，利用针尖增强局部电场，将远场光学变成近场光学，可突破光学极限，能够给出光与物质的动态作用过程，其与晶界、空位、掺杂、界面等局部特征直接关联[116]。

---

① $1bar = 10^5Pa$。

中国科学技术大学侯建国和董振超研究团队在单分子光学方面做了一系列开创性工作，获得了单分子分辨的拉曼光谱和分子内振动模式的空间分布[117]；观察到不同数目分子对应的偶极电致发光[118]；探测到单分子内光致发光位点空间分布[119]。结合 STM、AFM 和针尖增强拉曼光谱（TERS）三种技术对吸附在 Ag（110）表面上的单个并五苯分子进行综合表征，在单个化学键水平上研究单分子几何构型、电子结构和振动性质。STM 用于测量电学性质并诱导构型转变；TERS 用于判断 C—H 键振动拉曼峰空间的位置变化，确定脱氢反应 C—H 键的断裂；非接触型音叉增强原子力显微镜用于解析分子骨架结构的变化过程。三种技术结合能够给出全面的结构与化学信息，从而区分不同分子异构体[120]。图 4.10（d）是碳纳米管的针尖增强拉曼光谱，从 G 和 D 振动模式的空间分布可见 D 振动模式主要分布在碳纳米管尾端[101]。

4.4.2 原子力显微镜

STM 能够进行原子分辨水平的结构和电子结构表征，由于其基于隧穿电流原理，研究体系通常为导体或半导体。基于针尖-表面作用力原理的原子力显微镜（AFM）以及衍生出的基于不同种类作用力的扫描探针显微镜（SPM）则不受表面导电的限制。1986 年，Binnig 等发明了 AFM[121]，在针尖扫描样品过程中，通过测量悬臂梁的弹性形变探测样品表面与针尖间的微小作用力。基于不同种类的作用力，由 AFM 派生出的 SPM 包括磁力显微镜（MFM）、开尔文探针力显微镜（KPFM）、扫描静电力显微镜（SEFM）、摩擦力显微镜（FFM）等[122]。

1. 原子成像

AFM 的成像可分为静态和动态模式。静态模式通过测量悬臂梁的弯曲而测量针尖与表面之间的作用力；动态模式则是通过观察机械共振悬臂梁的振幅和频率的变化而测量表面作用力[123]。早期静态模式的操作和解释简单，直接反映表面作用力分布。Franz Giessibl 发明的基于共振频率调制动态模式提高了对表面结构的敏感性和成像分辨率，展示了硅（111）表面的（7×7）重构现象[124]。

IBM 苏黎世实验室 Gross 等报道了 CO 修饰 AFM 针尖技术，将 AFM 的分辨率提高到分子内化学键的水平[125]。针尖与表面吸附分子之间的作用力有不同类型，针尖 CO 分子能够探测短程泡利不相容排斥力，而范德瓦耳斯力与静电力则构成分布宽泛的吸引力背景。采用这一技术成功地分辨出并五苯分子的苯环结构及碳氢键。国家纳米科学中心裘晓辉研究组采用非接触 AFM 技术观察到 8-羟基喹啉的分子间氢键[126]。日本国立材料科学研究所 Kawai 等采用这一技术解析了石墨烯中硼和氮掺杂原子的位置［图 4.11（a）］[127]。

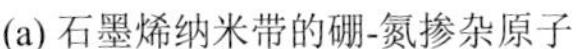

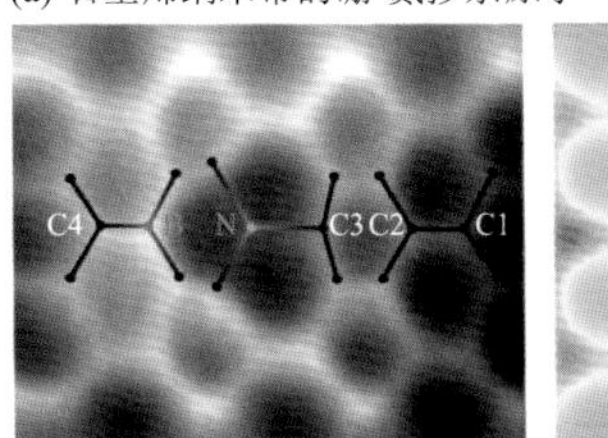

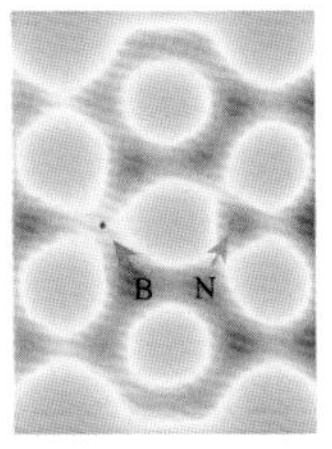

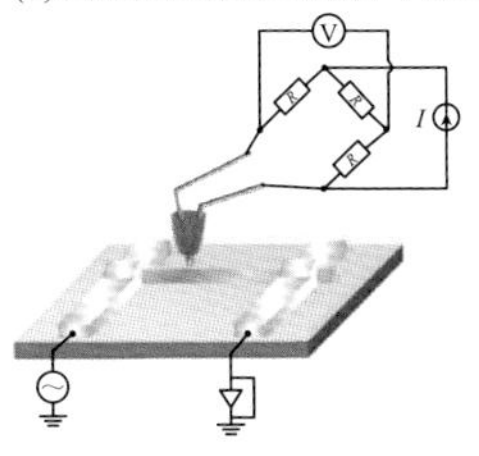

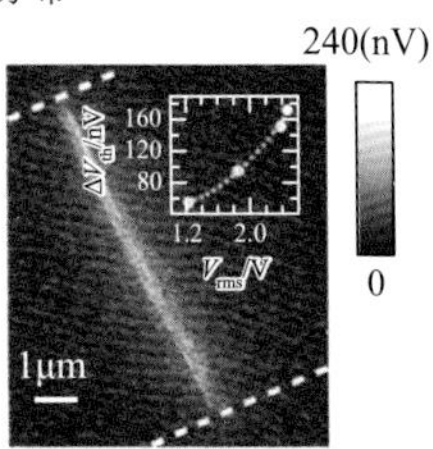

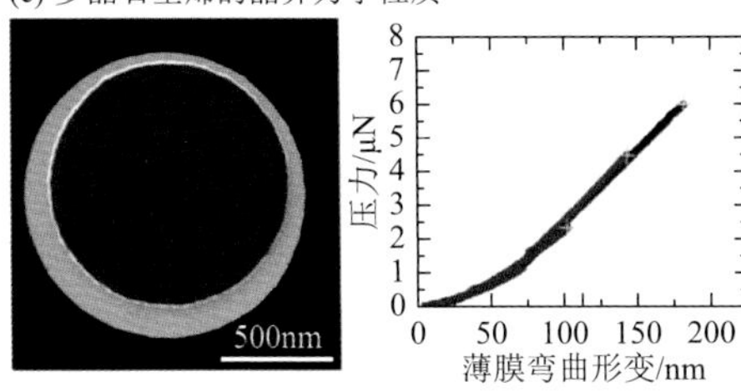

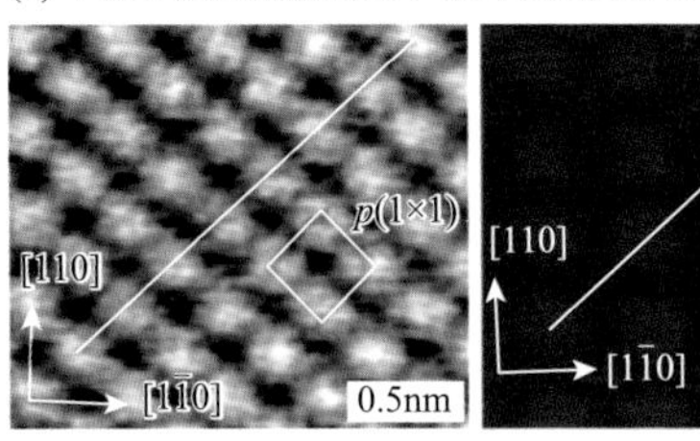

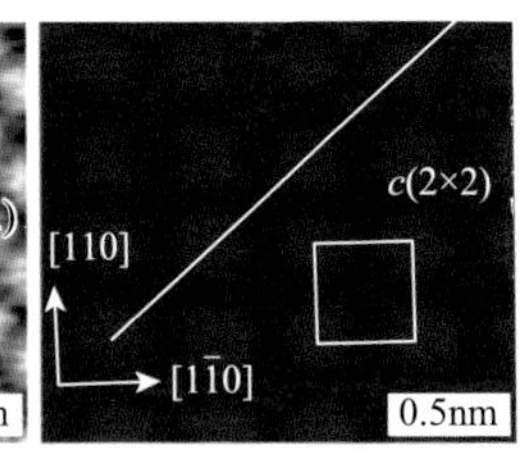

图 4.11　原子力显微镜表征低维材料的结构和性质：（a）石墨烯纳米带中硼和氮掺杂原子[127]；（b）扫描热显微镜表征氮化镓纳米线在通电流加热时的温度分布[128]；（c）多晶石墨烯的晶界的断裂行为和强度[129]；（d）扫描磁力显微镜解析单原子层铁薄膜的原子排列和自旋结构[130]

化学键的直接成像对于理解化学反应和低维材料的合成机制有直接帮助[131]。加州大学伯克利分校 Michael Crommie 研究组观察到分子之间形成共价键的过程[132]。IBM 苏黎世实验室 Kaiser 等通过有机合成与 AFM 原位操纵的方法制备出环形 C_{18} 分子，可将其看作极限碳纳米管。他们在材料合成过程中，用针尖电压诱导 $C_{24}O_6$ 分子发生脱羰反应失去 CO 分子，经过六步而获得 C_{18} 环碳分子，AFM 图像清晰展示了每一步骤的分子及其化学键的结构[133]。

2. 热学测量

热管理对于低维材料和器件的应用极为重要。随着晶体管尺寸从微米缩小到纳米尺度，功率密度不断提升，散热问题是高性能纳米晶体管应用面临的主要挑战之一。热耗散也是量子计算机中量子态退相干和引入误差需要考虑的重要机制。材料低维化是提升热电材料和器件性能、提高废热发电效率的重要手段。热学测量则是评估低维材料热学性质、理解低维度和小尺度条件下热输运过程的重要方法。

热学测量最基本的就是温度测量，从日常生活中的体温计和实验室常用的热电偶，到红外成像[134]、金刚石氮空位荧光[135]、拉曼光谱[136]和透射电镜电子能量损失谱等[137]。各种方法各有特点，集成到 SPM 的热测量探针能与局部结构直接关联，获得在纳米分辨率上的温度和热学性质分布。

SPM 测量温度，按其原理可分为基于泽贝克效应的扫描热显微镜[138]和基于热阻效应的扫描探针热阻显微镜[139]。扫描热显微镜是 AFM 针尖集成了不同金属构成的微型热电偶，通过测量热电势而获得温度信息[140]。密歇根大学 Pramod Reddy 研究组采用 Au-Cr 微型热电偶的扫描热显微镜测量通过电流的铂纳米线的表面温度分布，温度分辨率可达到 15mK，空间分辨率约为 10nm[141]。

扫描探针热阻显微镜的悬臂梁针尖前端有基于热阻效应的传感材料，由温度变化引起的电阻变化通过惠斯通电桥测量。华盛顿州立大学 Yi Gu 研究组结合空间分辨的拉曼光谱和扫描探针热阻显微镜研究了通电流下的单根 GaN 纳米线的热耗散性质。通过对照悬空和基体上的纳米线温度分布，发现通过基体界面而耗散的热占 80%～93%，而电极界面的热耗散是相对次要的途径。由于声子限域效应和边界散射效应，计算的纳米线的热导率为 40～60W/(m·K)，低于块体 GaN 的热导率［图 4.11（b）］[128]。韩国首尔大学 Ohmyoung Kwon 研究组采用扫描探针热阻显微镜研究了悬空石墨烯通电流下的温度分布，发现其呈现中间温度最高、两端温度最低的抛物线分布。以热导率为参数拟合温度分布曲线，获得了不同温度下石墨烯的热导率，去除表面残留有机污染后的清洁石墨烯的室温热导率高达 2000W/(m·K)[142]。

量子器件需要在低温工作，以色列魏茨曼科学研究所 Halbertal 等针对低温、低热耗散条件的热测量，开发了基于超导体的扫描探针热显微镜，其基本原理是超导体临界电流与温度的关系。这种器件能够在温度约 4.2K、超低能量耗散约 40fW 的条件下工作，提供空间分辨率约 50nm。他们探测到了量子电输运过程中伴随的热耗散过程，如碳纳米管量子点对应单电子的充电过程和石墨烯中电子输运的边缘局部共振态对应的热耗散[143]。

3. 力学测量

AFM 的基础是针尖与样品表面的作用力。对于同类原子构成的均质材料，AFM 提供表面原子排列和表面起伏等信息。对于不同类原子构成的材料，与针尖的相互作用势函数和原子种类相关，可形成区分原子种类的“力学谱”[144]。

通常的 AFM 悬臂梁由微加工技术制造，垂直方向薄而容易弯曲，水平方向较宽而力学刚度高，因而一般只能测量垂直方向的力。虽然简化了操作和解释，但也损失了水平方向的信息。瑞士巴塞尔大学 Poggio 等巧妙设计了纳米线为传感器的原子力显微镜[145]。纳米线具有非对称截面，其共振模式可分解为水平两个方向，通过监测与表面作用而产生的共振频率偏移，可获得两个方向上的力和力学矢量的分布情况。他们测量了表面微电偶极子产生的静电力场分布，有助于理解低维力学和电学器件的工作原理。

用 AFM 进行“破坏性”实验，可以测量单个低维纳米结构的力学性质，包括拉伸、压缩、弯曲、摩擦等［图 4.11（c）］。Yu 等将单根碳纳米管桥接在两个不同力学常数的 AFM 悬臂梁针尖中间，用“硬”悬臂梁作牵引，观察“软”悬臂梁的形变来计算拉伸应力，发现多壁碳纳米管以最外层断裂后内层抽出的方式破坏，对应的拉伸强度达到 11～63GPa[146]。Wu 等采用 AFM 针尖对固定在沟道两端而悬空的单根金纳米线进行弯曲测试，发现纳米线的杨氏模量与块体金相当，而屈服强度表现出强烈的尺寸效应，最小直径纳米线的强度比块体的强度高 100 倍以上[147]。Lee 等采用 AFM 针尖对悬空在微米孔上的单层石墨烯进行纳米压痕测试，发现其杨氏模量高达 1TPa、断裂强度达到 130GPa，被称为世界上最强材料[148]。Kawai 等用 AFM 对金表面上的石墨烯纳米带进行观察时发现纳米带很容易在长度方向上滑移，推算出静摩擦力仅约为 100pN。用不同高度 AFM 针尖牵引纳米带在金表面滑移的同时监测共振频率偏移，发现摩擦力呈周期性变化，计算获得的动态摩擦力也在 100pN 水平[149]。

4. *磁性测量*

自旋和磁性是信息存储、自旋电子学、量子计算机、大脑神经活动等领域的基础。测量磁学性质有很多方法，包括超导量子干涉仪（SQUID）[150]、洛伦兹显微镜[151]、电子全息成像[152]、磁力显微镜（MFM）[153]、磁光克尔显微镜[154]、自旋极化 STM[155, 156]、核磁共振（NMR）波谱[157]、电子顺磁共振（EPR）波谱等[158]。其中与扫描探针显微镜结合在一起的扫描磁力显微镜和纳米 SQUID 能够给出材料表面局部磁学结构和性质。

扫描磁力显微镜是 IBM 沃森研究中心 Martin 和 Wickramasinghe 发明的[159]。通过测量磁性针尖与样品磁场的作用力[153]，可解析样品磁畴结构以及低维结构组装体的磁性相互作用[160, 161]。Rugar 等展示了磁共振力显微镜具有单个自旋的敏感度。导入微波磁场与表面非配对电子自旋发生共振，使后者发生周期性自旋方向偏转。自旋偏转通过其与铁磁性针尖的作用力而体现在 AFM 悬臂梁的共振频率偏移上[162]。对单个自旋状态的探测，可用于量子计算机中读取量子态信息。

德国汉堡大学 Wiesendanger 研究组改进了磁力显微镜，将分辨率提高到原子水平。施加一个 5T 的外部磁场控制 AFM 针尖上铁团簇的自旋方向，测量与样品的磁性相互作用，同时给出原子分辨的晶格和自旋结构，解析出 NiO 的反铁磁自旋排列[163]。Schmidt 等用这一方法表征了覆盖在 W（001）晶面上的铁单层薄膜。AFM 图像展示了 p（1×1）的原子晶格；磁交换力显微镜则显示了 c（2×2）图样，是原子晶胞周期的两倍，揭示出反铁磁性构型［图 4.11（d）］[130]。美国橡树岭国家实验室 Gai 等用磁力显微镜表征了准二维晶体 Fe_3GeTe_2 在不同温度下的磁结构，观察到室温下表现为均匀衬度，204K 温度下出现分枝状畴结构，185K 以下转变为泡状图样。结合磁化率随温度的变化，他们确定了 220K 的铁磁性转变和 152K 的反铁磁转变，在这两个临界温度区间铁磁和反铁磁相竞争共存，其中反铁磁相为基态[164]。

超导量子干涉仪（SQUID）的基本结构由两个约瑟夫森结连接而成的超导线圈构成。线圈电流随磁通量振荡变化，$J_{\max} = 2J_0 \left|\cos\left(\frac{q_e}{\hbar}\phi\right)\right|$，当线圈内的磁通量为量子化磁通量 $\frac{\pi\hbar}{q}$ 整数倍时，电流达到最大值。SQUID 对微弱磁场极为敏感，其灵敏度可达到 5×10^{-14}T 的水平，但其空间分辨率受到器件的尺寸限制。2013 年，以色列魏茨曼科学研究所 Vasyukov 等采用扫描探针集成方式，用超导相干长度和伦敦穿透深度较小的铌和铅，在一个石英微观针尖两侧分别镀上超导金属，制作了尺寸仅为 46nm 的 SQUID 探针，其磁通量噪声为 $50n\Phi_0\mathrm{Hz}^{-1/2}$，自旋灵敏度为 $0.38\mu_B\mathrm{Hz}^{-1/2}$，能够测量单电子的自旋磁矩[165]。

4.5 谱学表征技术

成像和衍射分别在实空间和倒空间表征材料的“外观”，包括尺寸、形状、晶体结构、原子占位、缺陷等。材料的“内涵”，如原子种类、化学键和化学价态、能带结构等，则要通过各种谱学来表征。成像、衍射和谱学是作为探针的粒子（波）与物质相互作用过程中产生的不同信号。以电子为例，透射电子和二次电子分别形成透射电子显微镜和扫描电子显微镜图像；弹性散射电子构成电子衍射谱；非弹性散射电子以及二次激发过程产生的 X 射线分别构成电子能量损失谱和能量色散 X 射线谱。采用光、电、磁等与材料相互作用，根据作用过程中遵循的能量、动量守恒定理，可分析出低维材料和器件中能量分布、转移和转化过程。

谱学技术有很多类别，根据激发“探针”类型可分为光学谱、X 射线谱、电子谱、磁共振谱等；根据能量类型可以分为晶格振动谱、电子能谱、自旋能谱等；根据作用过程可分为吸收谱、发射谱、散射谱等。低维材料表征中常用的谱学技术有：表征光学性质的紫外-可见吸收光谱、光致发光谱和阴极发光谱；表征化学成分和状态的 X 射线光电子能谱、电子能量损失谱和能量色散 X 射线谱；表征化学键振动类型的红外吸收光谱与拉曼光谱；表征磁学性质的核磁共振波谱和电子自旋共振波谱等（图 4.12）。

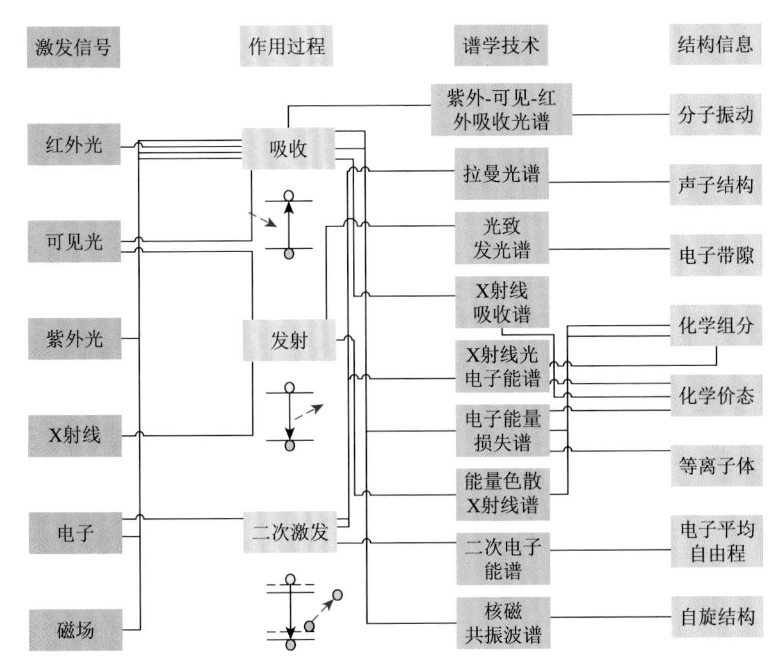

图 4.12　谱学表征技术的基本原理和分类：按照激发信号和作用过程，大体可分为光、X 射线、电子和磁学的吸收、发射和二次激发谱，表征分子振动、声子结构、电子结构、化学价态和自旋结构等低维材料的能量分布

4.5.1　光学谱

1. 红外吸收光谱

红外吸收是分子通过固有偶极矩的变化对红外光产生的共振吸收。分子振动和晶格声子在量子力学中可处理为谐振子。振动模式体现分子对称性，不同振动模式具有不同的特征振动能，大体在 0.1eV 量级，属于红外光范围，因而可以用红外光的特征吸收探测分子振动，进而表征化学组成与成键类型。极性分子的振动和非极性分子的非对称振动模式具有红外响应。除了分子振动外，红外吸收光谱也可以表征能量较低的电子态跃迁。哥伦比亚大学 Jiang 等用红外吸收光谱测量了石墨烯的朗道能级，通过测量不同磁感应强度（$\vec{B}$）下的跃迁能量，确定了石墨烯朗道能级与 $\sqrt{B}$ 的线性关系[166]。

CO 低温催化氧化反应在清洁能源领域中是很重要的一个化学反应。低维纳米催化剂包括金和铂纳米颗粒及单原子都有高催化活性的报道[16, 167]，但催化活性位置和反应过程中的活性催化剂结构仍然有争议。美国西北大学 Peter Stair 研究组发现通过红外吸收光谱可以区分 CO 分子吸附在铂单原子上还是铂纳米颗粒上。他们提出只有铂纳米颗粒具有催化活性，而铂单原子由于与 CO 过于强的吸附作用导致催化活性降低[168]。

2. 拉曼光谱

拉曼光谱与红外吸收光谱都表征分子和晶体的振动模式。不同之处是，拉曼光谱是基于入射光与分子诱导偶极子之间的相互作用。由电磁波引起的分子的电偶极子强度 μ 是分子极化率 α 与电场强度 E 的乘积：$\mu = \alpha E_0 \cos(\omega_0 t)$，其中，$\omega_0$ 为光的频率。分子的振动模式表示为 $Q = Q_0 \cos(\omega_R t)$，其中，ω_R 为分子振动频率。极化率 α 对振动强度泰勒展开后：$\mu = \alpha_0 E_0 \cos(\omega_0 t) + \frac{1}{2}\left(\frac{\partial \alpha}{\partial Q}\right)_{Q=0} Q_0 E_0 \cos[(\omega_0 - \omega_R)t] + \frac{1}{2}\left(\frac{\partial \alpha}{\partial Q}\right)_{Q=0} \times Q_0 E_0 \cos[(\omega_0 + \omega_R)t]$，其中，第一项代表瑞利弹性散射，第二项和第三项代表拉曼散射，分别是频率低于入射光的斯托克斯线和高于入射光的反斯托克斯线[169]。

拉曼光谱对材料的微观结构很敏感，以碳材料为例，可获得包括结晶度、缺陷类型与密度等信息[170]。通常拉曼光谱强度较弱，可以采用针尖或金属表面等离子体振荡增强而获得单个分子信号[171]。单壁碳纳米管（SWCNT）是独特的一维体系，其电子态密度呈现范霍夫奇点尖锐分布，当入射激光能量与范霍夫奇点能级 E_{ii} 相当时，发生强烈共振吸收和拉曼散射。直径仅 1nm 左右的 SWCNT 的共振拉曼散射信号强度与宏观硅晶体信号强度相当，可以用来确定单根 SWCNT 的结构。另一个 SWCNT 的独特之处是其封闭管状结构的径向呼吸模式（RBM）。麻省理工学院 Dresselhaus 研究组利用共振拉曼散射的 RBM 表征单根 SWCNT 的手性。根据入射激光能量确定共振能量窗口，从而确定 SWCNT 的范霍夫奇点能级；结合 RBM 的峰位强度与 SWCNT 的直径呈反比例关系，可唯一确定直径较小的 SWCNT 的手性指数[172]。

3. 光致发光谱

光致发光（PL）谱，通常也称为荧光光谱，探测材料受到光激发后，激发态电子向基态能级跃迁伴随的光子发射过程。发光过程遵循动量守恒定律，一般只有直接带隙半导体才能探测到 PL 信号。由于量子限域效应，半导体量子点的带隙随尺寸减小而蓝移。Murray 等报道了尺寸均一的 CdE（E = S，Se，Te）纳米晶的可控合成，观察到 PL 峰位强度与尺寸的反比例关系，带隙从块体的 1.7eV 增大到纳米晶的 3eV，覆盖整个可见光区间[173]。彭笑刚研究组采用 PL 谱原位监测纳米晶生长过程中的尺寸变化，根据峰位的偏移判断纳米晶的平均尺寸，根据峰的宽度计算纳米晶的尺寸分布，阐明了纳米晶的生长动力学[174]。秦海燕等采用 PL 谱研究了单个 CdSe-CdS 核壳结构纳米晶的发光性质，发现其荧光衰减动力学与壳层厚度密切相关，当壳层厚度在 4～16 层之间时，超过 95%的时间处于发光状态，有效避免了闪烁现象[175]。

低维半导体材料的能带结构不仅体现在与其尺寸相关的带隙上，随着三维宏观体向低维结构的转变，不同方向能带的相对位置可能发生变化，从而从根本上改变半导体的光电性质。一个典型的例子是 MoS_2，其块体晶体是一个带隙约为 1.3eV 的间接带隙半导体，而单层 MoS_2 却具有强烈的荧光发光，变成一个带隙约为 1.9eV 的直接带隙半导体（图 4.13）[176, 177]。

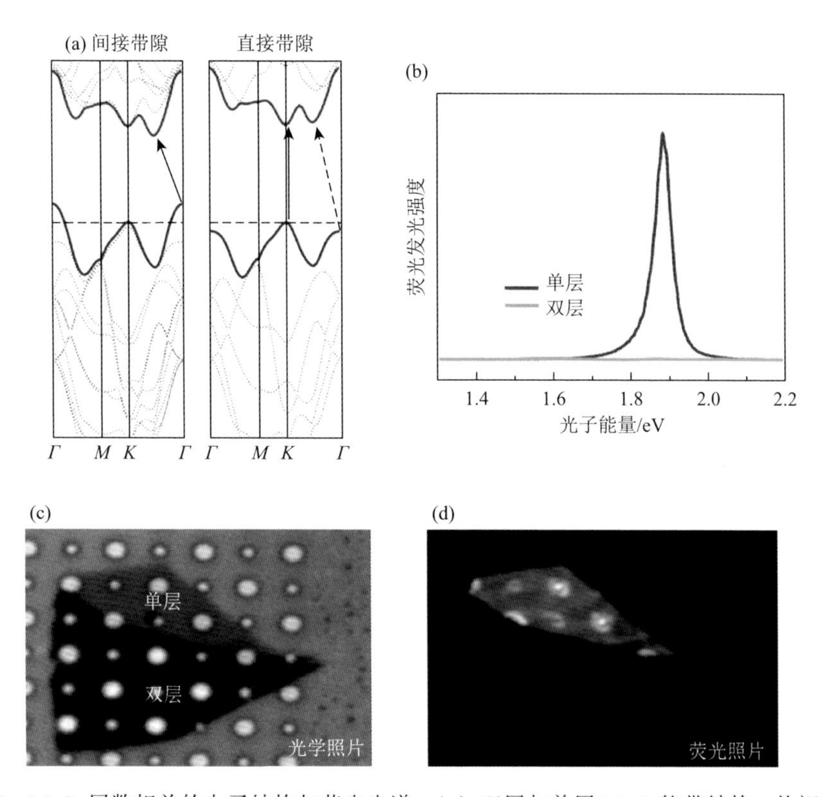

图 4.13 MoS_2 层数相关的电子结构与荧光光谱：（a）双层与单层 MoS_2 能带结构，从间接带隙转变为直接带隙[176]；（b）层数相关的荧光光谱，随层数减少，荧光发光强度指数增加；（c、d）双层与单层 MoS_2 的光学照片和荧光分布对比[177]

光学吸收光谱与光致发光谱联用可同时获得材料的吸收和发光特征。对于半导体性碳纳米管，其吸收和激发能量对应 E_{22} 范霍夫奇点跃迁，而发射能量则对应于 E_{11} 范霍夫奇点能级差，因而可以用吸收-发射谱判定半导体性碳纳米管的手性分布[178]。

4. X 射线吸收谱

X 射线吸收谱（XAS）也利用光子与物质的相互作用，采用 10keV 量级 X 射线，能够探测内层电子到空轨道的跃迁。通过其吸收边可判断元素种类；吸收谱的精细结构可给出配位环境和化学状态；经过傅里叶变换可获得空间分布信息，包括原子间距和配位数等。2011 年中国科学院大连化学物理研究所张涛研究组提出单原子催化剂的概念，采用扩展X射线吸收精细结构（EXAFS）表征了铂催化剂化学状态。在归一化EXAFS和傅里叶变换EXAFS中，铂催化剂的峰位均位于金属铂箔和氧化铂（PtO_2）之间，他们提出铂单原子催化剂带正电，与氧化物基体之间进行电荷转移而发生氧化[16]。

5. X射线光电子能谱

X射线光电子能谱（XPS）是利用X射线探测材料表面化学信息与电子结构的重要手段。在化学中，材料电子结构指的是内层电子与成键电子（价电子）在不同能量轨道上的电子分布，是理解结构稳定性、电荷转移、反应机理的基础。在物理中，材料的电子结构主要指费米面附近电子的能量、动量、自旋等自由度，决定其输运性质和电子器件的性能。

光电子能谱的基本原理则是光电效应[179]，爱因斯坦因提出此理论而获得1921年诺贝尔物理学奖。瑞典科学家Kai Siegbahn则因发明高分辨光电子能谱技术而获得1981年诺贝尔物理学奖[180]。当入射光子能量大于材料的电子功函数时，电子吸收光子能量跃迁发射到真空中，分析不同方向上发射电子的动能与动量，可获得材料的电子结构信息。光电子发射过程是电子在电磁场作用下的跃迁过程，光电子发射强度（I）表示为$I \propto |\langle \phi_{\mathrm{f}} | H_{\mathrm{int}} | \phi_{\mathrm{i}} \rangle|^2 \ \delta(E_{\mathrm{f}} - E_{\mathrm{i}} - \hbar\omega) F(T)$，其中，第一项为发射电子前后量子态与光子微扰（$H$为电磁场哈密顿量）作用转移矩阵；第二项保证能量守恒，只有能量大于功函数的光子才能激发光电子；第三项为电子满足的费米-狄拉克分布，体现材料的电子态密度。

XPS能够提供材料表层的化学组分和价态信息，适于研究固态催化剂的表面反应机理。近年来，XPS可以在接近1atm条件下原位表征反应过程，与高温常压STM、原位XRD和环境TEM等构成原位研究催化反应的工具箱[181]。瑞典隆德大学Edvin Lundgren研究组采用环境XPS方法研究了Pd（100）晶面上的CO催化氧化反应，通过XPS分别对氧、钯和碳的特征峰进行分峰，获得不同反应阶段O_2、吸附O、气态CO、吸附CO和CO_2、金属态钯和CO吸附钯等状态与温度及时间的关系，从而获得反应中催化剂状态和反应动力学等信息[181]。

基于光电效应的角分辨光电子能谱（ARPES），不仅可以分析光电子的能量，同时能够测量发射电子的方向，建立起电子动量-能量的色散关系，重构其能带空间。随着光源和设备不断改进，ARPES可达到meV的能量分辨率[182]。ARPES能够获得精细电子结构及其与晶体结构的对应关系，是解析拓扑材料电子结构的关键手段[183]，包括拓扑绝缘体表面态的狄拉克锥线性色散关系[184]、拓扑狄拉克半金属的表面三维狄拉克锥结构[185-187]。采用极化光子可以探测材料中自旋相关的电子结构，在三维拓扑绝缘体中观察到表面态自旋手性结构，即电子自旋与动量的锁定关系[188, 189]。

4.5.2 电子谱

以电子束为“探针”和材料相互作用后将产生丰富的信号。弹性散射构成衍射和高分辨成像；非弹性散射则是化学分析的基础，包括吸收向上跃迁至空轨道的激发过程、激发态向下跃迁到基态和二次激发过程等。电子谱可分为二次电子能谱（SES）、俄歇电子能谱（AES）、电子能量损失谱（EELS）、能量色散 X 射线谱（EDS）等。

1. 电子能量损失谱

高能电子与样品相互作用可激发材料中的电子跃迁至高能态甚至真空，使入射电子产生部分能量损失。当透过电子经过磁透镜分光后，用光电倍增管或 CCD 测量不同电子能量的分布，即获得电子能量损失谱（EELS），其包含了丰富的化学、电子、光学，甚至声子结构信息。EELS 可探测包括氢的所有元素，原子序数越大，其内层电子越难被激发，因而更适合探测轻元素，与适合探测重元素的 EDS 互补。

EELS 的空间分辨率取决于电子束斑尺寸和样品中的电子发散情况。在球差矫正 STEM 系统中，EELS 可以达到单原子分辨率。EELS 的能量分辨率与电子枪相关，冷场发射电子枪的能量展宽为 0.2～0.3eV，场发射电子枪加单色器的能量展宽可达到 0.01eV，因而 EELS 可获得材料的精细电子甚至声子结构信息。

EELS 主要包括三部分：①零损失峰，对应弹性散射电子；②小于 50eV 的低能损失区，对应等离子体共振、能带间跃迁等光学过程以及声子信息；③高能损失区，对应内层电子跃迁离化吸收边、近边精细结构和广延精细结构，包含材料成分、价态、成键结构等信息。

由于 STEM-EELS 的高空间分辨率、高能量分辨率、高信号强度等特点，可在单原子精度上进行化学分析[190-192]。美国橡树岭国家实验室 Pennycook 等采用 STEM-EELS 技术在单层石墨烯上分辨出单个氧原子和氮原子等杂质原子[193]。日本产业技术综合研究所 Suenaga 研究组利用球差矫正低电压 STEM 成像与 EELS 的元素特征吸收边分析，解析出单壁碳纳米管内金属内嵌富勒烯分子中的单个金属原子；对石墨烯进行单个原子水平的 EELS 分析，发现了边缘与内部原子电子结构的成键差别；最近实现了声子色散关系的直接测量[14, 194, 195]。

纳米结构的表面等离子体振荡主要分布在数电子伏特能量范围，在催化、增强拉曼光谱等领域有诸多应用。如图 4.14 所示，在 STEM 系统中，EELS 与 ADF 图像以及阴极发光（CL）结合，可将纳米晶等低维结构的几何特征、电子结构与等离子体振荡特征能量的空间分布直接关联起来，为设计和应用表面等离子体振荡效应提供有力指导[196]。

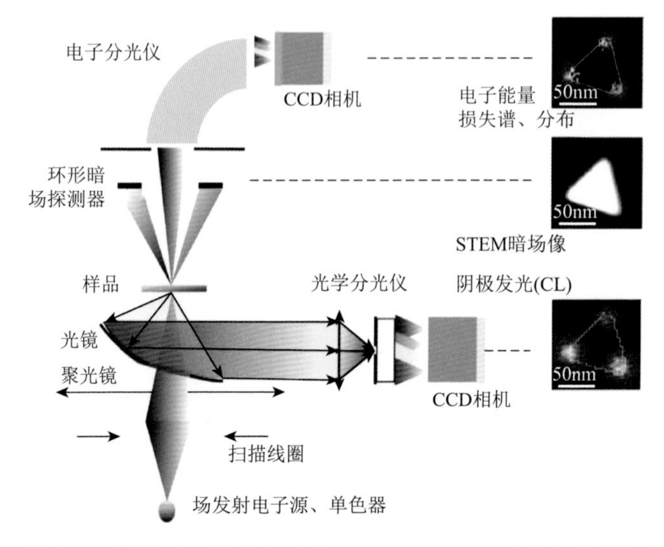

图 4.14 扫描透射电子显微镜-电子能量损失谱（STEM-EELS）表征低维结构的表面等离子体振荡，与 STEM-ADF 图像和 CL 相关联[196]

2. 能量色散 X 射线谱

电子束可激发原子内壳层电子跃迁，在内层轨道留下空穴。离化原子的外层电子轨道填补内层电子空穴回到基态，伴随能量以俄歇电子或者光子的形式发射。发射光子的能量与电子初态和终态轨道的能量差相关，称为特征 X 射线。能量色散 X 射线谱（EDS）就是利用这一原理分析材料的化学成分。

EDS 与 STEM 成像结合在一起，可同时获得 EDS 谱图和成分空间分布。近年来球差矫正电镜可产生亚埃量级高亮度电子束斑，以及比传统电镜更大间距的极靴，可安装更大面积的新型硅漂移探测器，采集角度达到 0.9sr 以上，可在数分钟内获得纳米级甚至原子分辨的成分分布图。

金属等较重元素的 EDS 信号强、谱图背景低、信噪比高，因此 EDS 适合表征合金催化剂纳米颗粒中金属元素的分布、区分均匀分布的固溶体或者相分离形成的核壳结构，有助于理解催化剂结构与催化活性、热稳定性的关系[197, 198]。

3. 二次电子能谱

二次电子是材料受到入射电子激发后发射的电子，分析二次电子能量分布即二次电子能谱（SES），可对材料进行快速表面化学分析。二维材料是原子级厚度极限的薄膜材料，通常生长或放置在基体上。二维材料的结构表征不可避免包含基体以及二者相互作用的信号，如何从高背景、低信号强度的能谱中提取出本征性质，是二维材料表征的一大挑战。

对表面敏感的 SES 能够获得二维材料的层数、成分、洁净程度等信息[199]。传统的 SES 分析是基于物理模型的分析方法，考虑内壳层电子的激发模式，对能谱进行特征峰分峰处理[200, 201]。达博和丁泽军等提出了“白色”电子能谱技术，对整条能谱曲线进行整体分析，能更充分地挖掘其中蕴含的结构信息。在电学性质测量中，四探针方法可以排除接触电阻的影响，获得材料的本征导电性质。受到四探针法的启示，达博等提出了“虚拟基体方法”，通过不同基体测量能谱的加减代数运算排除基体的影响，获得了二维材料与电子作用的本征性质[202]。采用这一方法，他们测量到不同基体上的石墨烯、MoS_2 等二维材料层数相关的电子透过率，定量计算了非弹性散射平均自由程。

4.5.3　磁共振谱

原子核自旋和核外电子自旋能级在磁场中发生塞曼分裂，和电磁波共振吸收与发射，分别构成核磁共振（NMR）波谱和电子顺磁共振（EPR）波谱，可表征材料的磁学性质。考虑一个电子自旋（S）和 l 个原子核自旋（I）构成的体系在磁场 B_0 中的哈密顿量：

$$H_0 = H_{EZ} + H_{NZ} + H_{HF} + H_{NQ} + H_{NN} + H_{ZFS}$$

$$H_0 = \mu_e B_0 g S / \hbar - \mu_n \sum_{k=1}^{l} g_{n,k} B_0 I_k / \hbar + \sum_{k=1}^{l} S A_k I_k + \sum_{I_k > \frac{1}{2}} I_k Q_k I_k + \sum_{i \neq k} I_i d_{ik} I_k + \mathrm{SDS}$$

其中，这六项分别为电子塞曼作用、原子核塞曼作用、超精细作用、核四极作用、核超精细作用和零场分裂相互作用[203]。具体细节不展开，可以看到 EPR 和 NMR 波谱分别对应于哈密顿量中的第一项电子和第二项原子核自旋在磁场中的量子化能级。此外，第三项超精细作用耦合电子和核自旋是量子计算机测量、读取、存储自旋态的基础。由于泡利不相容原理，作为费米子的核子与电子倾向于自旋相反组合，因而只有奇数核子数的原子核与不成对的电子分别具有 NMR 和 EPR 活性。

电子与核塞曼作用中都有一个比例常数 g 因子，其会受到环境影响导致共振能量和频率偏移，这是 NMR 和 EPR 波谱表征化学环境即化学信息的基本原理。由于电子质量远比原子核轻，故电子玻尔磁子$\left(\mu_B = \frac{e\hbar}{2m_e}\right)$比核磁子$\left(\mu_n = \frac{e\hbar}{2m_p}\right)$大。在同样强度的磁场下，电子自旋的塞曼分裂能量比原子核的高，因而 EPR 使用较弱的磁场（～0.1T），共振频率高（～GHz 量级），信号强度高，探测灵敏度高（μmol/L 量级）。

NMR 和 EPR 波谱与光学谱、电子谱相比有一个很大的优势，即磁场具有比光和电子更大的穿透深度。光学谱和电子谱提供更多的是材料的表面结构信息，磁共振谱能够提供体相信息，可以无损表征工作状态下的电池、电容器、燃料电池等电化学储能和能量转化器件，对于理解器件工作和破坏机理有重要帮助[204]。

剑桥大学Grey研究组采用NMR波谱对硅电极锂离子电池[205]、锂金属电池[206]、锂硫电池[207]和钠离子电池[208]等二次金属离子电池进行了原位研究，观察了硅电极在锂离子电池充放电过程中 ^{7}Li 峰位的变化，解析出首次放电过程形成在锂中的硅团簇和孤立硅原子，以及放电末期Si团簇脱离；发现硅化锂与电解液自发反应会导致自放电和容量损失[205]。

金属对NMR波谱技术中使用的射频信号有屏蔽效应，其探测深度与金属密度、磁导率和电磁波频率相关。利用这一效应可以区分块体锂金属电极和充放电过程中形成的锂微小枝晶结构。这种枝晶是影响锂金属电池安全性的主要因素之一，可能导致短路破坏甚至起火。块体金属的 ^{7}Li 峰强度与其面积成正比，呈现微纳分枝结构的锂枝晶的 ^{7}Li 信号则与其体积成正比。通过两种离子液体中锂枝晶 ^{7}Li 信号随充放电次数和时间的变化，Bhattacharyya等发现离子液体电解液能够抑制锂枝晶的形成[206]。

4.6 小结

晶体管尺寸已达到5nm，催化剂设计进入单原子尺度，信使RNA疫苗已经用于抗击新冠疫情。随着低维材料和器件的应用越来越广，尺度越来越小，在原子尺度上理解结构与性能的关系至关重要。TEM能“看到”一个一个的原子；STM能“触摸到”一个一个的原子；AFM能“移动”一个一个的原子；谱学分析能够提供从原子核自旋到电子自旋，以及从内层电子结合能、价电子带隙，到晶格振动的能量分布。现代表征技术，对于低维材料和器件的发展，可谓相得益彰。

对于未来低维材料结构的表征方法，我们分享一点思考：要用合适的表征手段对低维器件进行系统的表征，建立过程-结构-性能的关联规律，并深入到量子信息层次。

首先，要根据表征目的选择合适的表征手段。采用TEM和SPM能够对原子逐个分析，但与此同时采样率必然受到限制；EELS能够提供从声子到光子，再到内层电子结合能的丰富信息，同时高能电子束不可避免会引起辐照损伤。通常而言，空间分辨率越高，能量越集中，对样品的损伤就越严重，对样品“清洁程度”的要求也越高。因此我们需要先考虑清楚表征目的是什么，据此选择合适的表征手段。

其次，要系统表征低维材料和器件。以锂离子电池为例，空间上从原子尺度的插层与合金化反应，到电极材料-电解液的界面反应，到颗粒水平上的体积膨胀和应力，到电池包水平的锂离子消耗，到宏观电池模块的散热管理；时间上从电子输运、离子扩散、界面反应等微观过程，到充放电周期和电池循环寿命，也跨越数个数量级。这就需要建立空间和时间、多尺度耦合关联的长期监测表征系统。

再次，要建立过程-结构-性能的关联。结合多种表征手段，形成多维数据关联空间，避免“盲人摸象”；发展原位表征技术，获得材料在生长、工作、失效过程中的实时结构变化信息，并建立直接关联；对于多维大数据的关联，要利用大数据分析和机器学习技术，充分挖掘其中的隐含关系。

最后，要发展量子材料的表征方法。目前的低维材料结构表征，更多的还是原子位置、电子能量的“确定”信息测量。量子材料可以看作是比低维材料更“低”维度的新材料。工欲善其事，必先利其器。量子材料的结构表征和量子信息的解析及操纵技术是未来发展的重要方向。

参考文献

[1] Scherzer O. Spharische und chromatische Korrektur von Elektronen-Linsen. Optik，1947，2：114-132.

[2] Haider M，Rose H，Uhlemann S，et al. A spherical-aberration-corrected 200kV transmission electron microscope. Ultramicroscopy，1998，75（1）：53-60.

[3] Cowley J M，Iijima S. The direct imaging of crystal structures//Wenk H R. Electron Microscopy in Mineralogy. Berlin：Springer，1976：123-136.

[4] Iijima S. High-resolution electron microscopy of crystal lattice of titanium-niobium oxide. Journal of Applied Physics，1971，42（13）：5891-5893.

[5] Iijima S. Helical microtubules of graphitic carbon. Nature，1991，354（6348）：56-58.

[6] Iijima S，Ichihashi T. Single-shell carbon nanotubes of 1-nm diameter. Nature，1993，363（6430）：603-605.

[7] Mermin N D，Wagner H. Absence of ferromagnetism or antiferromagnetism in one-or two-dimensional isotropic Heisenberg models. Physical Review Letters，1966，17（22）：1133-1136.

[8] Novoselov K S，Geim A K，Morozov S V，et al. Electric field effect in atomically thin carbon films. Science，2004，306（5696）：666-669.

[9] Meyer J C，Geim A K，Katsnelson M I，et al. The structure of suspended graphene sheets. Nature，2007，446（7131）：60-63.

[10] Hong Y L，Liu Z，Wang L，et al. Chemical vapor deposition of layered two-dimensional $MoSi_2N_4$ materials. Science，2020，369（6504）：670-674.

[11] Linck M，Hartel P，Uhlemann S，et al. Performance of the SALVE-microscope：atomic-resolution TEM imaging at 20kV. Microscopy and Microanalysis，2016，22（S3）：878-879.

[12] Sawada H，Sasaki T，Hosokawa F，et al. Atomic-resolution STEM imaging of graphene at low voltage of 30kV with resolution enhancement by using large convergence angle. Physical Review Letters，2015，114（16）：166102.

[13] Zhang D，Zhu Y，Liu L，et al. Atomic-resolution transmission electron microscopy of electron beam-sensitive crystalline materials. Science，2018，359（6376）：675-679.

[14] Suenaga K，Koshino M. Atom-by-atom spectroscopy at graphene edge. Nature，2010，468（7327）：1088-1090.

[15] Qin R，Liu K，Wu Q，et al. Surface coordination chemistry of atomically dispersed metal catalysts. Chemical Reviews，2020，120（21）：11810-11899.

[16] Qiao B，Wang A，Yang X，et al. Single-atom catalysis of CO oxidation using Pt_1/FeO_x. Nature Chemistry，2011，

3：634-641.

[17] Chung H T，Cullen D A，Higgins D，et al. Direct atomic-level insight into the active sites of a high-performance PGM-free ORR catalyst. Science，2017，357（6350）：479-484.

[18] Okunishi E，Ishikawa I，Sawada H，et al. Visualization of light elements at ultrahigh resolution by STEM annular bright field microscopy. Microscopy and Microanalysis，2009，15（S2）：164-165.

[19] Findlay S D，Shibata N，Sawada H，et al. Dynamics of annular bright field imaging in scanning transmission electron microscopy. Ultramicroscopy，2010，110（7）：903-923.

[20] Ishikawa R，Okunishi E，Sawada H，et al. Direct imaging of hydrogen-atom columns in a crystal by annular bright-field electron microscopy. Nature Materials，2011，10（4）：278-281.

[21] Gu L，Zhu C，Li H，et al. Direct observation of lithium staging in partially delithiated $LiFePO_4$ at atomic resolution. Journal of the American Chemical Society，2011，133（13）：4661-4663.

[22] Harada K，Matsuda T，Bonevich J，et al. Real-time observation of vortex lattices in a superconductor by electron microscopy. Nature，1992，360（6399）：51-53.

[23] Yu X Z，Onose Y，Kanazawa N，et al. Real-space observation of a two-dimensional skyrmion crystal. Nature，2010，465（7300）：901-904.

[24] Tanji T，Ru Q，Tonomura A. Differential microscopy by conventional electron off-axis holography. Applied Physics Letters，1996，69（18）：2623-2625.

[25] Tonomura A，Matsuda T，Endo J，et al. Direct observation of fine structure of magnetic domain walls by electron holography. Physical Review Letters，1980，44（21）：1430-1433.

[26] Dunin-Borkowski R E，Kasama T，Wei A，et al. Off-axis electron holography of magnetic nanowires and chains，rings，and planar arrays of magnetic nanoparticles. Microscopy Research and Technique，2004，64(5-6)：390-402.

[27] Cumings J，Zettl A，McCartney M R，et al. Electron holography of field-emitting carbon nanotubes. Physical Review Letters，2002，88（5）：056804.

[28] Shibata N，Findlay S D，Kohno Y，et al. Differential phase-contrast microscopy at atomic resolution. Nature Physics，2012，8：611-615.

[29] Ishikawa R，Findlay S D，Seki T，et al. Direct electric field imaging of graphene defects. Nature Communications，2018，9（1）：3878.

[30] Gao W，Addiego C，Wang H，et al. Real-space charge-density imaging with sub-ångström resolution by four-dimensional electron microscopy. Nature，2019，575：480-484.

[31] Fang S，Wen Y，Allen C S，et al. Atomic electrostatic maps of 1D channels in 2D semiconductors using 4D scanning transmission electron microscopy. Nature Communications，2019，10（1）：1127.

[32] Holler M，Guizar-Sicairos M，Tsai E H R，et al. High-resolution non-destructive three-dimensional imaging of integrated circuits. Nature，2017，543（7645）：402-406.

[33] Motta A，Berning M，Boergens K M，et al. Dense connectomic reconstruction in layer 4 of the somatosensory cortex. Science，2019，366（6469）：eaay3134.

[34] Gault B，Moody M P，Cairney J M，et al. Atom probe crystallography. Materials Today，2012，15（9）：378-386.

[35] Friedrich H，de Jongh P E，Verkleij A J，et al. Electron tomography for heterogeneous catalysts and related nanostructured materials. Chemical Reviews，2009，109（5）：1613-1629.

[36] Weyland M，Midgley P A. Electron tomography. Materials Today，2004，7（12）：32-40.

[37] Ward E P W，Yates T J V，Fernández J J，et al. Three-dimensional nanoparticle distribution and local curvature of heterogeneous catalysts revealed by electron tomography. Journal of Physical Chemistry C，2007，111（31）：

11501-11505.

[38] González J C，Hernández J C，López-Haro M，et al. 3 D characterization of gold nanoparticles supported on heavy metal oxide catalysts by HAADF-STEM electron tomography. Angewandte Chemie International Edition，2009，48（29）：5313-5315.

[39] Chen C C，Zhu C，White E R，et al. Three-dimensional imaging of dislocations in a nanoparticle at atomic resolution. Nature，2013，496（7443）：74-77.

[40] Miao J，Ercius P，Billinge S J L. Atomic electron tomography：3D structures without crystals. Science，2016，353（6306）：aaf2157.

[41] Scott M C，Chen C C，Mecklenburg M，et al. Electron tomography at 2.4-ångström resolution. Nature，2012，483（7390）：444-447.

[42] Park J，Elmlund H，Ercius P，et al. 3D structure of individual nanocrystals in solution by electron microscopy. Science，2015，349（6245）：290-295.

[43] Zewail A H. Four-dimensional electron microscopy. Science，2010，328（5975）：187-193.

[44] Barwick B，Park H S，Kwon O H，et al. 4D imaging of transient structures and morphologies in ultrafast electron microscopy. Science，2008，322（5905）：1227-1231.

[45] Lorenz U J，Zewail A H. Observing liquid flow in nanotubes by 4D electron microscopy. Science，2014，344（6191）：1496-1500.

[46] Danz T，Domröse T，Ropers C. Ultrafast nanoimaging of the order parameter in a structural phase transition. Science，2021，371（6527）：371-374.

[47] Li Z，Sun S，Li Z A，et al. Ultrafast structural dynamics of boron nitride nanotubes studied using transmitted electrons. Nanoscale，2017，9（35）：13313-13319.

[48] Hansen T W，Wagner J B，Hansen P L，et al. Atomic-resolution *in situ* transmission electron microscopy of a promoter of a heterogeneous catalyst. Science，2001，294（5546）：1508-1510.

[49] de Jonge N，Ross F M. Electron microscopy of specimens in liquid. Nature Nanotechnology，2011，6（11）：695-704.

[50] Wen C Y，Tersoff J，Hillerich K，et al. Periodically changing morphology of the growth interface in Si，Ge，and GaP nanowires. Physical Review Letters，2011，107（2）：025503.

[51] Hofmann S，Sharma R，Wirth C T，et al. Ledge-flow-controlled catalyst interface dynamics during Si nanowire growth. Nature Materials，2008，7（5）：372-375.

[52] Helveg S，López-Cartes C，Sehested J，et al. Atomic-scale imaging of carbon nanofibre growth. Nature，2004，427（6973）：426-429.

[53] Yoshida H，Takeda S，Uchiyama T，et al. Atomic-scale *in-situ* observation of carbon nanotube growth from solid state iron carbide nanoparticles. Nano Letters，2008，8（7）：2082-2086.

[54] Picher M，Lin P A，Gomez-Ballesteros J L，et al. Nucleation of graphene and its conversion to single-walled carbon nanotubes. Nano Letters，2014，14（11）：6104-6108.

[55] Lin P A，Gomez-Ballesteros J L，Burgos J C，et al. Direct evidence of atomic-scale structural fluctuations in catalyst nanoparticles. Journal of Catalysis，2017，349：149-155.

[56] Wang Y，Qiu L，Zhang L，et al. Precise identification of the active phase of cobalt catalyst for carbon nanotube growth by *in situ* transmission electron microscopy. ACS Nano，2020，14（12）：16823-16831.

[57] DeRita L，Resasco J，Dai S，et al. Structural evolution of atomically dispersed Pt catalysts dictates reactivity. Nature Materials，2019，18（7）：746-751.

[58] Yang W C D，Wang C，Fredin L A，et al. Site-selective CO disproportionation mediated by localized surface plasmon resonance excited by electron beam. Nature Materials，2019，18（6）：614-619.

[59] Yuan W，Zhu B，Li X Y，et al. Visualizing H_2O molecules reacting at TiO_2 active sites with transmission electron microscopy. Science，2020，367（6476）：428-430.

[60] Yuan W，Zhu B，Fang K，et al. *In situ* manipulation of the active Au-TiO_2 interface with atomic precision during CO oxidation. Science，2021，371（6528）：517-521.

[61] Liao H G，Cui L，Whitelam S，et al. Real-time imaging of Pt_3Fe nanorod growth in solution. Science，2012，336（6084）：1011-1014.

[62] Textor M，de Jonge N. Strategies for preparing graphene liquid cells for transmission electron microscopy. Nano Letters，2018，18（6）：3313-3321.

[63] Wang L，Chen J，Cox S J，et al. Microscopic kinetics pathway of salt crystallization in graphene nanocapillaries. Physical Review Letters，2021，126（13）：136001.

[64] Tang D M，Yin L C，Li F，et al. Carbon nanotube-clamped metal atomic chain. Proceedings of the National Academy of Sciences of the United States of America，2010，107（20）：9055-9059.

[65] Tang D M，Erohin Sergey V，Kvashnin Dmitry G，et al. Semiconductor nanochannels in metallic carbon nanotubes by thermomechanical chirality alteration. Science，2021，374（6575）：1616-1620.

[66] Hsia F C，Tang D M，Jevasuwan W，et al. Realization and direct observation of five normal and parametric modes in silicon nanowire resonators by *in situ* transmission electron microscopy. Nanoscale Advances，2019，1（5）：1784-1790.

[67] Tang D M，Ren C L，Wang M S，et al. Mechanical properties of Si nanowires as revealed by *in situ* transmission electron microscopy and molecular dynamics simulations. Nano Letters，2012，12（4）：1898-1904.

[68] Tang D M，Kvashnin D G，Najmaei S，et al. Nanomechanical cleavage of molybdenum disulphide atomic layers. Nature Communications，2014，5：3631.

[69] Pennycook S J，Howie A. Study of single-electron excitations by electron microscopy Ⅱ. Cathodoluminescence image contrast from localized energy transfers. Philosophical Magazine A，1980，41（6）：809-827.

[70] Inada H，Su D，Egerton R F，et al. Atomic imaging using secondary electrons in a scanning transmission electron microscope：experimental observations and possible mechanisms. Ultramicroscopy，2011，111（7）：865-876.

[71] Zhu Y，Inada H，Nakamura K，et al. Imaging single atoms using secondary electrons with an aberration-corrected electron microscope. Nature Materials，2009，8（10）：808-812.

[72] Krumeich F，Müller E，Wepf R A，et al. Characterization of catalysts in an aberration-corrected scanning transmission electron microscope. Journal of Physical Chemistry C，2011，115（4）：1080-1083.

[73] Cheng L，Yang L，Zeng R，et al. Theoretical perspective of atomic resolution secondary electron imaging. Journal of Physical Chemistry C，2021，125（19）：10458-10472.

[74] Li J，He Y，Han Y，et al. Direct identification of metallic and semiconducting single-walled carbon nanotubes in scanning electron microscopy. Nano Letters，2012，12（8）：4095-4101.

[75] Zhao W，Liu P，Jiang K. High-throughput methods for evaluating the homogeneity of carbon nanotubes and graphene. Journal of Physics D：Applied Physics，2020，53（40）：403001.

[76] Wang J，Jin X，Liu Z，et al. Growing highly pure semiconducting carbon nanotubes by electrotwisting the helicity. Nature Catalysis，2018，1（5）：326-331.

[77] Watanabe K，Nagata T，Oh S，et al. Arbitrary cross-section SEM-cathodoluminescence imaging of growth sectors and local carrier concentrations within micro-sampled semiconductor nanorods. Nature Communications，2016，7

（1）：10609.

[78] Watanabe K，Nagata T，Wakayama Y，et al. Band-gap deformation potential and elasticity limit of semiconductor free-standing nanorods characterized *in situ* by scanning electron microscope-cathodoluminescence nanospectroscopy. ACS Nano，2015，9（3）：2989-3001.

[79] Li H，Wei X，Wu G，et al. Interlayer electrical resistivity of rotated graphene layers studied by *in-situ* scanning electron microscopy. Ultramicroscopy，2018，193：90-96.

[80] Fang Z，Li X，Shi W，et al. Interlayer binding energy of hexagonal MoS_2 as determined by an *in situ* peeling-to-fracture method. Journal of Physical Chemistry C，2020，124（42）：23419-23425.

[81] Li H，Wang J，Gao S，et al. Superlubricity between MoS_2 monolayers. Advanced Materials，2017，29（27）：1701474.

[82] Wang Z J，Dong J，Cui Y，et al. Stacking sequence and interlayer coupling in few-layer graphene revealed by *in situ* imaging. Nature Communications，2016，7（1）：13256.

[83] Tang Z，Li X，Wu G，et al. Whole-journey nanomaterial research in an electron microscope：from material synthesis，composition characterization，property measurements to device construction and tests. Nanotechnology，2016，27（48）：485710.

[84] Feynman R P. Plenty of room at the bottom. California Institute of Technology Journal of Engineering and Science，1960，4（2）：23-36.

[85] Binnig G，Rohrer H，Gerber C，et al. Surface studies by scanning tunneling microscopy. Physical Review Letters，1982，49（1）：57-61.

[86] Eigler D M，Schweizer E K. Positioning single atoms with a scanning tunnelling microscope. Nature，1990，344（6266）：524-526.

[87] Park J Y，Maier S，Hendriksen B，et al. Sensing current and forces with SPM. Materials Today，2010，13（10）：38-45.

[88] Bonnell D A，Basov D N，Bode M，et al. Imaging physical phenomena with local probes：from electrons to photons. Reviews of Modern Physics，2012，84（3）：1343-1381.

[89] Binnig G，Rohrer H. Scanning tunneling microscopy：from birth to adolescence. Reviews of Modern Physics，1987，59（3）：615-625.

[90] Bartels L，Meyer G，Rieder K H. Controlled vertical manipulation of single CO molecules with the scanning tunneling microscope：a route to chemical contrast. Applied Physics Letters，1997，71（2）：213-215.

[91] Lee H J，Ho W. Single-bond formation and characterization with a scanning tunneling microscope. Science，1999，286（5445）：1719-1722.

[92] Hla S W，Bartels L，Meyer G，et al. Inducing all steps of a chemical reaction with the scanning tunneling microscope tip：towards single molecule engineering. Physical Review Letters，2000，85（13）：2777-2780.

[93] Repp J，Meyer G，Stojković S M，et al. Molecules on insulating films：scanning-tunneling microscopy imaging of individual molecular orbitals. Physical Review Letters，2005，94（2）：026803.

[94] Weiss C，Wagner C，Temirov R，et al. Direct imaging of intermolecular bonds in scanning tunneling microscopy. Journal of the American Chemical Society，2010，132（34）：11864-11865.

[95] Pascual J I，Méndez J，Gómez-Herrero J，et al. Quantum contact in gold nanostructures by scanning tunneling microscopy. Physical Review Letters，1993，71（12）：1852-1855.

[96] Meier F，Zhou L，Wiebe J，et al. Revealing magnetic interactions from single-atom magnetization curves. Science，2008，320（5872）：82-86.

[97] Lyeo H K，Khajetoorians A A，Shi L，et al. Profiling the thermoelectric power of semiconductor junctions with nanometer resolution. Science，2004，303（5659）：816-818.

[98] Tison Y，Lin H，Lagoute J，et al. Identification of nitrogen dopants in single-walled carbon nanotubes by scanning tunneling microscopy. ACS Nano，2013，7（8）：7219-7226.

[99] Kimouche A，Ervasti M M，Drost R，et al. Ultra-narrow metallic armchair graphene nanoribbons. Nature Communications，2015，6（1）：10177.

[100] Tuxen A，Kibsgaard J，Gøbel H，et al. Size threshold in the dibenzothiophene adsorption on MoS_2 nanoclusters. ACS Nano，2010，4（8）：4677-4682.

[101] Liao M，Jiang S，Hu C，et al. Tip-enhanced Raman spectroscopic imaging of individual carbon nanotubes with subnanometer resolution. Nano Letters，2016，16（7）：4040-4046.

[102] Lu X，Grobis M，Khoo K H，et al. Spatially mapping the spectral density of a single C_{60} molecule. Physical Review Letters，2003，90（9）：096802.

[103] Néel N，Kröger J，Limot L，et al. Controlled contact to a C_{60} molecule. Physical Review Letters，2007，98（6）：065502.

[104] Odom T W，Huang J L，Kim P，et al. Atomic structure and electronic properties of single-walled carbon nanotubes. Nature，1998，391（6662）：62-64.

[105] Ouyang M，Huang J L，Cheung C L，et al. Atomically resolved single-walled carbon nanotube intramolecular junctions. Science，2001，291（5501）：97-100.

[106] Xue J，Sanchez-Yamagishi J，Bulmash D，et al. Scanning tunnelling microscopy and spectroscopy of ultra-flat graphene on hexagonal boron nitride. Nature Materials，2011，10（4）：282-285.

[107] Dean C R，Young A F，Meric I，et al. Boron nitride substrates for high-quality graphene electronics. Nature Nanotechnology，2010，5：722-726.

[108] Hill H M，Rigosi A F，Rim K T，et al. Band alignment in MoS_2/WS_2 transition metal dichalcogenide heterostructures probed by scanning tunneling microscopy and spectroscopy. Nano Letters，2016，16（8）：4831-4837.

[109] Martinez-Castro J，Mauro D，Pásztor Á，et al. Scanning tunneling microscopy of an air sensitive dichalcogenide through an encapsulating layer. Nano Letters，2018，18（11）：6696-6702.

[110] Voiry D，Salehi M，Silva R，et al. Conducting MoS_2 nanosheets as catalysts for hydrogen evolution reaction. Nano Letters，2013，13（12）：6222-6227.

[111] Haruta M，Yamada N，Kobayashi T，et al. Gold catalysts prepared by coprecipitation for low-temperature oxidation of hydrogen and of carbon monoxide. Journal of Catalysis，1989，115（2）：301-309.

[112] Zhang J，Liu X，Blume R，et al. Surface-modified carbon nanotubes catalyze oxidative dehydrogenation of *n*-butane. Science，2008，322（5898）：73-77.

[113] Böller B，Durner K M，Wintterlin J. The active sites of a working Fischer-Tropsch catalyst revealed by operando scanning tunnelling microscopy. Nature Catalysis，2019，2（11）：1027-1034.

[114] Therrien A J，Hensley A J R，Marcinkowski M D，et al. An atomic-scale view of single-site Pt catalysis for low-temperature CO oxidation. Nature Catalysis，2018，1（3）：192-198.

[115] Liang J，Yu Q，Yang X，et al. A systematic theoretical study on FeO_x-supported single-atom catalysts：M_1/FeO_x for CO oxidation. Nano Research，2018，11（3）：1599-1611.

[116] Wieghold S，Nienhaus L. Probing semiconductor properties with optical scanning tunneling microscopy. Joule，2020，4（3）：524-538.

[117] Zhang R，Zhang Y，Dong Z C，et al. Chemical mapping of a single molecule by plasmon-enhanced Raman

scattering. Nature，2013，498（7452）：82-86.

[118] Zhang Y，Luo Y，Zhang Y，et al. Visualizing coherent intermolecular dipole-dipole coupling in real space. Nature，2016，531（7596）：623-627.

[119] Yang B，Chen G，Ghafoor A，et al. Sub-nanometre resolution in single-molecule photoluminescence imaging. Nature Photonics，2020，14（11）：693-699.

[120] Xu J，Zhu X，Tan S，et al. Determining structural and chemical heterogeneities of surface species at the single-bond limit. Science，2021，371（6531）：818-822.

[121] Binnig G，Quate C F，Gerber C. Atomic force microscope. Physical Review Letters，1986，56（9）：930-933.

[122] Müller D J，Dufrêne Y F. Atomic force microscopy as a multifunctional molecular toolbox in nanobiotechnology. Nature Nanotechnology，2008，3：261-269.

[123] Giessibl F J. Advances in atomic force microscopy. Reviews of Modern Physics，2003，75（3）：949-983.

[124] Giessibl F J. Atomic resolution of the silicon（111）-（7×7）surface by atomic force microscopy. Science，1995，267（5194）：68-71.

[125] Gross L，Mohn F，Moll N，et al. The chemical structure of a molecule resolved by atomic force microscopy. Science，2009，325（5944）：1110-1114.

[126] Zhang J，Chen P，Yuan B，et al. Real-space identification of intermolecular bonding with atomic force microscopy. Science，2013，342（6158）：611-614.

[127] Kawai S，Nakatsuka S，Hatakeyama T，et al. Multiple heteroatom substitution to graphene nanoribbon. Science Advances，2018，4（4）：eaar7181.

[128] Soudi A，Dawson R D，Gu Y. Quantitative heat dissipation characteristics in current-carrying GaN nanowires probed by combining scanning thermal microscopy and spatially resolved Raman spectroscopy. ACS Nano，2011，5（1）：255-262.

[129] Rasool H I，Ophus C，Klug W S，et al. Measurement of the intrinsic strength of crystalline and polycrystalline graphene. Nature Communications，2013，4（1）：2811.

[130] Schmidt R，Lazo C，Hölscher H，et al. Probing the magnetic exchange forces of iron on the atomic scale. Nano Letters，2009，9（1）：200-204.

[131] Pavliček N，Gross L. Generation，manipulation and characterization of molecules by atomic force microscopy. Nature Reviews Chemistry，2017，1（1）：0005.

[132] de Oteyza D G，Gorman P，Chen Y C，et al. Direct imaging of covalent bond structure in single-molecule chemical reactions. Science，2013，340（6139）：1434-1437.

[133] Kaiser K，Scriven L M，Schulz F，et al. An sp-hybridized molecular carbon allotrope，cyclo[18]carbon. Science，2019，365：1299-1301.

[134] Teyssieux D，Thiery L，Cretin B. Near-infrared thermography using a charge-coupled device camera：application to microsystems. Review of Scientific Instruments，2007，78（3）：034902.

[135] Neumann P，Jakobi I，Dolde F，et al. High-precision nanoscale temperature sensing using single defects in diamond. Nano Letters，2013，13（6）：2738-2742.

[136] Reparaz J S，Chavez-Angel E，Wagner M R，et al. A novel contactless technique for thermal field mapping and thermal conductivity determination：two-laser Raman thermometry. Review of Scientific Instruments，2014，85（3）：034901.

[137] Mecklenburg M，Hubbard W A，White E R，et al. Nanoscale temperature mapping in operating microelectronic devices. Science，2015，347（6222）：629-632.

[138] Sadat S，Tan A，Chua Y J，et al. Nanoscale thermometry using point contact thermocouples. Nano Letters，2010，10（7）：2613-2617.

[139] Menges F，Mensch P，Schmid H，et al. Temperature mapping of operating nanoscale devices by scanning probe thermometry. Nature Communications，2016，7（1）：10874.

[140] Zhang Y，Zhu W，Hui F，et al. A review on principles and applications of scanning thermal microscopy（SThM）. Advanced Functional Materials，2020，30（18）：1900892.

[141] Kim K，Jeong W，Lee W，et al. Ultra-high vacuum scanning thermal microscopy for nanometer resolution quantitative thermometry. ACS Nano，2012，6（5）：4248-4257.

[142] Yoon K，Hwang G，Chung J，et al. Measuring the thermal conductivity of residue-free suspended graphene bridge using null point scanning thermal microscopy. Carbon，2014，76：77-83.

[143] Halbertal D，Cuppens J，Shalom M B，et al. Nanoscale thermal imaging of dissipation in quantum systems. Nature，2016，539（7629）：407-410.

[144] Sugimoto Y，Pou P，Abe M，et al. Chemical identification of individual surface atoms by atomic force microscopy. Nature，2007，446（7131）：64-67.

[145] Rossi N，Braakman F R，Cadeddu D，et al. Vectorial scanning force microscopy using a nanowire sensor. Nature Nanotechnology，2017，12（2）：150-155.

[146] Yu M F，Lourie O，Dyer M J，et al. Strength and breaking mechanism of multiwalled carbon nanotubes under tensile load. Science，2000，287（5453）：637-640.

[147] Wu B，Heidelberg A，Boland J J. Mechanical properties of ultrahigh-strength gold nanowires. Nature Materials，2005，4（7）：525-529.

[148] Lee C，Wei X，Kysar J W，et al. Measurement of the elastic properties and intrinsic strength of monolayer graphene. Science，2008，321（5887）：385-388.

[149] Kawai S，Benassi A，Gnecco E，et al. Superlubricity of graphene nanoribbons on gold surfaces. Science，2016，351（6276）：957-961.

[150] Wernsdorfer W. From micro-to nano-SQUIDs：applications to nanomagnetism. Superconductor Science and Technology，2009，22（6）：064013.

[151] McVitie S，Chapman J N，Zhou L，et al. *In-situ* magnetising experiments using coherent magnetic imaging in TEM. Journal of Magnetism and Magnetic Materials，1995，148（1）：232-236.

[152] Tonomura A，Matsuda T，Tanabe H，et al. Electron holography technique for investigating thin ferromagnetic films. Physical Review B，1982，25（11）：6799-6804.

[153] Sáenz J J，García N，Grütter P，et al. Observation of magnetic forces by the atomic force microscope. Journal of Applied Physics，1987，62（10）：4293-4295.

[154] Argyle B E，McCord J G. New laser illumination method for Kerr microscopy. Journal of Applied Physics，2000，87（9）：6487-6489.

[155] Wiesendanger R，Güntherodt H J，Güntherodt G，et al. Observation of vacuum tunneling of spin-polarized electrons with the scanning tunneling microscope. Physical Review Letters，1990，65（2）：247-250.

[156] Verlhac B，Bachellier N，Garnier L，et al. Atomic-scale spin sensing with a single molecule at the apex of a scanning tunneling microscope. Science，2019，366（6465）：623-627.

[157] Mamin H J，Kim M，Sherwood M H，et al. Nanoscale nuclear magnetic resonance with a nitrogen-vacancy spin sensor. Science，2013，339（6119）：557-560.

[158] Seifert T S，Kovarik S，Juraschek D M，et al. Longitudinal and transverse electron paramagnetic resonance in a

scanning tunneling microscope. Science Advances，2020，6（40）：eabc5511.

[159] Martin Y，Wickramasinghe H K. Magnetic imaging by “force microscopy” with 1000Å resolution. Applied Physics Letters，1987，50（20）：1455-1457.

[160] Lu Q，Chen C C，de Lozanne A. Observation of magnetic domain behavior in colossal magnetoresistive materials with a magnetic force microscope. Science，1997，276（5321）：2006-2008.

[161] Puntes V F，Gorostiza P，Aruguete D M，et al. Collective behaviour in two-dimensional cobalt nanoparticle assemblies observed by magnetic force microscopy. Nature Materials，2004，3（4）：263-268.

[162] Rugar D，Budakian R，Mamin H J，et al. Single spin detection by magnetic resonance force microscopy. Nature，2004，430（6997）：329-332.

[163] Kaiser U，Schwarz A，Wiesendanger R. Magnetic exchange force microscopy with atomic resolution. Nature，2007，446（7135）：522-525.

[164] Yi J，Zhuang H，Zou Q，et al. Competing antiferromagnetism in a quasi-2D itinerant ferromagnet：Fe_3GeTe_2. 2D Materials，2016，4（1）：011005.

[165] Vasyukov D，Anahory Y，Embon L，et al. A scanning superconducting quantum interference device with single electron spin sensitivity. Nature Nanotechnology，2013，8（9）：639-644.

[166] Jiang Z，Henriksen E A，Tung L C，et al. Infrared spectroscopy of landau levels of graphene. Physical Review Letters，2007，98（19）：197403.

[167] Pedrero C，Waku T，Iglesia E. Oxidation of CO in H_2-CO mixtures catalyzed by platinum：alkali effects on rates and selectivity. Journal of Catalysis，2005，233（1）：242-255.

[168] Ding K，Gulec A，Johnson A M，et al. Identification of active sites in CO oxidation and water-gas shift over supported Pt catalysts. Science，2015，350（6257）：189-192.

[169] Jorio A，Saito R，Dresselhaus G，et al. Raman spectroscopy：from graphite to sp^2 nanocarbons//Jorio A. Raman Spectroscopy in Graphene Related Systems，2011：73-101.

[170] Dresselhaus M S，Jorio A，Hofmann M，et al. Perspectives on carbon nanotubes and graphene Raman spectroscopy. Nano Letters，2010，10（3）：751-758.

[171] Kneipp K，Wang Y，Kneipp H，et al. Single molecule detection using surface-enhanced Raman scattering（SERS）. Physical Review Letters，1997，78（9）：1667-1670.

[172] Jorio A，Saito R，Hafner J H，et al. Structural（*n*，*m*）determination of isolated single-wall carbon nanotubes by resonant Raman scattering. Physical Review Letters，2001，86（6）：1118-1121.

[173] Murray C B，Norris D J，Bawendi M G. Synthesis and characterization of nearly monodisperse CdE（E = sulfur，selenium，tellurium）semiconductor nanocrystallites. Journal of the American Chemical Society，1993，115（19）：8706-8715.

[174] Qu L，Yu W W，Peng X. *In situ* observation of the nucleation and growth of CdSe nanocrystals. Nano Letters，2004，4（3）：465-469.

[175] Qin H，Niu Y，Meng R，et al. Single-dot spectroscopy of zinc-blende CdSe/CdS core/shell nanocrystals：nonblinking and correlation with ensemble measurements. Journal of the American Chemical Society，2014，136（1）：179-187.

[176] Splendiani A，Sun L，Zhang Y，et al. Emerging photoluminescence in monolayer MoS_2. Nano Letters，2010，10（4）：1271-1275.

[177] Mak K F，Lee C，Hone J，et al. Atomically thin MoS_2：a new direct-gap semiconductor. Physical Review Letters，2010，105（13）：136805.

[178] Bachilo S M，Strano M S，Kittrell C，et al. Structure-assigned optical spectra of single-walled carbon nanotubes. Science，2002，298（5602）：2361-2366.

[179] Einstein A. On a heuristic point of view concerning the production and transformation of light. Annals of Physics，1905，17：132-148.

[180] Siegbahn K. Electron spectroscopy for atoms，molecules，and condensed matter. Reviews of Modern Physics，1982，54（3）：709-728.

[181] Lundgren E，Zhang C，Merte L R，et al. Novel *in situ* techniques for studies of model catalysts. Accounts of Chemical Research，2017，50（9）：2326-2333.

[182] Okazaki K，Ota Y，Kotani Y，et al. Octet-line node structure of superconducting order parameter in KFe_2As_2. Science，2012，337（6100）：1314-1317.

[183] Yang H，Liang A，Chen C，et al. Visualizing electronic structures of quantum materials by angle-resolved photoemission spectroscopy. Nature Reviews Materials，2018，3（9）：341-353.

[184] König M，Wiedmann S，Brüne C，et al. Quantum spin Hall insulator state in HgTe quantum wells. Science，2007，318（5851）：766-770.

[185] Wang Z，Weng H，Wu Q，et al. Three-dimensional Dirac semimetal and quantum transport in Cd_3As_2. Physical Review B，2013，88（12）：125427.

[186] Liu Z K，Zhou B，Zhang Y，et al. Discovery of a three-dimensional topological Dirac semimetal，Na_3Bi. Science，2014，343（6173）：864-867.

[187] Liu Z K，Jiang J，Zhou B，et al. A stable three-dimensional topological Dirac semimetal Cd_3As_2. Nature Materials，2014，13（7）：677-681.

[188] Chen Y. Studies on the electronic structures of three-dimensional topological insulators by angle resolved photoemission spectroscopy. Frontiers of Physics，2012，7（2）：175-192.

[189] Hsieh D，Xia Y，Qian D，et al. A tunable topological insulator in the spin helical Dirac transport regime. Nature，2009，460（7259）：1101-1105.

[190] Kimoto K，Asaka T，Nagai T，et al. Element-selective imaging of atomic columns in a crystal using STEM and EELS. Nature，2007，450（7170）：702-704.

[191] Muller D A，Kourkoutis L F，Murfitt M，et al. Atomic-scale chemical imaging of composition and bonding by aberration-corrected microscopy. Science，2008，319（5866）：1073-1076.

[192] Muller D A. Structure and bonding at the atomic scale by scanning transmission electron microscopy. Nature Materials，2009，8（4）：263-270.

[193] Krivanek O L，Chisholm M F，Nicolosi V，et al. Atom-by-atom structural and chemical analysis by annular dark-field electron microscopy. Nature，2010，464：571-574.

[194] Suenaga K，Tencé M，Mory C，et al. Element-selective single atom imaging. Science，2000，290（5500）：2280-2282.

[195] Senga R，Suenaga K，Barone P，et al. Position and momentum mapping of vibrations in graphene nanostructures. Nature，2019，573（7773）：247-250.

[196] Colliex C，Kociak M，Stéphan O. Electron energy loss spectroscopy imaging of surface plasmons at the nanometer scale. Ultramicroscopy，2016，162：A1-A24.

[197] Wu J，Gross A，Yang H. Shape and composition-controlled platinum alloy nanocrystals using carbon monoxide as reducing agent. Nano Letters，2011，11（2）：798-802.

[198] Zhang L，Zhang J，Kuang Q，et al. Cu^{2+}-assisted synthesis of hexoctahedral Au-Pd alloy nanocrystals with

high-index facets. Journal of the American Chemical Society，2011，133（43）：17114-17117.

[199] Hiura H，Miyazaki H，Tsukagoshi K. Determination of the number of graphene layers：discrete distribution of the secondary electron intensity stemming from individual graphene layers. Applied Physics Express，2010，3（9）：095101.

[200] Lander J J. Auger peaks in the energy spectra of secondary electrons from various materials. Physical Review，1953，91（6）：1382-1387.

[201] von Koch C V. Evidence of plasmons in secondary electron emission spectra. Physical Review Letters，1970，25（12）：792-794.

[202] Da B，Liu J，Yamamoto M，et al. Virtual substrate method for nanomaterials characterization. Nature Communications，2017，8（1）：15629.

[203] Roessler M M，Salvadori E. Principles and applications of EPR spectroscopy in the chemical sciences. Chemical Society Reviews，2018，47（8）：2534-2553.

[204] Blanc F，Leskes M，Grey C P. *In situ* solid-state NMR spectroscopy of electrochemical cells：batteries，supercapacitors，and fuel cells. Accounts of Chemical Research，2013，46（9）：1952-1963.

[205] Key B，Bhattacharyya R，Morcrette M，et al. Real-time NMR investigations of structural changes in silicon electrodes for lithium-ion batteries. Journal of the American Chemical Society，2009，131（26）：9239-9249.

[206] Bhattacharyya R，Key B，Chen H，et al. *In situ* NMR observation of the formation of metallic lithium microstructures in lithium batteries. Nature Materials，2010，9（6）：504-510.

[207] See K A，Leskes M，Griffin J M，et al. *Ab initio* structure search and *in situ* ^{7}Li NMR studies of discharge products in the Li-S battery system. Journal of the American Chemical Society，2014，136（46）：16368-16377.

[208] Stratford J M，Mayo M，Allan P K，et al. Investigating sodium storage mechanisms in tin anodes：a combined pair distribution function analysis，density functional theory，and solid-state NMR approach. Journal of the American Chemical Society，2017，139（21）：7273-7286.

第5章 低维材料的性质

本章简要介绍低维材料的力学、电学、磁学、热学、化学和光学性质，着重于其低维度和小尺度效应（图 5.1），可分为几何效应和内禀效应。几何效应是指随着维度和尺度的缩小而产生的表面效应与各向异性对材料物性的改变，如催化剂的活性位点随着尺寸减小而反比增加。内禀效应是指在低维度和小尺度下出现的新结构与电子特性，以及与之相伴出现的和块体截然不同的性质。例如，块体 MoS_2 具有间接带隙，而在单层时变成直接带隙；又如，通常为化学惰性的金在纳米尺度下具有优异的催化活性。

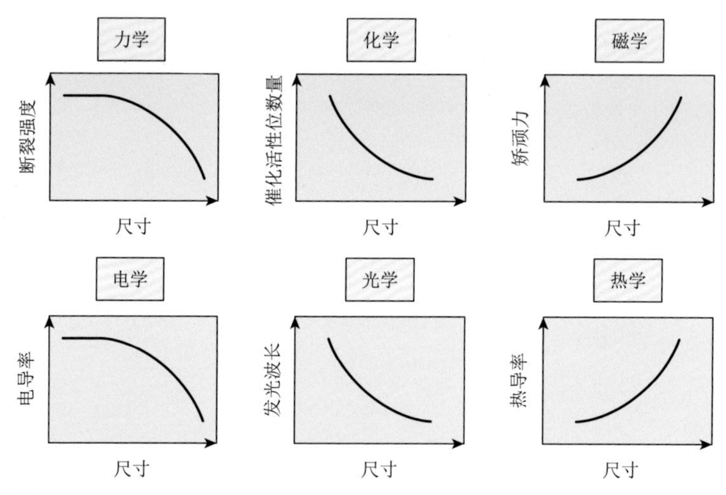

图 5.1 低维材料性质的尺寸效应：随着尺寸减小，断裂强度趋近理论强度，电导率趋近弹道输运的量子化电导率，催化活性位数量指数增加，半导体带隙和发光频率蓝移，矫顽力降低，热导率受到表面散射而降低

5.1 力学性质

低维材料的力学性质是其作为结构材料应用的基础，是功能器件可靠性的保障，同时应变工程也是提高器件性能的重要手段。力学性质主要包括体现原子结

合的可逆弹性变形、不可逆的塑性变形、疲劳与断裂。由于弹性、塑性和断裂的尺度效应具有不同的趋势特点，同样成分的材料在不同尺度和维度上也会体现不同甚至截然相反（脆性或韧性）的力学行为。

5.1.1 弹性变形

弹性变形指应力作用下材料的可逆变形过程。通过弹性应力改变晶格常数，可以直接改变材料的能带结构，从而调控体系的电学性质，被称为应变工程。这一技术已经应用到电子计算机的 CPU 芯片中，可有效提高载流子迁移率。

碳纳米管和石墨烯等纳米碳材料由 sp^2 共价键结合而成，层内具有很高的弹性模量，达到 1TPa[1]。由于低维材料的小尺度和高强度，与块体材料相比，低维材料通常具有更高的弹性极限，可接近 10%[2]。香港城市大学陆洋等通过精密加工制备了长宽分别为 1μm 和 100nm 的单晶金刚石桥形结构，在室温下实现了在[100]、[101]和[111]三个方向约 7%的均匀弹性拉伸应变[3]。

一维和二维材料具有很大的长径（厚）比，弯曲刚度较低而具有优异的柔韧性。假设一片石墨烯的长度、宽度和厚度分别是 L、W 和 t，在其两端被固定、中心处在施加外力的情况下，其弹性常数 K 可以表示为 $K=32YWt^3/L^3$，其中，Y 为杨氏模量。显然弯曲刚度与形状、尺寸密切相关，与长度/厚度比值的立方成反比，当石墨烯的宽度为 10μm 时，弯曲刚度仅为 1.26×10^{-5}N/m[4]。

采用原位 TEM 测量高阶共振频率的方法，我们精确测量了一维硅纳米线和氮化硼纳米管的杨氏模量[5, 6]。在单根硅纳米线悬臂梁上观察到 10 个共振模式，其中第一阶和第五阶共振频率与欧拉-伯努利（E-B）梁理论的预测值误差分别为 3.14%和 0.25%。采用核心硅-表面氧化硅层的同轴纳米线模型，计算了硅纳米线在[110]方向的杨氏模量为 169GPa，与块体模量相当[5]。我们采用电子辐照方式，原位研究了氮化硼纳米管中缺陷含量与杨氏模量的关系（图 5.2），其本征杨氏模量高达 906GPa，随着缺陷的引入逐步降低并维持在 663GPa[6]。

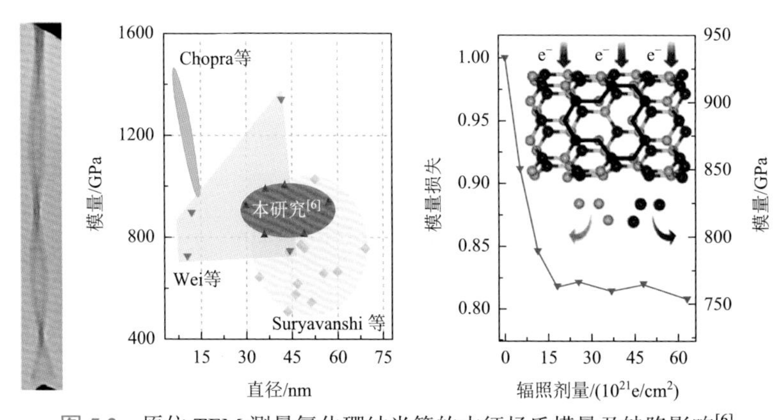

图 5.2 原位 TEM 测量氮化硼纳米管的本征杨氏模量及缺陷影响[6]

5.1.2 塑性变形

当变形量超过弹性极限后，应力继续增大会导致不可逆的塑性变形或断裂。决定金属材料中塑性变形的主要机制是位错、孪晶和晶界活动，在不同应力和温度条件下主导的机制可不同。当晶粒尺寸达到纳米水平，晶界比例提高，晶界扩散等活动可能主导塑性变形。中国科学院金属研究所卢柯等发现高纯度纳米晶铜具有 5000%的超高延展性，这归因于晶界协调形变机制[7]。

具有共价键结合的纳米碳材料在室温下通常表现为脆性材料，但在高温下位错可能被激活而体现出塑性变形行为。黄建宇等利用原位 TEM 观察发现通电流加热的碳纳米管具有超塑性，在单向拉伸应力作用下直径缩小为原来的 1/15 的同时长度增加 280%[8]，这归结为高温激活的位错攀爬机制[9]。利用碳纳米管的高温塑性变形，结合原位电子衍射表征和电学测量反馈控制，我们实现了碳纳米管的手性改造和可控金属-半导体转变[10]。

5.1.3 断裂韧性

持续增加应力，材料最终会发生断裂，对应着原子间化学键的断裂与裂纹的萌生和扩展。在理想条件下，完美无缺陷的材料在弹性极限的拉伸应力下会发生化学键断裂。Orowan 模型推导出的理论断裂强度为$\sigma_{\max}=\sqrt{\dfrac{E\gamma_{\mathrm{s}}}{a_0}}$，其中，$E$、$\gamma_{\mathrm{s}}$和$a_0$分别为杨氏模量、表面能和原子间距。但实际材料中缺陷的存在不可避免。Griffith 模型考虑了裂纹扩展的临界条件，推导出与裂纹尺寸（a）相关的断裂强度为$\sigma_{\mathrm{c}}=\sqrt{\dfrac{2E\gamma_{\mathrm{s}}}{\pi a}}$，与$\sqrt{a}$成反比[11]。由于低维材料尺寸小，缺陷尺寸就更小，其断裂强度可能接近理论强度[12]。

Hone 等对单层石墨烯进行纳米压痕测试，发现其本征断裂强度为 42N/m，接近理论断裂强度 130GPa[1]。王鸣生等用原位 TEM 方法测量了单根单壁碳纳米管的拉伸强度，发现其断裂强度与管壁缺陷相关，分布在 25～100GPa 之间，接近其理论极限强度[13]。Zhu 和 Li 将断裂强度达到或接近其理论强度（约为弹性模量的 1/10）的纳米颗粒、纳米线、纳米管、纳米柱、薄膜等低维材料统称为“超强度材料”[2]。

我们测量了单根硅纳米线的拉伸强度（图 5.3），观察到接近理论强度的极限强度[14]，发现硅纳米线的韧脆性与其应力状态密切相关，在拉伸作用下硅纳米线发生脆性断裂，其强度高达 11.3GPa；而在弯曲条件下，硅纳米线可以发生 20%以上的应变，对应着位错运动和非晶化转变。这种应力状态对应的韧脆性转变可以用该状态下最大切应力和正应力的比例加以解释，这一比例也被称为“软度系数”[14]。

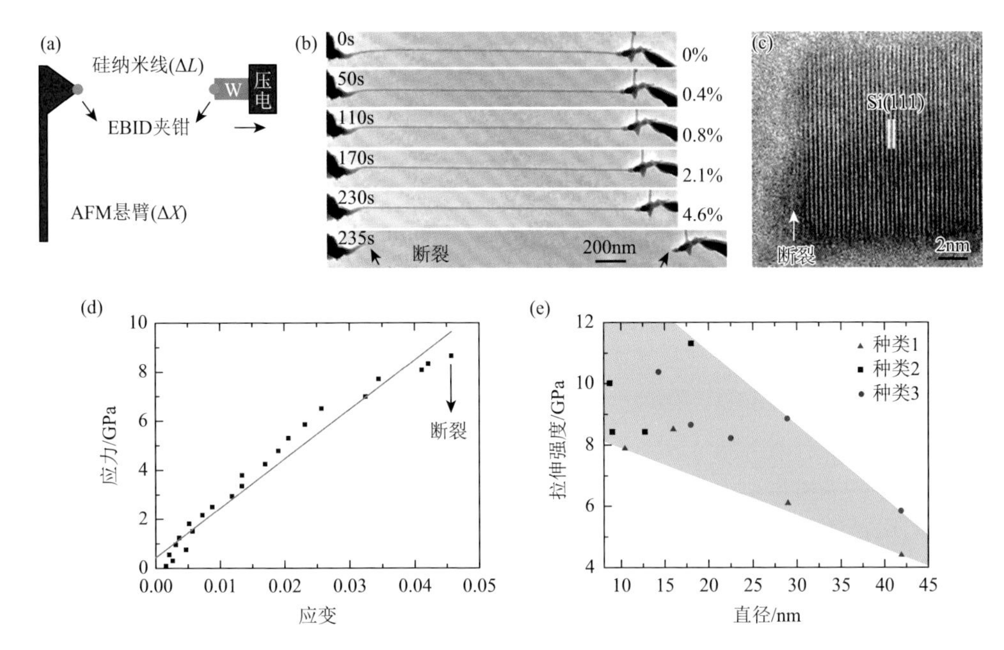

图 5.3 硅纳米线的拉伸强度：（a、b）原位拉伸单根硅纳米线的示意图和 TEM 照片；（c、d）拉伸断口 TEM 照片和应力-应变曲线显示脆性断裂；（e）不同种类断裂情况下的拉伸强度与硅纳米线直径的关系，呈现直径越小强度越强的趋势[14]

在实际应用中，材料构件的力学可靠性取决于断裂韧性，即抵抗裂纹扩展的能力或裂纹扩展所消耗的能量。Lou 等在扫描电子显微镜中原位测量了化学气相合成的石墨烯在预裂纹条件下的拉伸行为，发现石墨烯以形成尖锐裂纹的方式发生脆性断裂，对应的断裂应力显著小于理论强度，断裂韧性为 4.0MPa·$m^{1/2}$[15]。而氮化硼纳米片的断裂韧性较高，为 8.7MPa·$m^{1/2}$，这归因于硼氮原子边缘在断裂过程中位置交错导致的裂纹偏转[16]。

疲劳特性考察的是材料在周期性变化的应力作用下的断裂过程。由于低维材料尺寸小，其疲劳特性的测量非常有挑战性。清华大学张如范和魏飞等发展了一种非接触式的声学共振测试系统，对厘米级长度的单根碳纳米管的疲劳性质进行了研究[17]，对应 10^7 次循环负载的疲劳应变极限和归一化疲劳强度分别达到 0.90 和 0.95。

5.2 电学性质

低维体系的电学性质由电子结构决定。从第 1 章可见，态密度等电子结构与维度和尺度密切相关。以低维体系为基础，已经发展出分子器件、一维纳米晶体管、二维谷电子学和扭转电子学等新兴研究方向。本节将主要从界面接触和电学输运角度介绍低维电子器件中的电学性质，也将简单介绍离子输运性质。

5.2.1 电学界面

如 2000 年诺贝尔物理学奖得主 Herbert Kroemer 教授所言："界面即是器件。"电子器件中的界面可分为金属-半导体接触、半导体异质结、半导体-电解质界面和金属电极-电解质界面等。这些不同类型的静电界面可在电化学势平衡的统一框架内理解，体现在化学势梯度驱动的扩散电流与内建电场驱动的漂移电流之间的动态平衡。

三维体系中静电平衡界面等效于二维平行板电容，由内部载流子的扩散和漂移电流的平衡产生，其电势差等于接触两端材料的费米能级之差。二维材料形成平面内接触时，界面是一维的。界面处电荷区的电场线有很大一部分弥散到真空中，而不能被有效屏蔽（图 5.4），电荷浓度随着离界面的距离 x 的增加呈 $1/x$ 形式减小[18]。一维碳纳米管静电接触时则形成准零维界面。Léonard 和 Tersoff 的计算表明电荷浓度随着离界面的距离 x 的增加呈 $\ln x$ 形式衰减。当掺杂浓度很低时，耗尽层厚度可达到微米量级[19]，这在设计低维纳米晶体管时必须加以考虑。

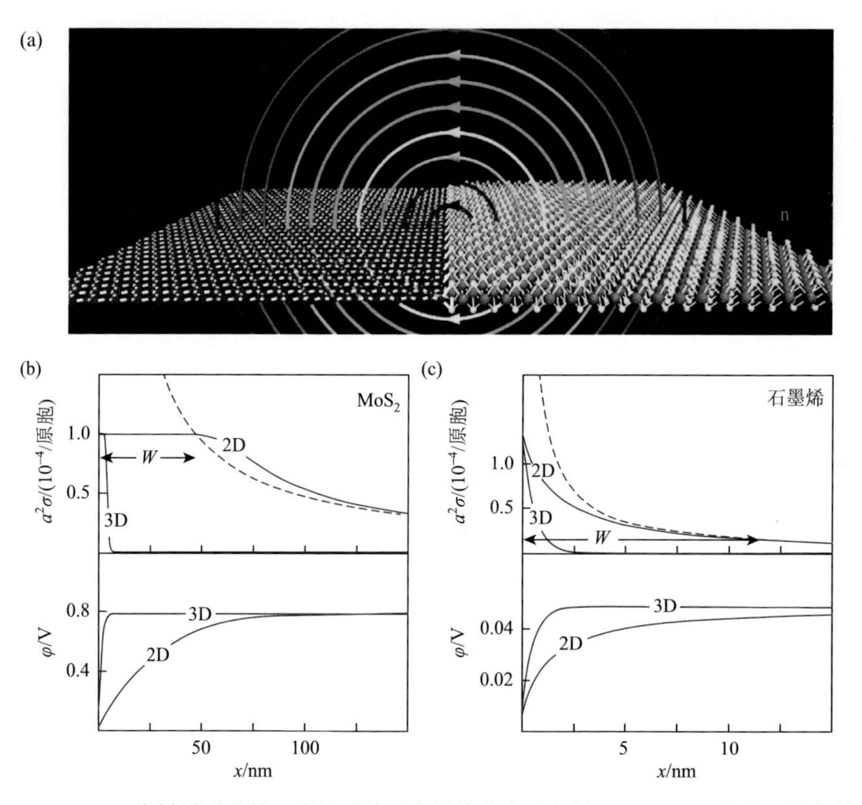

图 5.4 （a）二维材料形成的一维异质结及电场线分布示意图；（b、c）二维和三维条件下 MoS_2-MoS_2（b）与石墨烯-石墨烯（c）对称型掺杂 p-n 结的表面电荷（上）和静电势（下）随距离的变化[18]

金属-半导体接触可形成肖特基接触。三维体系中，由于界面态和钉扎作用，实际肖特基势垒随金属种类的不同变化不大。二维材料表面无悬键，可避免界面态及其钉扎效应。Duan 等发展了一种整体转移金属电极的方法来制备金属-二硫化钼接触，避免了传统蒸镀电极方法对二硫化钼结构的破坏，使金属-半导体界面保持结构完整。测量到的肖特基势垒与金属功函数的线性关系，即肖特基-莫特极限[20]。

二维材料可以在面内和垂直方向上构建异质结。面内异质结包括前文提到的边缘接触金属-半导体结构、金属性 1T 相和半导体性 1H 相过渡金属硫化物形成的金属-半导体接触[21]、反向门电压控制的 p 型和 n 型电掺杂构成的 p-n 结等[22]。垂直异质结包括不同二维材料构成的 p-n 结及利用隧穿效应的隧穿二极管[23]等。垂直堆垛还可以引入新的周期性势场，为载流子性能调控提供一种全新的手段。扭转石墨烯体系是其典型代表，当扭转角度满足一定条件时，电子的动能被强烈压制，能带色散出现平带，关联效应显著增强，引起磁性、关联绝缘态、非常规超导态和拓扑等新奇物性的产生。

5.2.2 电子输运

电学器件的功能是通过控制电子输运而实现的。电子输运性质与维度和尺度密切相关，包括零维体系库仑阻塞、一维和二维体系弹道和相干传输、二维体系能带拓扑结构相关的表面单向导电通道等。

对于零维体系包括团簇、量子点、纳米晶等，因量子限域效应导致分立能级和库仑阻塞，可用于单电子场效应晶体管。门电压调节量子点的能级能量，源漏电压调节各自电化学势。当量子点的能级处于源漏化学势窗口时，电子可隧穿到量子点并占据其分立的能级。由于量子点的尺寸小和量子电容效应，能级被电子占据后将“阻塞”电子继续隧穿，从而实现电子一个一个地进出，即单电子晶体管。Fuechsle 等展示了硅表面单个磷原子作为量子点的单原子单电子极限晶体管，观察到对应于 0、1、2 个电子占据态的输运特征[24]。

纳米线中电子输运的散射主要是表面散射，Haensch 等测量了硅纳米线的载流子迁移率，其电子和空穴迁移率分别为 $300cm^2/(V·s)$和 $100cm^2/(V·s)$[25]。当纳米管和纳米线等一维导电沟道的长度小于电子平均自由程时，将发生弹道输运。如果硅纳米线半径减小到 5nm 以下，径向量子化将产生一维子带，Yi 等在室温观测到其输运的量子振荡行为[26]。相比于Ⅳ族半导体，Ⅲ-Ⅴ族半导体中电子的有效质量低、玻尔半径大，因此量子化效应可在更大尺寸下观察到，甚至在室温条件下实现近弹道和量子化输运。Javey 等观测到 InAs 纳米线的室温弹道输运特性，其电子平均自由程约为 150nm（图 5.5）[27]。

碳纳米管的电子结构与石墨烯相关，其轴向周期条件和轴向手性共同决定能带结构，布里渊区 K 和 K' 点的电子态具有手性特征，导致背散射被抑制。同时表面无悬键，减少了表面散射，因而碳纳米管具有较大电子平均自由程。Liang 等观察到碳纳米管作为相干电子波导的 Fabry-Perot 干涉现象[28]，Javey 等报道了半导体性碳纳米管为沟道的晶体管中的弹道输运和相干输运[29]。

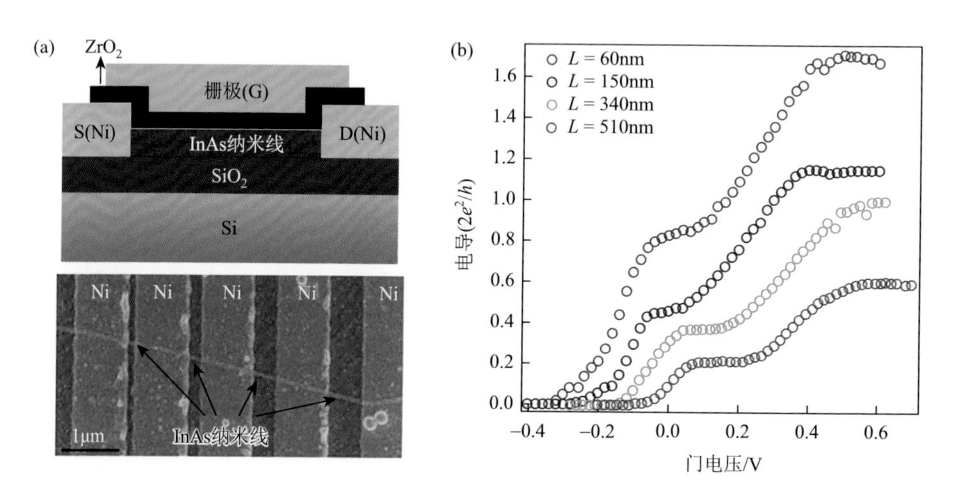

图 5.5 InAs 纳米线的室温弹道输运性质：(a) InAs 纳米线场效应晶体管示意图和扫描电子显微镜照片；(b) 不同沟道长度的电导-门电压曲线，台阶状变化体现量子化电导[27]

二维体系特定的能带结构具有独特的输运性质，如石墨烯中的电子具有无质量相对论费米子性质，表现出半整数的量子霍尔效应[30, 31]。朗道能级表达式为 $E_N=\sqrt{2e\hbar c_*^2B(N+1/2\pm1/2)}$，其中，$N$ 为朗道能级，$\pm$ 对应石墨烯中的子晶格赝自旋，c_* 为石墨烯中电子费米速度。石墨烯载流子输运过程主要受声子散射和界面散射影响。Fuhrer 等对 SiO_2 表面上石墨烯的输运性质进行了研究[32]，在载流子浓度为 $1\times10^{12}cm^{-2}$ 条件下，声学声子散射决定的载流子迁移率和平均自由程分别是 $2\times10^5cm^2/(V\cdot s)$和 2μm。在 200K 温度以上，表面声子散射限制载流子迁移率为 $4\times10^4cm^2/(V\cdot s)$。Andrei 等发现悬空石墨烯能有效避免表面散射的影响，在 $5\times10^9cm^{-2}$ 掺杂浓度条件下的迁移率可达到 $2\times10^6cm^2/(V\cdot s)$[33]。Dean 等通过制备一维接触金属电极，显著地降低了石墨烯-电极界面散射[34]，室温载流子迁移率达到 $1.4\times10^6cm^2/(V\cdot s)$，低温下弹道输运自由程达到 15μm。

二硫化钼具有中心反演对称性破缺和较强的自旋-轨道耦合效应[35]。中心反演对称性破缺引起谷霍尔效应，即当施加面内电场时，不同谷的载流子流向两个相反的横向边界。在考虑拓扑因素后，电子运动会得到额外的与贝里曲率 Ω_n 成正比的反常项，此时速度表达式为

$$\vec{v}_n(k)=\frac{\partial\varepsilon_n(k)}{\hbar\partial k}-\frac{e}{\hbar}\vec{E}\times\Omega_n(k)$$

$$\Omega_n(k) = \mathrm{i}\nabla_k \times \langle u_n(k) | \nabla_k u_n(k) \rangle$$

其中，ε_n、u_n 和 $\vec{E}$ 分别为第 n 条能带的能量、布洛赫函数的周期部分和电场强度。贝里曲率 Ω_n 对 K 和 K' 的载流子符号是相反的，从而引起谷霍尔效应。自旋-轨道耦合使带边发生明显的自旋劈裂，价带顶的劈裂可以达到 150meV。时间反演对称性使不等价的两个 K 点（即 K 和 K' 点）的能带自旋方向相反。带边载流子的自旋和谷自由度耦合为自旋电子学和谷电子学的应用提供可能。

5.2.3　离子输运

电子在材料“内”流动，离子输运则发生在材料构成的“空”通道中，包括碳纳米管的一维通道、二维材料的二维通道、多孔材料的三维通道等。离子输运与离子尺寸、电荷、电解液、输运通道大小和表面电荷等相关。

Lee 等测量了单壁碳纳米管内的离子电流，发现与驱动电场相关的振荡现象，归结于通道内有限尺寸的阻塞与通道口离子扩散过程的耦合；测量到比水溶液中高两个数量级的质子电导率（5×10^2S/cm），归结于碳纳米管内原子级的平整度[36]。

二维材料中的离子通道包括垂直穿透平面内的纳米孔道与平行于层间的间隙两种类型。在垂直方向上，Geim 等发现单层石墨烯和 h-BN 具有非常高的质子渗透性，特别是单层 h-BN 的质子电阻达到 $10\Omega\cdot\mathrm{cm}^2$，对应的活化势垒仅有 0.3eV[37]。单层石墨烯和 h-BN 可用于分离氢离子及其同位素氘，分离因子达到 10，远超现在的水-硫化氢交换和低温蒸馏技术[38]。

通过自下而上的组装可获得石墨烯和二维材料复合多层膜，在顶部和底部石墨烯之间放置不同层厚的二维材料，可构建厚度从单层到几十层可控的通道空间，实现纳米通道中水输运的控制[39]。由于毛细压和水分子有序度的提高，水的流速可高达 1m/s。任文才等报道了 $CdPS_3$ 纳米片组装的薄膜（图 5.6），在 90℃和 98%的湿度条件下，质子电导率高达 0.95S/cm，优于商业化质子膜的 0.2S/cm，这是基于镉空位引起的质子供体中心和质子吸附，此种薄膜有望作为质子交换膜在燃料电池中应用[40]。

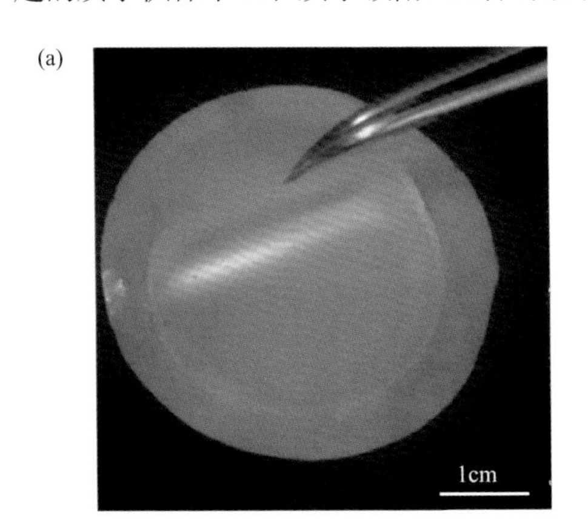

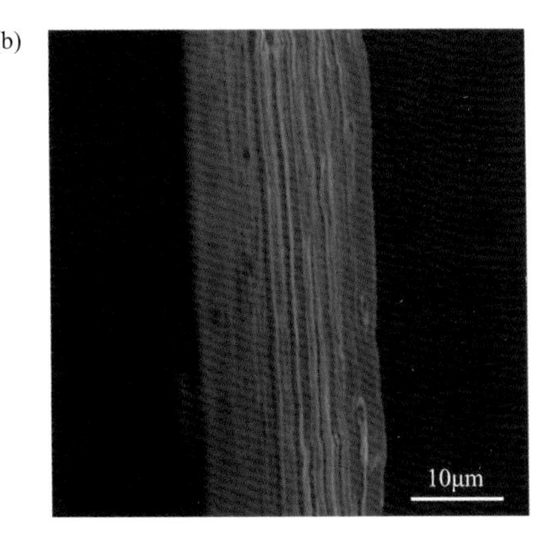

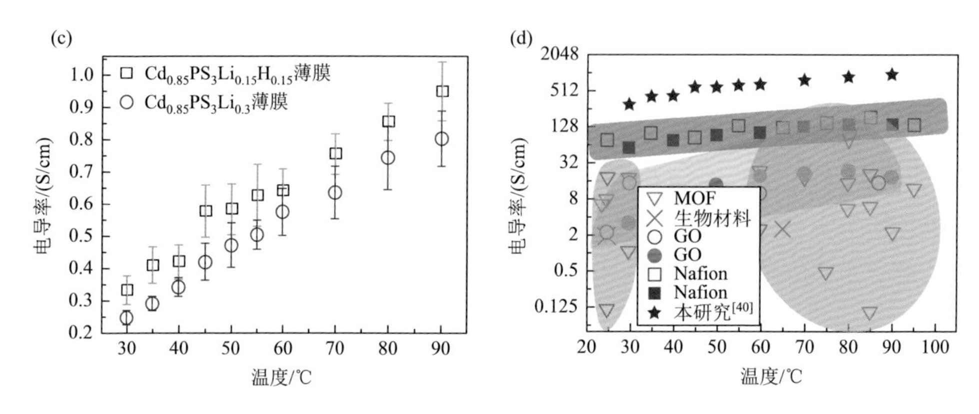

图 5.6 $CdPS_3$ 纳米片薄膜的离子传输性质：（a、b）光学和扫描电子显微镜照片；（c）98%湿度下质子电导率与温度的关系；（d）90%湿度下与典型质子传输材料的性能对比[40]

5.3 磁学性质

根据伊辛模型，具有连续对称性的二维以及更低维度体系不存在铁磁相变。热力学理论预言，不仅铁磁相变不能存在，二维体系也不能存在其他长程有序结构。二维材料的发现打破了这一预言，科学家发现二维体系可以具有铁磁性，蕴含了丰富的物理现象。相较于三维的体相材料，二维材料的磁性更容易受到外场调控，如电掺杂、应变和扭转等[41-43]。

2017 年，Zhang 等和 Xu 等分别在双层 $Cr_2Ge_2Te_6$ 和单层 CrI_3 中发现了长程有序的本征铁磁性[44, 45]。尽管居里温度（T_C）并不高（前者约 28K，后者约 45K），但二维体系中本征磁性的出现极大地激发了人们的研究热情。Deng 等发现了二维铁磁导体 Fe_3GeTe_2，并通过电调控在三层样品中将居里温度提高到接近室温[46]。在实验及理论工作的共同推动下，更多的二维铁磁材料被发现，包括 VSe_2、$MnSe_2$、$MnBi_2Te_4$ 等体系[47-49]。

根据过渡金属离子形成的晶格对称性，可将二维磁性材料大致分为六元晶格、三角晶格和方形晶格。六元晶格的代表体系为过渡金属三卤化物 MX_3（X 为卤族元素）、三元化合物 $Cr_2B_2Y_6$（B 为 Ge 或 Si，Y 为硫族元素）和三元过渡金属硫属磷酸盐 $M_2P_2Y_6$（M 为 V、Cr、Mn、Fe、Co、Ni、Cu、Zn 等，Y 为硫族元素）。三角晶格的代表体系为 $M^{I}M^{III}P_2Y_6$（M^{I} 为 Ag^+或 Cu^+，M^{III}为 V^{3+}、In^{3+}、Cr^{3+}、Sc^{3+}、Bi^{3+}，Y 为硫族元素）、Fe_3GeTe_2、过渡金属二硫化物或过渡金属二卤化物 MX_2、统称为MXene的过渡金属碳化物或氮化物（M_2X、M_2XT_2…）、$MnBi_2Te_4$ 和 MGa_2Y_4（M 为前过渡金属，Y 为硫族元素）等。方形晶格的代表体系为 FeY（Y 为硫族元素）、MXY（M 为过渡金属，X 为卤族元素，Y 为硫族元素）和 VOX_2（X 为 Cl、Br 和 I）等。

5.3.1　磁性耦合

1. 磁电耦合

磁化和电极化的磁电耦合是新奇的多铁性质的一种。一般而言铁电和铁磁是不兼容的[50]。磁性通常源自具有部分填充的 d 或 f 轨道的过渡金属原子磁矩形成的有序态，而铁电性质通常来自具有空 d 轨道的过渡金属从对称中心位置的偏离。近年来科学家们提出了多种方法来构建二维多铁性材料，第一类多铁化合物称为 I 型多铁化合物，其中铁电性和磁性来自不同起源[51]；第二类多铁材料通过非中心对称的磁序产生铁电极化；第三类多铁材料结合 I 型和 II 型的特性，称为单阳离子 I 型多铁晶体，其中贡献磁性的轨道和扭曲模式具有不同对称性，可来源于同一种离子[52]。

理论预测二维过渡金属磷硫族元素化合物 $CuM^{III}P_2X_6$（M^{III} = Cr^{3+}、V^{3+}；X = S、Se）可能具有 I 型多铁性[53]。其中三价 Cr/V 原子的部分占据 d 电子引入磁性，同时铜原子不位于中心层，产生垂直于二维平面的电偶极矩。$CuCrP_2X_6$ 中的磁性和铁电性的耦合已经得到实验验证[54]。图 5.7（a）显示了层内反铁电态和铁电态 $CuCrP_2S_6$ 的结构，区别在于铜原子的位置与对称性。图 5.7（b）是理论计算的铁电-反铁电相变的最低能量路径，铁电到反铁电的能垒约为 0.11eV/f.u.（f.u.: formula unit，计算单元），足以防止室温下铁电到反铁电态的自发相变。反铁电到铁电的

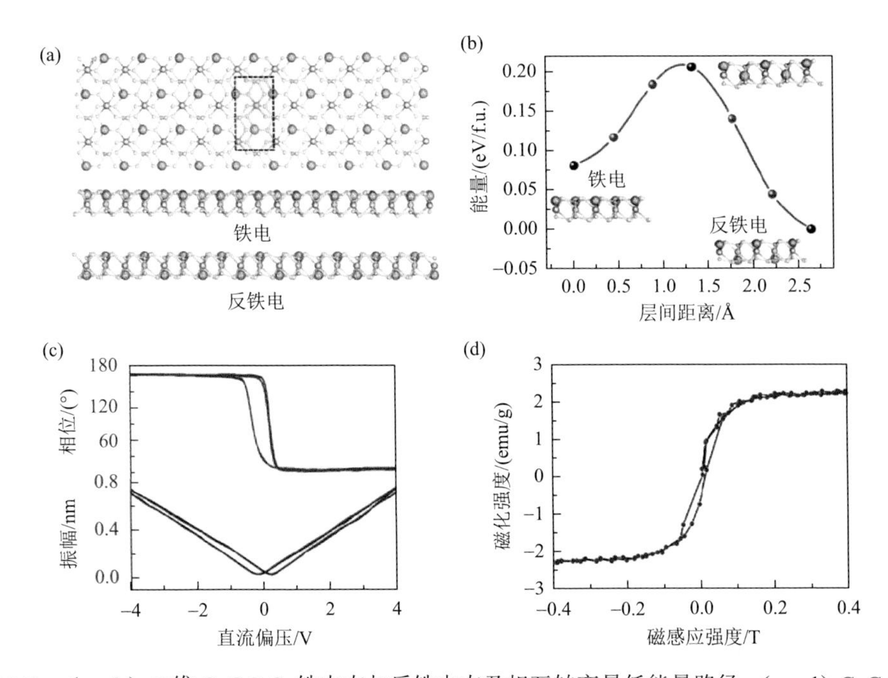

图 5.7　（a、b）二维 $CuCrP_2S_6$ 铁电态与反铁电态及相互转变最低能量路径；（c、d）$CuCrP_2S_6$ 纳米片的电滞回线与磁滞回线[54]

能垒约为 0.21eV/f.u.，可通过外部电场实现从反铁电态到铁电态的相变。图 5.7（c）给出了实验测得的 13.3nm 厚度的 $CuCrP_2S_6$ 纳米片的相位和振幅的电滞回线，为二维 $CuCrP_2S_6$ 中存在铁电性提供了有力的证据。不管体系是铁电态还是反铁电态，理论上单层 $CuCrP_2S_6$ 的基态均为铁磁态。图 5.7（d）给出了 10K 温度下 $CuCrP_2S_6$ 纳米片的磁滞回线，为铁磁性的存在提供了证据。

2. 自旋-拓扑耦合

自旋和拓扑性质的耦合产生了包括量子反常霍尔效应等奇异性质。清华大学徐勇等理论预测了二维 $MnBi_2Te_4$ 具有本征磁拓扑绝缘体性质[49]。如图 5.8（a）所示，第一性原理计算表明 $MnBi_2Te_4$ 薄膜的稳态是层内铁磁和层间反铁磁。对于反铁磁体相，Γ 点处的价带顶和导带底的宇称相反，且自旋-轨道耦合效应可以使它们的宇称反转［图 5.8（b）、（c）］。这种能带反转可以通过图 5.8（d）中能带带隙随自旋-轨道耦合强度的变化来理解。随着自旋-轨道耦合强度的增加，带隙在 Γ 点处先关闭然后重新打开。伴随的拓扑相变可以通过 $k_z = 0$ 平面的瓦尼尔电荷中心验证，得到的 Z_2 系数为 1［图 5.8（e）］。图 5.8（f）示意了 $MnBi_2Te_4$ 薄膜与厚度相关的拓扑性质。对于偶数层，由顶面和底面贡献的半整数霍尔电导相互抵消，是陈数为零的轴子绝缘态；对于奇数层，顶面和底面贡献相加，对应陈数为 1 的量子反常霍尔态。Otrokov 等利用低温光电子能谱清晰地观测到打开了带隙的狄拉克表面态[55]。在 6 层 $MnBi_2Te_4$ 器件中，徐勇和王亚愚等合作观察到轴子绝缘态的直接证据，即大的纵向电阻和零霍尔平台[56]；在 5 层 $MnBi_2Te_4$ 样品中观察到零场量子反常霍尔效应[57]。

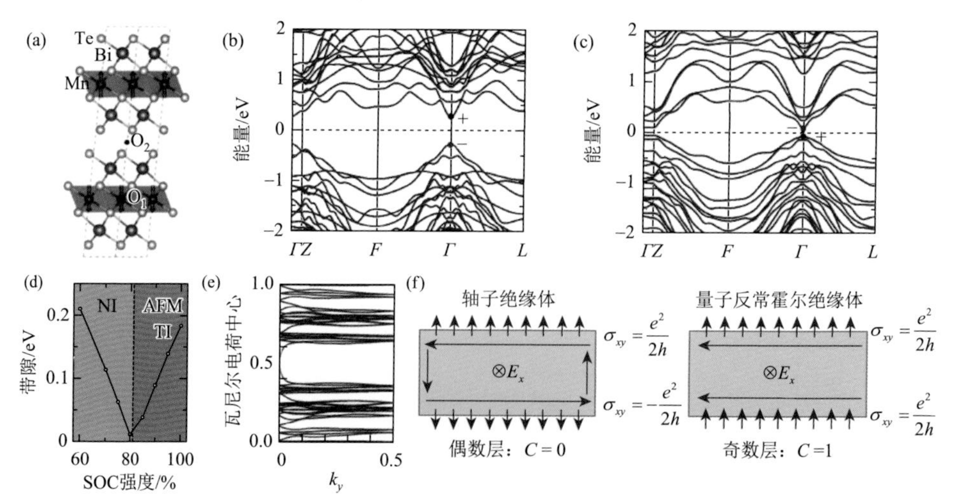

图 5.8 （a）层间反铁磁耦合的 $MnBi_2Te_4$ 结构；（b、c）不考虑（b）和考虑（c）自旋-轨道耦合时的能带结构，“+”和“−”分别代表 Γ 点处带边的宇称；（d）Γ 点处带隙大小随自旋-轨道耦合（SOC）强度的变化（NI. 普通绝缘体；AFM TI. 反铁磁拓扑绝缘体）；（e）$k_z = 0$ 平面中计算所得的瓦尼尔电荷中心；（f）偶数（左）和奇数（右）层 $MnBi_2Te_4$ 薄膜的拓扑性质[49]

3. 自旋-声子耦合

CrI_3 中 A_{1g} 声子与层间磁性强烈耦合，此声子模式对应两个碘原子层面垂直方向上的反向振动。在双层 CrI_3 中，层间范德瓦耳斯相互作用将单层中的 A_{1g} 声子劈裂为两种模式，与层间磁性耦合后具有不同的拉曼信号，如图 5.9 所示[58]。对于无外磁场时的反铁磁基态，双层 CrI_3 的两个拉曼峰分别出现在 XY 和 XX 拉曼谱的 126.7cm^{-1} 和 128.8cm^{-1} 处。当足够强的外场使层间变为铁磁耦合时，XX 和 XY 拉曼光谱中仅在 128.8cm^{-1} 处检测到单个峰。由于双层 CrI_3 的结构是中心对称的，这两种模可分为一种奇宇称模式（u，对应 126.7cm^{-1}）和一种偶宇称模式（g，对应 128.8cm^{-1}）。在层间铁磁耦合的情况下，其保持中心对称性，拉曼光谱与铁磁单层的拉曼光谱相似，因此 g 模在 XX 和 XY 拉曼测量构型中都可以观测到，而 u 模不活化。然而当层间为反铁磁耦合时，反平行的自旋构型打破了空间反演对称性，因此 u 模不再受对称性限制，并在 XY 拉曼光谱中可观测。

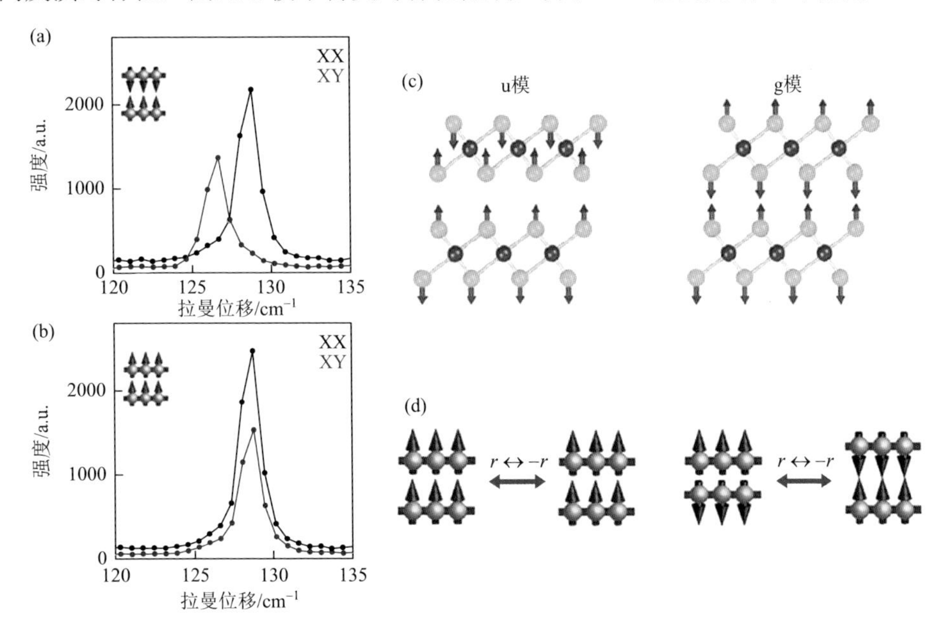

图 5.9　（a）反铁磁耦合和（b）铁磁耦合的双层 CrI_3 的拉曼光谱；（c）两个 Davydov 劈裂的 A_{1g} 模的示意图，u 模大约位于 126.7cm^{-1}，g 模大约位于 128.8cm^{-1}；（d）铁磁态和反铁磁态在反演操作后的变化示意图[58]

5.3.2　磁性调控

1. 电学调控

通过门电压对二维磁体中的磁态进行调控的方法可应用于场效应自旋电子器

件。通过测量不同门电压下克尔旋转相对于磁场的磁滞回线，韩拯和张志东等发现 $Cr_2Ge_2Te_6$ 的磁化对电栅极控制非常敏感[59]。$Cr_2Ge_2Te_6$ 的饱和磁化强度 M_s（由饱和克尔旋转表示）在电子或空穴掺杂下均有所增强，可通过掺杂后 Cr 离子磁矩的增强来解释。通过第一性原理计算的归一化自旋磁化强度$(M_s-M_{s0})/M_{s0}$ 随等价载流子浓度的变化与实验测量结果吻合［图 5.10（a）］。

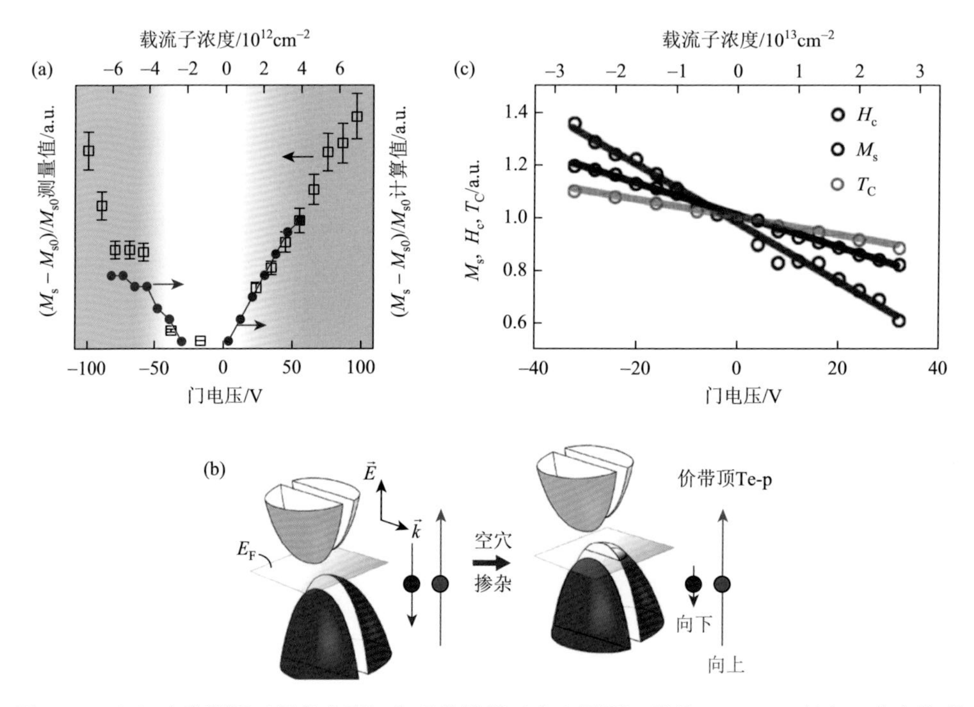

图 5.10 （a）实验测量（黑色方形）和理论计算（实心圆圈）所得 $Cr_2Ge_2Te_6$ 的归一化自旋磁化强度随门电压或等价载流子浓度的变化；（b）空穴掺杂之前（左）和之后（右）的自旋极化电子态密度和对应的自旋重新排列的模型示意图；（c）CrI_3 的饱和磁化强度（M_s）、矫顽力（H_c）和居里温度（T_C）随门电压或等价载流子浓度的变化[59, 60]

此外，对自旋极化电子态密度的分析表明磁化强度的变化源自掺杂引起的费米能级和电子态占有率变化。$Cr_2Ge_2Te_6$ 是磁性双极半导体，即其价带顶和导带底在不同的自旋通道中，且自旋向上的态被更多的电子占据。空穴掺杂降低了费米能级的能量，使其与自旋向下的价带相交，但仍高于自旋向上的价带顶。因此，自旋向下的态的减少导致不成对自旋增加，从而增加了磁矩。类似地，对于电子掺杂，费米能级升高并与自旋向上的导带相交，增加自旋向上态的占有率，从而导致磁矩的增加［图 5.10（b）］。

单层 CrI_3 具有与 $Cr_2Ge_2Te_6$ 相似的电调控磁学性质，但由于其价带顶和导带底具有相同取向的自旋，对空穴和电子掺杂的响应相反［图 5.10（c）］[60]。CrI_3

的单栅极器件可以通过正（负）门电压诱导电子（空穴）掺杂来削弱（增强）饱和磁化强度、矫顽力及居里温度。对于具有单斜结构的少层 CrI_3，由于其层间反铁磁交换耦合较弱，门电压调控或载流子掺杂会显著影响层间耦合，诱导反铁磁态向铁磁态的相变[41, 61, 62]。

铁磁金属 Fe_3GeTe_2 的居里温度可通过电学调控提高，Deng 等通过离子电极实现了载流子掺杂，将三层 Fe_3GeTe_2 样品的居里温度从约 100K 提高至约 300K[46]。当其反演对称性被打破时，自旋轨道矩效应和面外磁各向异性的结合使得用电流控制其磁学结构和性质成为可能，相关现象在 Fe_3GeTe_2/重金属异质结中被观察到[63]。由于自旋-轨道强耦合，可以在重金属层中产生自旋极化电流，电流自旋矩足够大时可以使 Fe_3GeTe_2 中的自旋转向，并在两个相反的面外方向之间切换[64]。

2. 力学调控

应力可以改变二维晶体的整体结构对称性或扭曲其局部结构，从而调控其物理性质。理论和实验均已表明单层 CrI_3 为伊辛铁磁体，而单斜双层 CrI_3 是 A 型反铁磁体。层间交换相互作用与层内交换相互作用比非常小，因此可以通过改变压力有效调节层间的交换耦合[65]。图 5.11（a）显示了在 1.7K 温度双层 CrI_3 隧道结的隧穿电导随压力变化的磁滞现象。在不施加压力的情况下，隧穿电导在自旋-翻转（spin-flip）临界场强（B_{sf} 约 0.75T）处突然增加。而当施加 1GPa 压力时，临界场强 B_{sf} 与饱和隧穿电导值都升高。当压力进一步增加到 1.8GPa 时，隧穿电导的磁滞几乎被完全抑制。释放压力后，隧道结的性质并未恢复到加压之前的状态。偏振拉曼光谱说明了高压（1.8GPa）下隧穿电导的磁滞被显著抑制是由双层 CrI_3 从单斜向菱方堆垛的不可逆结构相变引起的［图 5.11（b）、（c）］。

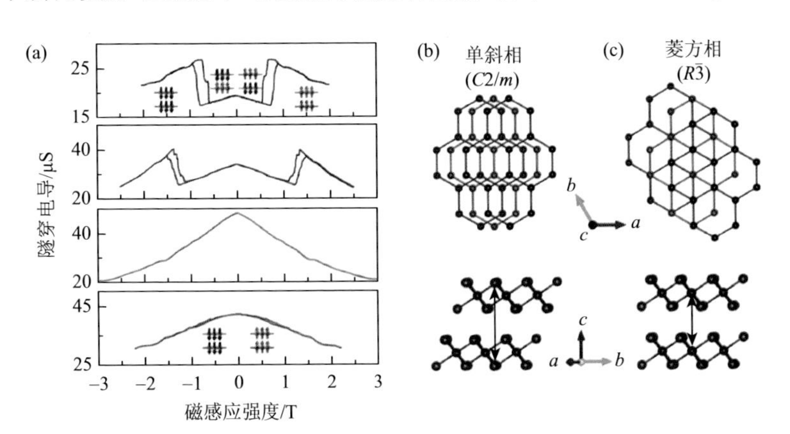

图 5.11　（a）1.7K 时，在不同压力下（从上至下依次为未施压、1GPa、1.8GPa 和压力释放后）双层 CrI_3 隧道结的隧穿电导与外加磁场的关系；（b、c）层间单斜（b）和菱方（c）堆垛的双层 CrI_3 的结构示意图[65]

5.4 热学性质

材料的热学性质和器件热管理对能源、电子等应用领域极为重要。火箭整流罩、涡轮发动机、热电材料、制冷器和智能建筑等需要低热导率的隔热材料；电子计算机、激光器、储能器件、人体体温管理则需要高热导率的导热材料。随着现代电子工业的发展，微小尺度上的能量耗散与散热成为决定器件性能上限的一个重要因素。

热输运主要有三种方式，即真空中与光子对应的电磁波热辐射、流体中对流和固体中与电子和声子输运对应的热传导。在低维材料和体系中，系统特征维度和尺寸减小，与载流子散射平均自由程、电磁波和晶格波的波长等相当时，要考虑相位相关的波动效应、弹道输运等机制。2019 年张翔等发现当固体表面间距达到纳米尺度时，由于真空中的量子涨落效应，声子通过 Casimir 力耦合而实现热传输，是传导、对流和辐射之外的第四种热输运机制[66]。

5.4.1 真空热辐射

真空中的热输运只能通过电磁波传递，由黑体热辐射模型描述，是空腔（黑体）与光子的热平衡。根据斯特藩-玻尔兹曼定律，单位时间单位面积黑体辐射的能量与温度的四次方 T^4 成正比。两个物体之间通过热辐射的能量交换则表示成 $q \propto \sigma(T_1^4 - T_2^4)$，其中 σ 是斯特藩-玻尔兹曼常量。Kim 等提出电磁波的波长在这种情况下有一个上限，即黑体辐射腔体的尺寸，提出了一个与尺寸相关的修正因子，低维材料的辐射发热效率随尺寸减小而下降[67]。

在热辐射理论中，黑体是一个理想模型，能够吸收所有波长的光，同时电磁辐射能力也是最强的。实际材料中没有绝对黑体，材料或多或少都会有反射光。日本产业技术综合研究所 Hata 等发现垂直生长的单壁碳纳米管阵列在 200nm～200μm 的波长范围内吸收率达到 98%，是世界上最接近理想黑体的材料。碳纳米管阵列这一独特的吸光性质，不仅仅与碳纳米管的内禀电学与光学性质相关，也和其稀疏、垂直阵列形成的光陷阱有关，光在其中经过多次反射和吸收可提高吸收率[68]。

经典热辐射理论不考虑材料的结构，而实际的辐射发射电磁波的过程一般都来自电子的跃迁。维度与尺度对材料电子结构、能带结构的影响也会显著改变其热辐射性质。由于一维限域效应，碳纳米管的电子态密度中有尖锐的范霍夫奇点。Itami 等对照了金属性和半导体性单根单壁碳纳米管在 1000～2000K 温度下的热辐射光谱，发现半导体性碳纳米管呈现很窄的光子能量分布[69]。

固体表面之间可以通过辐射电磁波进行热输运，经典理论只适用于间距尺寸大于电磁波波长的远场情况。当间距减小到纳米尺度，随距离指数消减的电磁倏逝波也产生作用，可将辐射效率提高数个数量级，与 d^{-2}（d 为间距）成正比[70]。热辐射的近场增强现象，获得了实验验证[71]。

5.4.2　流体热传输

流体中的热输运包括对流与传导两种方式。热传导是温度梯度下粒子之间随机碰撞传递的热量，对流则是流体本身运动过程中伴随的能量传递与交换。

固体表面与流体之间的对流用牛顿冷却定律描述：$Q = hA(T_s - T_f)$，其中，Q 为对流换热效率；A 为表面积；T_s 和 T_f 分别为固体表面和流体的温度；h 为热对流系数，其与流体类型、流动条件、几何特性密切相关。对于圆周形状的固体，Peirs 等提出热对流系数 h 与直径 d 的关系：$h = \left(2.68 + \frac{0.11}{\sqrt{d}}\right)^2$，体系尺寸变小，比表面积增大，对流换热效率提高[72]。大连理工大学唐祯安等测量了微米宽度、纳米间距的固体之间气体的热输运性质，发现热对流系数高达 1242W/(m^2·K)，比宏观对流系数高 50 倍[73]。

气体中热传导系数与克努森数（Kn）相关。Kn 是气体平均自由程 λ 与体系特征长度 L 的比值，与温度、气体分子直径、气体压力相关：$Kn = \frac{\lambda}{L} = \frac{k_B T}{\sqrt{2}\pi d^2 pL}$，当 Kn 值很小，对应气体压力大、体系尺寸较大情况时，气体热传导系数是一个常数。而当 Kn 值很大，对应于体系尺寸接近甚至小于气体平均自由程，发生弹道输运而无分子之间的碰撞，热导率随其尺寸减小而指数下降[74]。

5.4.3　固体热传导

固体的热输运机制主要是热传导，载体是电子和声子。经典热传导理论是基于热载流子在温度梯度作用下无规碰撞传递动能的基本假设，热通量 q 与温度梯度 ∇T 成正比，比例系数即为热导率，此即傅里叶定律，$q = -k\nabla T$。

傅里叶定律的基础是热载流子的随机运动、碰撞和散射。根据声子气体的动力学理论，热导率可表示为 $k = \frac{1}{3}\sum C_n v_n l_n$，其中，$C_n$、$v_n$ 和 l_n 分别为第 n 模式声子对应的比热容、声子速度［定义为 $\frac{\partial \omega_n}{\partial q}$，即声子色散关系中频率对波数（$q$）的微分］和平均自由程。当体系尺寸小于声子散射平均自由程时，热传导表现为弹道输运。

除了从声子模式的角度对平均自由程进行解析外，也可以从声子散射机制方面对其进行分析。不同声子散射机制有不同的声子平均自由程、特征弛豫时间 τ 和弛豫率 $1/\tau$。不同散射机制的共同作用减小了声子弛豫时间、平均自由程和热导率。声子散射机制主要包括：声子-声子倒逆散射（umklapp，U 过程）、异类原子散射（M）、界面散射（B）和声子-电子散射（ph-e）。根据马西森定则（Matthiessen's rule），总弛豫时间 τ_C 表示为

$$\frac{1}{\tau_C}=\frac{1}{\tau_U}+\frac{1}{\tau_M}+\frac{1}{\tau_B}+\frac{1}{\tau_{ph\text{-}e}}$$

其中，倒逆散射是指散射声子波矢量相加后超越第一布里渊区，从而等效于波矢方向反向的情况，对三声子散射过程，即 $\vec{k}_1+\vec{k}_2=\vec{k}_3+\vec{G}$，其散射率与声子频率 ω 的平方 ω^2 成正比。异类原子散射率与 ω^4 成正比，即 $\frac{1}{\tau_M}=\frac{V_0\omega^4}{4\pi v_g^3}$，主要散射短波长声子。界面散射与样品尺寸 W 成反比，即 $\frac{1}{\tau_B}=\frac{v_g}{W}$，是低维材料中占主导的散射机制。

维度对热导率的影响首先体现在比热容上。由于维度和限域效应对声子态密度的影响，不同维度下比热容与温度的关系不同。按第 1 章介绍的方法可以得到三维、二维和一维体系中的比热容分别与 T^3、T^2 和 T 成正比。另外，维度对导热的影响体现在声子群速 v_g 上。在求解弹性方程的过程中，与块体体系的周期边界条件不同，低维体系的表面垂直方向的力学分量必须为零。不同的边界条件将得到不同的声子色散关系。Balandin 和 Wang 计算了二维体系的声子色散关系[75]，发现声子群速为块体的 1/4～1/3。

维度对热导率的影响还体现在声子平均自由程上。Balandin 和 Wang 的计算表明，在超晶格受限体系中，由于声子能带结构的改变和散射增加，10nm 厚的量子阱的热导率比块体体系低一个数量级[75]。Li 等发现 300K 时当纳米线的直径从 115nm 减小到 22nm 时，其热导率从 40W/(m·K)下降到 9W/(m·K)[76]。杨培东等研究了硅纳米线的表面散射对其热学性质的影响，发现其热导率主要受表面粗糙度而非半径的影响。随着粗糙度的增加，其室温热导率从 25W/(m·K)下降到 5W/(m·K)，与块体单晶硅的热导率［约 125W/(m·K)］相比，减小了一个数量级[77]。

碳材料的热导率受微观结构的显著影响，其室温热导率可以从非晶碳的 10^{-2}W/(m·K)到碳纳米管的 10^3W/(m·K)，跨度达到 5 个数量级[78]。由于表面无悬键，碳纳米管和石墨烯的本征热导率达到 3000W/(m·K)以上[79, 80]。Ruoff 等测量了含不同比例 ^{12}C 和 ^{13}C 同位素的石墨烯的热导率，发现 99.99%同位素纯度的石墨烯的热导率高达 4000W/(m·K)，而两种同位素碳原子比例相当时，热导率减小到一半[81]。Pop 研究了不同宽度石墨烯纳米带的导热性质，发现其热导率受宽度和边界无序的影响，k 与宽度 W 存在简单的 $k\propto W^{1.8\pm0.3}$ 的关系。

任文才等研究了多晶石墨烯中不同晶粒尺寸对导热性质的影响，发现随着平均

晶粒尺寸从 10μm 减小到 200nm，热导率从 5230W/(m·K)减小到 610W/(m·K)。将多晶石墨烯中声子散射分为声子-声子散射和晶界散射两部分，可以计算出晶界的界面热导率为 3.8×10^9W/(m^2·K)，与非平衡格林函数理论方法计算值一致（图 5.12）[82]。

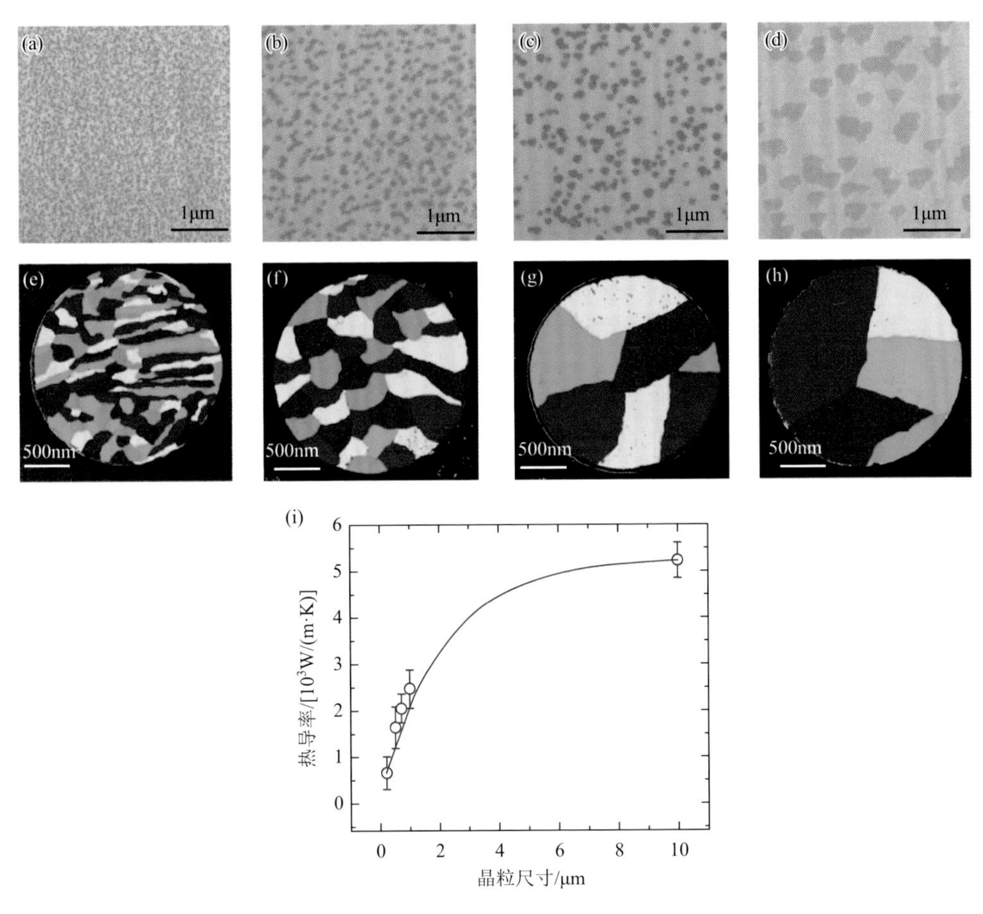

图 5.12 多晶石墨烯的热输运性质：（a～d）900℃、950℃、1000℃和 1040℃下得到的石墨烯晶粒的 TEM 图；（e～h）由晶粒持续生长并融合得到的多晶样品的暗场伪色图；（i）热导率与晶粒尺寸的关系[82]

很多应用需要宏观尺度的组装体，其热导率不仅与单个低维材料内禀的热学性质相关，更与排列有序度、孔隙率、界面结合等因素密切联系。伦斯勒理工学院 Lian 等利用不同尺寸石墨烯片层组装成定向排列紧密的纤维，经石墨化热处理获得石墨烯纤维，其热导率高达 1290W/(m·K)[83]。浙江大学高超等将定向排列的氧化石墨烯薄膜热处理后，形成带有微区褶皱的石墨烯薄膜，其兼具高热导率［1940W/(m·K)］和良好柔性，展示了在手机等电子器件中热管理的示范应用[84]。

5.5 化学性质

催化剂是现代化工的核心，通过降低反应活化能可加快反应速率；不同反应路径活化能的差异可影响反应产物的选择性。催化剂的活性，一方面由其本征活性，即活性位点的电子结构决定；另一方面与活性位点的密度和数量相关。低维材料具有大比表面积和高表面原子比例，可显著增加活性位点；同时，多种调控手段，包括量子限域效应、合金成分、晶体结构、表面结构、晶面效应和应力效应等，均可提高活性位点的本征活性。

低维材料合成科学的发展使纳米粒子、介孔材料、颗粒尺寸、形貌和晶面等的精确控制成为可能；先进表征手段，包括光谱与电镜技术的进步使催化反应条件下分子级别的表征与机理理解成为可能。这些技术的发展使得人们可以原位实时观测氧化态、配位数、晶格取向、吸附物的成键和取向等动力学变化[85]。本节在介绍催化反应的 Sabatier 原理和活性“火山图”的基础上，讨论包括金属纳米晶、单原子催化剂和非金属纳米催化剂等代表体系，突出低维催化剂的维度与尺度效应。

5.5.1 异质催化“火山图”

异质催化反应过程涉及反应物在催化剂表面的吸附、活化、扩散、反应，以及中间产物和最终产物的脱附等复杂过程。理解反应路径中每一步的化学键断裂与形成、物质和能量变化是催化剂设计与优化的基础。1920 年，法国化学家 Paul Sabatier 提出异质催化剂设计的 Sabatier 原理。异质催化反应速率与中间产物在催化剂表面上的吸附能密切相关，吸附能不能太低也不能太高。吸附能太低，反应物覆盖率低；吸附能太高，反应物不能在表面迁移或脱附。因而反应总速率与吸附能的关系呈现抛物线型的“火山图”[86]。

“火山图”提供了一个简单的模型来理解催化反应的效率，但其实际应用仍存在各种困难。①作为描述符的中间产物吸附能难以实验测量；②“火山图”有助于优化活性，但不能预测选择性和稳定性；③火山图仅适用于对一个体系的相对趋势优化，而不适用于对全参数空间的优化。一个反应由多个基元反应构成，存在多个中间态产物，它们的吸附能之间往往存在“线性标度关系”[87]，使同时优化多个反应步骤极其困难。突破线性标度关系的关键是让耦合在一起的过程脱耦，低维材料催化剂提供了丰富的调控手段，包括尺寸效应、晶面效应、掺杂缺陷、合金与异质界面、应变工程和外场调控等。

5.5.2 热催化反应

1. 尺寸效应

CO 低温氧化是汽车尾气处理的关键反应，依赖于铂催化剂。如何提高铂催化剂的使用效率，以及开发可替代铂的非贵金属催化剂是迫切的研究课题。催化剂表面低配位数的未饱和原子通常是活性位点，当催化剂颗粒尺寸减小时，表面活性位点增加，这是催化剂尺寸效应的来源。尺寸减小的极限是分散的单原子，但是随着尺寸减小和比表面积的增大，在表面能的驱动下，小尺寸颗粒的热稳定性降低，容易在催化剂载体表面扩散和团聚。2011 年，张涛团队提出“单原子催化”概念，采用共析出方法制备了氧化铁上负载的铂单原子，在 CO 氧化反应中表现出高活性、高稳定性[88]。单原子催化迅速成为催化研究的前沿，并广泛应用于不同的催化体系中。

纳米金催化剂的发现则说明尺寸效应不仅可改变催化剂的活性位点数量，而且能从本质上改变化学性质。1987 年，Haruta 等发现负载在 TiO_2 上的金纳米颗粒对 CO 低温氧化反应具有高活性，而块体以及负载在惰性氧化物载体上的金则没有活性[89, 90]。Valden 等在高真空扫描隧道显微镜中研究了单晶 TiO_2 上金在不同环境下的结构与电子结构变化，其与低温 CO 氧化催化活性有很好的对应关系[91]，发现 TiO_2 上负载的金纳米颗粒尺寸在 3.5nm 时催化活性最高。

2. 限域效应

碳纳米管不仅可以限制包覆的催化剂到亚纳米尺度，而且其 π 电子在曲率作用下可能引起管壁内外的电势场，使限域催化剂表现出与管壁外环境截然不同的性质[92, 93]。包信和等利用碳纳米管包覆金属颗粒，显著提高了其催化 CO 和 H_2 合成乙醇的活性，管内限域催化剂的反应效率比管外吸附的高一个数量级以上，并归结于金属颗粒与碳纳米管相互作用对反应中间产物结合能的调制效应[94]。

3. 应力效应

应力改变催化剂的晶格常数，影响原子轨道间的交叠，可显著改变其电子结构，进而调控其催化性质。基于 d 电子理论，在拉应力作用下原子间距增大，相邻原子的 d 电子轨道交叠减小，导致 d 电子轨道构成的能带变窄以及中心能量提高，因此增强表面对反应中间产物的吸附作用。

由于晶体结构表面的各向异性，不同吸附位置具有不同的配位情况和对称性，对应力响应存在差异。吸附于 Cu（110）表面的 CH_2 基团，当其吸附于二次对称的两个原子中间桥位处时，引入的是对邻近原子向外推的正应力；而当其吸附于四次对称的四个原子形成的空位中心时，引入的是对邻近原子向内拉的负应力。

对于吸附在不同位置的中间产物，应力导致相反影响，可以打破传统的线性标度相关性，从而提高反应活性和选择性[95]。

5.5.3 电化学反应

电化学反应，顾名思义是研究电极参与的化学反应，电能与化学能在电化学过程中相互转化，实现能量、物质的转化和存储，是包括燃料电池、金属离子电池、超级电容器等器件的基础，也是实现氢循环、碳循环、氮循环等物质转化的基础。

电化学催化反应非常复杂，发生在电极表面与电解质的界面，耦合了异质催化反应、电子输运与转移、离子传输和物质扩散过程，不仅要考虑化学活性，同时也要求催化剂具有良好的导电性和在工作电位下的稳定性等。

1. 析氢反应

氢气被认为是最清洁的二次能源，其中电化学析氢是制氢的关键反应，是一个典型的两电子过程，分为 Volmer-Heyrovsky 机理和 Volmer-Tafel 机理。反应动力学与中间产物*H 的吸附自由能ΔG_{*H}密切相关：氢与催化剂基体结合强，Heyrovsky 或 Tafel 过程是限制步骤；氢与催化剂基体结合弱，Volmer 步骤限制总反应速率。催化剂的氢表面吸附能与反应速率呈现“火山图”趋势[96]，贵金属铂的位置接近火山顶点，是目前最有效的析氢反应催化剂。

2005 年，Nørskov 等结合理论和实验发现 MoS_2 纳米片可有效催化析氢反应，过电位在 0.1～0.2eV 之间[97]。理论计算显示硫取向的边界处氢吸附自由能为 0.08eV，而块体表面上氢的吸附自由能为 1.92eV，因此其活性主要来自边缘。Chorkendorff 等结合扫描隧道显微镜对 MoS_2 进行原子级表征，发现了其析氢反应交换电流密度与边界长度之间的线性关系，而与面积大小无关联，证实 MoS_2 纳米片的催化活性位点为边缘[98]。另外，Voiry 等对比了不同物相的 MoS_2 纳米片析氢反应催化性质，发现金属态的 1T 相具有最高活性，其 Tafel 斜率仅为 40mV/dec（图 5.13）[99]。

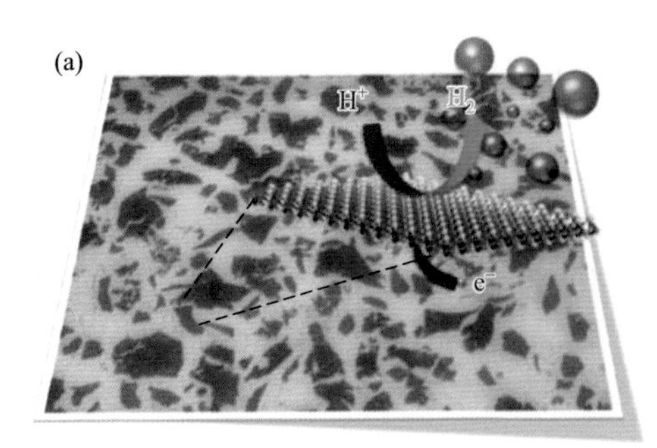

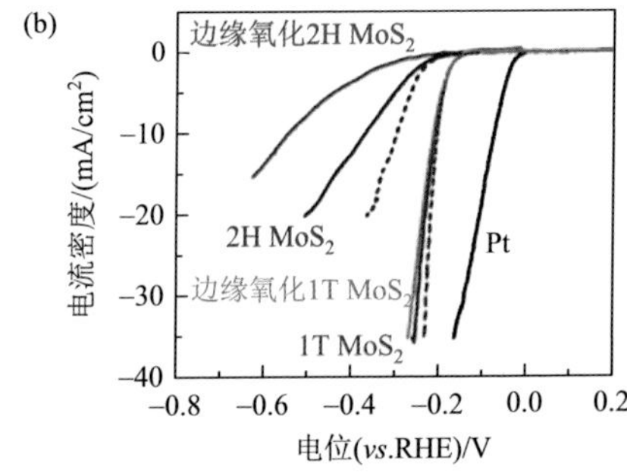

图 5.13 （a）MoS_2 纳米片催化析氢电化学反应；（b）反应极化曲线与典型催化材料的对比，金属态 1T 相 MoS_2 纳米片具有较高活性[99]

2. 氧还原反应

氧还原反应在燃料电池和金属空气电池中都是关键的反应，“火山图”描述符为氧原子吸附能[100]。主流催化剂是负载在高比表面积炭基体上的铂纳米颗粒，但其过电位仍然达到 0.3～0.4V。合金化催化剂利用成分、界面和应力等对电子结构进行调控，可在提高催化剂的反应活性与稳定性的同时减少贵金属元素的用量。合金化一方面可以调节其 d 电子能带的占据数，另一方面可以通过铂与合金金属的晶格差异调节 d 电子能带的中心位置，从而优化其吸附能[101]。

Markovic 等合成了一系列 Pt_3M 合金（M 为 Ni、Co、Fe、Ti 和 V）[102]，实验测得活性与合金 d 电子能带中心变化的“火山图”，发现 Pt_3Co 具有最高活性。Pt-Ni 固溶体合金颗粒经过酸处理和退火获得表面富集铂和内部富集镍的核壳结构。铂位于表面，具有高活性；过渡金属位于核心，不与溶液直接接触，具有高结构稳定性，称为 Pt-skin 结构催化剂[103]。

3. CO_2 还原反应

与两电子过程的析氢反应相比，CO_2 还原反应有 2、4、6、8 和 12 等不同数目电子参与的多种反应路径，反应产物达到 16 种之多，包括 C_1、C_2 和 C_3 等多种有机分子产物。铜能够催化 CO_2 还原，通过 C-C 偶联反应生成多碳化合物，可能的原因是铜具有负的*CO 吸附能和正的*H 吸附能[104]。CO_2 还原反应路径与催化剂晶面相关。Cu（111）面主要生成甲烷（CH_4）；在 Cu（100）面则主要还原成乙烯（C_2H_4）。Asthagiri 等通过理论计算揭示了 Cu（111）表面*CO 主要还原成*COH，通过随后的脱氧反应形成中间产物*CH_2，并进一步氢化形成甲烷和乙烯；而 Cu（100）表面*CO 主要还原成*CHO，两个*CHO 进行耦合形成 C_2 中间产物。但 Cu（100）表面的 C_2 中间产物进一步氢化需要较高的过电位，其表面（111）台阶可降低过电位，提高乙烯产率[105]。黄昱等发现台阶结构的铜纳米线具有高达 70%的法拉第效率，且稳定保持 200h[106]。Salehi-Khojin 等发现垂直排列的 MoS_2 在离子液体中催化 CO_2 还原为 CO 的过电位仅 54mV，其电流密度在−0.764V（相对于可逆氢电极）时达到 65mA/cm^2[107]，这归结于其高密度边缘活性位点。

另一类重要的 CO_2 还原催化剂为碳基材料，分为含金属类和无金属类两种。含金属类的碳基催化剂主要是含 TM-N_4（TM 为过渡金属）缺陷结构的体系。无金属类的碳基催化剂主要是氮掺杂的石墨烯量子点。其催化 CO_2 的法拉第效率高达 90%，C_1 产物主要是 CH_4，而乙烯和乙烷的转换选择率也可以高达 45%[108]。Ju 等理论计算了多种金属与氮掺杂多孔炭体系在不同过电位条件下对典型反应产物的吸附能，发现在较低过电位下 Co-N_x 有利于析氢反应（HER）；在较高过电位下，Ni-N_x 有利于 CO 生成反应，而析氢反应被抑制[109]。

4. 氮还原反应

氨气是一种重要的工业原料，在肥料生产、化工原料、化学制品和能源储存中至关重要[110]。工业哈伯法合成氨需要 500℃的高温和 200atm，耗费世界总能量消耗的 1%，释放大量的温室气体。寻找替代方法一直是重要的研究方向，电催化是其中一种可能的方案，而合适的高效催化剂则是关键。

氮还原反应路径主要包含三个基本反应：① N≡N 的活化（$N_2 + * + H^+ + e^- \longrightarrow *N_2H$）；②*NH 还原成*$NH_2$（$*NH + H^+ + e^- \longrightarrow *NH_2$）；③*$NH_2$ 还原成 NH_3[$*NH_2 + H^+ + e^- \longrightarrow NH_3(g) + *$][111]。

研究人员以氮原子吸附能为描述符构建“火山图”，筛选优化催化剂[112, 113]。Fe 和 Re 接近最优氮还原催化剂，但都存在着非常高的过电位，而析氢反应的过电位很低（图 5.14），提高氮还原反应的产物选择性仍是一大挑战。

5.5.4 光电化学反应

光电化学反应是人工光合作用的基本过程，包括光-电和电-化学两步。光电化学与电化学的区别在于：电化学中采用金属电极，载流子为自由电子，能级连续分布，其能量由外加电位调控；光电化学中采用具有禁带的半导体，本征载流子数目少，需要通过光吸收激发产生非平衡的电子和空穴。

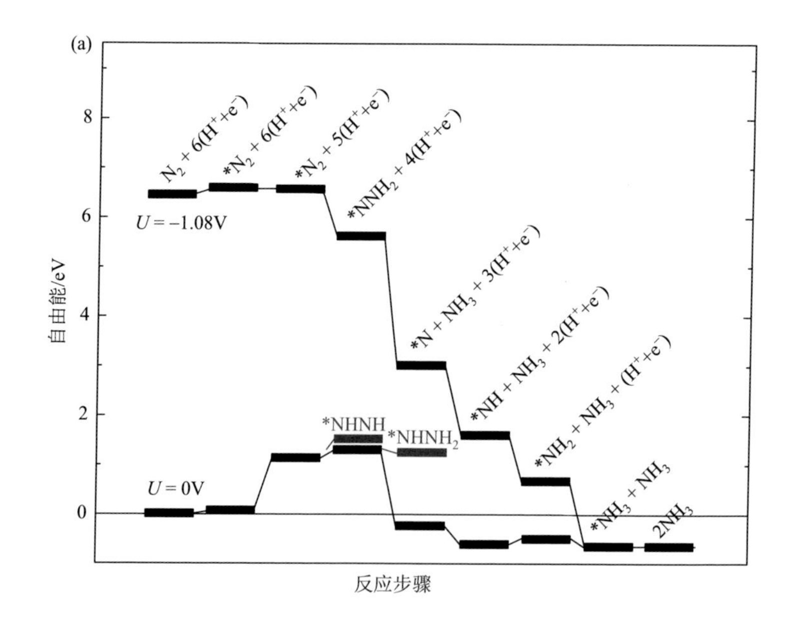

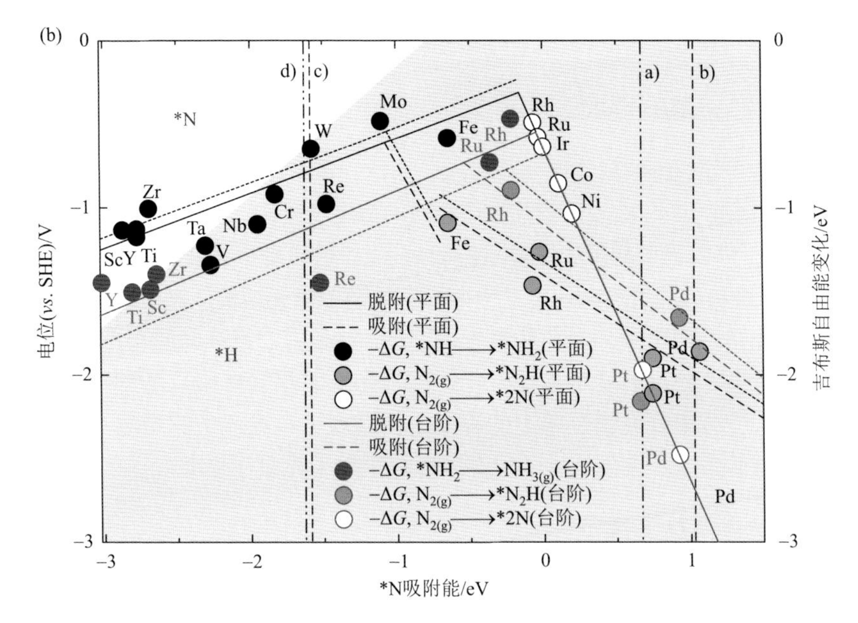

图 5.14 电化学合成氨反应：(a) 密度泛函理论计算反应步骤；(b) 氮还原与析氢反应的“火山图（实线：不考虑氢键作用；虚线：考虑氢键作用）”[113]

光电化学催化剂要求与太阳光谱匹配的带隙及与氧化还原反应匹配的带边位置，以及在电解液中的材料稳定性。单一材料通常难以同时满足上述要求，而且材料稳定性与活性等性质往往是矛盾的。杨培东等设计了硅和二氧化钛纳米线复合体系（图 5.15），分别吸收可见光和紫外光部分，充分利用太阳光谱。光分别在两个半导体中激发电子-空穴对，在硅一侧电子参与析氢反应，在二氧化钛一侧空穴参与析氧反应。在半导体界面上硅一侧的空穴与二氧化钛一侧的电子在欧姆接触界面上复合。在模拟太阳光条件下转化效率为 0.12%，接近自然光合作用的效率[114]。

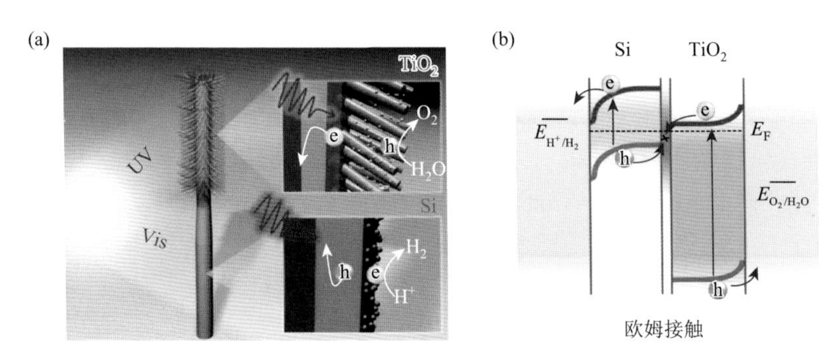

图 5.15 硅和二氧化钛纳米线复合光解水体系：(a) 示意图表示纳米线复合体系分别吸收紫外和可见光部分参与光电化学反应；(b) 能带示意图说明光生电子-空穴的传输和反应路径[114]

5.6 光学性质

光学性质主导低维材料在照明、显示、通信、量子器件中的性能。金属的光学性质取决于“自由电子”与电磁波相互作用形成的等离子体振荡；半导体的光学性质取决于其能带结构、能带类型和带边位置；绝缘体的光学性质则主要取决于缺陷能级与光的相互作用。低维材料的维度和尺度效应能够有效调控电子结构，进而影响光学性质。

材料的光学性质可分为经典和量子两部分，前者考虑连续介质与电磁波的作用，基础是麦克斯韦方程；后者考虑量子化能级与光子的相互作用，基础是量子电动力学。本节将从经典角度介绍金属中的等离子体振荡、半导体中的带边发光、周期电介质构成的光子晶体，也会从量子角度简单介绍量子光学中重要的单光子发光。

5.6.1 表面等离子体振荡

介质中的电磁波有如下形式：$E \propto \mathrm{e}^{\mathrm{i}\omega t}\mathrm{e}^{\mathrm{i}K\cdot r}$，代入介质中电磁波波动方程可获得其色散关系$\epsilon(\omega,K)\omega^2=c^2K^2$。按照电介质相对介电常数$\epsilon$的符号可将材料的光学行为分为：$\epsilon>0$，光波可在其中传播；$\epsilon<0$，光波被阻尼和反射。

在自由电子气模型中，介电函数有如下形式：$\epsilon(\omega)=1-\dfrac{\omega_{\mathrm{p}}^2}{\omega^2}$，其中$\omega_{\mathrm{p}}=\left(\dfrac{ne^2}{\varepsilon_0 m}\right)^{1/2}$，为等离子体频率。当入射光频率与$\omega_{\mathrm{p}}$相等时，$\epsilon=0$，在金属表面和电介质的界面处将激发自由电子气的集体振荡，即表面等离子体共振（SPR）。

在低维材料中，电子受限在小尺度空间，等离子体振荡也受到限制，成为局域表面等离子体（LSP）。LSP 的共振条件与低维结构的尺寸、形状和环境密切相关。以圆球颗粒为模型可计算散射强度如下：$C_{\mathrm{sca}}(\omega)=4\pi R^2[k(\epsilon_{\mathrm{H}})^{1/2}R]^4\left|\dfrac{\epsilon_{\mathrm{p}}(\omega)-\epsilon_{\mathrm{H}}}{\epsilon_{\mathrm{p}}(\omega)+2\epsilon_{\mathrm{H}}}\right|^2$，当$\epsilon_{\mathrm{p}}(\omega)+2\epsilon_{\mathrm{H}}=0$时，将出现共振散射现象[115]。随着温度、表面吸附物等环境发生变化，通过共振频率的偏移，可推知低维结构的变化或者表面吸附物质，这就是 LSP 传感的基本原理（图 5.16）[116, 117]。

在准一维碳纳米管中，sp^2杂化的电子分布在同一管壁原子层中，电子之间的关联作用增强[118]，理论上属于 Luttinger 液体模型[119]。Brus 等利用瑞利散射测量了单根碳纳米管的散射光谱[120]。瑞利散射是与拉曼散射互补的过程，属于共振散射[121]。瑞利散射谱的峰位与吸收光谱相对应，在吸收峰位置发生共振。(6, 5) 碳纳米管的空穴-电子的激子结合能达到 450meV，比三维硅和砷化镓体系高 50 倍[122]。

刘开辉等结合瑞利散射和电子衍射表征了 200 多根碳纳米管，分析了 500 多个激发峰，建立了手性指数与吸收边能量数据库，成为光谱表征碳纳米管手性的指

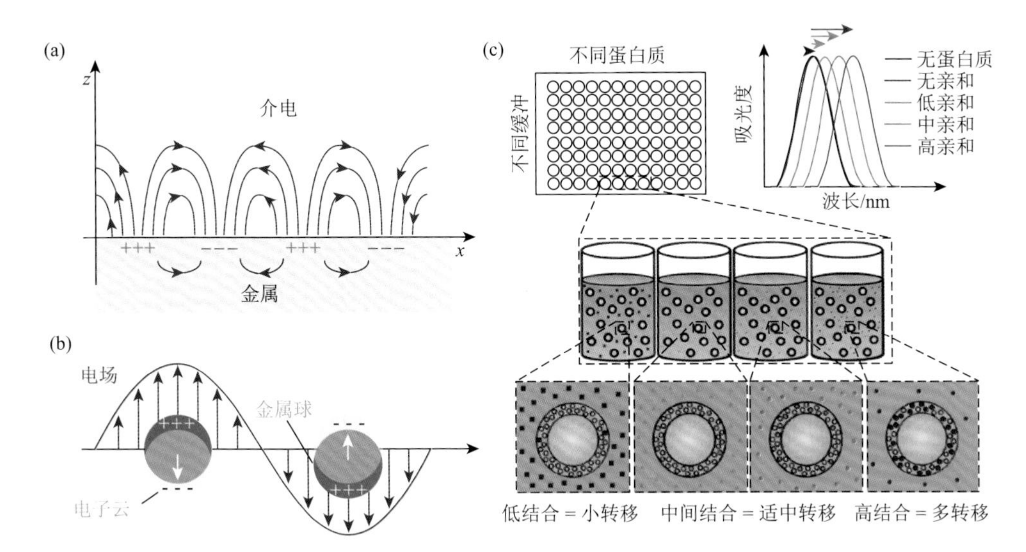

图 5.16　（a、b）表面等离子体和局域表面等离子体振荡的原理[116]；（c）基于金纳米颗粒局域表面等离子体的蛋白质生物传感器原理[117]

南[123]。利用碳纳米管的轴向极化与极性光探测结合，提高信号强度，测量碳纳米管的光吸收率、吸收谱[124]和反射谱[125]，建立了高通量表征方法，进而分析表面生长以及器件中的碳纳米管的手性分布[126]。Wang 等采用扫描探针近场光学方法观察到金属性和半导体性碳纳米管中 Luttinger 液体特征的等离子体振荡模式，分别符合线性和非线性 Luttinger 液体理论[127, 128]。

5.6.2　半导体带边发光

低维材料发光的基本过程是电子吸收能量激发，电子-空穴复合向基态跃迁的同时发出光子。根据激发方式的不同可分为光致发光（荧光）、电致发光（LED）和受激发光（激光）等类型。根据电子能带结构的不同可分为半导体的带边发光和单光子源的原子或缺陷能级发光。维度和尺度对电子结构的调控，体现在量子限域效应、能带类型改变、光极化效应等。

半导体量子点的荧光波长可通过改变尺寸及化学组成来调控[129]。纳米晶的生长和控制比较成熟，在多个Ⅱ-Ⅵ族半导体体系中均可获得尺寸均一的生长，包括硒化镉和硒化铅等[130, 131]。Weidman 等通过控制硫前驱体比例调节硫化铅纳米晶的形核与生长，将其尺寸分布控制在 5%以内，可实现直径 4.3～8.4nm、荧光波长 1000～1800nm（1.25～0.70eV）范围内调节，且荧光光谱的半峰宽仅为 20meV[132]。

Kovalenko 等报道了卤化铅钙钛矿纳米晶的合成与光学性质，可通过改变卤化物成分或纳米晶尺寸覆盖紫外到近红外波长范围。绿光和红光发射峰的半峰宽分别达到了 20nm 和 30nm，蓝色、绿色和红色原色色域达到了美国国家电视标准委员会标准的 140%[133]。

低维结构的表面原子比例高，表面缺陷可能成为电子-空穴复合中心而降低发光效率。通过核壳结构，形成异质纳米晶，将带隙较小的半导体电子限制在带隙较宽的半导体内，能够避免表面态的影响[134]。彭笑刚等通过精确控制核壳结构硒化镉-硫化镉异质纳米晶的生长，定量研究了核尺寸、壳厚度以及表面配体的影响[135]，发现 3～8 层硫化镉壳层的纳米晶具有理想的发光性质，可避免闪烁效应。

纳米线的电子结构和光学性质可由化学组分调节。III-V族 $GaAs_xP_{1-x}$ 纳米线阵列的发射波长随成分调节可在 550～900nm 范围内变化[136]。杨培东等采用溶液法生长钙钛矿纳米线（$CdPbX_3$，X = Cl、Br、I），波长调节覆盖从蓝光到近红外范围[137]。Yang 等在同一根硫化镉-硒化镉纳米线中通过控制成分连续梯度变化，波长可从 517nm 连续变化到 633nm（图 5.17）[138]。基于单根纳米线中成分梯度及其带来的带隙连续变化范围，结合光电流测试，实现了单根纳米线对多个波长入射光同时响应的光谱分析[139]。

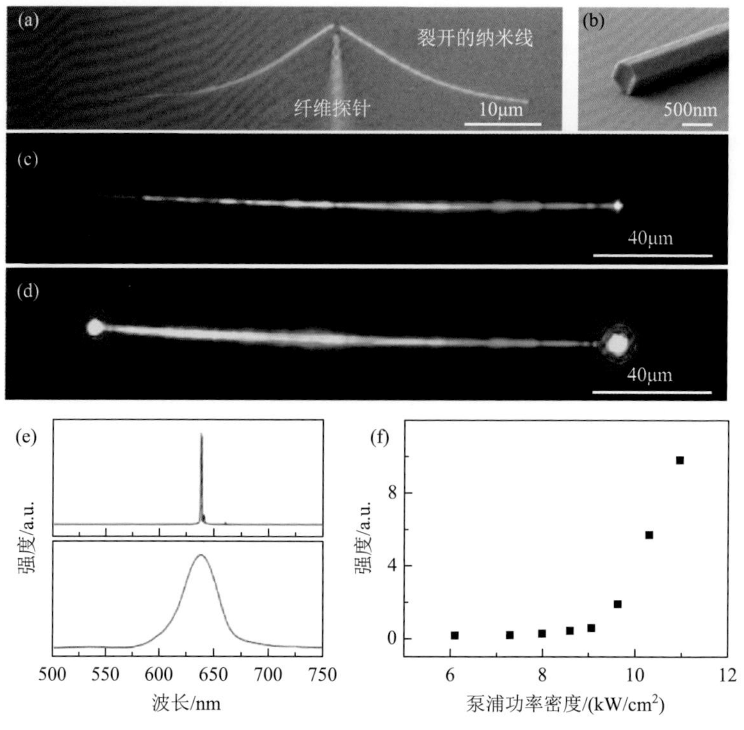

图 5.17　硫化镉-硒化镉成分和带隙呈梯度变化的纳米线：（a、b）由一端为硫化镉、另一端为硒化镉的成分梯度变化产生的颜色渐变以及纳米线的解理切割；（c、d）低功率和高功率光照下的纳米线照片，分别显示荧光和激光；（e）纳米线共振腔发射荧光与激光的光谱；（f）激光强度与泵浦功率密度的关系[138]

低维材料的尺寸效应不仅体现在带隙的蓝移上，由于晶体各向异性，不同方向的能带相对位置可能发生改变，从而改变能带结构类型。块体二硫化钼是间接带隙半导体，带隙约为 1.3eV。当体系从体相变成单原子层，能带结构由间接带隙转变为直接带隙，带隙约为 1.9eV。直接带隙单层二硫化钼具有显著的光致荧光，其强度是块体的 10^4 倍[140, 141]。

5.6.3　单光子源

单光子源是量子通信的重要部件。对可简化为二能级系统的单原子或类原子体系，由于电子是费米子，根据泡利不相容原理，电子占据激发态而尚未产生自发辐射时，无法激发另一个电子到同一激发态，只能在自发辐射寿命期间发射出一个光子，即单光子源[142]。

单光子源要求在激发条件下只有一个发光中心，要在原子水平控制材料的缺陷，可分为量子点和色心两种机制。前者是人工调控的半导体纳米结构，利用其本征能带的带边；后者是宽带隙半导体中的原子级深缺陷能级，绝缘体提供一个类似真空的环境。研究人员已经在量子点[143]、碳纳米管[144, 145]和多种二维材料[146, 147]体系中观察到了单光子发射现象。

评判单光子源性能的指标是单光子性，由二阶关联函数 $g^{(2)}(\tau)$ 来判断：$g^{(2)}(\tau)=\dfrac{\left\langle \hat{a}^{+}(t)\hat{a}^{+}(t+\tau)\hat{a}(t)\hat{a}(t+\tau)\right\rangle}{\left\langle \hat{a}^{+}(t)\hat{a}(t)^{2}\right\rangle}$，表示在 t 时刻第一个光子探测事件后，τ 时刻后探测到第二个光子的条件概率，通过判断是否满足 $g^{(2)}(\tau)<1/2$，来确定系统是否存在单光子态。

二维六方氮化硼（h-BN）的化学稳定性高，具有约 6eV 的带隙，能够给缺陷发光中心提供一个稳定的惰性环境，可在室温下实现明亮、稳定和窄带宽的单光子发射，覆盖了从可见光到近红外光谱范围[148]。Tran 等通过 $g^{(2)}(\tau)$ 的测量发现在 $\tau=0$ 处极小值小于 0.5，证实其单光子发光特性（图 5.18）。发光中心波长为

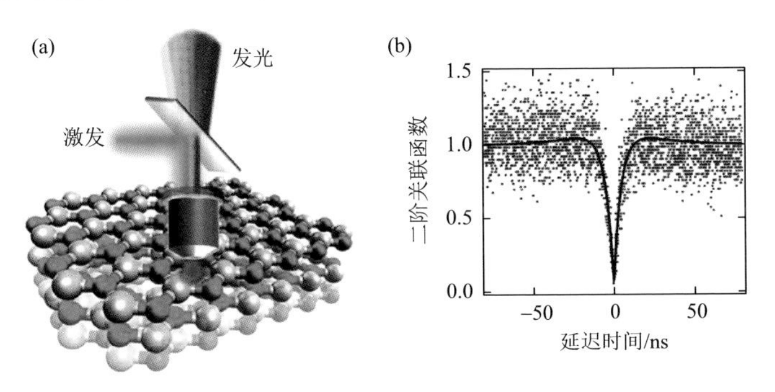

图 5.18　h-BN 单光子源：（a）h-BN 原子级缺陷发光中心与实验示意图；（b）二阶关联函数 $g^{(2)}(\tau)$ 小于 0.5 证实其单光子发射属性[148]

1.99eV，结合第一性原理计算，可确认发射中心是 N_BV_N 构型[147]。饱和荧光发射强度达到 611μW，在可见光范围内接近最佳水平。

5.6.4 非线性光学

光在介质中传播引起极化，包含线性和非线性极化强度，即 $\vec{P}(t)=\chi^{(1)}\vec{E}(t)+\chi^{(2)}\vec{E}(t)^2+\chi^{(3)}\vec{E}(t)^3+\cdots$，其中，$\vec{E}(t)$ 为光场强度，$\vec{P}(t)$ 为极化强度，$\chi^{(n)}$ 为 n 阶极化率。第一项为线性极化项，用于描述折射等光学现象；后面的是非线性极化项，表示多光子相互作用过程。二阶非线性光学包括二次谐波产生（SHG）、和频与差频生成（SFG、DFG）等[149]。非线性光学对晶体结构和对称性敏感，当晶体中具有反演中心对称时，偶数阶非线性极化率为零，可用于区别具有不同对称性的低维材料及其堆垛结构。

二硫化钼等过渡金属硫化物有 2H 和 3R 两种层间堆垛方式，其中 2H 堆垛具有中心反演对称，因而偶数层 2H 相的二阶非线性极化率为零[150]。日本国立材料科学研究所李世胜等采用气-液-固方式在单层二硫化钼晶体上生长了二硫化钼纳米带。纳米带的 SHG 信号强度远远低于单层二硫化钼的信号强度，说明纳米带与单层基体之间是 2H 型堆垛（图 5.19）[151]。

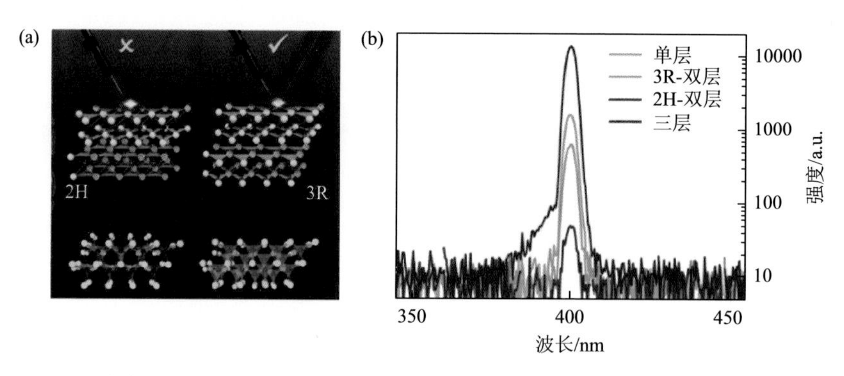

图 5.19 MoS_2 纳米带的二次谐波产生（SHG）光谱：（a）SHG 与晶体对称性的关系；（b）不同层数与堆垛方式二硫化钼的 SHG 光谱[151]

5.7 小结

本章简要介绍了几何与内禀效应对低维材料物理和化学性质的影响，从而产生了很多新奇的性质，如接近理论极限的力学强度、电学和热学中的弹道输运、二维体系铁电与铁磁的耦合、二硫化钼纳米片边缘的催化活性、纳米金属的形状相关表面等离子体振荡、原子级缺陷的单光子发射等。

低维材料的优异性质将体现在力学增强复合材料、纳电子信息器件、能量存储和转化等领域的应用中。而不同性质之间的耦合，蕴含着基于新原理和新功能的新应用，包括力学应变对低维半导体电子迁移率与催化剂活性的调控、电场对磁学性质的调控、表面等离子体与催化反应的耦合等，还有很多其他神奇的性质在等待人们去探索和发现。

参考文献

[1] Lee C，Wei X D，Kysar J W，et al. Measurement of the elastic properties and intrinsic strength of monolayer graphene. Science，2008，321（5887）：385-388.

[2] Zhu T，Li J. Ultra-strength materials. Progress in Materials Science，2010，55（7）：710-757.

[3] Dang C Q，Chou J P，Dai B，et al. Achieving large uniform tensile elasticity in microfabricated diamond. Science，2021，371（6524）：76-78.

[4] Wolf E L. Graphene：A New Paradigm in Condensed Matter and Device Physics. New York：Oxford University Press：2014.

[5] Hsia F C，Tang D M，Jevasuwan W，et al. Realization and direct observation of five normal and parametric modes in silicon nanowire resonators by *in situ* transmission electron microscopy. Nanoscale Advances，2019，1（5）：1784-1790.

[6] Zhou X，Tang D M，Mitome M，et al. Intrinsic and defect-related elastic moduli of boron nitride nanotubes as revealed by *in situ* transmission electron microscopy. Nano Letters，2019，19（8）：4974-4980.

[7] Lu L，Sui M L，Lu K. Superplastic extensibility of nanocrystalline copper at room temperature. Science，2000，287（5457）：1463-1466.

[8] Huang J Y，Chen S，Wang Z Q，et al. Superplastic carbon nanotubes. Nature，2006，439（7074）：281-281.

[9] Ding F，Jiao K，Wu M Q，et al. Pseudoclimb and dislocation dynamics in superplastic nanotubes. Physical Review Letters，2007，98（7）：075503.

[10] Tang D M，Kvashnin D G，Cretu O，et al. Chirality transitions and transport properties of individual few-walled carbon nanotubes as revealed by *in situ* TEM probing. Ultramicroscopy，2018，194：108-116.

[11] Griffith A A. The phenomena of rupture and flow in solids. Philosophical Transactions of the Royal Society of London. Series A，Containing Papers of a Mathematical or Physical Character，1921，221：163-198.

[12] Gao H，Ji B，Jäger I L，et al. Materials become insensitive to flaws at nanoscale：lessons from nature. Proceedings of the National Academy of Sciences，2003，100（10）：5597-5600.

[13] Wang M S，Golberg D，Bando Y. Tensile tests on individual single-walled carbon nanotubes：linking nanotube strength with its defects. Advanced Materials，2010，22（36）：4071-4075.

[14] Tang D M，Ren C L，Wang M S，et al. Mechanical properties of Si nanowires as revealed by *in situ* transmission electron microscopy and molecular dynamics simulations. Nano Letters，2012，12（4）：1898-1904.

[15] Zhang P，Ma L L，Fan F F，et al. Fracture toughness of graphene. Nature Communications，2014，5：3782.

[16] Yang Y C，Song Z G，Lu G Y，et al. Intrinsic toughening and stable crack propagation in hexagonal boron nitride. Nature，2021，594（7861）：57-61.

[17] Bai Y X，Yue H J，Wang J，et al. Super-durable ultralong carbon nanotubes. Science，2020，369（6507）：1104-1106.

[18] Yu H，Kutana A，Yakobson B I. Carrier delocalization in two-dimensional coplanar p-n junctions of graphene and metal dichalcogenides. Nano Letters，2016，16（8）：5032-5036.

[19] Léonard F，Tersoff J. Novel length scales in nanotube devices. Physical Review Letters，1999，83（24）：5174-5177.

[20] Liu Y, Guo J, Zhu E B, et al. Approaching the Schottky-Mott limit in van der Waals metal-semiconductor junctions. Nature，2018，557（7707）：696-700.

[21] Li M Y，Shi Y M，Cheng C C，et al. Epitaxial growth of a monolayer WSe_2-MoS_2 lateral p-n junction with an atomically sharp interface. Science，2015，349（6247）：524-528.

[22] Pospischil A，Furchi M M，Mueller T. Solar-energy conversion and light emission in an atomic monolayer p-n diode. Nature Nanotechnology，2014，9（4）：257-261.

[23] Sarkar D，Xie X J，Liu W，et al. A subthermionic tunnel field-effect transistor with an atomically thin channel. Nature，2015，526（7571）：91-95.

[24] Fuechsle M，Miwa J A，Mahapatra S，et al. A single-atom transistor. Nature Nanotechnology，2012，7：242-246.

[25] Gunawan O，Sekaric L，Majumdar A，et al. Measurement of carrier mobility in silicon nanowires. Nano Letters，2008，8（6）：1566-1571.

[26] Yi K S，Trivedi K，Floresca H C，et al. Room-temperature quantum confinement effects in transport properties of ultrathin Si nanowire field-effect transistors. Nano Letters，2011，11（12）：5465-5470.

[27] Chuang S，Gao Q，Kapadia R，et al. Ballistic InAs nanowire transistors. Nano Letters，2013，13（2）：555-558.

[28] Liang W, Bockrath M, Bozovic D, et al. Fabry-Perot interference in a nanotube electron waveguide. Nature, 2001，411：665-669.

[29] Javey A，Guo J，Wang Q，et al. Ballistic carbon nanotube field-effect transistors. Nature，2003，424（6949）：654-657.

[30] Novoselov K S，Geim A K，Morozov S V，et al. Two-dimensional gas of massless Dirac fermions in graphene. Nature，2005，438（7065）：197-200.

[31] Zhang Y B，Tan Y W，Stormer H L，et al. Experimental observation of the quantum Hall effect and Berry's phase in graphene. Nature，2005，438（7065）：201-204.

[32] Chen J H，Jang C，Xiao S D，et al. Intrinsic and extrinsic performance limits of graphene devices on SiO_2. Nature Nanotechnology，2008，3（4）：206-209.

[33] Du X, Skachko I, Barker A, et al. Approaching ballistic transport in suspended graphene. Nature Nanotechnology，2008，3（8）：491-495.

[34] Wang L，Meric I，Huang P Y，et al. One-dimensional electrical contact to a two-dimensional material. Science，2013，342（6158）：614-617.

[35] Xiao D，Liu G B，Feng W X，et al. Coupled spin and valley physics in monolayers of MoS_2 and other group-Ⅵ dichalcogenides. Physical Review Letters，2012，108（19）：196802.

[36] Lee C Y，Choi W，Han J H，et al. Coherence resonance in a single-walled carbon nanotube ion channel. Science，2010，329（5997）：1320-1324.

[37] Hu S，Lozada-Hidalgo M，Wang F C，et al. Proton transport through one-atom-thick crystals. Nature，2014，516（7530）：227-230.

[38] Lozada-Hidalgo M，Hu S，Marshall O，et al. Sieving hydrogen isotopes through two-dimensional crystals. Science，2016，351（6268）：68-70.

[39] Radha B，Esfandiar A，Wang F C，et al. Molecular transport through capillaries made with atomic-scale precision. Nature，2016，538（7624）：222-225.

[40] Qian X，Chen L，Yin L，et al. $CdPS_3$ nanosheets-based membrane with high proton conductivity enabled by Cd vacancies. Science，2020，370（6516）：596-600.

[41] Huang B，Clark G，Klein D R，et al. Electrical control of 2D magnetism in bilayer CrI_3. Nature Nanotechnology，

2018，13（7）：544-548.

[42] Lin Z S，Lohmann M，Ali Z A，et al. Pressure-induced spin reorientation transition in layered ferromagnetic insulator $Cr_2Ge_2Te_6$. Physical Review Materials，2018，2（5）：051004.

[43] Webster L，Yan J A. Strain-tunable magnetic anisotropy in monolayer $CrCl_3$，$CrBr_3$，and CrI_3. Physical Review B，2018，98（14）：144411.

[44] Gong C，Li L，Li Z L，et al. Discovery of intrinsic ferromagnetism in two-dimensional van der Waals crystals. Nature，2017，546（7657）：265-269.

[45] Huang B，Clark G，Navarro-Moratalla E，et al. Layer-dependent ferromagnetism in a van der Waals crystal down to the monolayer limit. Nature，2017，546（7657）：270-273.

[46] Deng Y J，Yu Y J，Song Y C，et al. Gate-tunable room-temperature ferromagnetism in two-dimensional Fe_3GeTe_2. Nature，2018，563（7729）：94-99.

[47] Bonilla M，Kolekar S，Ma Y J，et al. Strong room-temperature ferromagnetism in VSe_2 monolayers on van der Waals substrates. Nature Nanotechnology，2018，13（4）：289-293.

[48] O'Hara D J，Zhu T C，Trout A H，et al. Room temperature intrinsic ferromagnetism in epitaxial manganese selenide films in the monolayer limit. Nano Letters，2018，18（5）：3125-3131.

[49] Li J H，Li Y，Du S Q，et al. Intrinsic magnetic topological insulators in van der Waals layered $MnBi_2Te_4$-family materials. Science Advances，2019，5（6）：eaaw5685.

[50] Khomskii D I. Multiferroics：different ways to combine magnetism and ferroelectricity. Journal of Magnetism and Magnetic Materials，2006，306（1）：1-8.

[51] Khomskii D. Trend：classifying multiferroics：mechanisms and effects. Physics，2009，2：20.

[52] Tan H X，Li M L，Liu H T，et al. Two-dimensional ferromagnetic-ferroelectric multiferroics in violation of the d^0 rule. Physical Review B，2019，99（19）：195434.

[53] Qi J S，Wang H，Chen X F，et al. Two-dimensional multiferroic semiconductors with coexisting ferroelectricity and ferromagnetism. Applied Physics Letters，2018，113（4）：043102.

[54] Lai Y F，Song Z G，Wan Y，et al. Two-dimensional ferromagnetism and driven ferroelectricity in van der Waals $CuCrP_2S_6$. Nanoscale，2019，11（12）：5163-5170.

[55] Otrokov M M，Klimovskikh I I，Bentmann H，et al. Prediction and observation of an antiferromagnetic topological insulator. Nature，2019，576（7787）：416-422.

[56] Liu C，Wang Y C，Li H，et al. Robust axion insulator and chern insulator phases in a two-dimensional antiferromagnetic topological insulator. Nature Materials，2020，19（5）：522-527.

[57] Deng Y J，Yu Y J，Shi M Z，et al. Quantum anomalous Hall effect in intrinsic magnetic topological insulator $MnBi_2Te_4$. Science，2020，367（6480）：895-900.

[58] Huang B，Cenker J，Zhang X O，et al. Tuning inelastic light scattering via symmetry control in the two-dimensional magnet CrI_3. Nature Nanotechnology，2020，15（3）：212-216.

[59] Wang Z，Zhang T Y，Ding M，et al. Electric-field control of magnetism in a few-layered van der Waals ferromagnetic semiconductor. Nature Nanotechnology，2018，13（7）：554-559.

[60] Jiang S W，Li L Z，Wang Z F，et al. Controlling magnetism in 2D CrI_3 by electrostatic doping. Nature Nanotechnology，2018，13（7）：549-553.

[61] Jiang S W，Shan J，Mak K F. Electric-field switching of two-dimensional van der Waals magnets. Nature Materials，2018，17（5）：406-410.

[62] Xu R Z，Zou X L. Electric field-modulated magnetic phase transition in van der Waals CrI_3 bilayers. Journal of

Physical Chemistry Letters，2020，11（8）：3152-3158.

[63] Johansen O，Risinggard V，Sudbo A，et al. Current control of magnetism in two-dimensional Fe_3GeTe_2. Physical Review Letters，2019，122（21）：217203.

[64] Wang X，Tang J，Xia X X，et al. Current-driven magnetization switching in a van der Waals ferromagnet Fe_3GeTe_2. Science Advances，2019，5（8）：eaaw8904.

[65] Li T X，Jiang S W，Sivadas N，et al. Pressure-controlled interlayer magnetism in atomically thin CrI_3. Nature Materials，2019，18（12）：1303-1308.

[66] Fong K Y，Li H K，Zhao R K，et al. Phonon heat transfer across a vacuum through quantum fluctuations. Nature，2019，576（7786）：243-247.

[67] Yu S J，Youn S J，Kim H. Size effect of thermal radiation. Physica B-Condensed Matter，2010，405（2）：638-641.

[68] Mizuno K，Ishii J，Kishida H，et al. A black body absorber from vertically aligned single-walled carbon nanotubes. Proceedings of the National Academy of Sciences of the United States of America，2009，106（15）：6044-6047.

[69] Nishihara T，Takakura A，Miyauchi Y，et al. Ultra-narrow-band near-infrared thermal exciton radiation in intrinsic one-dimensional semiconductors. Nature Communications，2018，9（1）：3144.

[70] Polder D，Vanhove M. Theory of radiative heat transfer between closely spaced bodies. Physical Review B，1971，4（10）：3303-3314.

[71] Narayanaswamy A，Shen S，Chen G. Near-field radiative heat transfer between a sphere and a substrate. Physical Review B，2008，78（11）：115303.

[72] Peirs J，Reynaerts D，Brussel H V. Scale effects and thermal considerations for micro-actuators. Proceedings of 1998 IEEE International Conference on Robotics and Automation，1998，2：1516-1521.

[73] Huang Z X，Wang J Q，Bai S Y，et al. Size Effect of heat transport in microscale gas gap. IEEE Transactions on Industrial Electronics，2017，64（9）：7387-7391.

[74] Denpoh K. Modeling of rarefied gas heat conduction between wafer and susceptor. IEEE Transactions on Semiconductor Manufacturing，1998，11（1）：25-29.

[75] Balandin A，Wang K L. Significant decrease of the lattice thermal conductivity due to phonon confinement in a free-standing semiconductor quantum well. Physical Review B，1998，58（3）：1544-1549.

[76] Li D Y，Wu Y Y，Kim P，et al. Thermal conductivity of individual silicon nanowires. Applied Physics Letters，2003，83（14）：2934-2936.

[77] Lim J W，Hippalgaonkar K，Andrews S C，et al. Quantifying surface roughness effects on phonon transport in silicon nanowires. Nano Letters，2012，12（5）：2475-2482.

[78] Balandin A A. Thermal properties of graphene and nanostructured carbon materials. Nature Materials，2011，10（8）：569-581.

[79] Kim P，Shi L，Majumdar A，et al. Thermal transport measurements of individual multiwalled nanotubes. Physical Review Letters，2001，87（21）：215502.

[80] Balandin A A，Ghosh S，Bao W Z，et al. Superior thermal conductivity of single-layer graphene. Nano Letters，2008，8（3）：902-907.

[81] Chen S S，Wu Q Z，Mishra C，et al. Thermal conductivity of isotopically modified graphene. Nature Materials，2012，11（3）：203-207.

[82] Ma T，Liu Z B，Wen J X，et al. Tailoring the thermal and electrical transport properties of graphene films by grain size engineering. Nature Communications，2017，8：14486.

[83] Xin G Q，Yao T K，Sun H T，et al. Highly thermally conductive and mechanically strong graphene fibers. Science，

2015，349（6252）：1083-1087.

[84] Peng L，Xu Z，Liu Z，et al. Ultrahigh thermal conductive yet superflexible graphene films. Advanced Materials，2017，29（27）：1700589.

[85] Ye R，Hurlburt T J，Sabyrov K，et al. Molecular catalysis science：perspective on unifying the fields of catalysis. Proceedings of the National Academy of Sciences，2016，113（19）：5159-5166.

[86] Rothenberg G. Catalysis：Concepts and Green Applications. Weinheim：Wiley-VCH，2008.

[87] Greeley J. Theoretical heterogeneous catalysis：scaling relationships and computational catalyst design. Annual Review of Chemical Biomolecular Engineering，2016，7：605-635.

[88] Qiao B，Wang A，Yang X，et al. Single-atom catalysis of CO oxidation using Pt_1/FeO_x. Nature Chemistry，2011，3（8）：634-641.

[89] Haruta M，Kobayashi T，Sano H，et al. Novel gold catalysts for the oxidation of carbon monoxide at a temperature far below 0℃. Chemistry Letters，1987，16（2）：405-408.

[90] Haruta M，Yamada N，Kobayashi T，et al. Gold catalysts prepared by coprecipitation for low-temperature oxidation of hydrogen and of carbon monoxide. Journal of Catalysis，1989，115（2）：301-309.

[91] Valden M，Lai X，Goodman D W. Onset of catalytic activity of gold clusters on titania with the appearance of nonmetallic properties. Science，1998，281（5383）：1647-1650.

[92] Pan X，Bao X. The effects of confinement inside carbon nanotubes on catalysis. Accounts of Chemical Research，2011，44（8）：553-562.

[93] Xiao J，Pan X，Guo S，et al. Toward fundamentals of confined catalysis in carbon nanotubes. Journal of the American Chemical Society，2015，137（1）：477-482.

[94] Pan X，Fan Z，Chen W，et al. Enhanced ethanol production inside carbon-nanotube reactors containing catalytic particles. Nature Materials，2007，6（7）：507-511.

[95] Khorshidi A，Violet J，Hashemi J，et al. How strain can break the scaling relations of catalysis. Nature Catalysis，2018，1（4）：263-268.

[96] Nørskov J K，Bligaard T，Logadottir A，et al. Trends in the exchange current for hydrogen evolution. Journal of the Electrochemical Society，2005，152（3）：J23.

[97] Hinnemann B，Moses P G，Bonde J，et al. Biomimetic hydrogen evolution：MoS_2 nanoparticles as catalyst for hydrogen evolution. Journal of the American Chemical Society，2005，127（15）：5308-5309.

[98] Jaramillo T F，Jørgensen K P，Bonde J，et al. Identification of active edge sites for electrochemical H_2 evolution from MoS_2 nanocatalysts. Science，2007，317（5834）：100-102.

[99] Voiry D，Salehi M，Silva R，et al. Conducting MoS_2 nanosheets as catalysts for hydrogen evolution reaction. Nano Letters，2013，13（12）：6222-6227.

[100] Nørskov J K，Rossmeisl J，Logadottir A，et al. Origin of the overpotential for oxygen reduction at a fuel-cell cathode. Journal of Physical Chemistry B，2004，108（46）：17886-17892.

[101] Greeley J，Stephens I E L，Bondarenko A S，et al. Alloys of platinum and early transition metals as oxygen reduction electrocatalysts. Nature Chemistry，2009，1（7）：552-556.

[102] Stamenkovic V R，Mun B S，Arenz M，et al. Trends in electrocatalysis on extended and nanoscale Pt-bimetallic alloy surfaces. Nature Materials，2007，6（3）：241-247.

[103] Wang C，Chi M，Li D，et al. Design and synthesis of bimetallic electrocatalyst with multilayered Pt-skin surfaces. Journal of the American Chemical Society，2011，133（36）：14396-14403.

[104] Bagger A，Ju W，Varela A S，et al. Electrochemical CO_2 reduction：a classification problem. ChemPhysChem，

2017，18（22）：3266-3273.

[105] Luo W，Nie X，Janik M J，et al. Facet dependence of CO_2 reduction paths on Cu electrodes. ACS Catalysis，2016，6（1）：219-229.

[106] Choi C，Kwon S，Cheng T，et al. Highly active and stable stepped Cu surface for enhanced electrochemical CO_2 reduction to C_2H_4. Nature Catalysis，2020，3（10）：804-812.

[107] Asadi M，Kumar B，Behranginia A，et al. Robust carbon dioxide reduction on molybdenum disulphide edges. Nature Communications，2014，5（1）：4470.

[108] Wu J，Ma S，Sun J，et al. A metal-free electrocatalyst for carbon dioxide reduction to multi-carbon hydrocarbons and oxygenates. Nature Communications，2016，7（1）：13869.

[109] Ju W，Bagger A，Hao G P，et al. Understanding activity and selectivity of metal-nitrogen-doped carbon catalysts for electrochemical reduction of CO_2. Nature Communications，2017，8（1）：944.

[110] Foster S L，Bakovic S I P，Duda R D，et al. Catalysts for nitrogen reduction to ammonia. Nature Catalysis，2018，1（7）：490-500.

[111] Montoya J H，Tsai C，Vojvodic A，et al. The challenge of electrochemical ammonia synthesis：a new perspective on the role of nitrogen scaling relations. ChemSusChem，2015，8（13）：2180-2186.

[112] Medford A J，Vojvodic A，Hummelshøj J S，et al. From the Sabatier principle to a predictive theory of transition-metal heterogeneous catalysis. Journal of Catalysis，2015，328：36-42.

[113] Skúlason E，Bligaard T，Gudmundsdóttir S，et al. A theoretical evaluation of possible transition metal electro-catalysts for N_2 reduction. Physical Chemistry Chemical Physics，2012，14（3）：1235-1245.

[114] Liu C，Tang J，Chen H M，et al. A fully integrated nanosystem of semiconductor nanowires for direct solar water splitting. Nano Letters，2013，13（6）：2989-2992.

[115] Agrawal A，Cho S H，Zandi O，et al. Localized surface plasmon resonance in semiconductor nanocrystals. Chemical Reviews，2018，118（6）：3121-3207.

[116] Willets K A，Van Duyne R P. Localized surface plasmon resonance spectroscopy and sensing. Annual Review of Physical Chemistry，2007，58（1）：267-297.

[117] Culver H R，Wechsler M E，Peppas N A. Label-free detection of tear biomarkers using hydrogel-coated gold nanoshells in a localized surface plasmon resonance-based biosensor. ACS Nano，2018，12（9）：9342-9354.

[118] Ando T. Excitons in carbon nanotubes. Journal of the Physical Society of Japan，1997，66（4）：1066-1073.

[119] Brus L. Size，dimensionality，and strong electron correlation in nanoscience. Accounts of Chemical Research，2014，47（10）：2951-2959.

[120] Sfeir M Y，Wang F，Huang L，et al. Probing electronic transitions in individual carbon nanotubes by Rayleigh scattering. Science，2004，306（5701）：1540-1543.

[121] Yu Z，Brus L. Rayleigh and Raman scattering from individual carbon nanotube bundles. Journal of Physical Chemistry B，2001，105（6）：1123-1134.

[122] Wang F，Dukovic G，Brus L E，et al. The optical resonances in carbon nanotubes arise from excitons. Science，2005，308（5723）：838-841.

[123] Liu K，Deslippe J，Xiao F，et al. An atlas of carbon nanotube optical transitions. Nature Nanotechnology，2012，7（5）：325-329.

[124] Liu K，Hong X，Choi S，et al. Systematic determination of absolute absorption cross-section of individual carbon nanotubes. Proceedings of the National Academy of Sciences，2014，111（21）：7564-7569.

[125] Liu K，Hong X，Zhou Q，et al. High-throughput optical imaging and spectroscopy of individual carbon nanotubes

in devices. Nature Nanotechnology，2013，8：917-922.

[126] Yao F，Tang J，Wang F，et al. Structure-property relations in individual carbon nanotubes [invited]. Journal of the Optical Society of America B，2016，33（7）：C102-C107.

[127] Shi Z，Hong X，Bechtel H A，et al. Observation of a Luttinger-liquid plasmon in metallic single-walled carbon nanotubes. Nature Photonics，2015，9：515-519.

[128] Wang S，Zhao S，Shi Z，et al. Nonlinear Luttinger liquid plasmons in semiconducting single-walled carbon nanotubes. Nature Materials，2020，19：986-991.

[129] Smith A M，Nie S. Semiconductor nanocrystals：structure，properties，and band gap engineering. Accounts of Chemical Research，2010，43（2）：190-200.

[130] Peng Z A，Peng X. Formation of high-quality CdTe，CdSe，and CdS nanocrystals using CdO as precursor. Journal of the American Chemical Society，2001，123（1）：183-184.

[131] Du H，Chen C，Krishnan R，et al. Optical properties of colloidal PbSe nanocrystals. Nano Letters，2002，2（11）：1321-1324.

[132] Weidman M C，Beck M E，Hoffman R S，et al. Monodisperse，air-stable PbS nanocrystals via precursor stoichiometry control. ACS Nano，2014，8（6）：6363-6371.

[133] Kovalenko M V，Protesescu L，Bodnarchuk M I. Properties and potential optoelectronic applications of lead halide perovskite nanocrystals. Science，2017，358（6364）：745-750.

[134] Efros A L，Nesbitt D J. Origin and control of blinking in quantum dots. Nature Nanotechnology，2016，11：661.

[135] Zhou J，Zhu M，Meng R，et al. Ideal CdSe/CdS core/shell nanocrystals enabled by entropic ligands and their core size-，shell thickness-，and ligand-dependent photoluminescence properties. Journal of the American Chemical Society，2017，139（46）：16556-16567.

[136] Mårtensson T，Svensson C P T，Wacaser B A，et al. Epitaxial Ⅲ-Ⅴ nanowires on silicon. Nano Letters，2004，4（10）：1987-1990.

[137] Zhang D，Eaton S W，Yu Y，et al. Solution-phase synthesis of cesium lead halide perovskite nanowires. Journal of the American Chemical Society，2015，137（29）：9230-9233.

[138] Yang Z，Wang D，Meng C，et al. Broadly defining lasing wavelengths in single bandgap-graded semiconductor nanowires. Nano Letters，2014，14（6）：3153-3159.

[139] Yang Z，Albrow-Owen T，Cui H，et al. Single-nanowire spectrometers. Science，2019，365（6457）：1017.

[140] Mak K F，Lee C，Hone J，et al. Atomically thin MoS_2：a new direct-gap semiconductor. Physical Review Letters，2010，105（13）：136805.

[141] Splendiani A，Sun L，Zhang Y，et al. Emerging photoluminescence in monolayer MoS_2. Nano Letters，2010，10（4）：1271-1275.

[142] Aharonovich I，Englund D，Toth M. Solid-state single-photon emitters. Nature Photonics，2016，10：631.

[143] Utzat H，Sun W，Kaplan A E K，et al. Coherent single-photon emission from colloidal lead halide perovskite quantum dots. Science，2019，363（6431）：1068-1072.

[144] Ma X D，Hartmann N F，Baldwin J K S，et al. Room-temperature single-photon generation from solitary dopants of carbon nanotubes. Nature Nanotechnology，2015，10（8）：671-675.

[145] Ishii A，He X，Hartmann N F，et al. Enhanced single-photon emission from carbon-nanotube dopant states coupled to silicon microcavities. Nano Letters，2018，18（6）：3873-3878.

[146] He Y M，Clark G，Schaibley J R，et al. Single quantum emitters in monolayer semiconductors. Nature Nanotechnology，2015，10（6）：497-502.

[147] Tran T T，Bray K，Ford M J，et al. Quantum emission from hexagonal boron nitride monolayers. Nature Nanotechnology，2015，11：37-41.

[148] Tran T T，Elbadawi C，Totonjian D，et al. Robust multicolor single photon emission from point defects in hexagonal boron nitride. ACS Nano，2016，10（8）：7331-7338.

[149] Autere A，Jussila H，Dai Y，et al. Nonlinear optics with 2D layered materials. Advanced Materials，2018，30（24）：1705963.

[150] Li Y，Rao Y，Mak K F，et al. Probing symmetry properties of few-layer MoS_2 and h-BN by optical second-harmonic generation. Nano Letters，2013，13（7）：3329-3333.

[151] Li S，Lin Y C，Zhao W，et al. Vapour-liquid-solid growth of monolayer MoS_2 nanoribbons. Nature Materials，2018，17（6）：535-542.

第6章 低维材料的应用技术

经过工业革命和信息革命，人类物质文明呈指数快速增长，同时也正遇到可持续发展的挑战和难题。能源、材料和信息是现代人类文明的三大支柱。目前化石燃料是主要能源，是化学合成材料的重要原料，同时也是大气中温室气体、空气污染物的主要来源。近年来不断出现的极端天气事件，警示我们必须考虑地球资源与环境承受力的限度。信息领域，伴随过去半个世纪半导体工业的指数发展，晶体管的特征尺寸已经缩小到 5nm 水平，也将达到物理极限。直接关系人类福祉的健康领域，2020 年突如其来的新型冠状病毒全球大流行，造成巨大的生命和财产损失，警示我们人类文明其实还很脆弱。如何应对能源、环境、信息、健康等全球性挑战？历史告诉我们，关键在于颠覆性技术的创新，而新材料的探索与应用则是技术革命的物质基础。

前面几章重点介绍了低维材料具有的独特结构与性质，本章将介绍低维材料在信息、能源、环境和健康等领域的应用（图 6.1），阐述不同器件相通的基本原理、矛盾因素、物理极限、性能指标、结构关系和低维材料的应用优势。

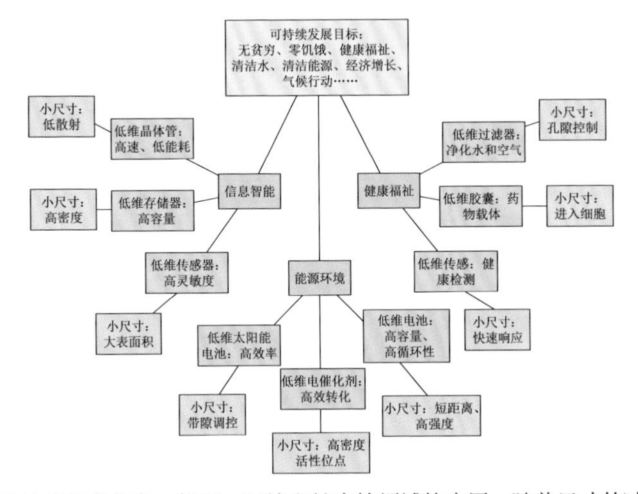

图 6.1　低维材料技术群在信息、能源、环境和健康等领域的应用：随着尺寸的减小，低维材料表现出大比表面积、低电子散射、电子带隙蓝移等性质，利用这些性质可设计和制备高性能低维器件，实现高速计算、高效能量转化、高灵敏度检测等功能，为可持续发展目标的实现做出重要贡献

6.1 低维信息材料

人类经历农业和工业社会，20 世纪末进入信息社会，目前处于向智能化社会转变的过程中。建立在量子力学上的半导体工业，以及在此基础上发展起来的信息通信技术是信息革命的核心，已经成为世界经济增长最重要的推动力，2020 年信息工业销售额达到 4400 亿美元[1]。近年来中国半导体产业有了长足发展，芯片设计（华为海思）、芯片代工（中芯国际）、存储芯片制造（长江存储）等方向迅猛发展。在此背景下，2020 年出现了美国对 5G 通信技术领先的华为的芯片断供事件，使半导体和信息技术在中国的自主发展更为紧迫。

信息即知识，可定义为减少系统不确定性的一个量，其基本单位是比特（bit），可用 0 或 1 表示。信息技术包括信息获取——传感器、信息处理——微处理器、信息存储——存储器、信息传播——光电器件、信息执行——驱动器等。通过传感器，将物理信号转化为数字信息，经过信息处理形成反馈信号，通过驱动器执行，形成一个闭环智能控制系统。不同环节的设备，根据其不同的要求，采用不同的信息载体。对于信息传播，要求通量大、速度快，采用属于玻色子的光子。大量光子可处于同一状态，即激光，通过相干波的形式以光速传播。对于信息处理，要求实现快速输运的同时进行逻辑控制，主要载体是电子，通过电场控制电荷载流子浓度实现电流控制。对于信息存储，要求密度高、容量大、保留时间长，电子自旋及其凝聚态铁磁性是一个合适的选择。

20 世纪 60 年代以来，半导体工业核心器件晶体管的尺寸、密度和集成度按照摩尔定律发展，已经从微米进入了纳米尺度。2019 年商业化量产芯片已经达到 5nm 水平，2022 年达到 3nm。从这个角度看，低维材料已经成为半导体工业的材料基础。但随着器件尺寸的减小，硅基器件出现短沟道效应、功耗增加、散热困难等问题。针对后摩尔时代晶体管与集成电路的应用要求，开发新型低维材料和基于新原理的电子器件是一个重要前沿课题。

6.1.1 信息处理

晶体管是信息处理、存储、通信、显示的核心控制器件。晶体管是电阻可变的三端半导体器件，源漏两端之间沟道电阻由第三端调控，实现电信号的开关与放大功能。在处理信息的微处理器中，晶体管是逻辑开关，要求高速低耗，称为高性能晶体管；晶体管也是计算机内存、闪存的基本构成单元；在模拟电路中，晶体管作为信息通信的电磁信号功率放大器，主要指标是工作频率和功率，称为射频晶体管；作为信息显示的 LED 背光驱动器件，要求大电流，实现高亮度发光，称为薄膜晶体管。

1. 高性能晶体管

场效应晶体管的性能与材料性质的关系，可以从两个方向看。一个是垂直方向上，栅极电场对载流子浓度的调控，属于静电学性质，与介电层材料的厚度、介电常数和界面质量相关；另一个是水平方向上，在源漏电压作用下载流子的输运与沟道材料的电子迁移率相关。摩尔定律之所以能够延伸到100nm以下甚至到10nm以下，工业界主要有两方面改进：一方面是2003年在90nm节点引入应力调控技术，有效提高了导电沟道的载流子迁移率；另一方面则是改进栅极结构，包括2007年引入高κ介电层，2011年引入鳍式栅极技术等。

低维晶体管以低维材料为导电沟道，包括碳纳米管、硅纳米线等一维材料和石墨烯、MoS_2等二维材料。低维材料由于其纳米级甚至原子级厚度，体现出垂直方向优异的静电学性质；另外，低维材料表现出弹道输运性质和高迁移率，具有水平方向优异的输运性质。

半导体纳米线晶体管，由于导电通道的圆形截面，栅极易加工成鳍式和环形结构，具有更优越的栅极控制性能。全环绕环栅极技术已经在硅、硅锗、氮化镓等纳米线晶体管上成功验证，其亚阈值摆幅接近理论极限[2-4]。纳米线晶体管不仅提供了经典器件向更小尺寸缩微化的可能，也产生了“无结晶体管”等新型器件结构。“结”是半导体器件的基本结构，包括p-n结、金属-半导体结、异质结等。随着晶体管尺寸缩小到10nm，甚至更小，p-n结等界面处形成很大梯度的成分分布，对于器件制备是一个很大的挑战。Colinge等采用绝缘体上硅（SOI）技术制备了硅纳米线无掺杂晶体管，其厚度为10nm、宽度为30nm，表现出优异的栅极控制性能，开关比为10^6，亚阈值摆幅为64mV/dec[5]。

单壁碳纳米管具有独特的无悬键一维中空管道结构。电子与空穴的能带对称，有效质量相等，可构成p型、n型对称的互补金属氧化物半导体（CMOS）结构；其原子级厚度有利于短沟道的栅极控制；高电子迁移率有利于实现高速、低功耗开关操作；优异的力学性质有利于柔性器件应用；高热导率可提高散热效率，被视为后摩尔时代最有潜力的沟道材料之一[6]。

2017年，北京大学彭练矛等采用石墨烯为电极制备了5nm沟道长度的碳纳米管晶体管，其性能优于同沟道尺寸的硅晶体管，具有更快的运行速度、更低的工作电压、更小的亚阈值摆幅[7]。同年，斯坦福大学Cao等报道了封装尺寸为40nm的碳纳米管晶体管，与同样尺寸硅晶体管相比，在相等工作电压下具有更高的工作电流，表明碳纳米管在极限缩微尺度下具有超越传统硅晶体管的性能[8]。

在逻辑电路和集成电路方面，2017年，IBM公司的Han等采用溶液法分离出的99.9%以上半导体富集碳纳米管，分别以钯和钪接触获得p型与n型碳纳米管晶体管以及CMOS结构，五级环形振荡器的振荡频率高达2.82GHz[9]。2020年，彭练矛团队利用聚合物多次分离，获得了窄直径分布［（1.45±0.23）nm］、高纯度（6N）半导体性单壁碳纳米管，采用维度控制排列方法组装成高顺排度（9°以内）、高密度（100～200 根/μm）、大面积（4in）的晶圆级碳纳米管阵列，所构建的集成电路五级环形振荡器的最高振荡频率达 8GHz，本征延时优于同等尺寸硅晶体管[10]。

基于碳纳米管晶体管、逻辑电路和集成电路的微处理器与计算机系统也在开发中。2013 年，Shulaker 等报道了第一个碳纳米管晶体管构筑的计算机，包含 178 个晶体管，构成 60 个逻辑单元，可进行一个数位运算，具备计数和排列等简单功能[11]。2019 年，Shulaker 等采用工业标准设计流程加工出第一个碳纳米管 CMOS 构成的微处理器，采用高兼容度的结构设计，解决了碳纳米管金属-半导体性混杂、团聚、杂质等问题，由 14702 个晶体管组成 3762 个逻辑元件，执行 16 位标准代码[12]。2020 年，该团队在商业化代工厂内，采用现有生产线，实现了 200mm 晶圆上碳纳米管均匀沉积和晶体管制备，14400 个晶体管的成品率近 100%，平均开关比为 4000，亚阈值摆幅为 109mV/dec，展示了与主流半导体兼容的碳纳米管工业化应用前景[13]。

晶体管有一个重要的特征尺寸：$\lambda \propto \sqrt{\dfrac{t_s t_{ox} \varepsilon_s}{\varepsilon_{ox}}}$，半导体层厚度 t_s 是决定器件有效尺寸的重要参数[14, 15]。二维材料的原子级厚度有利于高效栅极控制，并且表面无悬键，电子迁移率高，因而有利于获得小尺寸、速度快、低功耗的极限晶体管。

过渡金属硫化物，化学式为 MX_2［其中 M 是过渡金属（Mo、W 等），X 是硫族原子（S、Se 或 Te）］，具有丰富的电学性质，其中 MoS_2 和 WSe_2 分别是 p 型和 n 型半导体。2011 年，瑞士洛桑联邦理工学院 Kis 小组报道了 MoS_2 晶体管，其具有高达 10^8 的开关比，亚阈值摆幅为 74mV/dec，电子迁移率为 $200cm^2/(V·s)$[16]。2019 年，南京大学王欣然等利用单分子层晶体作籽晶，在二维材料上生长出高质量的高 κ 介电层 HfO_2。20nm 沟道长度的 MoS_2 晶体管的开关比达到 10^7、亚阈值摆幅为 73mV/dec[17]。

黑磷是结构各向异性的二维材料，其电学性质也表现出各向异性，在“扶手椅”方向电子有效质量仅为 $0.17m_0$（m_0 为自由电子质量），具有很高的电子迁移率[18]。块体黑磷的带隙为 0.3eV，当厚度减小到单层，由于量子限域效应，带隙发生蓝移增大到约 1eV[19]。2014 年复旦大学张远波等报道了黑磷晶体管，室温开关比为 10^5，电子迁移率达 $1000cm^2/(V·s)$[20]。

不同维度低维材料的结合，可能获得与传统器件完全不同的器件结构和功能。2016 年，加州大学洛杉矶分校段镶锋小组利用纳米线作为模板，制备出沟道长度小于 100nm 的 MoS_2 晶体管[21]。加州大学伯克利分校 Javey 等利用宽度仅为 1nm 的单根单壁碳纳米管作栅极，制备了沟道长度仅为 3.9nm 的 MoS_2 晶体管，表现出极限亚阈值摆幅 65mV/dec 和 10^6 的开关比[22]。

2. 射频晶体管

在信息通信中，信息容量 C 与频谱宽度 W 和信噪比 S/N 的关系由香农公式描述：$C = W\log_2(1+S/N)$，可见信息容量与频谱宽度成正比[23]。目前的主流 4G 通信频率最高为 6GHz，正在推广的 5G 技术则接近 100GHz，而正在开发的 6G 通信将进入 THz[24]。随着信息容量的提高，信息服务功能和通信形式也从 20 世纪 80 年代的语音，转变为 90 年代的文本短信，20 世纪初 3G 时代的图片彩信，21 世纪初 4G 技术支持的视频实时对话。5G 通信技术的信息容量和处理速度将有效支持虚拟现实、自动驾驶等技术，成为新型经济的重要基础设施。

射频晶体管是模拟电路的功率放大器件，是通信电子芯片中的核心部件，其最重要的性能指标是截止频率 f_T 和最高振荡频率 f_{max}，分别对应电流放大作用与功率增益的极限频率。f_T 主要与半导体本征性质相关，而 f_{max} 则与器件结构相关。$f_T = \frac{1}{2\pi}\left(\frac{1}{\tau}\right) = \frac{v_F}{2\pi L}$，其中，$\tau$、$v_F$ 和 L 分别为沟道渡越时间、费米速度和栅极长度。f_{max} 不仅与 f_T 相关，也与电极电阻（R_G、R_S、R_D）、沟道电阻（R_i）和栅漏电容（C_{gd}）等器件参数相关。因而射频晶体管对半导体材料的要求是高费米速度，同时要优化器件结构，缩短栅极长度，减小电阻、电容。

主流射频晶体管材料是高电子迁移率的Ⅲ-Ⅴ族和 SiGe 半导体。InAs 高电子迁移率晶体管[25]与硅基 MOSFET[26]的截止频率分别达到 710GHz 和 485GHz。90nm 栅极长度的 SiGe 异质结双极晶体管（HBT）的最高频率达到 0.7THz[27, 28]。2015 年，美国 Northrop Grumman 公司报道了栅极长度为 25nm、最高频率达到 1.5THz 的高电子迁移率 InP 晶体管[29]。传统Ⅲ-Ⅴ族高电子迁移率晶体管的沟道长度缩小到 20nm，受到短沟道效应的限制。低维材料中的二维材料具有原子级厚度，一维材料适合环形栅极，可有效克服短沟道效应，进一步提高射频晶体管的极限频率。

半导体纳米线材料的生长、器件制备过程与半导体工业兼容度高，可采用晶格外延方式控制生长和掺杂，获得高质量晶体与界面结构。Li 等采用 VLS 方法生长 GaAs 纳米线水平阵列，密度为 1.5 根/μm，150nm 沟道长度的双栅极晶体管对应的截止频率 f_T 和最高频率 f_{max} 分别为 33GHz 和 75GHz[30]。Peng 等利用外延生长的 Ga_2O_3 高质量介电层获得了沟道更短（50nm）的 GaN 晶体管，f_T 和 f_{max} 分别提高到 150GHz 和 180GHz[31]。Zota 等采用选区再生长的方式制备出截面为三角形、间距约 100nm 的高密度 InGaAs 纳米线阵列，栅极长度缩小到 32nm，f_T 和 f_{max} 分别达到 280GHz 和 312GHz[32]。

碳纳米管具有优异的电学性质，包括弹道输运、高电子迁移率、高饱和速率、低本征电容等。美国普渡大学 Alam 等理论计算推测碳纳米管晶体管的截止频率

f_T与栅极长度 L 的关系为 $f_T \approx \frac{v_F}{2\pi L} \approx 130\text{GHz} / L(\mu\text{m})$，当沟道长度为 100nm 时，$f_T$可达到 THz[33]。要达到理论预期的性能，需要获得高密度、定向排列、纯半导体性碳纳米管[34]。IBM 公司 Avouris 小组采用电泳沉积的方法定向排列半导体性比例为 99.6%的碳纳米管阵列，排列密度达到 50 根/μm，100nm 栅极长度的晶体管对应的截止频率 f_T达到 153GHz[35]。南加州大学周崇武小组采用半导体性比例更高（99.9%）的碳纳米管，利用气液界面自组装的方法获得了 40 根/μm 的平行阵列，100nm 沟道长度晶体管的最高频率 f_{max} 达到 70GHz[36, 37]。2019 年，北京大学彭练矛、张志勇团队采用聚合物分离的方法获得了半导体性比例高于 99.99%的碳纳米管，制备了栅极长度为 30nm 的晶体管，截止和最高频率分别达到 103GHz 和 107GHz（图 6.2）[38]。

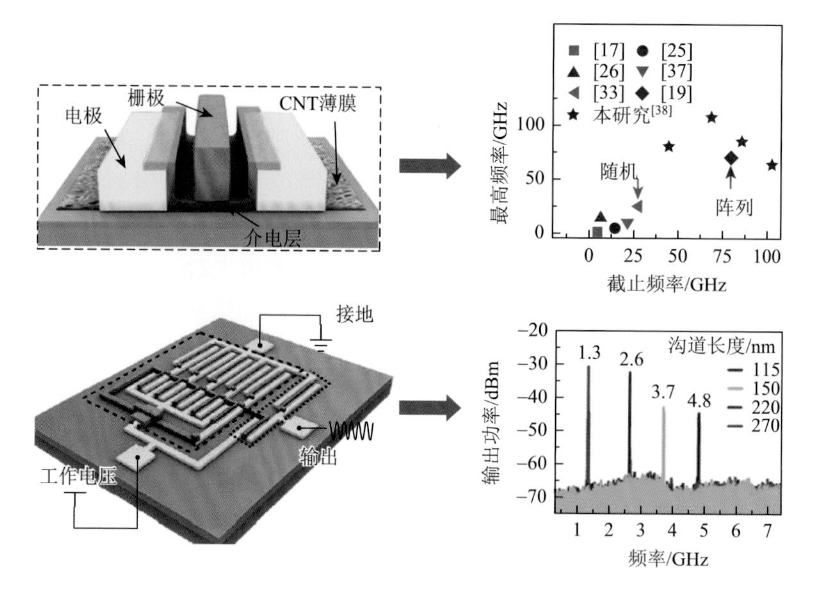

图 6.2 碳纳米管射频晶体管和五级环形振荡器，其最高频率分别达到 103GHz 和 4.8GHz（图中文献序号对应[38]中文献列表）[38]

石墨烯具有独特的线性色散关系，电子有效质量为零，具有极高的载流子迁移率，因而石墨烯射频晶体管被寄予厚望。2009 年，IBM 公司 Avouris 小组报道了 GHz 截止频率的石墨烯射频晶体管[39]；2010 年，栅极长度从 360nm 减小到 240nm，截止频率提高到 100GHz[40]；2012 年，在 CVD 生长和 SiC 外延生长的晶圆尺寸石墨烯上加工出沟道长度为 40nm 的晶体管，将截止频率提高到 300GHz。加州大学洛杉矶分校段镶锋小组采用纳米线作栅极模板，获得了 140nm 栅极长度，截止频率达到 300GHz[41]；采用自对准工艺制备出沟道长度为 67nm 的石墨烯晶体管阵列，截止频率提高到 427GHz[42]。

综上所述，低维材料射频晶体管的截止和最高频率都已经达到 100GHz 水平，但距离传统高迁移率半导体晶体管还有一个数量级的差距。实现从 100GHz 到 THz 的进一步提升，需要在材料生长控制和器件结构优化等方面继续努力，包括材料纯度、晶体质量、定向排列方向与密度、电极接触电阻以及栅极电容等。

3. 薄膜晶体管

随着晶体管、微处理器和电子计算机的尺寸减小、能耗降低、功能提升，以及锂离子电池等能量存储器件的发展，个人电子设备的体积、质量越来越小，计算能力越来越高，集成多种传感器后，可实现通信、社交、拍照甚至健康监测等功能，发展出智能手机、智能手表等智能电子设备。

柔性、可穿戴是个人移动电子设备的发展趋势，其中柔性电子器件是核心部件。与微处理器中晶体管追求高集成度的发展方向不同，作为显示器的像素驱动薄膜晶体管需要综合考虑电学、力学、化学性质，包括大面积加工与结构均匀性、工作电流、成本等因素，需要兼具力学柔性、光学透明度、高电子迁移率和稳定化学性质的新型材料。

二维材料是理想的大面积薄膜晶体管材料。哥伦比亚大学 Hone 等使用多种二维材料，制备了以绝缘体 h-BN 作介电层，半金属石墨烯作栅极，MoS_2 为导电通道的柔性晶体管。在 1.5%应变下，电子迁移率保持 45cm^2/(V·s)，与多晶硅相当[43]。加州大学洛杉矶分校段镶锋等采用分子插层分散方法获得多种二维材料的胶体稳定分散液，在塑料基体上制备出 10cm 晶圆尺寸的薄膜晶体管和逻辑电路，其开关比高达 10^6，电子迁移率为 10cm^2/(V·s)[44, 45]。

碳纳米管具有纳米直径和微米长度；共价键结合，具有高强度、高柔性；表面无悬键，化学性质稳定，电子迁移率高；半导体性碳纳米管具有与直径相关的带隙约 1eV。以上力学、电学、化学性质表明半导体性碳纳米管是柔性晶体管器件的理想备选材料。2008 年，美国伊利诺伊大学香槟分校 Rogers 等在柔性基体上制备了碳纳米管柔性薄膜晶体管。栅极长度为 5μm 的晶体管具有较高开关比（10^5）和较低亚阈值摆幅（＜140mV/dec）。他们以此构建了振荡频率为 kHz 水平的中规模集成电路，在曲率半径为 5mm 下弯曲，其性能没有显著变化，展现了其在柔性电子器件方面的应用潜力[46]。

碳纳米管在晶体管中应用的一个本征挑战是金属性与半导体性碳纳米管的共存。在薄膜晶体管中，当碳纳米管密度较低时，金属性碳纳米管未形成连续网络，不影响薄膜的整体电学性质。2011 年，日本名古屋大学 Ohno 等采用 Y 型连接的碳纳米管薄膜构建柔性电子器件，将碳纳米管薄膜晶体管的电流开关比提升至 10^6，并保持较高载流子迁移率［35cm^2/(V·s)］，制备了振荡频率为 2.0kHz 的 21 级环形振荡器集成电路[47]。2018 年，中国科学院金属研究所孙东明、刘畅等实现了米级碳纳米管薄膜的连续生长、收集、转移，制备出 101 级环形振荡器集成电路，展示了碳纳米管透明薄膜晶体管的良好应用前景（图 6.3）[48]。

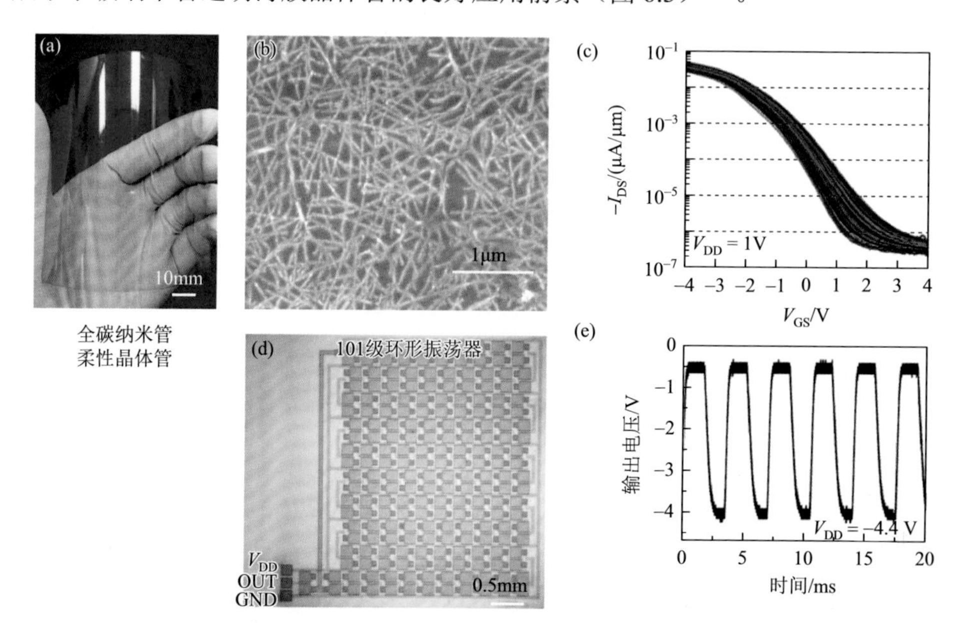

图 6.3 碳纳米管透明柔性薄膜晶体管：（a）聚萘二甲酸乙二醇酯（PEN）基材上构建的碳纳米管晶体管；（b）SEM 照片显示碳纳米管网络分布均匀；（c）256 个碳纳米管晶体管的转移输运特性；（d、e）101 级环形振荡器的光学照片和输出特性[48]

6.1.2 信息存储

人类文明持续进步的基础是信息和知识的发现、记录、传承、传播、创造。历史上出现过的信息载体有远古时代的结绳记事、古巴比伦时代的泥土烧结楔形文字、中国殷商时期的甲骨文、青铜器铭文等，数千年后人们仍能从中了解先人的生活。中国四大发明之一活字印刷术可在成本低廉的纸媒介上快速复制信息。这一技术传播到欧洲，推动了文艺复兴运动和现代文明的发展。我们现在正处于电子信息时代，电子媒介数据容量大、传播快、复制成本极低，成为信息经济的基础。

数字信息的基本单元为“比特”。数学表示为 0 或 1，物理存储单元要求两个可以测量区分（读）、相互切换（写）的状态。例如，电荷的“有”或“无”、自旋的“上”或“下”、电阻的“高”或“低”等。现代电子计算机有缓存、内存、外部存储、移动存储等多个存储系统，分别采用静态随机存取存储器（SRAM）、动态随机存取存储器（DRAM）、硬盘和闪存为主流的存储技术。随着存储单元尺寸的减小，磁性存储密度已经发展到理论极限；基于 CMOS 晶体管的内存、闪存随着晶体管尺寸缩小到 10nm 节点，纳米级尺度下存储电荷容易丢失，可能导致性能、可靠性和噪声容限的下降。

2012 年人类进入了泽它［zettabyte（ZB，泽字节），1ZB = 10^{21}byte］时代，2018 年全球产生的数据达到 33ZB，而 2025 年将增长到 175ZB[49]。在社会、自然、经济等领域，已经形成了以数据为中心的科学研究新范式。大量、高速、丰富类型的信息对信息存储提出了很高的要求。大量数据在处理器与内存之间的传输速度和相关能耗已经成为进一步提高计算能力，特别是机器学习处理速度的瓶颈问题[50]。低维材料由于其小尺度和丰富的物理性质，是进一步提升信息存储器件性能、开发新型信息处理架构的重要基础。以下主要介绍非易失存储技术和原子级高密度存储技术等。

1. 非易失存储技术

在机器学习特别是深度学习神经网络模型训练过程中，涉及大规模矩阵运算，神经元之间连接的权重产生大量中间数据，在中央处理器与内存之间传输的低效率和高能耗已经成为限制人工智能发展的瓶颈[51]。这一问题的根源为计算机中央处理器与存储器分离的冯•诺依曼架构。因而破解方案之一是突破这一架构，采用在信息存储位置进行计算的新型架构。这就需要开发新型非易失存储技术，目前开发阶段的存储器件主要基于以下四种原理：离子导体氧化物变阻效应、相变忆阻效应、自旋转移矩的巨磁阻逆效应和铁电效应。

离子导体氧化物利用电场与热扩散控制离子迁移和氧化还原反应，伴随电极间导电通路的产生与消散形成高低阻态，包括金属离子和氧空位两种原理[52]。相变忆阻器利用电流焦耳加热效应，使电极间材料发生非晶-结晶的可逆相变，伴随高电阻和低电阻态的切换，通过调节相区比例，可实现多位存储[53, 54]。自旋转移矩磁性隧穿结利用巨磁阻逆效应，通过自旋极化电流改变磁性材料的自旋方向[55]。铁电存储器则是通过外部电压控制铁电极化方向，铁电场效应晶体管作为栅极，进而调控导电通路中的电阻[56]。

2. 原子级高密度存储技术

信息存储技术的指标主要有存储密度与容量、读写速度、工作电压与能耗、数据保存时间、读写次数寿命等。最本质的是对应于两个状态之间的转化能垒 E_B 及其与热扰动能量 k_BT 的比值，这决定了一定温度（T）下的信息保存时间：$\tau = \tau_0 \exp\left(\frac{E_B}{k_BT}\right)$。而 E_B 与存储单元尺寸或体积成正比，决定极限存储单元尺寸与存储密度，这也是存储容量与保存时间之间的矛盾。存储单元的物理极限是单个原子、单个电荷或者单个自旋。

扫描探针显微技术不仅可以对材料表面进行原子级分辨成像，同时可以实现单原子水平的操纵，从而实现信息的写入，以及结合电、磁、光学测量实现信息的读取[57]。Kalff 等用 STM 操纵单原子，控制偏压大小，在氯原子终结 Cu（100）表面控制空位排列，实现了 8000bit 信息以原子位置的方式存储，理论存储密度高达 502TB/in^2，比硬盘高 3 个量级[58]。由于热扰动和原子迁移，其工作温度限制在液氦温度下。Eom 等发现表面原子在不同的组态下具有不同的局部电荷，可以利用其空间组态和电子结构的双稳定性实现信息存储。硼掺杂 Si（111）$\sqrt{3}\times\sqrt{3}$ 重构表面上的硅原子，在 STM 探针偏压作用下，在两种构型之间可逆转变，通过扫描隧道谱仪测量其电导率和费米面态密度分辨其电荷差异，其极限存储单元面积为 2.7nm^2，存储密度为 37TB/cm^2[59]。

由于电子自旋之间的交换作用，原子会形成铁磁性和反铁磁性的磁性有序结构。Loth 等用铁原子组成原子链，其具有反铁磁排列的奈尔（Néel）态。用 STM 针尖注入自旋极化电流，改变单个原子的自旋方向导致链式反应，实现奈尔态的 0 和 1 组态转变[60, 61]。这一存储机制的工作温度取决于伊辛畴界翻转势垒能量，也需要在液氦温度下工作。

金刚石是碳原子 sp^3 杂化构成的立方相，具有独特的原子缺陷结构及优异的电学、光学和自旋性质。金刚石的宽带隙给缺陷能级提供了一个类似真空的环境，使其中空位等缺陷表现出类似孤立原子的分立能级特征。一个最为重要的原子级缺陷是金刚石色心，由氮原子-碳原子空位构成 NV 组态。Dhomkar 等采用不同能量的光激发 NV 缺陷位置，使其处于中性 NV^0 或带电 NV^1 状态，光学方式读写速度达到毫秒级[62]。由于碳-碳共价键结合，金刚石具有所有材料中最高的弹性模量和机械稳定性，其色心工作温度比通常在 STM 中的单原子结构高很多，可以在室温下实现信息存储，但其存储密度还受到缺陷密度与缺陷精确控制工艺的限制。

记录生物体内遗传信息的 DNA 具有独特的一维螺旋结构，直径约为 2nm。人体染色体中的 DNA 上碱基对数量达到数十亿对。随着人工合成 DNA 技术的发展，可按照编码顺序合成与组装 DNA 片段，然后通过基因测序方法提取信息实现解码。与大部分存储技术基于无机材料不同，DNA 存储基于有机生物分子，可实现空间立体以及活体环境中的信息存储。2018 年，美国华盛顿大学 Organick 等报道了基于 DNA 的随机读取重构算法，实现了 200MB 视频信息在 1340 万个基因序列上的随机存储[63]。

6.1.3 超越摩尔

20 世纪 70 年代以来，信息技术和产业的发展有一个明确的方向，就是提高晶体管密度，从而提高微处理器的计算能力，开发通用型计算机系统，在此基础上开发软件，应用到各种场景中。按照摩尔定律，过去数十年间信息产业呈指数发展，但已遇到极限，包括量子效应、制造成本高、能耗增大、散热困难等问题。与此同时，对于材料设计、气候模拟、大脑模拟等诸多复杂难题，需要规模更大、速度更快、更有效的信息存储和处理技术。在接近摩尔定律终点的此时，国际半导体技术发展蓝图指出了三个未来发展方向[64]。第一个是延续摩尔定律（more Moore），包括上一节中提到的采用低维新型半导体材料提升 5nm 以下晶体管的性能；第二个是功能集成策略（more than Moore），将传感器等与处理器集成，针对特定应用优化设计，改进算法效率，向上挖掘顶层空间[65]；第三个是新原理、新构架的开发（beyond Moore），向下挖掘深层次新原理，包括神经拟态计算、量子计算机等。

1. 神经拟态计算

基于晶体管集成电路的现代信息技术已发展到极致，而在大脑模拟等大型复杂问题上还有很大困难，其中一个挑战是随着计算规模的增大而急剧增长的能耗问题。生物大脑具有复杂的神经网络结构，人类大脑中的神经元数量在 10^{11} 量级，每个神经元均与数千个神经元以神经突触相连，其规模约为 10^{14} 量级[66]。人脑的功率仅为数十瓦，却具有强大的模式识别、学习、决策、创造能力。

神经拟态处理器就是受到大脑和神经网络启发而设计的分布式计算机新型架构。生物神经元之间的连接强度相当于神经网络中的权重，是由离子分布来调整的。受此启发，在神经网络中设计具有记忆功能的元件，用于存储节点之间的权重，此种元件称为忆阻器，在人工神经网络中实现神经突触的功能[52, 67, 68]。

忆阻器作为神经突触的神经网络每一层包括输入信号、权重和输出信号。其中输入信号是来自上一层的电压；权重是每一个节点的电导率，可以根据算法进行调整；输出信号是进入下一层神经元的电流。神经网络层之间的计算基于欧姆定律和基尔霍夫定律，计算输出的电流。用物理的方式直接得到信号处理的结果，而不需要进行逐个数据的大量运算，相当于大量并行运算，可加速神经网络运算。

CMOS 与忆阻器组成的复合结能够体现出神经元和突触的特征，包括脉冲时间相关的可塑性。CMOS 和忆阻器交叉网络集成，CMOS 对每一个交叉点寻址，忆阻器存储神经元权重。例如采用 30nm 加工技术，器件密度可达 2500 万个/cm^2，大于生物神经网络的密度。目前忆阻器交叉结的最小线宽已经达到 6nm，响应速度约 0.02ms，能耗约 $1W/cm^2$，有望实现低能耗深度学习[69]。

加州大学 Strukov 等采用 Al_2O_3/TiO_{2-x} 双氧化层形成的忆阻器，开关比达到 10^4，可稳定开关 5000 次循环，记忆存储达到 10 年以上。他们展示了一个 10×3 的简单网络结构，包括 10 个输入和 3 个输出以及 10×3 的忆阻器交叉结，其中 9 个输入对应 3×3 像素的图片，剩下一个输入作为偏差量，输出则是图片对应的字母。神经网络的训练通过 CMOS 调整忆阻器的电阻而实现，经过 20 轮迭代训练，可识别出不同图片对应的字母[70]。

2. 量子计算机

经典电子计算机微处理器晶体管，按照摩尔定律，已经接近原子尺度，需要从其他维度考虑计算能力的增长模式。最具吸引力的技术是利用量子力学原理中线性叠加态与纠缠态的量子信息，以希尔伯特空间量子比特取代布尔空间的 0、1 二元比特，实现信息量从 N 的量级飞跃到 2^N 的指数增长。

量子计算的基本单元是量子比特或称量子位，可用矢量 $|0\rangle$ 与 $|1\rangle$ 表示。物理上对应一个基本粒子的两个量子态，如电子为 1/2 自旋粒子的自旋向上和向下、光子的极化方向等。经典与量子比特的区别在于前者只能处于 0 或 1 态中的一个，而后者可处于叠加态。N 个量子比特可表示 2^N 维度向量空间的一个向量。量子比特是 2^N 个状态的线性叠加，通过并行运算，在特定问题上极大提高了计算效率。

量子计算机要从原理设想，到器件设计，最终变成实体机器，需要合适的量子体系。原则上所有的量子二能级系统都能作为量子计算机的计算单元，困难在于量子态退相干与外界耦合的矛盾。需要足够孤立的环境，才能保持其量子特性，同时要引入足够强的外界耦合，才能施加操纵与计算。目前人们尝试了很多体系，包括超导态、离子阱、冷原子、量子点自旋、光子、金刚石氮空位、拓扑态等[71]。

近年来随着各国政府和企业的持续投入，量子计算发展迅速。2017 年，中国科学技术大学潘建伟等报道了光量子计算机在玻色子取样问题上的表现超越早期经典电子计算机[72]。2018 年，IonQ 发布了基于离子阱技术的量子计算机，包括完全连接的 11 个量子比特、独立操作的 55 个离子对和超过 60 个量子位门，单量子位门误差小于 0.03%，双量子位门误差小于 1.0%[73]。2019 年，谷歌团队报道了一台含有 53 个量子比特的可编程超导量子计算机，在 200s 内可进行 100 万次随机采样，在特定任务上体现了量子优越性或称“量子霸权”[74]。按照 2019 年 9 月新兴量子技术国际会议上发布的《量子信息和量子技术白皮书（合肥宣言）》，量子计算机的发展包括三步：第一步，在特定问题上超越经典计算机，目前已经实现；第二步，在组合优化、量子化学和机器学习等方面实现有应用价值的专用量子模拟；第三步，实现可编程的通用量子计算机，在经典密码破译、大数据搜索和人工智能等方面发挥作用[75]。

6.1.4 低维传感器

传感器是连接虚拟数字世界与实体物理世界的桥梁，与信息处理、存储和通信系统构成智能系统。传感器可看作人类感官的增强和延伸，光学、力学、化学、声学、生物传感器与人类感官的功能相似，但观察能力远超人类。人类视觉限于可见光，而光学探测器则涵盖从远红外到深紫外甚至 X 射线的全光谱范围。日常生活中传感器已经无处不在。智能手机结合了用于定位的全球定位系统（GPS）和磁力计、测量运动方向与速度的陀螺仪及加速度计、用于拍照的 CMOS 传感器、基于压力传感的触摸屏、用于传声和发声的麦克风与扬声器等。用于健康监测的可穿戴传感器在智能手表等器件上的应用也越来越广泛。本节将介绍基于低维材料的传感器、不同种类器件的基本原理，讨论维度与尺度相关的性能特点，以及低维材料器件的优势与挑战。

传感器的指标主要有灵敏度、选择性、响应速度、稳定性等。总体而言，低维材料传感器质量轻、尺寸小、比表面积大、灵敏度高，能够更有效探测极限条件的信号；传感过程伴随的传质过程扩散距离短，响应速度快；集成多种低维材料传感器，可构建多功能、高性能、低成本、小型化的智能集成传感系统，在物联网和智能化时代将越来越重要。

1. 电学传感器

场效应晶体管（FET）传感器的基本原理是表面吸附探测对象后电荷转移，引起局部电位改变，体现为沟道电导率和输出电流的变化。FET 传感器有两个关键部分：一是传感部分的受体，决定传感选择性；二是门电压对沟道电导率的耦合效率，与导电沟道材料和器件结构相关。对于以纳米线、碳纳米管、二维半导体为导电沟道的 FET，由于其纳米级甚至原子级的厚度，栅极可更有效地调控沟道电流。同时由于其大的表面积-体积比，能够提高传感器的灵敏度。

纳米 FET 传感器可用于探测 pH、离子、核酸、蛋白质、细胞等[76]。2001 年，哈佛大学 Lieber 研究组报道了第一个硅纳米线 FET 传感器[77]，用双栅极方法提高响应灵敏度，使其超越 Nernst 极限 60mV/pH[78]。由于纳米 FET 传感器的高灵敏度，环境会引起很高的背景噪声，采用频谱分析背景信号与探测信号的频率响应特征，能够提高有效灵敏度[79]。单根纳米线 FET 传感器对蛋白质抗体和 DNA 的检测极限达到 fmol/L（10^{-15}mol/L）的极限浓度[80, 81]。北京大学彭练矛、张志勇等采用聚合物分离获得的半导体性富集碳纳米管薄膜 FET 阵列，覆盖高介电常数 Y_2O_3 介电层，避免碳纳米管沟道与环境直接接触，用金纳米颗粒结合 DNA 受体，对目标 DNA 片段的检测极限达到 60amol/L（1amol/L = 10^{-18}mol/L）[82]。

单个 FET 传感器可用于探测单个分子和细胞，FET 阵列则可以探测细胞内部的电学信号和神经元细胞之间的交流[83, 84]。Lieber 等将纳米线 FET 阵列与哺乳动物神经元细胞结合在一起，成功探测到神经元信号在轴突和树突之间传输的空间、时间分布、速率和幅度等特征，反过来也可以利用 FET 对细胞进行局部电学刺激[85]。

麻省理工学院 Shulaker 等报道了传感与计算、存储在同一个芯片上的多层三维集成系统。以碳纳米管 FET 为传感输入层，将三种不同官能团对不同气体的响应组合，传感数据存储在电阻式随机存取存储器（RAM），利用硅基集成电路处理器进行原位数据分析，采用主成分分析方法对七种气体响应特征归类（图 6.4）[86]。

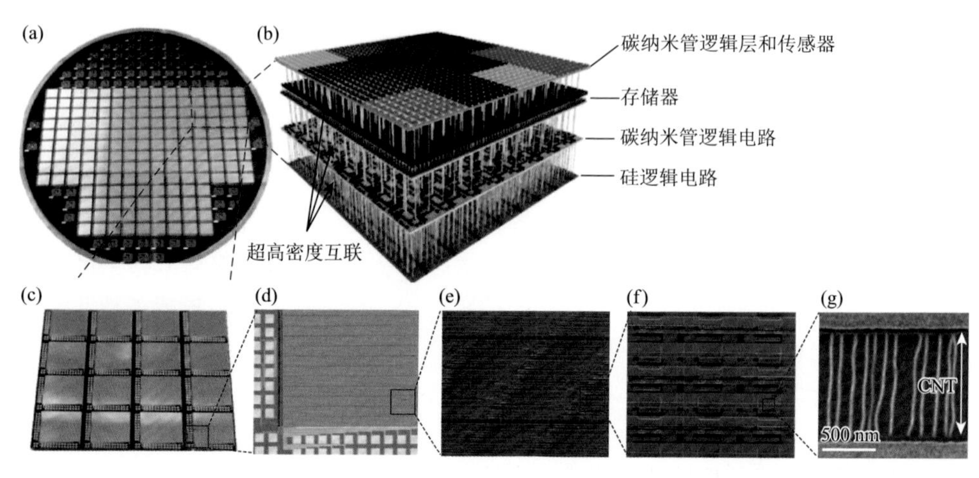

图 6.4 碳纳米管-硅三维集成气体传感系统：（a）晶圆级加工；（b）传感、存储、分析层互联结构；（c～g）单个碳纳米管晶体管组成的宏观阵列[86]

2. 力学传感器

扫描探针显微镜（SPM）通过功能化探针测量与表面的相互作用，可在纳米甚至原子级空间分辨率下获得材料表面的物理、化学性质，已经发展到单个分子、单个化学键的测量水平，可视为极限力学传感器。以 SPM 为原型发展出的力学传感器可分为进行表面张力测量的静态传感器和共振频率相关的动态传感器两种类型。

静态力学传感器的功能化表面与探测物质相互作用后发生变形，其形变量通过激光反射或压阻效应转化为光学或电学信号。此类传感器的光学测量精度很高，可用于蛋白质抗体[87]、DNA[88]、RNA[89]等检测。基于压阻效应的力学传感器则有利于器件集成[90]。压阻效应可表示为 $\frac{\mathrm{d}R}{R}=\gamma\varepsilon$，电阻变化率与应变 ε 呈线性正比关系。压阻效应有两个来源：一是外界应力作用下材料的形变，几何形状的变化导致电阻的变化；二是应力导致材料电子结构特别是能带结构和电子带隙的变化，进而引起电阻率的变化。日本国立材料科学研究所 Yoshikawa 和瑞士洛桑联邦理工学院 Rohrer 等设计了非对称的惠斯通电桥构成的纳米力学薄膜。将传感器的传感部分（接收表面）与信号转换部分（压阻梁）分开，一方面增大了传感表面积，另一方面四个压阻梁的代数组合放大了压阻效应。与普通悬臂梁相比，这种结构的测试敏感度提高了 20 倍[91]。

动态力学传感器的原理是基于悬臂梁等的机械共振，根据 Euler-Bernoulli（E-B）梁理论，其共振频率由器件的几何形状、密度和弹性模量等性质决定。当气体分子等物质吸附在表面上时，悬臂梁的共振频率会发生偏移，与吸附物质的质量相关。加州理工学院 Roukes 等计算了纳机电系统力学传感器的探测极限，考虑温度热扰动、吸附脱附过程以及动量交换影响，发现共振频率为 1GHz，质量因子为 10^5 的两端固定悬臂梁的探测精度能够达到单个质子的质量[92]。

共振力学传感器的性能与其本体质量、共振频率和质量因子（Q）密切相关。碳纳米管具有小直径（约 1nm）、高杨氏模量和无悬键表面，是共振力学传感器的理想材料。Bachtold 等用高频振荡门电压探测悬空碳纳米管场效应晶体管的共振频率，冷却到 30mK 降低环境热扰动，共振频率为数十兆赫兹时，频率响应峰的宽度仅为数赫兹，对应的质量因子高达 5000000[93]。碳纳米管共振力学传感器的室温灵敏度高达 25zg（$1zg = 10^{-21}g$）[94]。缩短碳纳米管长度到 150nm，共振频率提高到 2GHz，质量探测精度进一步提升到 1.7zg，能够探测到单个萘分子（$C_{10}H_8$）或者氙原子[95]。

在实际应用中，特别是作为生物传感器，最大的挑战来自液体环境。黏稠的液体对力学传感器的机械共振形成很大的阻尼。低浓度探测物质扩散到传感器上的时间是另一个大挑战。为了克服液体的阻尼作用，Favero 将通常为一维结构的共振梁改成具有更高刚度的圆盘结构，其呼吸模式在液体环境中能保持在 GHz 水平共振。利用 GaAs 很强的光电耦合作用测量不同波长激光经过圆盘附近的吸收率来探测共振频率，在液体中的质量因子高达 2.2×10^4[96]。MIT 的 Burg 等将探测环境放到传感器中，待测物质通过微流体通道，流经悬臂梁内部，而后通过共振频率偏移计算吸附物质的质量变化，减小环境对传感器的扰动，因而保持很高的质量因子（15000）。由于悬臂梁的质量小和质量因子高，其灵敏度达到 fg 级，可探测单个纳米颗粒或细菌，比石英晶体微天平的灵敏度高 6 个数量级[97]。

3. 机器视觉

人类视觉是通过眼睛（光学传感器）接受外界一定频率范围的电磁波（可见光）刺激产生电信号，通过神经系统传送到大脑，经过分析后形成感觉（视觉）的过程。所谓“一图胜万言”，人类超过 80%的信息是通过视觉获得。机器视觉在自动驾驶、机器人等新兴领域至关重要，包括光学信号采集、光电转化、电学信号通过神经网络等机器学习方法训练形成模型等过程，让机器不仅能看见，而且知道看到的是什么，进而实现智能控制。

维也纳工业大学 Mennel 等报道了基于二维材料的神经网络图像传感器，其核心器件是直接带隙 WSe_2 纳米片为导电沟道的浮栅晶体管。输入信号图像，每个像素点对应半导体光电转化器件。通过光探测器阵列实现光电转化，将光信号矩阵转化为电信号矩阵。光电探测器阵列组成交叉结网络与输出端相连，通过基尔霍夫定律产生每一个输出端对应的电流，其响应常数由门电极（即栅极）控制，实现神经元之间连接权重的调节。根据输出端信号计算的损失函数，更新迭代神经元连接权重来训练神经网络。采用浮栅门电极，不仅可以调节光电流响应常数，还可以在节点处存储电荷，避免权重信息的反复读取、存储、更新等大量数据传送工作。他们展示了图像分类的监督机器学习和图像解码的无监督机器学习[98]。中国科学院金属研究所孙东明等采用碳纳米管和钙钛矿量子点为导电沟道活性材料的光电响应晶体管，构筑了神经视觉传感系统，其具有高达 5.1×10^{7}A/W 的光灵敏度，在 $1\mu W/cm^2$ 的微弱光照脉冲下展示了视觉强化学习功能（图 6.5）[99]。

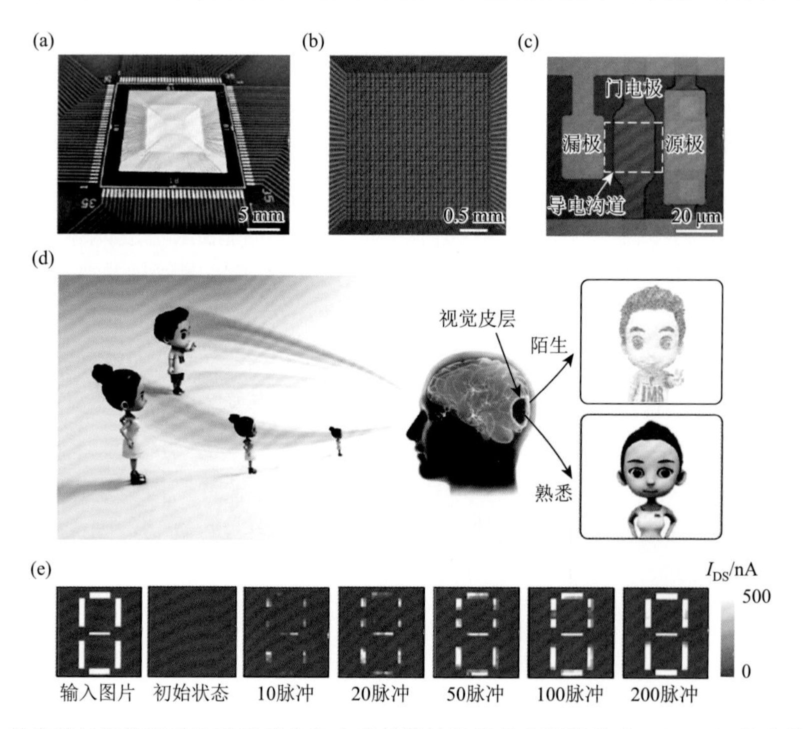

图 6.5 基于碳纳米管和钙钛矿量子点光电晶体管的神经拟态视觉传感：（a～c）单个传感器和传感器阵列；（d）人类视觉识别系统；（e）视觉传感训练过程[99]

6.2 低维能源材料

能源是人类文明发展的根本动力，包括衣食住行、照明、取暖、交通、通信在内的人类所有的活动都需要能量。随着人类对自然规律的不断深入理解和挖掘，能量的利用形式与规模都在发生巨大变化。最初带来光明和温暖的是经太阳内部核聚变反应发出的太阳光，然后人类开始利用人力、畜力、水力和风力等机械能，到氧化反应燃烧柴火、煤炭和石油的化学能，到电子驱动伴随的电力，再到可控原子核裂变释放的核能，以及未来可能实现的人工可控核聚变。

过去数百年间人类生产力突飞猛进，驱动力是工业革命中被大量利用的化石燃料。第一次工业革命，蒸汽机将煤炭中的化学能转变为热能和机械能；第二次工业革命，火电厂将化石燃料燃烧释放的热能转化为机械能再转化为电力。亿万年前远古时代，植物通过光合作用将太阳能转化为储存在碳氢化合物中的化学能。这些植物遗骸埋藏在地下，经过地质过程转化为化石燃料。过去两三百年，化石燃料的大量燃烧，不仅释放能量，同时也把数以亿万年固化在其中的碳等各种元素氧化后释放到大气中。化石燃料储量有限，同时它的燃烧产生大量温室气体，造成气候变化等环境问题，这已经成为影响人类文明持续发展的重要挑战。根本的解决方法是发展清洁可再生能源，提高能量转化效率，实现物质循环和能量再生，这是国际社会、各国政府、科研机构和企业甚至个人共同面临的重大课题。

能源应用可以分为：①能量的产生（采集），如太阳能电池、人工光合成燃料；②能量的存储与运输，如锂离子电池和氢气等；③能量的使用与消耗，如燃料电池；④能量回收，如热电转化器件。由于能量守恒，本质上能源器件都对应能量的转化与转移过程，我们将阐述其中相通的基本原理，从热力学角度讨论其理论效率极限，从动力学角度考虑其实际过程，重点考察低维材料的可能优势与应用前景。

6.2.1　太阳能电池

太阳光是地球上绝大部分能量的根本来源，包括热能、风能、水能，以及远古时代经光合作用积累的化学能等。太阳光谱的能量分布符合 5800K 黑体辐射特征，主要分布在可见光范围，峰值波长约为 500nm（对应光子能量 2.48eV）。经过大气吸收后，太阳光在地面的辐照功率密度约为 $1000W/m^2$。地球表面太阳辐照总功率达 10^5TW，远超全球每年 10TW 量级的能量需要。从长远来看，太阳能是人类文明持续发展唯一可靠可行的能量来源。本节和下一节主要介绍太阳能电池与人工光合成燃料，分别讨论将太阳能转化为电能和化学能。

太阳能电池通常是半导体 p-n 结，由吸光层、电子传输层和空穴传输层构成。光电转化过程主要包括以下步骤：①半导体价电子吸收光子，激发电子-空穴对。激发态电子能量分布与太阳光谱一致，称为热电子。②电子-晶格作用，热电子冷却。电子与空穴分别集中在导带和价带边，与环境处于热平衡。③电子-空穴复合逆过程，与光吸收呈动态平衡。④电子-空穴在 p-n 结内建电场作用下分离、导出、输送、负载供电。

功率转化效率（PCE）是各个过程损失叠加的结果，包括光吸收率、分离效率、输运迁移率、电荷采集效率等。1961 年，Shockley 和 Queisser 考虑半导体带边光吸收激发与辐射复合发光的平衡，提出 Shockley-Queisser（S-Q）模型[100]。随着半导体带隙的减小，太阳光谱的利用范围增加，短路电流（J_{SC}）提高，但开路电压（V_{oc}）减小，因而存在最佳带隙。对于单结太阳能电池，在 AM1.5G 标准太阳光谱下，最佳光学带隙为 1.34eV，对应的极限转化效率为 33.7%（图 6.6）。

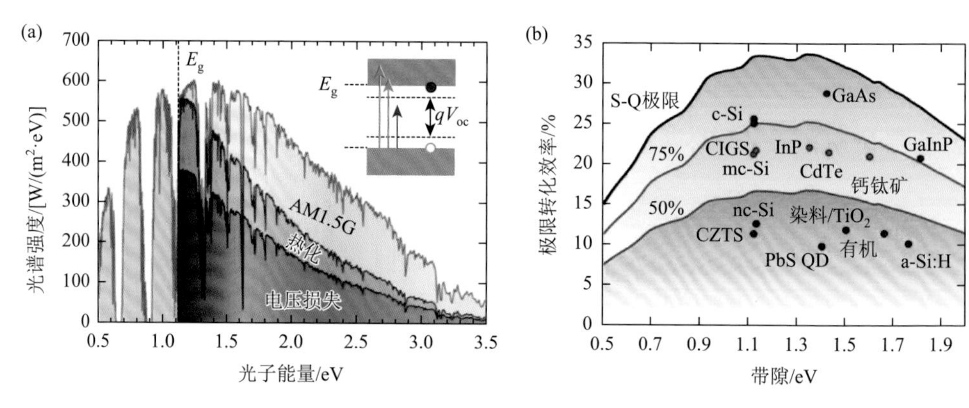

图 6.6 （a）太阳能电池原理和太阳光谱分布；（b）半导体带隙与太阳能电池极限转化效率的关系[101]

1. 纳米线阵列太阳能电池

太阳光照射到太阳能电池表面，一部分被吸收，一部分被反射，反射率与表面形貌相关。硅太阳能电池中，通过硅（100）晶体表面各向异性刻蚀形成四面体锥形绒面，能够将反射率从35%降低至20%，结合抗反射涂层，总反射率可降低至10%以下。纳米线和纳米管的垂直阵列能形成有效的光陷阱，经过多次反射，充分吸收入射光[102]，如碳纳米管阵列被认为是世界上“最黑”的物质[103]。Atwater等展示了硅纳米线阵列的光学吸收增强效果，实际面积覆盖率仅为5%，能吸收96%的入射光，外量子效率达到89%[104]。

Nicklas Anttu计算了Ⅲ-Ⅴ族InP纳米线阵列太阳能电池的极限转化效率。与块体太阳能电池相比，其短路电流较低。但由于减少了总体辐射复合发光，开路电压提高。优化构型参数的纳米线阵列的理想转化效率可达到32.5%，略高于块体InP的Shockley-Queisser极限转化效率（31%）[105]。

2010年，杨培东等报道了硅纳米线p-n结阵列太阳能电池，其转化效率约为5%[106]。2013年，Bakkers等采用直接带隙InP纳米线作吸收层制备了p-n结太阳能电池，转化效率为11.1%[107]。同年，Borgström等改进了纳米线的阵列结构，制备了基于InP纳米线的p-i-n结太阳能电池，面积覆盖率仅为12%，转化效率达到13.8%（图6.7）[108]。

2. 量子点太阳能电池

太阳能电池的核心是光吸收层半导体材料，量子点的电子带隙可以通过成分和尺寸调节，将直接带隙半导体纳米晶的带隙调节到理想的1.34eV，从而接近理论转化极限。2005年，加拿大多伦多大学Sargent等报道了PbS量子点光伏器件，转化效率约1%[109]。采用控制缺陷数量、提高载流子扩散长度等方法可将转化效率

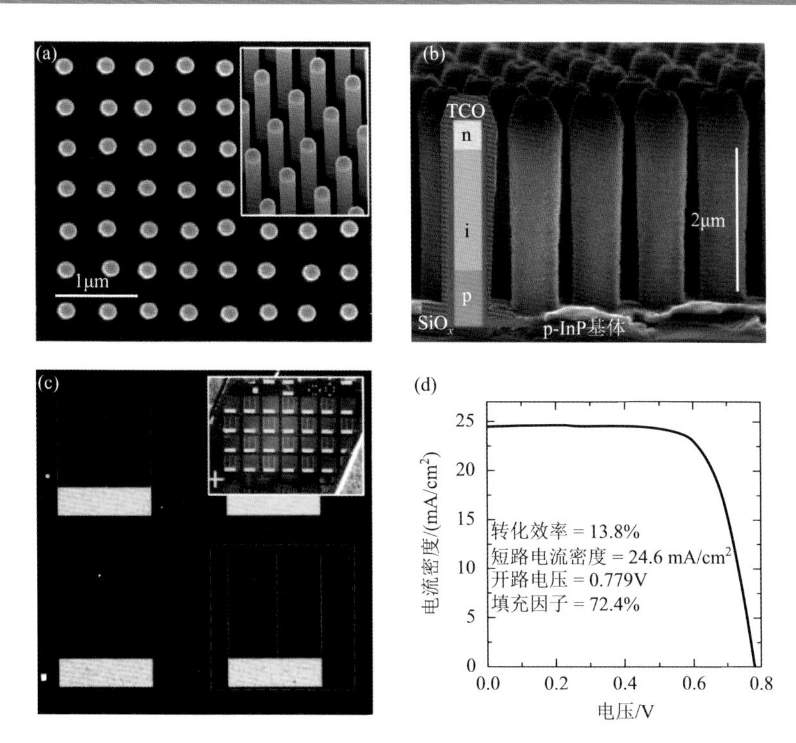

图 6.7 InP n-i-p 结构纳米线阵列太阳能电池：(a、b) 正面和侧面 SEM 照片 (TCO. 透明导电氧化物)；(c) 1mm×1mm 光学照片；(d) 模拟太阳光条件下的电流密度 (J) -电压 (V) 性能曲线[108]

提升一个数量级，达到 9.9%[110]，其开路电压约为 0.64V，仅为理论值的 56%；其短路电流受限于表面缺陷和电荷跳跃(hopping)输运机制，为理论值的 66%[101]。2020 年，澳大利亚昆士兰大学王连洲等报道了基于 $Cs_{1-x}FA_xPbI_3$ 钙钛矿纳米晶太阳能电池，通过调节反应动力学，获得缺陷浓度较低的多晶纳米晶薄膜。开路电压、短路电流密度和填充因子分别达到 1.17V、18.3mA/cm^2 和 78.3%，最高功率转化效率达到 16.6%，600h 连续太阳光照下能保持 94%初始效率 (图 6.8) [111]。

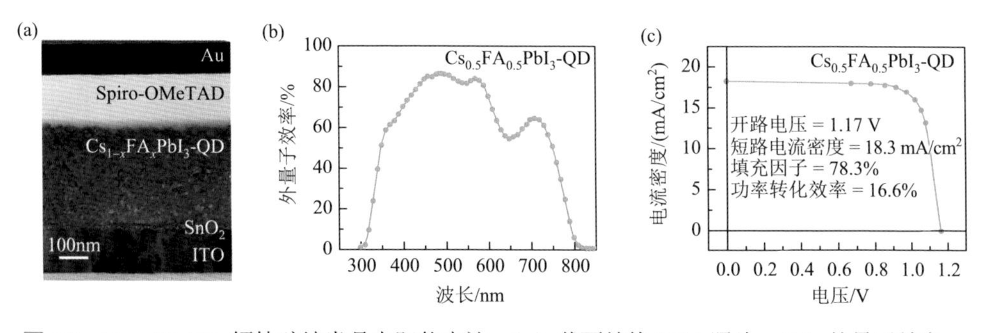

图 6.8 $Cs_{1-x}FA_xPbI_3$ 钙钛矿纳米晶太阳能电池：(a) 截面结构 SEM 照片；(b) 外量子效率；(c) 电流密度 (J) -电压 (V) 性能曲线[111]

3. 染料敏化太阳能电池

染料敏化太阳能电池（DSSC）也被称为光电化学太阳能电池，因为光电转化过程中包括光电化学过程。与普通 p-n 结太阳能电池结构不同，光吸收、电子输运、空穴输运分别在不同材料中实现。其中吸收光的不是半导体，而是染料分子（通常为 Ru 基染料分子），染料分子吸收光转移到半导体即染料敏化。1991 年，O'Regan 和 Grätzel 采用中孔 TiO_2 薄膜作为 n 型光电极，表面积增大使光吸收和光转化效率提高了三个数量级[112, 113]。附着在中孔结构 TiO_2 上的染料敏化分子吸收光子后，电子从 HOMO 轨道跃迁到 LUMO 轨道，注入半导体导带；离子氧化还原反应对（I^-/I_3^-）接受空穴；I^-/I_3^- 通过液相输送到对电极，与经过外电路传输的电子反应，实现电路的闭合与电荷中和。

DSSC 具有低成本、柔性、可印刷、半透明等特点，在大面积建筑智能窗户等方面具有较好的应用前景。但其转化效率比其他薄膜太阳能电池低，主要原因是 DSSC 包括多级光电化学反应与电荷转移，以及离子液相传输过程，导致过电位高和开路电压低，其最高转化效率纪录由夏普公司于 2013 年报道（11.9%）[114]。

4. 钙钛矿太阳能电池

在 DSSC 的基础上发展出的卤化物钙钛矿太阳能电池，近年来迅速成为研究热点[115]。有机-无机杂化钙钛矿材料具有一系列独特的结构与性质，其带隙由卤素成分调节，从碘 1.6eV 到氯 3.2eV 连续可调。用甲酸铵（FA）替代甲基铵（MA），可进一步减小带隙，从而接近最佳带隙。其缺陷能级不在带隙中，因而载流子扩散长度大，而载流子迁移率较高[116, 117]。

2007 年，东京大学 Miyasaka 等首次报道了基于有机-无机杂化钙钛矿的太阳能电池。采用 DSSC 架构，以 $CH_3NH_3PbBr_3$ 作为染料光吸收层，其转化效率为 2.2%[118]。2012 年，Park 和 Grätzel 等引入固态电解质作为空穴传输层，提高了钙钛矿纳米颗粒的稳定性，将光电转化效率提升至 9.7%[119]。Snaith 等发现混合卤素体系具有更高的结构稳定性和更低的电子-空穴复合率，使载流子扩散距离达到微米级[120]。他们发现 TiO_2 层不是必需的，从而脱离 DSSC 架构，以 Al_2O_3 绝缘薄层取代 TiO_2，提高开路电压，获得超过 10%的转化效率[121]。2013 年，Grätzel 等提出钙钛矿分步沉积方法，使其形貌得到更好的控制，报道了＞14%的认证转化效率[122]。Snaith 等则完全突破了多孔纳米晶架构，通过气相沉积方法制备出平面异质结构，实现了＞15%的转化效率[123]。

钙钛矿太阳能电池实际应用的瓶颈问题是其在高温、高湿度、高光照环境下的稳定性。稳定性较低的本质原因是其弱离子键结合，因而缺陷形成能和扩散激活能都较低，在加热、光照、溶剂的作用下容易分解[122]。实用太阳能电池的稳定性要求 10 年保持 90%输出功率，25 年保持 87%，这是一个很大的挑战。

影响太阳能电池效率和稳定性的一个重要因素是界面结合强度和电子输运性质。Grätzel 等采用硫氰酸亚铜（CuSCN）作为空穴提取层，获得了 20%以上的转化效率。在 CuSCN 与金电极之间加入还原氧化石墨烯（RGO）导电层，有效提高了电池的光与热稳定性，在 60℃的全日照强度、最大功率点工作 1000h 后，保持其初始效率的 95%以上[124]。上海交通大学韩礼元研究组将$[CH(NH_2)_2]_x[CH_3NH_3]_{1-x}Pb_{1+y}I_3$有机-无机钙钛矿薄膜与氯化氧化石墨烯复合，形成较强的表面 Pb—Cl、Pb—O 键，有效提高了其稳定性，减少了电荷复合，在 60℃和 AM1.5G 模拟太阳光照条件下，1000h 后能保持其初始转化效率（21%）的 90%[125]。布朗大学 Nitin Padture 等设计了一个碘离子桥接层，以提高电子传输层和卤化物钙钛矿薄膜的界面结合强度，机械韧性增加了 50%，转化效率从 20.2%提高到 21.4%。在模拟太阳光照条件下，保持初始效率 80%的时间从 700h 增加到 4000h[126]。

6.2.2 人工光合成燃料

从能量与物资的角度看，现代文明建立在化石燃料及石油化工产品的基础上。清洁能源如太阳能虽总量巨大，但是能量密度低，随季节、天气、时间与地域变化大，大规模应用必须与能量存储和转化技术配合。在重型运输方面，燃油具有能量密度高、成本低、基础设施完备的优势。社会发展离不开塑料、肥料、生活用品等必需物资，以及氢气、乙烯、丙烯、甲醇和氨等工业原料。要实现《巴黎协定》中设定的 2050 年前碳净零排放目标，开发碳中和燃料替代化石燃料甚为迫切[127]，其中人工光合成燃料是最具吸引力的一个方向。

1. 自然与人工光合作用

光合作用是植物在光照下将水和 CO_2 转化为氧气和碳水化合物的过程，是地球上氧气的主要来源，是包括人类在内的所有动物赖以生存的食物来源。化石燃料也来自亿万年间植物光合作用的固碳。植物光合作用反应分为两步：第一步是水分解生成氧气和质子；第二步是质子与 CO_2 反应生成有机质。两步均为两电子反应，整个过程包括 4 个电子，总体转化效率约为 1%[128]。

人工光合作用模仿自然光合作用，合成氢气、碳氢化合物、氨气等物质，将太阳光能储存在物质的化学键中。以自然为师，人工光合作用的目标是实现高效光-物质转化，将低能量密度的太阳光转化为高能量密度的燃料，同时实现碳和氮等元素的物质循环，可谓一举多得。我们需要从热力学上考察其极限转化效率，同时从动力学上考察其效率限制因素。下面将以光分解水制氢、CO_2 还原和氮还原合成氨三个体系，着重介绍低维半导体和电催化剂在光电化学转化领域的应用。

Ross 和 Hsiao 用双能级模型计算了光电化学转化极限效率，主要考虑光吸收激发与光发射的平衡，忽略非辐射发光复合[129]。单一转化体系的最高效率为 29%，对应波长为 1000nm。光电化学转化与太阳能电池中光电转化的本质都是光子能量转化为化学能，其极限转化效率相当。太阳能电池的转化效率已经接近其 Shockley-Queisser 极限，而光合作用效率目前远远低于理论极限，还有很多挑战需要克服[128]。

光电化学过程与光电转化过程的一个重要差别在于，太阳能电池中的光电转化过程只考虑最后的电功率，也就是输出电压与电流的乘积最大，半导体材料的能带带隙是主要变量；而光电化学过程则往往针对特定的化学反应，具有特定的反应电位，对半导体或者其他的光电活性物质的价带与导带有特定的要求，材料和器件设计受到更多制约。

这里体现了化学与物理中电子过程中的一个比较普遍的差别。对化学反应过程来说，即使是水分解成氢和氧气这样“简单”的反应，也包括多个电子、多个步骤和多个中间状态，而每一个中间步骤都对应着激活能、物质输运等过程，受到更多动力学过程的限制。开发高效光催化剂的关键在于对反应机理及每一个步骤对应的效率损失机制的理解。

2. 光分解水：氢循环

氢气密度小，质量能量密度高（120MJ/kg），是汽油的 3 倍。燃烧产物只有水，零污染和零 CO_2 排放，被认为是理想能量载体和终极燃料。但目前为止，氢气还没有成为主流燃料。一个原因是氢气难液化，体积能量密度低（8.5MJ/L），只有天然气的 1/3、汽油的 1/4；另一个重要制约因素是氢气的生产，目前氢气主要来源于天然气裂解，本质上还是化石燃料。1972 年，日本科学家 Fujishima 等发现了 Honda-Fujishima 效应[130]，开辟了太阳光分解水这条制氢途径。

水分解反应（$H_2O \longrightarrow H_2 + 1/2O_2$）的吉布斯自由能 $\Delta G_0 = +237.13$kJ/mol，是一个热力学非自发反应。按能斯特方程计算，水分解对应的电位为 1.23V，因而热力学要求半导体的带隙大于 1.23eV，导带底与价带顶涵盖水分解的氧化还原电位窗口。主要步骤包括：①光电转化，通过半导体材料吸收光子，激发电子-空穴对；②水电解生成氢气和氧气，分别完成析氢反应（HER）和析氧反应（OER）；③氢气和氧气分离，可通过空间隔离反应或纯化分离。低维材料在光电化学分解水中的作用主要是：能带结构调控、促进电子-空穴分离、析氢与析氧电催化等。

1）能带结构调控

光催化分解水热力学对半导体的带隙、价带顶和导带底位置有确定的限制，在此限定条件下，充分利用太阳光谱分布，最大限度吸收太阳光才能实现高转化效率，这就需要对半导体的电子结构进行调控，包括限域效应、掺杂能级和合金化等。

Fujishima 等发现用于光分解水的 TiO_2 晶体具有化学性质稳定、无毒性、低成本的优点。锐钛矿和金红石这两种 TiO_2 相的带隙分别为 3.20eV 和 3.02eV，对应于波长 387nm 和 410nm，主要是紫外活性，而紫外波段仅占太阳光能量的 4%左右。科学家发展了 Cr、Fe、V 等的阳离子和 N、C、B 等的阴离子掺杂 TiO_2，以提高可见光波段吸收率[131]。但掺杂原子通常分布在颗粒表面，这种非均匀分布的掺杂会引入局部缺陷能级，体现为光吸收谱的拖尾。

中国科学院金属研究所刘岗等在氧化钛（TiO_2）纳米片这种单原子层厚度的二维材料中实现了分布均匀的氮原子掺杂，体现为吸收光谱上的带边可见光吸收[132]。进一步在 TiO_2 的氧空位引入氢原子，距离导带底 1.72～1.83eV 位置形成了新的价带，实现了 TiO_2 在可见光谱全范围的光吸收，此种 TiO_2 称为红色氧化钛[133]。

2006 年，东京大学 Domen 小组报道了（$Ga_{1-x}Zn_x$）（$N_{1-x}O_x$）固溶体合金体系。GaN 与 ZnO 都是纤锌矿结构，带隙分别为 3.4eV 和 3.2eV，而固溶体带隙为 2.58eV，具有可见光吸收活性。以 $RhCrO_x$ 为助催化剂，在可见光范围内催化分解水产氢，对应 420～440nm 波长的量子效率为 2.5%[134, 135]。

在新体系探索方面，Domen 小组报道了非金属 C_3N_4 聚合物，其带隙为 2.6eV，在铂助催化剂的作用下，420～440nm 波长范围内的量子效率为 0.1%[136]。苏州大学李述汤和康振辉等报道了 C_3N_4 与碳量子点复合体系，在 420nm 左右的量子效率达到 16%，太阳能到氢能转化（STH）效率为 2%[137]。

2）电子-空穴分离

半导体吸收光产生电子-空穴对后，电子与空穴分离是一个关键步骤。提高分离效率的方法有加入牺牲剂、助催化剂，利用 Z 机制、晶面各向异性等。2016 年，Domen 小组报道了 $SrTiO_3$:La,Rh/Au/$BiVO_4$:Mo，分别采用 Ru 和 RuO_x 作 HER 和 OER 共催化剂，通过 Z 机制使产氢和产氧光电极空间隔开，并通过 Au 实现电荷转移和反应的耦合，在 419nm 波长下的量子效率达到 33%，纯水分解的 STH 效率为 1.1%，达到了自然光合作用的水平[138]。

随着低维材料生长技术的进步，不仅可获得尺寸均匀的纳米晶，还可控制得到特定晶面构成的特定形状晶体[139]。利用不同晶面的结构、表面能、反应活性差异，分别发生 HER 和 OER，能促进电子-空穴对的分离。中国科学院大连化学物理研究所李灿研究组通过控制生长形貌获得了各向异性的 $SrTiO_3$ 纳米晶，比各向同性的量子效率高 5 倍[140]。2020 年，Domen 等在铝掺杂 $SrTiO_3$ 的（100）与（110）晶面上分步选择性沉积 Rh/Cr_2O_3 和 CoOOH，作为 OER 助催化剂，由两表面的功函数差异（0.2eV）产生的内建电场促进了电荷分离。在 350～360nm 之间，其外量子效率为 96%、内量子效率接近 100%[141]。应该指出的是，高活性区间仍然是紫外波段，而全光谱 STH 效率仅为 0.65%。2021 年，Domen 等报道了 100m^2 规模光催化分解水的示范性应用，表明较大规模光催化分解水制氢是安全可行的（图 6.9）[142]。

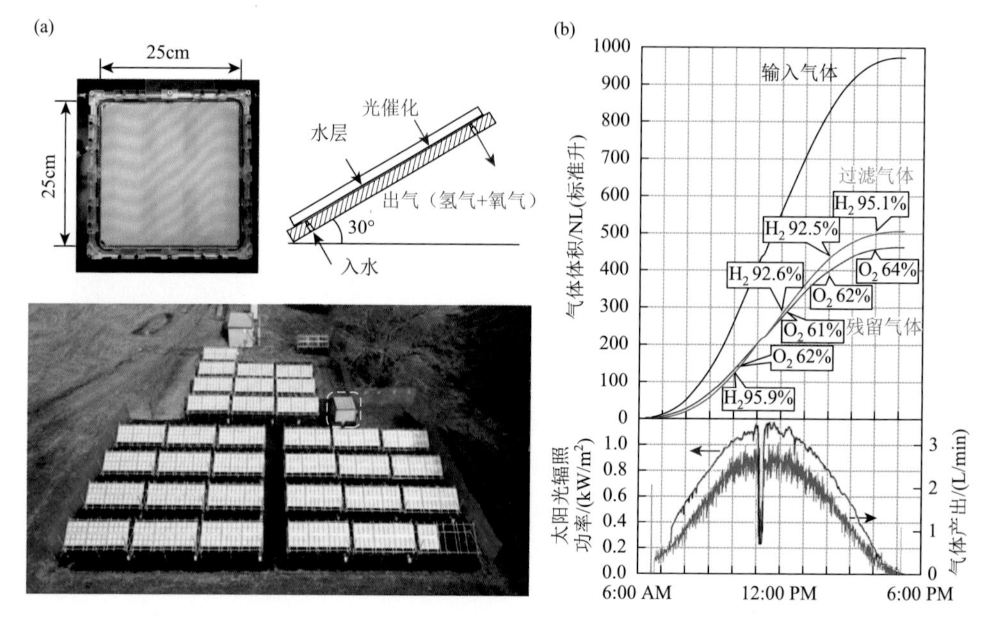

图 6.9 100m² 规模光催化分解水的应用示范：（a）基于掺铝钛酸锶颗粒光催化剂分解水系统；（b）产氢量与时间和光照强度的关系[142]

3）氢氧分离

粉体体系中氢气与氧气同时析出，氢气和氧气分离是一个必不可少的步骤。在光伏-电化学（PV-EC）电解池体系中，产氢和产氧分别在光阴极和光阳极上发生，中间用隔膜隔开，能够实现氢气与氧气的空间分离[143]。按照 PV 转化效率 20%～30%、质子交换膜电解转化效率 60%～70%简单相乘，PV-EC 电解池体系的转化效率能够达到 12%～21%，远远高于自然光合作用。

2007 年，Peharz 等报道了Ⅲ-Ⅴ族半导体 $Ga_{0.35}In_{0.65}P$-$Ga_{0.83}In_{0.17}As$ 叠层太阳能电池与铂电催化剂系统 18%的 STH 效率[144]。2016 年，Jia 等采用 InGaP/GaAs/GaInNAsSb 三结叠层太阳能电池，其带隙分别为 1.9eV、1.4eV 和 1.0eV，能更加充分利用太阳光谱，48h 内平均 STH 效率为 30%[145]。

在低成本太阳能电池与电催化剂的探索方面，2011 年，Reece 等报道了基于非晶硅的 PV-EC 系统，采用 NiMoZn 作为析氢催化剂与 Co 化合物作为析氧催化剂，STH 效率为 4.7%，集成系统效率为 2.5%[146]。2014 年，Luo 等采用钙钛矿太阳能电池与储量丰富的 NiFe 层状双金属氢氧化物同时作为 OER 和 HER 双功能催化剂，其 STH 效率高达 12.3%[147]。

3. 太阳能 CO_2 还原：碳循环

化石燃料碳氢化合物的大量燃烧，造成大气中 CO_2 含量自人类文明工业化以来急剧上升，已经造成气候变化等全球性环境问题。另外，碳氢化合物与氢气等能量载体相比，具有能量密度高、化学性质稳定、基础设施完善等优点，作为重型交通工具的燃料难以替代[148]。在此背景下，通过碳循环形成整体零排放的碳中和能源系统十分重要。美国、欧洲、中国都在过去十多年间推出液态太阳能燃料计划，利用太阳能等清洁能源将 CO_2 还原成碳氢化合物等有价值的燃料和化工原料。

光电化学还原 CO_2 与光分解水有相通之处，主要包括半导体上的光电转化和在催化剂上发生的电化学反应。由于 CO_2 和 H_2O 的化学性质以及反应热力学和动力学的差异，有必要将这两条光-燃料转化路径进行对照。

CO_2 还原是一个模仿自然光合作用的反应过程：$CO_2 + H_2O \longrightarrow C_xH_yO_z + O_2$。$CO_2$ 是含碳分子中热力学最稳定的，其形成能为–394kJ/mol，比 H_2O 的形成能–228kJ/mol 大很多。CO_2 还原反应（CO_2RR）是一个包括气体（CO_2）、液体（H^+）和固体（e^-）的三相反应，可能有多种反应路径，2、4、6、8、12 等不同数目的电子参与反应，反应产物也达到 16 种之多，包括 CO、HCOOH、CH_4、C_2H_4、C_2H_5OH 等[149]。参与反应电子数越多，其反应过电位就越高，因而电化学还原 CO_2 有很大挑战。当前研究的重点包括：①开发高效率、高选择性、高稳定性的电催化剂以降低过电位，提高法拉第效率；②优化传质过程和器件结构，提高电流密度和产量。

1）CO_2 电化学还原催化剂

CO_2 电化学阴极还原反应是“太阳能-液态燃料”转化的核心反应，关键是电化学催化剂。催化活性由电子结构决定，可通过调节低维材料尺寸、晶面、掺杂等进行调控；反应速率不仅与催化活性相关，也与整个反应过程的各个步骤耦合相连，需要考虑其中的物质传输。

随着催化剂尺寸的减小，活性位点增加。中国科学院大连化学物理研究所包信和等对比了不同尺寸钯纳米晶的电催化 CO_2 活性，发现直径为 3.7nm 时反应速率最高，电流密度比 10.3nm 的高 18.4 倍（≈15mA/cm^2），而且生成 CO 对应的法拉第效率从 5.8%提高到 91.2%。通过 TEM 照片分析，发现伴随尺寸减小，颗粒形状与表面晶面比例发生变化。CO_2 和*COOH 容易在颗粒棱角处吸附，而*H 的吸附能与位置相关度不高，因而存在与尺寸相关的“火山图”[150]。

1985 年，Hori 等报道了不同金属上电化学还原 CO_2 会形成不同的产物，与催化剂金属的电子结构特别是 d 电子中心位置相关[151]。多伦多大学 Sargent 等开发了机器学习方法，通过高通量计算筛查发现 CuAl 合金具有合适的 CO 结合能，在 CO_2 还原成乙烯的反应中，在 400mA/cm^2 的较高电流密度下将法拉第效率从纯铜的 66%提高到 80%[152]。

CO_2 电化学还原是一个三相反应，包括 CO_2 气体、电解液提供质子和固态电极提供电子。通常 CO_2 的溶解度很低，因而气体的溶解与扩散是限制电流密度的重要因素。Sargent 等设计了石墨/CNP/Cu/PTFE 电极结构，碳纳米颗粒与石墨网络稳定气体扩散层的疏水性质，CO_2 从多孔电极一侧扩散，与 KOH 碱性电解液分开，使气体与电解液输运过程脱耦，将生成乙烯的法拉第效率提高到 70%[153]。引入亲水-疏水双功能表面的全氟磺酸（PFSA）离子聚合物涂层，实现气体、离子、电子输运脱耦，在微米区域内形成紧密接触的三相反应界面。CO_2 的扩散通量与普通液体电解液体系相比提高 400 倍。充分利用表面活性位置来抑制 HER 副反应，电流密度达到 $1A/cm^2$，对应生成乙烯的法拉第效率超过 60%，能量转化效率达到 45%[154]。

2）光催化剂还原 CO_2

太阳能-碳氢燃料的光电化学转化包括光催化剂、光电化学电池和光伏辅助电解三种类型，本质上都是半导体上太阳光-电转化与催化剂上电化学反应的结合，区别在于光-电、电-化学两个体系之间的电子如何耦合、传输、转移，以及化学反应之间的离子如何交换形成回路。

1979 年，Fujishima 等报道了水溶液中 TiO_2 等半导体粉体可光电化学还原 CO_2[155]。韩国大邱庆北科学技术院 In 等报道了 Cu-Pt 双金属纳米晶敏化氧化钛，在 AM1.5 模拟太阳光照下，CO_2 还原为甲烷和乙烷，经过活化过程，能量转化效率在 1.5h 左右达到约 3%[156]。2020 年，剑桥大学 Wang 等报道了 $SrTiO_3$:La,Rh | Au | RuO_2-$BiVO_4$:Mo 构成的 Z 机制光催化剂体系，采用 Co 中心配位化合物作为 CO_2 还原分子催化剂，太阳能-甲酸法拉第效率约 97%，但光-燃料转化效率仅为 0.08%[157]。

20 世纪 70 年代开始出现关于光电化学电池转化 CO_2 的研究和报道。Halmann 等采用 p-GaP 作光阴极，采用碳和 n-TiO_2 作光阳极，分别将 CO_2 还原转化为甲酸和甲醇，同时也报道了与光伏太阳能电池联用辅助电解体系还原 CO_2[158]。2019 年，东京工业大学 Nakada 等设计了一个 Z 机制的光电化学转化体系，其中光阳极是 TiO_2:Ta/N 吸光半导体，RuO_x 为 ORR 催化剂；光阴极是 Ru(Ⅱ)-Re(Ⅰ)双核复杂配位化合物，将 CO_2 还原成 CO。该体系的整体法拉第效率约为 71%，光-化学能转化效率为 1.1×10^{-3}%（图 6.10）[159]。

3）光伏辅助电解还原 CO_2

随着太阳能电池的效率不断提升和价格不断降低，光伏（PV）辅助电解将太阳能转化为化学能这一途径受到更多重视，由于光电转化和电-化学转化两个过程在空间上分开，功能上又集成为一个系统，两部分可各自优化，可获得更高转化效率。

Jeon 等采用成本低廉的 CIGS 薄膜太阳能电池（8.58%效率）、Co_3O_4 纳米颗粒与纳米金分别作为 OER 与 CO_2RR 的电化学催化剂，在工作电压为 2.33V、电流密度为 $7.32mA/cm^2$ 下，CO_2 还原成 CO 的法拉第效率达到 90%，光-燃料转化效率为 4.23%，超过自然光合作用效率（图 6.11）[160]。Michael Grätzel 团队采用三结钙钛矿太阳能电池串联提高电压，以 Au 为 CO_2RR 催化剂，以 IrO_2 为 OER

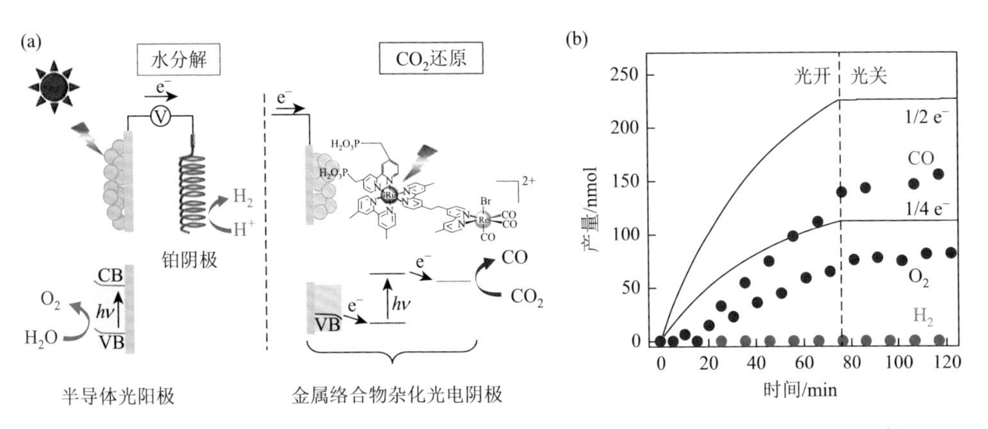

图 6.10　(a) 光催化剂分解水-CO_2 还原联合装置示意图；(b) 模拟日光和可见光照射下，电池电压为 0.5V 时的 CO、O_2 和 H_2 产率[159]

催化剂，CO_2 还原到 CO 的最高效率为 6.5%[161]。采用表面原子层沉积 SnO_2 的 CuO 纳米线同时作为 OER 和 CO_2RR 的双功能催化剂，与 GaInP/GaInAs/Ge 三结串联高性能太阳能电池联用，CO_2 还原成 CO 的总体法拉第效率为 81%，光-燃料转化效率达到 13.4%[162]。

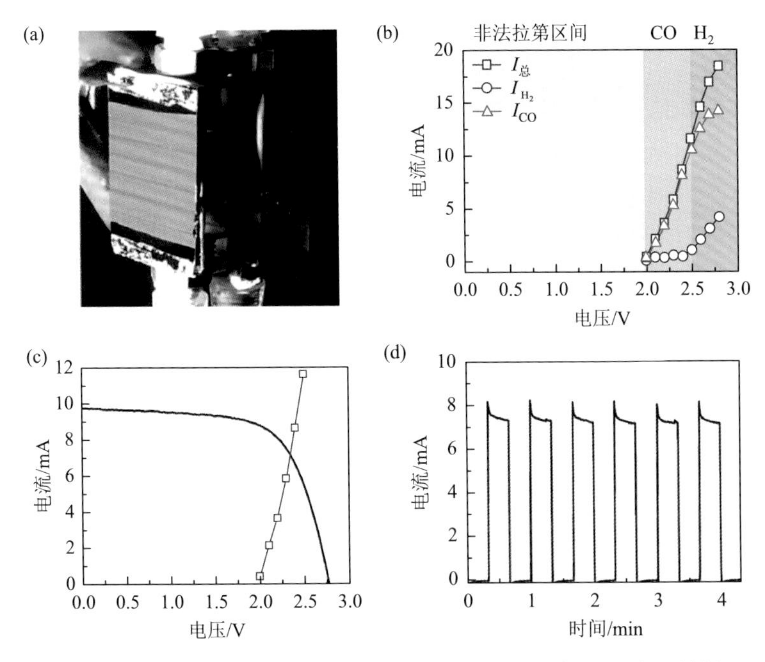

图 6.11　PV-电催化还原 CO_2：(a) 装置照片，CIGS PV 模块安装在 PEC 电池外侧；(b) 由 Co_3O_4 纳米颗粒薄膜阳极和纳米结构金阴极组成的双电极的稳态 *I-V* 曲线；(c) CIGS 模块（黑色实线）和双电极测试（红色方框）的 *I-V* 特性，交点是太阳能燃料装置的工作点；(d) 斩波光照下的工作电流[160]

4）CO_2还原的经济性

CO_2光电化学还原的初衷是利用太阳能生产易于运输和存储的液体燃料，同时减少CO_2排放，降低大气中的CO_2浓度。一举多得的愿景，能否成为现实，需要考虑实际成本、净CO_2减排量和产物市场价值，包括三个主要步骤中的能耗、成本和产出：①捕获、分离和浓缩CO_2；②CO_2电化学还原；③产物分离、提纯。

美国特拉华大学Jouny等考察了CO_2还原七种可能的反应路径与产物，参与电子数为2、4、6、8、12、18等，形成CO、HCOOH、CH_3OH、CH_4、C_2H_4、C_2H_5OH、C_3H_7OH等产物。在目前技术条件下，CO和甲酸转化率较高，但市场规模与市场价值均相对较低。要获得更高价值的乙醇和正丙醇等，相关性能指标要达到过电位0.5V、电流密度300mA/cm^{2}及法拉第效率70%的标准以上[163]。

4. 太阳能肥料：氮循环

氮循环是关系到吃饭问题的民生大事。联合国可持续发展目标的第二个目标就是消除饥饿。20世纪初期，德国科学家弗里茨•哈伯发明了人工固氮合成氨技术，生产尿素氮肥，提高粮食产量，促成“绿色革命”，养活了数十亿人[164]。目前氨气年产量为1.5亿t，是一个年产值600亿美元的产业。

与氢气相比，氨沸点高（1 atm下为−30℃，在0.86MPa压力下为20℃），容易液化，其体积能量密度比液氢高45%。氨反应分解产生氮气，不含温室气体。氨的存储和运输基础设施完善。因此氨气被认为可作为储氢载体和液体燃料，并可建立以氨为流通载体的碳零排放的“氨经济”[165]。

合成氨反应看起来是一个很简单的化学反应：$3H_2 + N_2 \rightleftharpoons 2NH_3$，$\Delta H^{\ominus} = 46kJ/mol$。实际上是一个很难发生的反应，原因是$N{\equiv}N$为非极性键，键能高，活化难。1908年弗里茨•哈伯发明了铁基催化剂，在250atm、500℃的高温高压条件下，实现氨气合成（H-B过程），他因此获得了1918年诺贝尔化学奖。H-B生产条件苛刻，需要甲烷作氢气原料，适合大工业集中生产。与H-B热催化反应相比，电化学反应条件温和，可以小规模、分散式生产氨，为当地提供肥料，减少运输成本。

20世纪60年代开始就有关于（光）电化学合成氨的研究报道[166, 167]。电化学合成氨的关键反应是氮气还原反应（NRR）：$N_2 + 6H^+ + 6e^- \longrightarrow 2NH_3$。热力学平衡电位仅为0.056V（*vs.* RHE），根据估算结果，如阴极过电压为0.3V，法拉第效率为35%，其能耗可以与H-B过程相当。但这是一个6电子、6质子参与的复杂电化学还原反应，导致动力学过电位较高。

电化学合成氨根据电解体系可分为水系和非水系。水系中由于与HER竞争，氨气产率在0.1nmol/(s·cm^2)，而根据Giddey等估算至少要达到100nmol/(s·cm^2)，才有实际应用意义[168]。为了避免 HER 竞争，可采用非水系电解液，McEnaney 等在碱性溶液中获得了 88.5%法拉第效率和 1nmol/(s·cm^2)的产率[169]。在离子液体电解体系中，Zhou 等报道了电化学合成氨的法拉第效率为 60%，但产率仅 0.01nmol/(s·cm^2)[170]。

目前电化学合成氨的总体转化效率比较低，还存在实验重复性等问题。为了研究领域的健康发展，建立实验、测试等标准规范十分重要。Greenlee 等[171]、MacFarlane 等[172]提出，准确测量电化学合成氨可靠性和效率的标准流程包括纯化气体、开路测试、氩气控制对照、$^{15}N_2$控制对比、持续测试、重复测试、几何面积归一化和多个检测方法交叉验证。澳大利亚阿德莱德大学唐城和乔世璋对电催化氮气还原合成氨的实验步骤和细节进行了阐述和标准设计[173]，包括电池配置细节、电极处理流程、催化剂负载量、参比电极、对电极活性、离子交换膜、电解液等。

6.2.3　热电转化

世界上 90%的能源由化石燃料热机提供，其有效转化效率为 30%～40%，其余约 2/3 的能量以废热形式损失到环境中。热电转化器件利用泽贝克效应进行温差发电，具有尺寸小、无机械振动、可靠性高、无噪声等特点，在腕表、心脏起搏器、传感器、深空探测等领域有应用优势，是火电厂、汽车等场合利用废热的重要技术。

热电转化是载流子在温度梯度驱动下迁移而产生温差电动势的过程。n 型和 p 型半导体中的电子和空穴分别从热端向冷端迁移产生电流，多个 n 型和 p 型热电材料单元串联可组合成热电转化模块。完全可逆的热电理论转化效率与卡诺循环效率相等，但实际过程中，能量将在焦耳发热和热传导不可逆过程中损耗，最高发电效率为$\eta_{\max}=\dfrac{(T_H-T_C)(\sqrt{1+ZT_M}-1)}{T_H(\sqrt{1+ZT_M}+T_C/T_H)}$，其中，$T_H$、$T_C$、$T_M$分别为热端、冷端和平均温度。其中决定效率最重要的是无量纲系数 ZT，定义为$ZT=S^2\sigma T/(k_{ph}+k_e)$，$T$、$S$、$\sigma$、$k$ 分别为温度、泽贝克系数、电导率和热导率。热导率包括声子热导 k_{ph} 和电子热导 k_e 两部分，$S^2\sigma$ 也称为功率因子。因而要提高热电转化效率，需要提高泽贝克系数和电导率（功率因子），降低热导率，而这几个参量往往相互关联和制约，这正是热电材料的研究难点[174]。

20 世纪 50 年代开发出实用型热电转化器件，ZT 值为 1 左右，对应的能量转化效率为 4%～6%。20 世纪 90 年代，Dresselhaus 等理论学家提出了量子限域效应、界面效应、维度效应等新机理。近年来，报道的 ZT 值可达到 2 以上，其中量子限域效应和维度效应起到了重要作用[175]。

1. 热电低维效应

低维度和小尺寸对电子、声子传输的影响主要体现在电子能带结构、功率因子以及声子散射平均自由程上。1993 年，Hicks 和 Dresselhaus 发表了两篇理论文章，指出利用低维体系的量子限域效应有望提高热电材料的性能[176, 177]。Dresselhaus 和 Saito 发现，量子限域效应对功率因子有影响，一个关键因素是德布罗意波长，当材料尺寸小于其德布罗意波长时，低维材料的功率因子才会显著提升[178]。

田纳西大学 Mahan 等指出，理想热电材料具有集中分布的电子能带结构态密度，delta 函数状分布的电子态密度对应的功率因子最高[179]。由于量子限域效应，一维材料的态密度出现范霍夫奇点，二维材料导带底态密度增加，功率因子随着超晶格厚度的减小而线性增加，这在 $SrTiO_3$ 二维电子气体系中得到了验证[180]。

2. 纳米热电材料

2008 年，加州大学伯克利分校杨培东小组[181]与加州理工学院 Heath 等[182]在 *Nature* 杂志“背靠背”报道了硅纳米线的热电性质。杨培东等通过氧化-刻蚀方法制备出表面粗糙的硅纳米线，测量了单根硅纳米线的热导率、电导率和泽贝克系数，发现其热导率与块体相比降低了两个数量级，而电导率和泽贝克系数与掺杂硅相当，其 ZT 值在室温下达到 0.6[181]。Heath 等则报道在 200K 时硅纳米线的 ZT 值达到 1 左右[182]。2012 年，三星电子 Lee 等引入锗与硅形成合金降低热导率。450K 时的热导率仅为 1.2W/(m·K)，ZT 值为 0.46，预测在 800K 时可达到 2[183]。美国西北大学 Mercouri Kanatzidis 小组设计了多层次结构以降低热导率、提高 PbTe 材料热电性质的方法，915K 下其 ZT 值达到 2.2[184]。在原子尺度上，引入 2%钠掺杂合金原子散射短波长声子；在纳米尺度上，引入 2～10nm SrTe 纳米颗粒以散射中等波长声子；在介观尺度上，通过晶界散射更大波长的声子。

3. 柔性热电材料

近年来柔性电子器件和可穿戴电子器件有较快发展，利用人体产生的能量实现可穿戴器件的自供电是一个很有吸引力的领域。一个可能的方案是利用人体温与环境的温差，通过热电转化发电[185]。目前通过热电转化只能获得微瓦量级的功率，一方面受限于热电材料的转化效率，另一方面也受限于其机械柔性，导致与皮肤的接触不良，产生界面热阻。转化效率较高的传统热电材料 Bi_2Te_3 等都是离子键结合的脆性材料，而柔性较好的聚合物热电材料的 ZT 值比较低。中国科学院金属研究所邰凯平和刘畅等采用柔性单壁碳纳米管作骨架沉积 Bi_2Te_3 薄膜。Bi_2Te_3（0001）晶面与碳纳米管管束方向平行排列，室温下功率因子高达 1600μW/(m·K^2)，ZT 值达到 0.89。在 10mm 曲率半径下弯曲 100 次，其性能几乎没有变化，体现了良好的弯曲柔性（图 6.12）[186]。

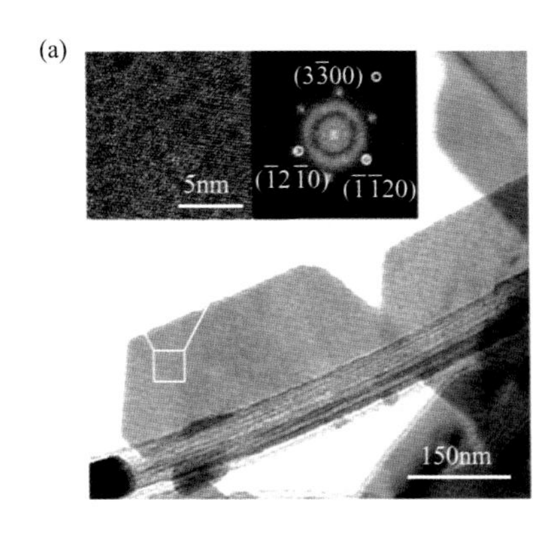

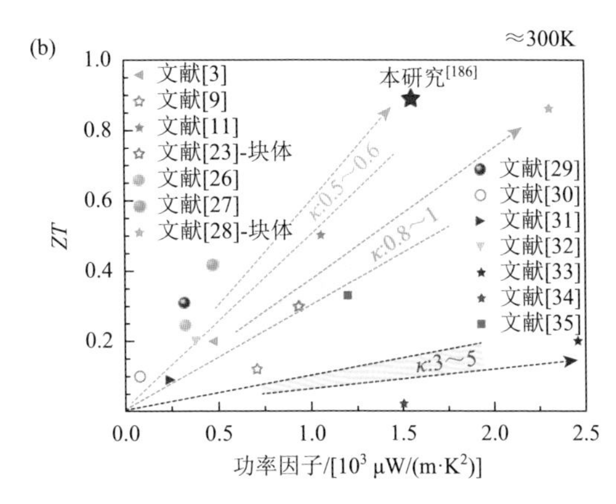

图 6.12　（a）单壁碳纳米管骨架-Bi_2Te_3 薄膜复合柔性热电转化材料；（b）柔性热电转化材料的 *ZT*-功率因子关系对比图（图中文献序号对应[186]中文献列表）[186]

如前所述，热电应用的挑战在于电输运与热输运性质的耦合，电子同时是电荷和热的载流子，散射中心不仅散射声子，也会降低电子迁移率。热电材料的探索与设计是在结构有序与无序、稳定相与亚稳相、载流子的有效质量与迁移率、化学键的共价性与离子性比例之间寻找最优解的艺术。近年来提出了很多新策略，通过调控合金成分、晶格应力、电子轨道、自旋耦合、拓扑相变等，给高性能热电材料的探索带来新的机遇[175, 187]。

6.2.4　电化学储能与转化

现代经济要求稳定电力供应，全时持续稳定 99.9%以上，电力存储是能源系统的重要组成部分[188]。特别是太阳能、风能、水能等清洁能源都随季节和天气波动，其大规模应用给稳定电力供应提出了更高的要求。目前的电能存储容量仅相当于世界能耗的 1%，其中 98%由水坝存储[189]。如何在全球能量需求 10TW 规模上实现可靠的能量存储，挑战巨大。

“储能”即是将电能转化为其他形式的能量（充电），使其方便保存和运输，需要时再释放出来使用（放电）。储能有很多形式，适用于不同的应用，包括机械、热、电、化学、电化学等方式。广义而言，前面介绍的“太阳能-化学能”转化也可看作能量存储的一种，是将分散的太阳光转化为高能量密度燃料。

从电子利用的角度，机械转化不涉及电子过程，热存储伴随相变，电容器涉及近自由电子或离子输运、燃料化学能与电池等，电化学储能则涉及氧化还原反应和价电子。随着电子利用层次的深入，能量密度呈数量级的增大。水库重力势能存储能量的密度约为 10^3J/kg 量级；锂离子电池的能量密度约 10^5J/kg 量级，是前者的 100 倍以上；燃料与电池相比，是“纯”能量，而没有电极等附加重量，因而能量密度更高，达到约 10^8J/kg 量级。另外，水库的容量可以很大，如果长宽各

1km，深度 100m，水库中水的质量为 10^{11}kg。因而采用哪种方式储能，并不能只看哪种技术最“先进”，而是要根据应用要求的能量与功率密度、规模、充放电速度、制造和维护成本、基础设施费用、能量效率、资源可持续性、环境影响以及本地特点，形成多种多样的智能储能架构体系。

1. 电化学储能类型

本节主要介绍低维材料在电化学储能和转化方面的应用，主要包括二次电池、燃料电池、超级电容器[190]。过去半个世纪，半导体晶体管的集成度和性能遵循摩尔定律，每 18 个月增加 1 倍，年均增长率约 60%。二次电池从 20 世纪 70 年代的 Ni-Cd 电池、80 年代的 Ni-MH 电池、发展到 90 年代商业化的锂离子电池，目前能量密度还不到 400W·h/kg，年均增长率仅约 5%。从智能手机到电动汽车，数十亿计的晶体管被集成在指甲盖大小的面积内，而最大的部件往往都是电池，形成鲜明对比。这种差别主要体现在两类电学器件的基本原理和过程复杂度上，晶体管的原理是基于电子的“开”、“关”状态的控制，单个晶体管的尺寸从微米尺度减小到 10nm 尺度，其物理极限是单个原子上的单个电子；电池则是依赖于氧化还原反应，不仅包括界面上的电子转移，还涉及多尺度孔道中的电解质和离子传输。

2. 金属离子电池

二次电池对应氧化-还原可逆反应。在放电过程中，氧化和还原反应分别在负极（阳极）和正极（阴极）上自发进行，电解液中的离子穿过隔膜，外电路中通过电子，保持体系电荷守恒，同时对外电路负载做功。充电过程则是在外加电压下以上过程的逆过程。

电池的电压由氧化还原反应的吉布斯自由能决定：能斯特方程为 $\Delta G = -nFE$，n 为反应中转移的电子个数，F 为法拉第常量，E 为反应电动势。电池的容量由参与反应的电子数决定：$Q = \dfrac{nF}{M}$，单位是 A·h/kg。其中，n 为电化学反应的电子数，F 是法拉第常量，M 为等效原子量。一个“理想”的电池，应该具有高电压、小原子量和低密度。金属元素中，锂的原子序数最小，密度最低，电化学电位最高，因而是电化学电池的一种理想负极材料。

2019 年诺贝尔化学奖被授予美国得克萨斯大学奥斯汀分校 Goodenough 教授、纽约州立大学宾汉姆顿分校 Whittlingham 教授和日本化学家吉野彰先生，以表彰他们发明、发展和产业化应用锂离子电池的贡献。目前锂离子电池已经接近理论容量，要进一步提高锂的存储容量，需要探索新材料体系，负极方面包括硅、锂金属等，正极方面包括硫、氧等。

1）高容量负极材料

A. 硅负极

硅负极与锂形成 $Li_{15}Si_4$ 合金，能量密度是石墨的 10 倍，但是伴随嵌锂和脱锂产生 320%的体积膨胀和收缩，导致电极材料破裂，活性物质脱离；固体电解质界面膜（SEI）反复生长，消耗电解液，严重限制其循环性能。低维材料的纳米尺寸效应和复合界面是抑制体积膨胀和表面反应的有效手段。

嵌锂脱锂导致体积膨胀和粉化是一个力学问题。在一定应变下是否破裂是弹性能与断裂韧性之间的关系，前者与体积成正比，后者与缺陷尺寸成反比，因而断裂行为体现出显著的尺寸效应[191]。斯坦福大学崔屹等报道了硅纳米线阵列作锂离子电极负极的工作。纳米线阵列直接生长在集流体上保持良好力学和电学接触，而纳米线阵列空隙可容纳体积膨胀。在 0.2C 充放电倍率下质量比容量达到 3500mA·h/g[192]。

纳米硅解决了循环破裂问题，但其密度低，导致电池体积能量密度降低；比表面积大，导致表面副反应和库仑效率降低。天津大学杨全红研究组采用石墨烯与微米硅构成复合电极，在面容量为 3mA·h/cm^2 的条件下，体积比容量超过 1200mA·h/L，循环 100 周之后，仍具有 76%的容量保持率[193]。Chen 等设计了内层为化学气相沉积结晶碳、外层为水凝胶石墨烯的双层碳构型，其可提供空间容纳微米硅膨胀，保持整体电极的电学连通，1000 次循环中库仑效率超过 99.5%，将其与 NCM811 正极组成全电池，在 50 次循环后仍保持 1048W·h/L 高体积能量密度[194]。

B. 锂金属负极

锂电池的终极负极是锂金属，其理论能量密度达到 11586W·h/kg，接近汽油的能量密度（13200W·h/kg）。如果将锂金属与氧气组成锂空气电池，其能量密度为 3505W·h/kg，与硫组成锂硫电池，其能量密度为 2567W·h/kg，远高于锂离子电池的能量密度（387W·h/kg）。但与此相伴的是，锂金属电极枝晶生长导致的安全问题和固体电解质界面膜不稳定导致的低库仑效率。

枝晶生长是一个经典的冶金问题，是材料在凝固结晶过程中由于温度和成分过冷出现的界面失稳和非均匀生长现象。在电镀和电化学过程中，金属电沉积和生长过程的动力是电化学势，枝晶形成的一个原因是尖端曲率带来的局部电场增强效应[195]。美国西北太平洋国家实验室张继光等在电解液中添加 Cs^+和 Rb^+等阳离子，在锂沉积过程中，优先沉积在锂电极的突出位置，从而将局部尖端增强的电场屏蔽，可避免锂枝晶生长[196]。

在形核控制方面，Tour 等采用铜基体上生长的石墨烯和碳纳米管阵列作为锂金属沉积模板，增加形核点，抑制非均匀形核与枝晶生长[197]。在离子扩散动力学方面，陆盈盈等在金属锂与电解质界面添加 LiF 等锂的卤化物，提高表面能，改善润湿性，增大表面离子电导率，抑制离子再分布和局部稀释效应，使得锂沉积表面变得光滑[198]。在生长界面结合方面，清华大学张强等在铜集流体上覆盖一层玻璃纤维网络，由于其表面极性官能团的作用，与锂离子产生较强的吸附作用，抑制了由表面形貌变化和电场分布不均导致的非均匀生长和枝晶形成[199]。

2）高容量正极材料

A. 锂硫电池：硫正极

锂硫电池的理论质量能量密度可达到 2567W·h/kg，是层状氧化物电池的 10 倍左右。硫正极的主要挑战是：①硫以及反应产物 Li_2S 和 Li_2S_2 都是绝缘体，限制其倍率性能；②硫在充放电过程中的体积膨胀；③硫与锂反应动力学；④可溶性多硫化物的穿梭效应[200]。

将硫负载在导电多孔电极中可谓一举多得，既提高电导率，又限制硫在充电时的体积膨胀，并限制多硫化合物扩散，从而提高倍率与循环性能。中国科学院金属研究所李峰研究组采用单根分散单壁碳纳米管网络获得了 95%的硫含量，对应 7.2mg/cm^2 的硫负载量。由于碳纳米管具有高导电性和良好机械性能，作为硫的载体，有效提高了循环性能，获得了 8.63mA·h/cm^2 的面容量，是锂离子电池的 2 倍，循环 300 次的库仑效率超过 99%[201]。方若翩等设计了高导电性石墨烯集流体与多孔石墨烯硫载体的复合电极结构，获得 5mg/cm^2 的硫负载量，组装的锂硫电池初始容量为 1500mA·h/g，面容量为 7.5mA·h/cm^2，在 400 次循环中表现出有益的循环性能，库仑效率超过 99.5%（图 6.13）[202]。

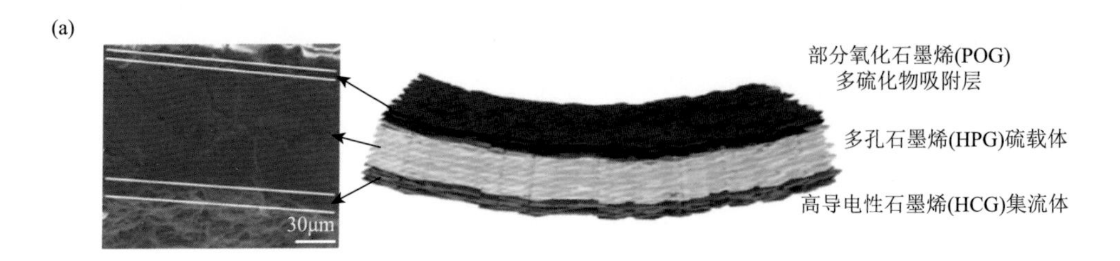

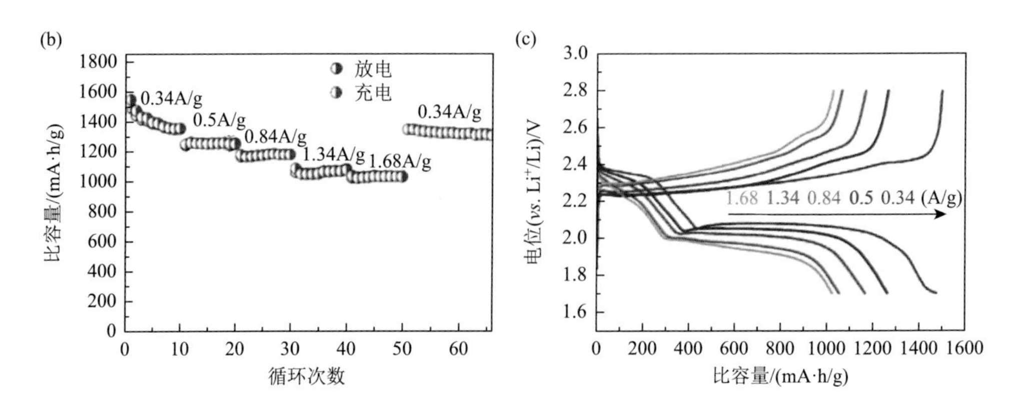

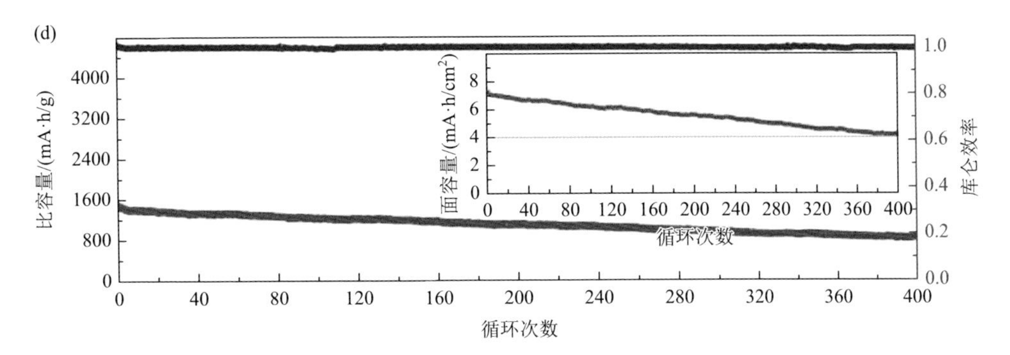

图 6.13　（a）复合结构石墨烯硫正极；（b）倍率性能；（c）不同电流密度下的充放电曲线；（d）0.34A/g 电流密度下的循环稳定性和库仑效率，插图是相应的面容量稳定性曲线

在加速锂硫反应动力学方面，中国科学技术大学宋礼和南开大学牛志强等设计了氮掺杂石墨烯负载 Ni 单原子催化剂，利用 Ni-N_4 活性位点与多硫化锂结合，降低其分解能垒，提高转化反应动力学，体现出优异的倍率性能和循环性能，1C 下 500 次循环后的质量比容量为 826mA·h/g，保持初始容量的 78%，对应的库仑效率为 99.94%[203]。北京理工大学黄佳琦等设计了单原子分散 Co-N-C 电催化剂，其对多硫化物的沉积和分解都有显著的催化加速反应作用，具有优异的倍率性能和高面容量（10.9mA·h/cm^2），循环 300 圈的库仑效率达 99.9%[204]。

B. 金属-空气电池：氧正极

如果说纯金属锂是电池负极的终极形式，空气中的氧则是电池正极的终极理想。金属锂与氧气分别作负极和正极构成的锂空气电池的理论比容量为 3842mA·h/g。锂空气电池的正极与燃料电池有相通之处，在充放电过程中，正极上发生 ORR 和 OER 反应。不同的是在锂空气电池的反应中锂离子参与反应生成 Li_2O_2 等固态化合物。燃料电池中氧气发生还原反应，而锂空气电池中的正极在充电与放电过程中发生逆向反应，要求催化剂同时具有 ORR 和 OER 功能[205]。由于 Li_2O_2 不可溶，具有强氧化性和电绝缘性等特点，锂空气电池的正极需要具备气体、电解质、离子、电子的输运功能和反应催化功能[206]。

锂空气电池的实际应用受制于很多因素，包括过电位高、循环性能差、能量效率低等。过电位高的问题需要寻找高效的正极催化剂；循环性能差是因为放电产物 Li_2O_2 容易堵塞孔道，阻止氧气和电解液的扩散；而高电位下电解液与电极的稳定性也是影响循环寿命的重要因素。

圣安德鲁斯大学 Bruce 等报道了高倍率可逆锂-氧电池[207]，采用二甲亚砜（DMSO）基电解液和多孔 Au 电极，循环 100 次，容量保持 95%。但 DMSO 对锂不稳定，循环次数少，而 Au 电极的使用也使其成本变得不可接受，同时降低能量密度。伊利诺伊大学芝加哥分校与阿贡国家实验室研究人员采用离子液体与 DMSO

电解液，负极金属锂表面涂覆 Li_2CO_3/C 保护层，正极使用 MoS_2 纳米片，可抑制 CO_2 与 H_2O 的副反应，其质量比容量为 500mA·h/g，循环超过了 700 次[208]。

3. 超级电容器

电化学电容器，也被称为超级电容器或者电双层电容器，是基于高比表面积的多孔电极与电解液形成双电层，实现能量存储的一类电化学储能器件。超级电容器的表面储能机制与储能电池的电化学行为、储能性能特点形成鲜明对照。超级电容器中发生表面吸附和反应，不受体相扩散限制，因而速度快，而且基本不改变电极结构，循环性能优异。因而超级电容器具有功率密度高（≈10kW/kg）、循环寿命长（百万次）、充放电时间短（秒级）的特点，与能量密度较高（>100W·h/kg）、循环次数相对较少（数千次）、充放电时间较长（分钟至小时）的二次电池具有互补性。

超级电容器的性能指标包括电容、能量密度、功率密度等。电容 $C=\dfrac{\varepsilon_0\varepsilon_r A}{d}$，其中，$d$ 为双电层厚度，A 为比表面积。由于低维材料的比表面积大，其电容远比传统电容器高。

能量密度 $E=\dfrac{1}{2}CU^2$，其中，C 为电容，U 为工作电压。因此，若要提高能量密度，一方面需要提高电容，传统电容器通过提高介电常数提高电容；双电层电容器则通过增大比表面积以及赝电容提高电容。另一方面，能量密度与电压的平方成正比，因而提高电压是提高能量密度的有效途径，如采用离子液体、有机系电解液替代水系电解液。

功率密度 $P=E/t$，取决于充放电动力学的倍率性能，与离子、电子的输运以及电极表面的离子吸附、赝电容中法拉第过程的速率相关。孔结构一方面决定比表面积，从而决定比电容；孔结构也影响离子输运，从而影响动力学。

1）纳米孔道与高电容

多大的孔能够有效存储离子？一般认为孔道大于离子在溶剂中的尺寸才能有效传输和存储离子。在中孔范围内，当孔道尺寸减小到离子直径的 2 倍时，由于溶剂离子的屏蔽效应，单位表面积电容将减小。但 Gogotsi 等发现了反常孔道尺寸效应[209]。在小于 1nm 的孔道中，溶质离子发生“去溶剂过程”变成“纯”离子，从而避免了屏蔽效应，单位表面积电容随孔道尺寸减小而增大，当孔道直径与离子尺寸相当时电容最高[210]。

2）层次孔结构与高倍率

中国科学院金属研究所李峰、王大伟等提出了层次孔石墨化炭（HPGC）材料的设计思想，并组装出高倍率电化学电容器[211]。层次孔由大-中-微孔构成，大孔提供离子缓冲空间，降低离子输运阻力；中孔提供高效离子扩散路径；微孔提供大量离子存储位点；局部石墨化提高导电性，因而能量密度和功率密度都得以大幅提升。放电时间为 3.6s 时，能量密度和功率密度分别达到 22.9W·h/kg 和 23kW/kg，超过美国新一代车辆合作计划制定的目标（图 6.14）。

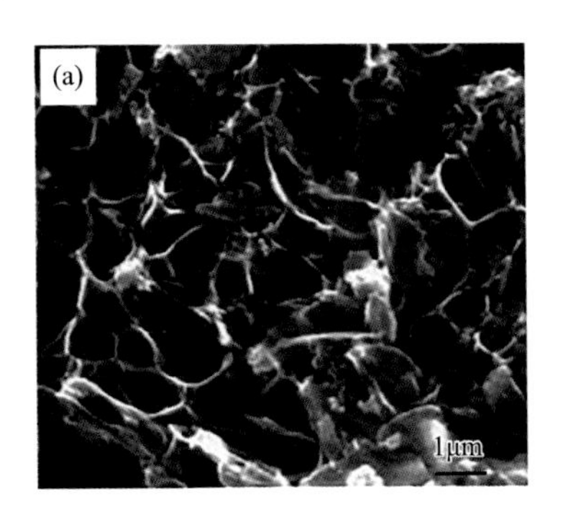

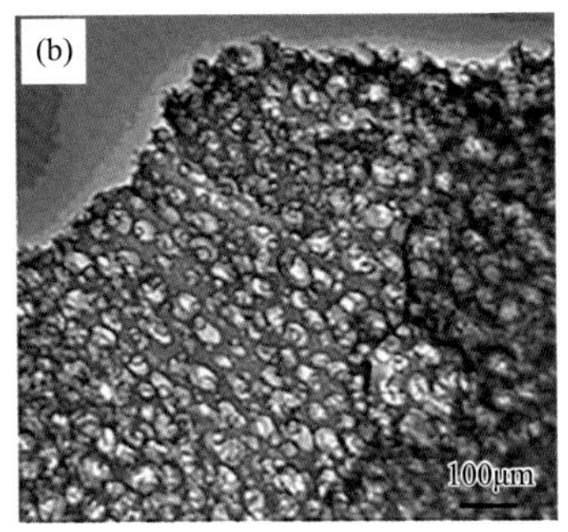

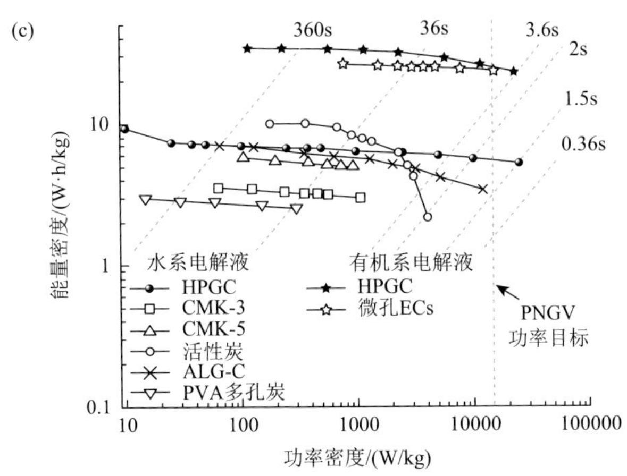

图 6.14 （a、b）层次孔炭微观结构；（c）能量密度和功率密度与商业化中孔炭、活性炭等对比的 Ragone 图[211]

3）高体积能量密度

对于移动电子设备和电动汽车的应用，超级电容器的体积性能（F/cm^3 或 W·h/L）与质量度量同等重要。提高体积性能的挑战在于容量与密度之间存在矛盾。高容量需要大量孔结构和大比表面积，而多孔材料密度往往相对较低。

天津大学杨全红等报道了一种石墨烯组装而成的高密度多孔炭材料[212]。它由石墨烯水凝胶蒸发诱导干燥获得，石墨烯片层紧密堆垛成三维连通的纳米孔道网络，结合了两个看似不相容的特性：多孔微结构和高密度。其密度为 $1.58g/cm^3$，电化学电容器的体积电容达到 $376F/cm^3$，是当时报道水系电解液中碳基电极材料的最高值[213]。

中国科学院金属研究所李峰等发现通过调节氧化石墨烯（GO）和热剥离石墨烯（EG）的含量，可调控石墨烯组装自支撑薄膜中的石墨层间距和楔形孔大小。将孔大小优化到与离子相当的尺寸，充分利用孔结构，获得了石墨烯薄膜电极的比表面积和密度的最佳组合。等比例 GO 和 EG 组装成的石墨烯薄膜电极的体积比电容达到 216F/cm^3，其对称电化学电容器的体积能量密度达到 88.1W·h/L，并展示了柔性、全固态超级电容器（图 6.15）[214]。

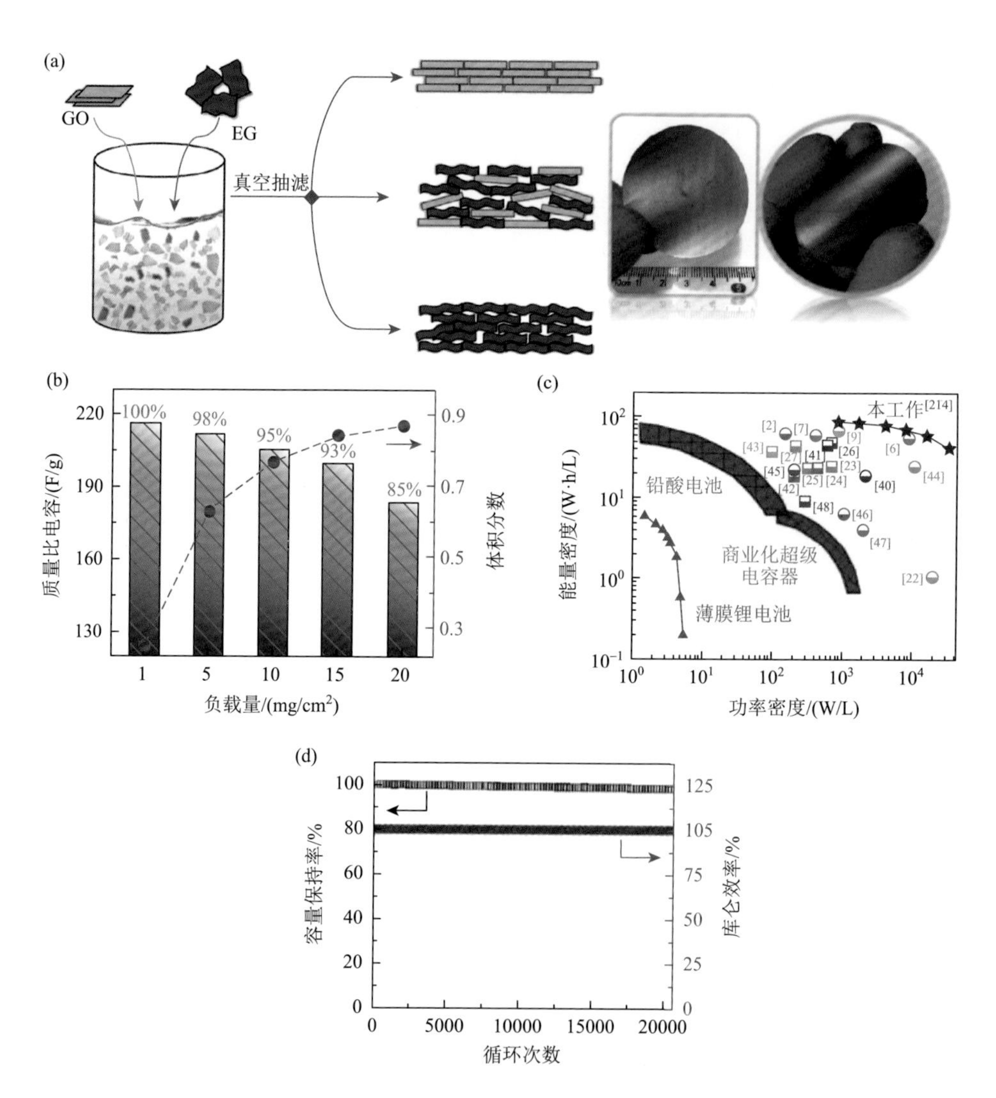

图 6.15 （a）石墨烯组装自支撑薄膜的制备过程；（b）负载量与电极体积分数和比电容保持率的关系，优化负载量为 15mg/cm^2；（c）能量密度和功率密度 Ragone 图（图中文献序号对应[214]中文献列表）；（d）10A/g 电流密度下的循环性能[214]

4. 燃料电池

燃料电池是氢与氧等通过电化学氧化还原反应，将化学能直接转变为电能的装置。氢燃料电池的理论能量密度约为3300W·h/kg，远远高于锂离子电池，适用于长途、重型车载动力[215]。丰田汽车公司等厂家已经推出商业化燃料电池电动汽车[216]。2022年北京冬奥会时也采用了氢燃料电池客车。

燃料电池大量应用的一个瓶颈问题是需要使用贵金属铂催化剂[217]。如何在不损失电池性能和耐久性的情况下将铂负载量降低，是燃料电池领域研究的重点课题。其核心是设计高活性、低成本、抗毒化的新型电催化剂。

纳米催化剂具有大比表面积和大量活性位点，特定晶面可提高催化活性，合理设计纳米颗粒表面结构和组成，将贵金属元素分布在表面活性位点处，可有效减少贵金属用量，包括Pt_3Ni（111）单晶面和Pt_3Ni八面体[218]，以及铂分布在外层的核壳结构[219]。合金催化剂通过调节成分、界面应力对电子结构改性，可提高反应活性与稳定性，同时减少贵金属元素的用量[220-222]。纳米化、合金化等策略已经应用到商业化燃料电池汽车中。特定晶面和形状纳米晶催化剂也预期会在下一代燃料电池汽车中被采用（图6.16）。

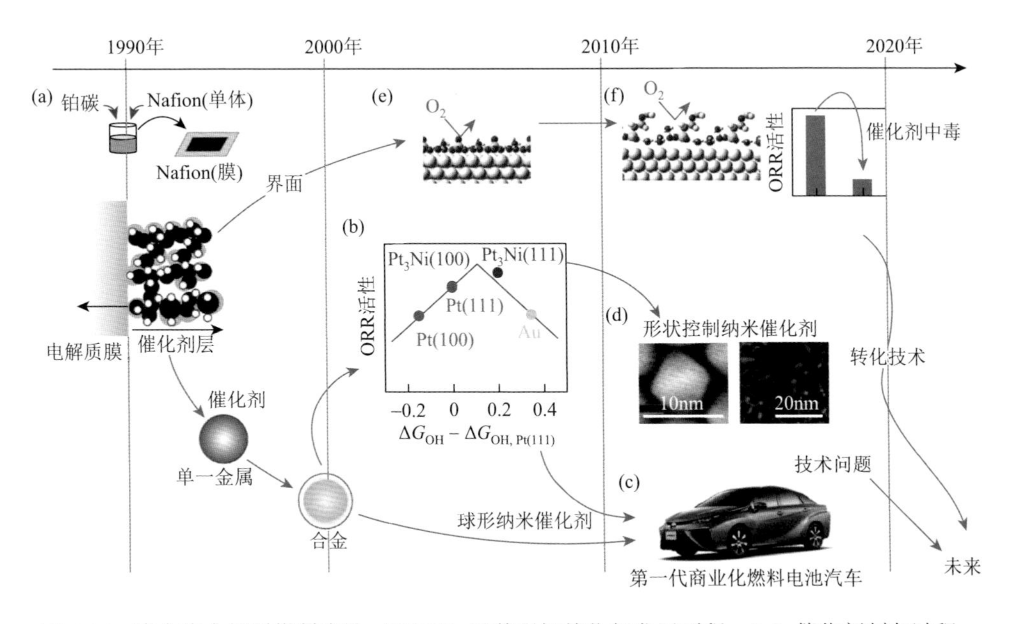

图6.16　聚合物电解质燃料电池（PEFC）及其阴极催化剂发展历程：（a）催化剂制备过程；（b）ORR活性与OH结合能的“火山图”；（c）第一代商业化燃料电池汽车；（d）特定形貌低维催化剂；（e、f）催化剂毒化机理[217]

6.3 低维医用材料

健康是民生之本，在 17 项联合国可持续发展目标中至少有 4 个直接与健康相关：贫穷、饥饿、健康、洁净水等。过去 200 年间人类健康状况取得了很大改善，世界人口平均预期寿命从 19 世纪 40 岁左右增加到现在的 70 岁左右；基本消灭了天花、脊髓灰质炎、霍乱、鼠疫、肺结核、百日咳等传染病。这主要归功于科学技术的进步，包括对病原体致病机理不断深入理解、药物分子开发、疫苗的普及等[223]。

但是人类健康仍然面临巨大挑战[224]，在新冠疫情肆虐的当下，健康的重要性倍感真切。抗击新型冠状病毒，最根本的还是要依靠科学，搞清楚病毒结构、作用机理和病毒传播途径。由于病毒的天然纳米尺度，纳米科学和低维材料将发挥重要作用。本节将从疾病预防、健康监测和疾病诊疗三个方面简要介绍低维材料在医疗领域的应用，以及低维材料的生物安全性。

6.3.1 疾病预防

应对传染病，“预防为主”极为重要。一方面要阻挡病毒从已感染人群传播到未感染人群，关键是“隔”，包括保持社交距离、佩戴口罩、公共场所消毒等防护措施；另一方面，在未感染人群中，通过接种疫苗的方式建立对病毒的群体免疫。在这两个方面，低维材料都有重要的作用和应用。

1. 消毒灭菌

在消毒灭菌方面，日常生活中的有效途径之一是用肥皂洗手。病毒包膜可看成由亲水端和疏水端的脂质分子构成的自组装双层膜结构。肥皂中的硬脂酸钠分子也是由亲水端和疏水端构成的，因而用肥皂洗手能够破坏病毒膜结构的稳定性，达到消杀目的。

如果材料本身自带抗菌性，则可以保持长时间清洁状态。特别是大面积、构造复杂的场所，难以通过喷洒等方式消毒。块体银和铜等金属表面的抗菌性早已为人们所知，金属纳米颗粒则具有更高活性和更强抗菌性。一方面带正电的纳米颗粒与表面带负电荷的细菌发生静电作用破坏其细胞膜；另一方面金属离子进入细菌细胞后，产生氧化性活性物质破坏其细胞功能。基于金属纳米颗粒的抗菌涂层和添加剂已经应用到护肤产品、金属涂料、油墨和食品包装塑料中[225-227]。

另一种无机纳米抗菌剂是 Fujishima 等基于光催化原理开发的 TiO_2 抗菌涂层

材料。紫外光照激发产生电子-空穴对，高活性的羟自由基和过氧化氢能够有效灭菌消毒[228, 229]。基于此技术，TOTO 株式会社等公司推出多种产品，应用在医院墙面和地板材料上，以及手术中使用的导管等复杂结构器件的消毒[230]。光催化抗菌材料与紫外 LED 芯片可组成高效净水和净化空气装置[231]。

2. 过滤空气

呼吸道传染病主要通过感染者在呼吸、说话、咳嗽和打喷嚏时呼出的含病毒飞沫和气溶胶传播。气溶胶颗粒是纳米颗粒，它们在空气中的稳定性和存留时间与颗粒尺寸、环境湿度、温度等相关。微纳米尺度颗粒在空中可停留长达 12h[232]。为避免吸入空气中含有病毒的飞沫和气溶胶颗粒，人们在公共场所应科学佩戴口罩，从而能够有效降低病毒的感染率[233, 234]。

口罩的过滤机制与颗粒尺寸相关，大颗粒在重力和弹性碰撞作用下沉降，中大型颗粒被纤维孔隙拦截，小颗粒则通过静电作用被吸附。口罩的过滤效果与编织口罩的纤维材料的结构和性质相关，包括亲疏水性、密度、尺寸、静电等，主要的纤维材料有天然棉花、蚕丝、羊毛和人工合成纤维。“N95”口罩，可阻挡 95% 直径在 0.3μm 以上的非油性颗粒，其关键材料是电纺丝形成的高分子纳米纤维。一方面，其由于尺寸小，比表面积大，能够更有效过滤和吸附小颗粒；另一方面，表面静电荷能够电离空气，通过静电作用捕捉病毒、细菌、粉尘。

3. 纳米疫苗

疫苗的基本原理是将带有病毒特征，但相对病毒无害或低害的物质（抗原）接种到人体中，让免疫系统“认识”、“记住”并产生抗体，从而获得免疫力。新冠疫情暴发后，中国、美国、英国、俄罗斯等国以史无前例的开发速度，在一年内使多种疫苗通过临床试验，进入大规模人群接种阶段，包括灭活疫苗、信使 RNA（mRNA）疫苗、蛋白质纳米颗粒等种类[235-237]。

灭活疫苗是将病毒杀死后保留抗原成分诱导免疫反应，其优点是疫苗相对稳定，可在常规冰箱中 2～8℃储存，有利于快速大规模推广，特别是在基础设施相对匮乏的发展中国家和地区。

mRNA 疫苗的基本原理是将病毒特征基因序列注入人体内，诱导人体合成相应蛋白质，诱发免疫反应[238]。RNA 在人体内的稳定性低，为了提高其稳定性和输送效率，将基因序列通过脂质纳米颗粒输送[237]。

还有一类是蛋白质纳米颗粒。合成新型冠状病毒（SARS-CoV-2）的特征刺突蛋白，让免疫系统识别这种蛋白，产生对新型冠状病毒的免疫力，其输送载体也是脂质纳米颗粒[239]。

6.3.2 健康监测

对于癌症等重大疾病，早期确诊是有效治疗和提高存活率的关键。方便、快速、准确、非侵入式的健康信息监测和分析，对疾病诊断、老人监护和正常人的健康管理与个性化医疗都非常重要。这也是运动员预防伤病、优化状态、挑战极限的重要手段，从现代奥运会采用科技训练方法后不断打破的世界纪录就可以看出。传统的医疗监测设备主要在大型医院中，随着可穿戴电子产品的发展，人们可以更方便地监测自身健康信息。

由于低维材料的小尺寸和大比表面积，基于低维材料的生物传感器有望在分子水平提供高灵敏度的健康监测。生物传感器将人体的生物信号通过受体材料转化为化学、力学、光学等信息。监测目标包括体液、唾液、汗液和泪液等。监测对象包括核酸、蛋白质、细菌、病毒、药物分子、代谢产物等。目前处于研发阶段的生物传感器主要用于眼睛、牙齿、胸口、手腕、手臂、脚底等的概念性产品，可谓从头“武装”到脚[240]。这是一个低维材料、柔性电子、电化学传感、微流体、人工智能等交叉结合的新领域（图 6.17）。

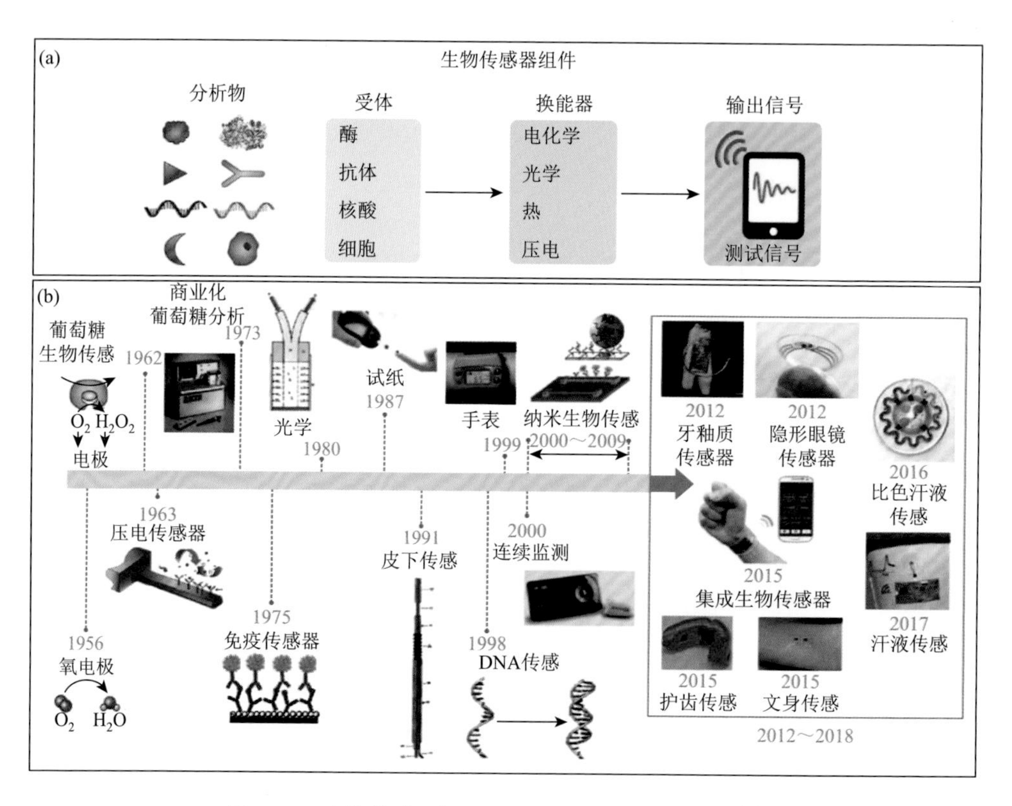

图 6.17　生物传感器的组成（a）与发展历程（b）[240]

低维材料传感器不仅可以探测化学信号，还有望通过探测神经信号，理解神经、大脑的工作机制。低维材料在神经接口方面有很多优势，其具有纳米小尺度，能够实现高密度、高分辨率的传感接口；一维和二维低维材料具有大长径比和优异柔韧性，可避免对神经组织造成损伤[241]。哈佛大学 Lieber 研究组报道了一种纳米线构成的三维多孔结构作为细胞生长的支架，其相当于细胞生长过程中自然植入的高密度电极，可实现时间分辨为毫秒级，空间分辨为亚微米，导电率分辨为 50nS 的三维生物电信号实时记录[242]。伊利诺伊大学香槟分校 Rogers 研究组报道了一个独特的可生物降解的纳米硅大脑探测器。基于硅纳米薄膜的压阻效应，结合不同的修饰，可实现电信号、压力、运动、温度、流速、pH 等的多功能测量[243]。

6.3.3　疾病诊疗

古代的医生看病，都会采用传统的“望、闻、问、切”的方法。现代手段包括体温计、听诊器、血压计，以及心电图、X 射线成像、磁共振成像、超声波成像等，这和材料表征手段有相似之处，都是要看清楚“结构问题”。以肿瘤为例，要搞清楚是什么类型，位于什么部位，病灶大小、分布以及和周边组织的界面关联等问题。

基于低维材料的疾病诊断主要有两方面。一个是从分子层次，看体内是否出现异常的蛋白质等化学信号，如新型冠状病毒感染的诊断主要是通过 PCR（聚合酶链式反应）检查新型冠状病毒的 RNA；另一个是在组织层次，采用成像方式看体内是否有异常。

1. 呼气诊断

呼出气体包含的细胞代谢物质是带有疾病特征的挥发性有机化合物的组合。呼气诊断具有无创伤、简单易行、可实时监测等优势。传统的呼气检查采用质谱或者光谱的方法，准确度高，但需要在专门的医疗机构检测。

以色列理工学院Haick等报道了基于硅纳米线场效应晶体管气体传感器的呼气诊断方法[244]。在纳米线晶体管阵列上修饰不同受体分子，使其对不同的气体分子产生选择性响应，形成一个组合传感器。胃癌、哮喘、肺癌等患者的呼气中气体分子含量比例不同，体现在特征的响应模式上。采用机器学习训练和神经网络模型进行归类，能够提高传感器的准确率。气体探测灵敏度为 1ppm 水平，探测准确率在 80%以上。

2. 造影成像

采用分子诊断可判断是什么疾病，而具体病变组织则需要用成像的方式呈现。纳米尺度的低维材料能够进入组织甚至细胞内部，作为标识物显示出肿瘤等疾病特征。红外光探测可获得亚细胞空间分辨率；穿透深度更大的磁场可获得深层组织的状态[245]。

光学诊断可分为金属纳米颗粒的局部表面等离子体共振散射和半导体纳米颗粒的荧光发光两种机制。佐治亚理工学院 El-Sayed 等报道了金纳米棒对癌细胞的红外成像[246]。金纳米颗粒的表面等离子体共振与尺寸和形状密切相关，随着长径比的增大，金纳米晶的纵向特征峰从 650nm 偏移到近红外区的 950nm。在近红外区，普通细胞和水环境都是透明的。因而在暗场像模式下金纳米棒富集区域显示出癌细胞高衬度的散射像，可以用实验室普通光学显微镜成像。这种光学方法在标识癌细胞的同时也能利用金属纳米晶的光-热转化效应局部加热而破坏癌细胞结构。

埃默里大学 Nie 等报道了基于 CdSe-ZnS 核壳结构纳米晶的癌症靶向成像[247]。在纳米晶表面覆盖嵌段共聚物，包括亲水和疏水部分，将纳米晶和表面配体包覆在疏水端内，而亲水端保证其在体液环境中的稳定分散。除了在输运过程中被动地聚集到肿瘤部位外，还设计了聚合物表面抗体主动靶向吸附在肿瘤上，提高传送效率。通过探测荧光发光，小白鼠体内的前列腺肿瘤可清晰显示。

北京大学严纯华研究组报道了采用稀土纳米材料对肿瘤的诊断和治疗。Nd^{3+} 敏化的铒纳米晶体在近红外激光照射下，通过上转换发出荧光，通过荧光生物成像能够显示出小白鼠体内肿瘤位置[248]。他们发现镧系元素纳米颗粒在红色激光照射下有两种发光模式：第一种是波长为 980nm 的近红外光，可用于确定肿瘤位置；第二种是上转换为绿光，可用于激发以共价键连接在纳米晶表面上的玫瑰红分子产生 $^1O_2$ 活性物质，抑制肿瘤生长[249]。

3. 核磁共振

磁共振成像（MRI）基于核磁共振技术，^1H 在磁场作用下以 Larmor 频率与射频电磁波发生共振吸收。通常 MRI 衬度差异较小，磁性纳米颗粒的局部磁场可加速质子弛豫过程，其能够增加衬度而作为造影剂应用[245]。

Chouly 等报道了超顺磁性氧化铁纳米颗粒的磁共振成像造影剂[250]，利用这种造影剂可以从肝硬化的患者体内检测到早期肝癌细胞组织[251, 252]。采用氧化铁纳米颗粒提高 MRI 衬度，能够检测到 1mm 左右的癌变淋巴结肿瘤[253, 254]。美国西北大学 Viola 等构建了选择性抗体与超顺磁性纳米颗粒复合“探针”，可用于阿尔茨海默病的早期诊断和药物功效评估[255]。

4. 纳米药物

从 1995 年到 2017 年，美国食品药品监督管理局（FDA）批准了 50 种纳米药物，包括脂质体、聚合物、胶束、纳米晶、无机纳米颗粒和蛋白质纳米颗粒等[256]。对于纳米医药，最关键的是控制低维材料在特定场所（器官）进入、停留特定时间，并按照设计路径排出。这决定了其是产生对人体有益的治疗作用，还是对人体有害的毒性。对于治疗癌症的药物，要尽量提高其在癌细胞中的浓度，降低其在正常组织细胞中的浓度；要提高其在血液中循环的时间以提高药性，缩短其在肝脏中停留和作用的时间而降低毒性[257]。

低维纳米结构与生物体的相互作用主要发生在表面与生物体界面，受到其尺寸、形状、硬度、表面电荷等影响[258]。石棉等高硬度纤维状物质容易诱发肺癌，球形脂质纳米颗粒相对容易进入细胞而被用作药物载体。肾脏中流体力学直径小于 6nm 的颗粒可通过其过滤膜进入尿液而排泄[259]。与形状相关，直径 1nm、长度 100～1000nm 的碳纳米管在流体中的取向倾向与流向一致，更容易排入尿液[260]。

低维材料与生物体的相互作用包括化学、机械、磁、热、光等方面[261]。化学作用包括药物分子与肿瘤等的靶向结合，以及表面亲疏水性与电荷作用下药物载体与细胞膜的融合等过程。在磁场作用下，磁性纳米颗粒的自旋方向倾向于与外部磁场平行，将磁场作用转化为力学作用。在交变磁场中，磁力与布朗运动力的交替作用使磁性颗粒快速转动而产生热效应，可用于磁热疗法[262]。

基于纳米颗粒的光热疗法已经逐渐从学术研究走向了实际临床应用。痤疮是最常见的皮肤病，美国 Sebacia 公司推出了治疗痤疮的纳米药物。SiO_x-Au 核壳纳米颗粒吸收近红外光导致局部发热，可在不损坏周围皮肤结构的同时破坏毛囊脂腺，从而抑制过多皮脂，减小副作用[263]。前列腺癌是男性诊断率很高的癌症，是目前世界范围内第二大男性癌症致死病症。Rastinehad 等报道了氧化硅包覆金纳米颗粒光热疗法用于前列腺癌的临床试验。16 位中低危局限性前列腺癌患者接受治疗，其中 15 位接受完整治疗 3 个月后肿瘤明显缓解，一年后 14 位患者肿瘤检查呈阴性[264]。

6.3.4　生物安全性研究与讨论

低维材料的生物安全性对于其在健康卫生领域中的应用是一个至关重要的问题。2019 年 11 月，碳纳米管被环保非政府组织国际化学品秘书处（ChemSec）列入 SIN（substitute it now，立即替换）名单。这是一个标志性事件，引起了广泛关注和激烈讨论。来自美国、英国、西班牙、意大利、法国、瑞士、比利时、澳大利亚、爱尔兰、波兰、德国、中国、加拿大、日本等国家的 39 位碳纳米管研究学者共同署名发表文章《禁用碳纳米管在科学上不合理并将破坏创新》[265]，指出碳纳米管的性质由诸多材料结构特征和处理过程决定，具有丰富多样的可能完全不同的物理、化学、机械和生物性质。其直径从 1nm 到数十纳米，其长度跨越纳米到米范围，其宏观形态可能是粉体、自支撑膜、固体表面涂层、溶液和分散液，其表面可以被各种共价键和非共价键修饰。通过血液化学、血液学和病理学测试，表面修饰长度较小的可溶性碳纳米管对灵长类动物没有表现出生物毒性[266]。因而基于少数早期研究成果，而将结构与性质各异的碳纳米管作为一种材料列入禁用名单，这将阻碍碳纳米管安全有效的应用。

从这一事件中可以看到，对于新材料的安全性这一焦点问题，科研人员、非营利机构、政府监管部门基于各自不同的背景有不同的立场和看法。科研人员在自己的研究以及与同行的交流中可获得相对准确、比较全面的信息，了解新材料安全性的复杂性和评估难度。非营利机构从公众利益的角度出发，希望提高政策的保险度和执行效率。政府监管部门要保证程序公正和信息准确，要提出具有执行性的明确规定。未来要继续对低维材料的安全性进行全面、系统的研究，获得其结构特征与安全性之间的准确关联。有必要制定相关标准，规范结构表征、生物实验流程、安全性评估方法。很重要的一点是，科研界应及时把新的研究成果向社会大众普及，利用可靠的科学证据获得公众的信任，才能使低维材料有效推广和实际应用。

6.4 低维复合材料

第 5 章中介绍了低维材料与维度、尺度相关的独特性质。碳纳米管和石墨烯的弹性模量、拉伸强度、电流承载能力、热导率等都达到了极限记录值[267]。基于碳纳米管的低密度、高强度，前人设想了利用碳纳米管建造太空电梯等令人震撼的宏大愿景[268, 269]。是否可以生长无限长的碳纳米管？是否可以把纳米尺度（$10^{-9}\sim10^{-7}$m）低维材料的特性推广到宏观甚至太空尺度（$10^{0}\sim10^{8}$m）？材料发展的历史告诉我们，没有这么简单。在 20 世纪 50 年代兴起过一股晶须热潮，各种金属和非金属的微米级单晶纤维的拉伸强度均接近理论极限[270]。但随着尺寸增大，随机出现的缺陷导致灾难性破坏的概率越来越大。材料的刚度越大，强度越高，通常也越脆。宏观尺度大规模应用与低维结构性质尺寸效应的矛盾是低维材料应用的一个普遍挑战。

低维复合材料是解决低维材料大规模应用和小尺度特性矛盾的一个重要途径。将低维结构分散、嵌入基体中，既可保持低维材料的纳米尺度特性，又能用基体相将低维结构“粘在一起”扩大到宏观尺度。传统复合材料，包括聚合物基复合材料、金属基复合材料、陶瓷基复合材料等，已经广泛应用于航天、航空、汽车等各个领域。除了力学增强复合材料外，催化剂、疫苗、药物等大多是复合体系，可视为广义的复合材料。本节将从力学增强、导电、热管理和多功能四个方面介绍低维复合材料。

6.4.1 复合材料理论模型

复合材料的三要素是基体、增强相和二者界面。对于结构组织不敏感的性质，包括密度、热容、模量、电导率、热导率等，可以通过线性混合的方式估算复合材料的性质；对于结构组织敏感的强度和韧性等，需要考虑形成复合材料后基体相和增强相界面的微观结构。界面结合与性质是设计复合材料的关键，可分为平行纤维和随机网络两种模型。

考虑一个简单模型：纤维平行均匀分布在基体中，在平行方向上施加应力、温差和电压。从力学上看增强相纤维与基体的变形量相等，从热学上看两相的温差相等，从电学上看二者的电压差也相等。在此基础上，其模量、热导率和电导率满足同一个线性比例关系：$P_c=\sum_{i=1}^{n}V_iP_i$，$n=2$，其中 P_c、P_i 和 V_i 分别为复合材料性质、单相性质及其含量。

聚合物基体相的模量、热导率和电导率分别约为 1GPa、0.1W/(m·K)、10^{-2}S/cm。作为增强相的碳纳米管的模量、热导率和电导率分别为 10^3GPa、10^3W/(m·K)、10^6S/cm。如果碳纳米管含量为 10%，则聚合物基复合材料的模量、热导率和电导率分别估算为 10^2GPa、10^2W/(m·K)、10^5S/cm，分别是基体性质的 10^2 倍、10^3 倍和 10^7 倍，这将极大地提高聚合物材料的性能。但实际制备的碳纳米管增强聚合物复合材料的性能与这些数值相差很远，说明增强相的本征结构与性质、排列方向、有限长度、分散状态和很重要的界面结合，均未达到理想状态。

对于随机网络模型，有限长度纤维在基体材料中随机排列。由于增强相与基体之间电导率和热导率存在数量级的差异，电和热主要通过增强相构成的三维网络传输，适用“渗流”模型[271]，满足的数学关系是：$\sigma(\phi,a)=\sigma_0[\phi-\phi_c(a)]^{t(a)}$，$\phi_c(a)$ 为临界体积分数，相关物理性质随增强相含量增加呈指数增长关系。

6.4.2　力学增强复合材料

力学增强复合材料往往是对基体相的弱点予以增强。聚合物基复合材料主要是提高其刚度和强度，金属基复合材料主要是减轻其质量，而陶瓷基复合材料主要是提高其韧性。

力学增强复合材料的拉伸强度可以用界面剪切传递模型描述。分析有限长度为 l 的纤维在基体中的应力平衡，受到拉伸作用的基体将在双相界面上的剪切应力传递到纤维上而承受拉伸应力。临界条件是：界面剪切应力达到基体剪切强度，相当于基体拉伸强度的一半；纤维拉伸应力沿纤维长度方向分布，从端头为 0 向中间增大，达到增强纤维的拉伸强度。可求得临界长度 $l_c=\sigma_r\dfrac{Al}{\tau_m S}$，其中，$A$ 为截面积，S 为接触界面面积，τ_m 为基体剪切强度，σ_r 为增强相拉伸强度。当纤维长度大于临界长度时，$l\sim l_c$ 长度内纤维拉伸应力均达到拉伸强度。复合材料的拉伸强度可表示为 $\sigma_c=\sigma_r V_r\left(\dfrac{l}{2l_c}\right)+\sigma_m V_m$，其中的要素是填充率（$V_r$）、增强相拉伸强度（$\sigma_r$）、纤维长度（$l$）。要获得高的增强效果，需要增强相足够强、填充率足够高、纤维足够长、界面结合足够强与剪切强度足够高，这就是力学增强复合材料的设计要点。

传统力学增强复合材料中的填充相最成功的当属碳纤维。碳纳米管则可看成纳米尺度的碳纤维，因而碳纳米管增强复合材料一直备受关注和期待。与碳纤维相比，碳纳米管的直径从微米减小到纳米，与基体结合的界面表面积更大，因而临界长度和临界体积分数都更低，理论上相同含量时应具有更优的增强效果。低体积分数的碳纳米管增强聚合物基复合材料，其力学性质确实得到明显提升。法国奥尔良大学 Salvetat 等报道 8.3wt%多壁碳纳米管能够将天然橡胶的杨氏模量提高 10 倍将拉伸强度提高 1 倍[272]。

材料的韧性是决定其可靠性最重要的力学性质。断裂韧性用于表征材料抵抗裂纹扩展的能力。自然界中进化出很多巧妙的"设计"，能够实现 $1+1>2$ 的增韧效果。一个典型的例子是贝壳，其由矿物质和有机物构成软硬两相层状结构[273]。国家纳米科学中心唐智勇等受此启发设计了由氧化石墨烯与共轭聚合物（PCDO）构成的层状复合材料，其强度和韧性分别达到 106MPa 和 $2.5MJ/m^3$，其韧性比贝壳高 40%[274]。

除了静态力学性质外，低维材料也能改善复合材料的动态力学性质。Ajayan 研究组测量了碳纳米管/树脂复合材料的黏弹性，发现其损耗模量和阻尼系数相比树脂增大了 15 倍[275]。Koratkar 等发现 2wt%单壁碳纳米管增强聚碳酸酯的损耗模量较聚碳酸酯增加了 10 倍，归结于碳纳米管-聚合物界面处的摩擦滑动[276]。这种复合材料的能量耗散效率提升，增加了阻尼，减小了机械回振，已经在高尔夫球杆、棒球棒、自行车车架等运动用品上获得了应用。从 2005 年开始，瑞士 BMC 车队在环法自行车比赛中采用碳纳米管增强复合材料来减轻车架质量[277]。

整体而言，低添加量对改善低维复合材料的力学性质很有效。但随着添加量继续加大，复合材料的性能达到饱和甚至下降[278]。主要原因是碳纳米管等低维材料分散难，以及其与基体的界面结合差。碳纳米管的轴向高模量和高强度来自其层内共价键和表面无悬键的结构，这也使其表面难以与基体形成足够强的界面结合。另外，增强效果要求长纤维，而长度增大后碳纳米管之间的范德瓦耳斯力容易导致缠结和团聚。

莱斯大学 Pasquali 等通过液晶组装碳纳米管纤维，其具有很高的综合性能：电导率为 5MS/m、热导率为 380W/(m·K)、密度为 $1.0\sim1.5g/cm^3$、拉伸强度为 $1\sim3$GPa、杨氏模量约为 120GPa[279]。伦斯勒理工学院 Lian 等通过定向组装大片和小片密实填充氧化石墨烯，再经热处理退火获得了石墨烯纤维，热导率可达 1290W/(m·K)，拉伸强度为 1.08GPa[280]。麻省理工学院 Kim 等采用碳纳米管垂直阵列干法纺丝的方法获得碳纳米管纤维，与聚多巴胺形成复合纤维（py-PDA），其拉伸强度达到 4.04GPa，优于组成单元聚多巴胺和纯碳纳米管纤维的强度[281]。

浙江大学高超研究组开展了一系列石墨烯液晶组装纤维等宏观体的制备与应用工作[282-285]。在液晶组装的石墨烯纸中通过嵌入乙醇分子产生层间可塑性，液相中施加拉伸应力，去除层内褶皱，获得了高度定向排列的"结晶态"石墨烯柔性纸，其具有 1.1GPa 的拉伸强度和 62.8GPa 的拉伸模量。定向排列的石墨烯与树脂基体构成片状复合材料后，将基体的拉伸强度从 190MPa 提高到复合材料的 634MPa，并表现出优异的电磁屏蔽性能，在 2～18GHz 的范围内，电磁屏蔽效率为 30～40dB[284]。

6.4.3　导电复合材料

聚合物的电导率仅 10^{-4}S/cm，而碳纳米管的电导率高达 10^{5}S/cm[286]，因而渗流阈值理论适用于描述随机网络碳纳米管/聚合物复合材料的导电性质。碳纳米管填充率 0.5%～10%的多壁碳纳米管/热塑性聚氨酯复合材料的电导率可达到 1.0～10S/cm，对应的渗流阈值为 0.5%[287]。单壁碳纳米管/聚苯胺复合材料中，单壁碳纳米管填充率为 10%，电导率高于 10S/cm，渗流阈值为 0.3%，由于其小直径和更大接触面积而优于多壁碳纳米管[288]。中国科学院金属研究所杜金红等对照研究了碳纳米管与石墨烯在聚乙烯复合材料中的导电性质，发现碳纳米管的渗流阈值为 0.15wt%，比石墨烯（1wt%）的小一个数量级，归结于碳纳米管的一维结构更有利于形成三维导电网络（图 6.18）[289]。

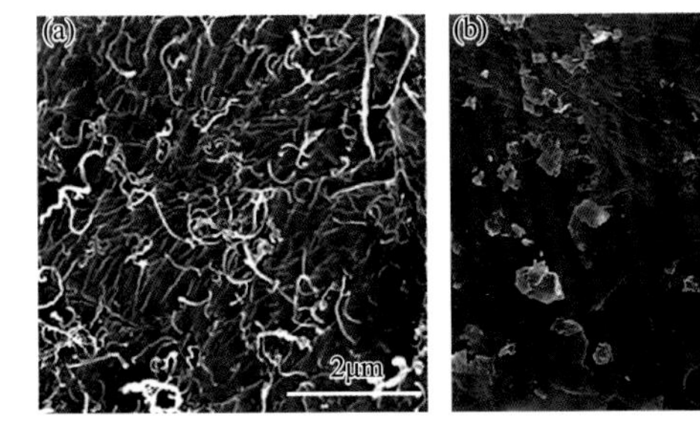

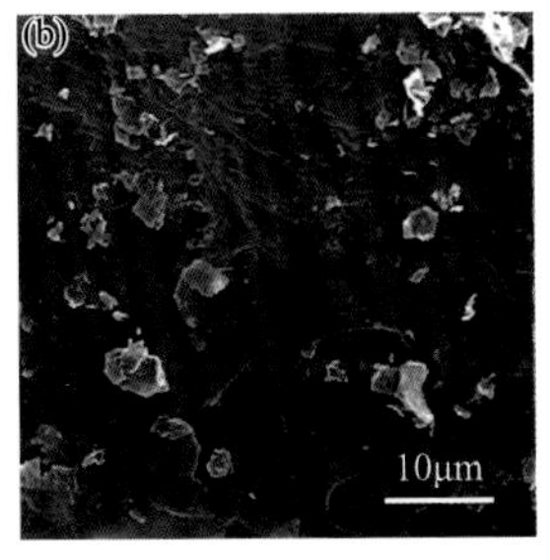

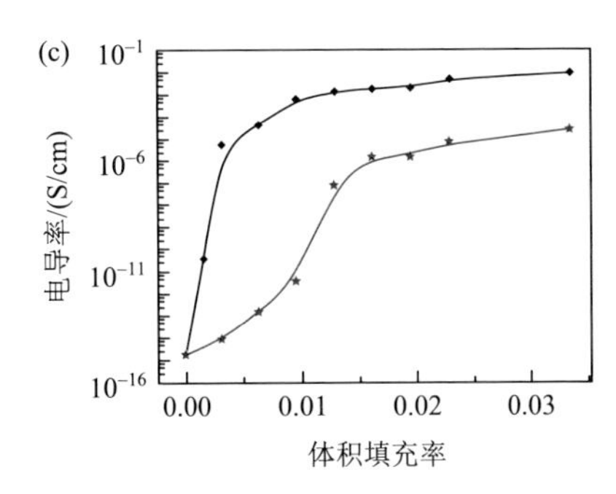

图 6.18　（a、b）碳纳米管和石墨烯增强聚乙烯导电复合材料；（c）电导率与体积填充率的关系及渗流阈值对比[289]

导电复合材料的一个重要应用是屏蔽电磁干扰，主要有反射和吸收两种屏蔽机制。反射机制与载流子浓度和电导率相关，要求材料具有高电导率；吸收机制与材料极化性质相关，包括电偶极子和磁偶极子。高频电磁波由于其趋肤效应，与材料的相互作用主要发生在表层亚微米范围。与块体金属相比，低维材料具有更大的比表面积，因而在高频电磁屏蔽方面具有优势。

传统的电磁屏蔽材料主要是镍等金属丝，屏蔽效率可达到 87dB。纽约州立大学 Chung 等报道了柔性石墨的屏蔽效率为 130dB，归结于其高电导率和远大于块体金属的比表面积[290]。碳纳米管、石墨烯等低维材料，由于其高电导率和纳米尺寸而被期望在高频电磁屏蔽和吸波材料中获得应用[291]。据报道，Technologies 等开发的碳纳米管增强聚合物复合材料薄膜已经被美国航空航天局（NASA）用于卫星电磁屏蔽[277]。高导电纳米碳材料与磁性纳米颗粒构成的复合材料能同时利用电极化和磁极化机制而进一步提高吸波性能。

6.4.4 热界面复合材料

半导体的电学性质对温度敏感，因而基于半导体的太阳能电池、LED 和芯片的热管理极为重要。集成电路随着晶体管尺寸越来越小，功率密度越来越高。14nm 节点 CPU 的功率密度已经达到 $100W/cm^2$，散热已经成为限制高性能芯片的一个瓶颈问题[292]。半导体器件的散热封装主要采用铝等金属散热片，但金属与硅基半导体之间的硬接触难以有效导热，需要热界面材料。碳纳米管、石墨烯、h-BN 等低维材料的层内热导率都达到 $10^3W/(m\cdot K)$，可用作定向导热界面材料[293-295]。

碳纳米管复合材料的热导率用以下公式计算：$\dfrac{K_e}{K_m}=1+\dfrac{fp}{3}\dfrac{K_c/K_m}{p+\dfrac{2a_K}{d}\dfrac{K_c}{K_m}}$，其中，$K_c$、$K_m$、$K_e$ 分别为碳纳米管、基体相、复合材料的热导率；f 为碳纳米管含量；p 为碳纳米管长径比；d 为碳纳米管的直径，$a_K=R_K K_m$ 为与界面热阻 R_K 相关的参数[296]。显然，碳纳米管的热导率越高，碳纳米管含量越高，复合材料的热导率越高。在极限条件下，对于无限长连续碳纳米管，公式可简化为 $\dfrac{K_e}{K_m}=1+\dfrac{f}{3}K_c/K_m$，与碳纳米管含量成正比。因此提高碳纳米管复合材料热导率的途径主要有：①提高碳纳米管的晶体质量和本征热导率，定向排列提高热传输方向的热导率（K_c）；②与基体相以及热源之间形成紧密接触，减小界面热阻（R_K）；③增加碳纳米管的长度，提高长径比（p）。理想的结构是高密度定向排列的碳纳米管垂直阵列。

法国南特大学 Chauvet 等研究了随机排列碳纳米管/聚甲基丙烯酸甲酯（PMMA）复合材料的导热与导电性质，发现添加 7%单壁碳纳米管，复合材料的电导率提高数个数量级，热导率提高约 52%，从 $0.23W/(m\cdot K)$增加到 $0.35W/(m\cdot K)$[297]。清华大学范守善研究组将聚合物注入碳纳米管垂直阵列制备复合材料，碳纳米管含量仅为 0.4vol%，热导率提高到 $1.2W/(m\cdot K)$，说明定向排列对导热性能提高至关重要[298]。中国科学院苏州纳米技术与纳米仿生研究所刘立伟等设计了平行排列石墨烯/树脂复合材料，在 40～90℃区间，热导率随温度升高而增加，从 $16.75W/(m\cdot K)$增加到 $33.54W/(m\cdot K)$[299]。

热界面材料需要在低维材料与硅和金属之间形成导热界面。普渡大学 Cola 等在铜箔上生长 10μm 高的碳纳米管阵列，排列密度约 10^8 根/mm^2。在 100kPa 压力下，Si-Ag-CNT-Cu 界面总热阻为 $10mm^2\cdot K/W$[300]。中国科学院金属研究所刘畅等在铜箔上直接生长碳纳米管阵列，表面覆盖碳薄层以改善界面热接触。碳纳米管阵列的热导率为 2.7W/(m·K)，Cu-CNT 阵列-Cu 界面热阻为 $0.8mm^2·K/W$，展示了作为芯片散热界面材料的应用前景（图 6.19）[301]。

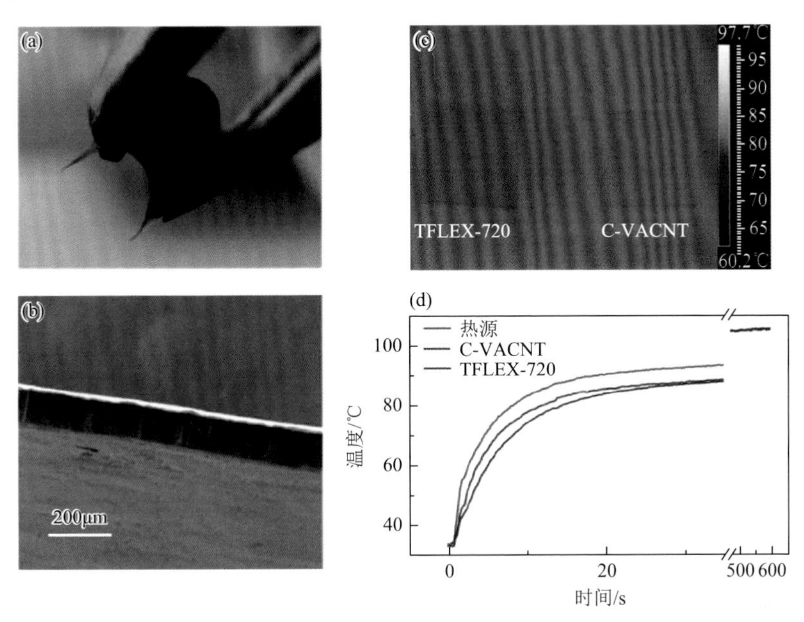

图 6.19　碳纳米管阵列热界面材料：(a、b）光学和 SEM 照片；(c）商业化热界面材料（TFLEX 720）与表面覆盖碳薄层碳纳米管垂直阵列（C-VACNT）的表面热成像对比；(d）温度-时间响应曲线对比[301]

6.4.5　多功能复合材料

多功能复合材料结合多种力学、电学、热学和光学性质，可同时实现多种功能，包括传感、驱动、显示和能量转化等。斯坦福大学鲍哲南等报道了基于镍纳米微粒/超分子有机聚合物复合材料的电子皮肤的压力和屈曲传感特性。无机材料镍微粒的添加改善了有机聚合物的力学和热学性质，其玻璃化转变温度从–20℃提高到 10℃。基于电导率对压缩或弯曲应力的响应，此复合材料可用作力学传感器。由于复合材料的玻璃化转变温度较低，切开的断口可以通过 50℃以内的温度下短时间加热而实现机械和电自愈特性[302]。

得克萨斯大学达拉斯分校 Baughman 等发明了基于碳纳米管的人工肌肉。像搓绳一样把碳纳米管拧成微米直径的螺旋纤维，利用电化学循环中离子嵌入的体积膨胀效应使得纤维发生旋转和伸缩（≈1%）[303]。将两股碳纳米管绳交错拧成螺旋结构，可将碳纳米管间离子嵌入的体积膨胀效应放大，从而获得最大 16.5%的伸缩量[304]。将碳纳米管与聚合物构成复合螺旋结构，从碳纳米管的双极性伸缩行为变为复合材料的单极性伸缩行为，通过调节电压加载扫描速率控制离子有效尺寸，该人工肌肉的响应幅度达到 21%[305]。

复旦大学彭慧胜等报道了大面积纺织多功能低维复合材料，其由经线和纬线交织而成，纬线由透明导电聚合物纤维构成，经线是镀银导电复合纤维。经纬线中间有一层硫化锌（ZnS）荧光粉，通过对经纬线施加电压控制硫化锌发光，实现可寻址的显示功能。这种可纺织的柔性显示器具有优异的弯曲、拉伸性能，展示了柔性显示与柔性储能、压力传感在衣服上的系统集成。结合脑电波信号探测和分析，可实时显示放松或紧张的心理状态（图 6.20）[306]。

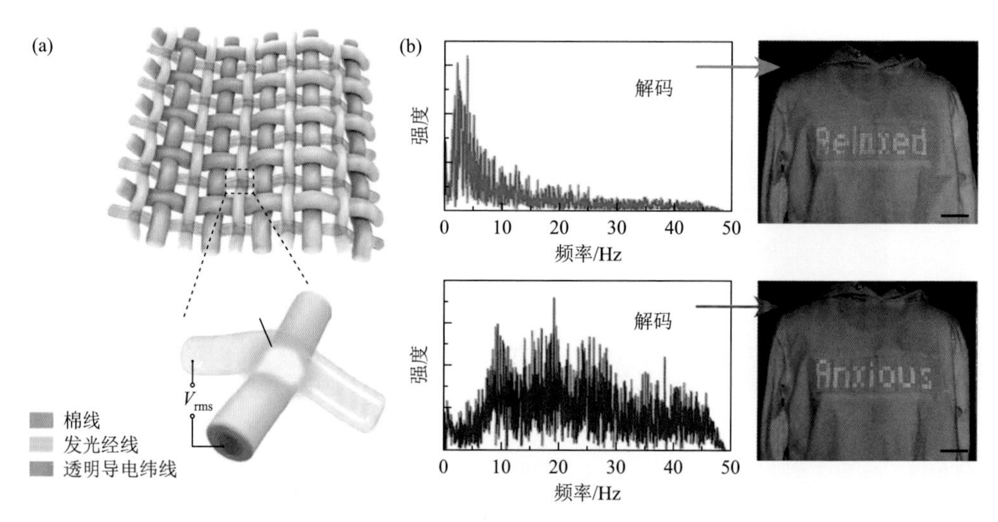

图 6.20　可纺织透明导电聚合物纤维：（a）镀银聚合物纤维与 ZnS 荧光粉构成电致发光网络；（b）结合生物传感分析，在衣服上实时显示心理状态[305]

6.5 小结

经过多年探索，低维材料在信息、能源、健康等领域已经形成了较为完整的应用体系。

在信息领域，纳米晶体管延续摩尔定律到了 10nm 以下尺度；低维传感器和薄膜晶体管是可穿戴电子器件的基础；在量子计算机和神经拟态处理器等新原理器件的探索方面也取得了很多突破。

在能源领域，钙钛矿太阳能电池有望实现低成本高效太阳能发电；通过人工光合作用，有望实现氢、碳、氮元素的循环和太阳能-化学能转变；低维材料已经作为电极材料和催化剂在二次电池、超级电容器和燃料电池中广泛应用。

在健康领域，纳米疫苗已经成功应用于新型冠状病毒感染的预防；多种生物传感器能够获得人体的健康信息，已从表面皮肤、泪液代谢物深入到大脑和神经探测；纳米磁性颗粒造影剂和纳米晶药物正逐步应用到临床诊疗中。

在复合材料中，低维材料能够有效增强基体，提高导热和导电性质；集成多种功能的柔性电子皮肤、人工肌肉、可穿戴电子设备等新型功能低维复合材料器件方兴未艾。

低维材料的应用是一个分阶段逐步推进的过程，不可能一蹴而就。以太阳能燃料为例，光分解水制氢最需要解决的问题是效率问题；CO_2 还原最需要解决的是效率和选择性问题；而合成氨还处于探索与验证阶段。未来低维材料的应用，需要进一步加强基础研究，探索基于低维材料本征特性的“杀手锏”应用；同时也有赖于社会、政府与企业的持续支持、投入和协作。

参考文献

[1] World Semiconductor Trade Statistics（WSTS）. WSTS Semiconductor Market Forecast Autumn 2020. https://www.wsts.org/76/103/WSTS-Semiconductor-Market-Forecast-Autumn-2020[2021-06-01].

[2] Singh N，Agarwal A，Bera L K，et al. High-performance fully depleted silicon nanowire（diameter≤5nm）gate-all-around CMOS devices. IEEE Electron Device Letters，2006，27（5）：383-386.

[3] Razavi P，Fagas G. Electrical performance of Ⅲ-Ⅴ gate-all-around nanowire transistors. Applied Physics Letters，2013，103（6）：063506.

[4] Li W，Brubaker M D，Spann B T，et al. GaN nanowire MOSFET with near-ideal subthreshold slope. IEEE Electron Device Letters，2018，39（2）：184-187.

[5] Colinge J P，Lee C W，Afzalian A，et al. Nanowire transistors without junctions. Nature Nanotechnology，2010，5：225-229.

[6] Peng L M，Zhang Z，Wang S. Carbon nanotube electronics：recent advances. Materials Today，2014，17（9）：433-442.

[7] Qiu C，Zhang Z，Xiao M，et al. Scaling carbon nanotube complementary transistors to 5-nm gate lengths. Science，2017，355（6322）：271-276.

[8] Cao Q，Tersoff J，Farmer D B，et al. Carbon nanotube transistors scaled to a 40-nanometer footprint. Science，2017，356（6345）：1369-1372.

[9] Han S J，Tang J，Kumar B，et al. High-speed logic integrated circuits with solution-processed self-assembled carbon nanotubes. Nature Nanotechnology，2017，12：861-865.

[10] Liu L，Han J，Xu L，et al. Aligned，high-density semiconducting carbon nanotube arrays for high-performance electronics. Science，2020，368（6493）：850-856.

[11] Shulaker M M，Hills G，Patil N，et al. Carbon nanotube computer. Nature，2013，501（7468）：526-530.

[12] Hills G，Lau C，Wright A，et al. Modern microprocessor built from complementary carbon nanotube transistors. Nature，2019，572（7771）：595-602.

[13] Bishop M D，Hills G，Srimani T，et al. Fabrication of carbon nanotube field-effect transistors in commercial silicon manufacturing facilities. Nature Electronics，2020，3：492-501.

[14] Chhowalla M，Jena D，Zhang H. Two-dimensional semiconductors for transistors. Nature Reviews Materials，2016，1：16052.

[15] Liu Y，Duan X，Shin H J，et al. Promises and prospects of two-dimensional transistors. Nature，2021，591（7848）：43-53.

[16] Radisavljevic B, Radenovic A, Brivio J, et al. Single-layer MoS_2 transistors. Nature Nanotechnology, 2011, 6: 147-150.

[17] Li W, Zhou J, Cai S, et al. Uniform and ultrathin high-κ gate dielectrics for two-dimensional electronic devices. Nature Electronics, 2019, 2 (12): 563-571.

[18] Lam K, Dong Z, Guo J. Performance limits projection of black phosphorous field-effect transistors. IEEE Electron Device Letters, 2014, 35 (9): 963-965.

[19] Das S, Zhang W, Demarteau M, et al. Tunable transport gap in phosphorene. Nano Letters, 2014, 14 (10): 5733-5739.

[20] Li L, Yu Y, Ye G J, et al. Black phosphorus field-effect transistors. Nature Nanotechnology, 2014, 9: 372-377.

[21] Liu Y, Guo J, Wu Y, et al. Pushing the performance limit of sub-100 nm molybdenum disulfide transistors. Nano Letters, 2016, 16 (10): 6337-6342.

[22] Desai S B, Madhvapathy S R, Sachid A B, et al. MoS_2 transistors with 1-nanometer gate lengths. Science, 2016, 354 (6308): 99-102.

[23] Shannon C E. Communication in the presence of noise. Proceedings of the IRE, 1949, 37 (1): 10-21.

[24] Dang S, Amin O, Shihada B, et al. What should 6G be? Nature Electronics, 2020, 3 (1): 20-29.

[25] Chang E Y, Kuo C I, Hsu H T, et al. InAs thin-channel high-electron-mobility transistors with very high current-gain cutoff frequency for emerging submillimeter-wave applications. Applied Physics Express, 2013, 6 (3): 034001.

[26] Lee S, Jagannathan B, Narasimha S, et al. Record RF performance of 45-nm SOI CMOS technology. Proceedings of 2007 IEEE International Electron Devices Meeting, 2007: 255-258.

[27] Pekarik J J, Adkisson J, Gray P, et al. A 90nm SiGe BiCMOS technology for mm-wave and high-performance analog applications. Proceedings of 2014 IEEE Bipolar/BiCMOS Circuits and Technology Meeting (BCTM), 2014: 92-95.

[28] Lachner R. Towards 0.7 terahertz silicon germanium heterojunction bipolar technology: the DOTSEVEN project. ECS Transactions, 2014, 64 (6): 21-37.

[29] Mei X, Yoshida W, Lange M, et al. First demonstration of amplification at 1 THz using 25-nm InP high electron mobility transistor process. IEEE Electron Device Letters, 2015, 36 (4): 327-329.

[30] Miao X, Chabak K, Zhang C, et al. High-speed planar GaAs nanowire arrays with $f_{max}>75$ GHz by wafer-scale bottom-up growth. Nano Letters, 2015, 15 (5): 2780-2786.

[31] Yu J W, Yeh P C, Wang S L, et al. Short channel effects on gallium nitride/gallium oxide nanowire transistors. Applied Physics Letters, 2012, 101 (18): 183501.

[32] Zota C B, Roll G, Wernersson L, et al. Radio-frequency characterization of selectively regrown InGaAs lateral nanowire MOSFETs. IEEE Transactions on Electron Devices, 2014, 61 (12): 4078-4083.

[33] Hasan S, Salahuddin S, Vaidyanathan M, et al. High-frequency performance projections for ballistic carbon-nanotube transistors. IEEE Transactions on Nanotechnology, 2006, 5 (1): 14-22.

[34] Rutherglen C, Jain D, Burke P. Nanotube electronics for radiofrequency applications. Nature Nanotechnology, 2009, 4 (12): 811-819.

[35] Steiner M, Engel M, Lin Y M, et al. High-frequency performance of scaled carbon nanotube array field-effect transistors. Applied Physics Letters, 2012, 101 (5): 053123.

[36] Joo Y, Brady G J, Arnold M S, et al. Dose-controlled, floating evaporative self-assembly and alignment of semiconducting carbon nanotubes from organic solvents. Langmuir, 2014, 30 (12): 3460-3466.

[37] Cao Y, Brady G J, Gui H, et al. Radio frequency transistors using aligned semiconducting carbon nanotubes with

current-gain cutoff frequency and maximum oscillation frequency simultaneously greater than 70 GHz. ACS Nano，2016，10（7）：6782-6790.

[38] Zhong D，Shi H，Ding L，et al. Carbon nanotube film-based radio frequency transistors with maximum oscillation frequency above 100 GHz. ACS Applied Materials & Interfaces，2019，11（45）：42496-42503.

[39] Lin Y M，Jenkins K A，Valdes-Garcia A，et al. Operation of graphene transistors at gigahertz frequencies. Nano Letters，2009，9（1）：422-426.

[40] Lin Y M，Dimitrakopoulos C，Jenkins K A，et al. 100-GHz transistors from wafer-scale epitaxial graphene. Science，2010，327（5966）：662.

[41] Liao L，Lin Y C，Bao M，et al. High-speed graphene transistors with a self-aligned nanowire gate. Nature，2010，467：305-308.

[42] Cheng R，Bai J，Liao L，et al. High-frequency self-aligned graphene transistors with transferred gate stacks. Proceedings of the National Academy of Sciences，2012，109（29）：11588-11592.

[43] Lee G H，Yu Y J，Cui X，et al. Flexible and transparent MoS_2 field-effect transistors on hexagonal boron nitride-graphene heterostructures. ACS Nano，2013，7（9）：7931-7936.

[44] Lin Z，Huang Y，Duan X. Van der Waals thin-film electronics. Nature Electronics，2019，2（9）：378-388.

[45] Lin Z，Liu Y，Halim U，et al. Solution-processable 2D semiconductors for high-performance large-area electronics. Nature，2018，562（7726）：254-258.

[46] Cao Q，Kim H S，Pimparkar N，et al. Medium-scale carbon nanotube thin-film integrated circuits on flexible plastic substrates. Nature，2008，454：495-500.

[47] Sun D M，Timmermans M Y，Tian Y，et al. Flexible high-performance carbon nanotube integrated circuits. Nature Nanotechnology，2011，6（3）：156-161.

[48] Wang B W，Jiang S，Zhu Q B，et al. Continuous fabrication of meter-scale single-wall carbon nanotube films and their use in flexible and transparent integrated circuits. Advanced Materials，2018，30（32）：1802057.

[49] Reinsel D，Gantz J，Rydning J. The Digitization of the World from Edge to core. Framingham：International Data Corporation（IDC），2018.

[50] Zidan M A，Strachan J P，Lu W D. The future of electronics based on memristive systems. Nature Electronics，2018，1（1）：22-29.

[51] Horowitz M. 1.1 Computing's energy problem（and what we can do about it）. 2014 IEEE International Solid-State Circuits Conference（ISSCC），Digest of Technical Papers，2014：10-14.

[52] Wang Z，Wu H，Burr G W，et al. Resistive switching materials for information processing. Nature Reviews Materials，2020，5（3）：173-195.

[53] Jo A，Joo W，Jin W H，et al. Ultrahigh-density phase-change data storage without the use of heating. Nature Nanotechnology，2009，4（11）：727-731.

[54] Wuttig M，Yamada N. Phase-change materials for rewriteable data storage. Nature Materials，2007，6（11）：824-832.

[55] Chappert C，Fert A，van Dau F N. The emergence of spin electronics in data storage. Nature Materials，2007，6：813-823.

[56] Polking M J，Han M G，Yourdkhani A，et al. Ferroelectric order in individual nanometre-scale crystals. Nature Materials，2012，11：700-709.

[57] Eigler D M，Schweizer E K. Positioning single atoms with a scanning tunnelling microscope. Nature，1990，344：524-526.

[58] Kalff F E，Rebergen M P，Fahrenfort E，et al. A kilobyte rewritable atomic memory. Nature Nanotechnology，2016，11：926-929.

[59] Eom D，Moon C Y，Koo J Y. Switching the charge state of individual surface atoms at Si（111）- $\sqrt{3}\times\sqrt{3}$:B surfaces. Nano Letters，2015，15（1）：398-402.

[60] Loth S，Baumann S，Lutz C P，et al. Bistability in atomic-scale antiferromagnets. Science，2012，335（6065）：196-199.

[61] Khajetoorians A A，Baxevanis B，Hübner C，et al. Current-driven spin dynamics of artificially constructed quantum magnets. Science，2013，339（6115）：55-59.

[62] Dhomkar S，Henshaw J，Jayakumar H，et al. Long-term data storage in diamond. Science Advances，2016，2（10）：e1600911.

[63] Organick L，Ang S D，Chen Y J，et al. Random access in large-scale DNA data storage. Nature Biotechnology，2018，36（3）：242-248.

[64] Khan H N，Hounshell D A，Fuchs E R H. Science and research policy at the end of Moore's law. Nature electronics，2018，1（1）：14-21.

[65] Leiserson C E，Thompson N C，Emer J S，et al. There's plenty of room at the top：what will drive computer performance after Moore's law？Science，2020，368（6495）：eaam9744.

[66] Herculano-Houzel S. The human brain in numbers：a linearly scaled-up primate brain. Frontiers in Human Neuroscience，2009，3：31.

[67] Yu S，Chen P. Emerging memory technologies：recent trends and prospects. IEEE Solid-State Circuits Magazine，2016，8（2）：43-56.

[68] Ambrogio S，Narayanan P，Tsai H，et al. Equivalent-accuracy accelerated neural-network training using analogue memory. Nature，2018，558（7708）：60-67.

[69] Pi S，Li C，Jiang H，et al. Memristor crossbar arrays with 6-nm half-pitch and 2-nm critical dimension. Nature Nanotechnology，2019，14（1）：35-39.

[70] Prezioso M，Merrikh-Bayat F，Hoskins B D，et al. Training and operation of an integrated neuromorphic network based on metal-oxide memristors. Nature，2015，521（7550）：61-64.

[71] de Leon N P，Itoh K M，Kim D，et al. Materials challenges and opportunities for quantum computing hardware. Science，2021，372（6539）：eabb2823.

[72] Wang H，He Y，Li Y H，et al. High-efficiency multiphoton boson sampling. Nature Photonics，2017，11：361-365.

[73] Wright K，Beck K M，Debnath S，et al. Benchmarking an 11-qubit quantum computer. Nature Communications，2019，10（1）：5464.

[74] Arute F，Arya K，Babbush R，et al. Quantum supremacy using a programmable superconducting processor. Nature，2019，574（7779）：505-510.

[75] 中国科学院量子信息与量子科技创新研究院，合肥微尺度物质科学国家研究中心. 量子信息和量子技术白皮书（合肥宣言）. 新兴量子技术国际会议，合肥，2019.

[76] Mu L，Chang Y，Sawtelle S D，et al. Silicon nanowire field-effect transistors：a versatile class of potentiometric nanobiosensors. IEEE Access，2015，3：287-302.

[77] Cui Y，Wei Q，Park H，et al. Nanowire nanosensors for highly sensitive and selective detection of biological and chemical species. Science，2001，293（5533）：1289-1292.

[78] Knopfmacher O，Tarasov A，Fu W，et al. Nernst limit in dual-gated Si-nanowire FET sensors. Nano Letters，2010，10（6）：2268-2274.

[79] Zheng G, Gao X P A, Lieber C M. Frequency domain detection of biomolecules using silicon nanowire biosensors. Nano Letters，2010，10（8）：3179-3183.

[80] Stern E，Klemic J F，Routenberg D A，et al. Label-free immunodetection with CMOS-compatible semiconducting nanowires. Nature，2007，445：519-522.

[81] Gao A，Lu N，Dai P，et al. Silicon-nanowire-based CMOS-compatible field-effect transistor nanosensors for ultrasensitive electrical detection of nucleic acids. Nano Letters，2011，11（9）：3974-3978.

[82] Liang Y，Xiao M，Wu D，et al. Wafer-scale uniform carbon nanotube transistors for ultrasensitive and label-free detection of disease biomarkers. ACS Nano，2020，14（7）：8866-8874.

[83] Tian B，Cohen-Karni T，Qing Q，et al. Three-dimensional，flexible nanoscale field-effect transistors as localized bioprobes. Science，2010，329（5993）：830-834.

[84] Duan X，Gao R，Xie P，et al. Intracellular recordings of action potentials by an extracellular nanoscale field-effect transistor. Nature Nanotechnology，2012，7（3）：174-179.

[85] Patolsky F，Timko B P，Yu G，et al. Detection，stimulation，and inhibition of neuronal signals with high-density nanowire transistor arrays. Science，2006，313（5790）：1100-1104.

[86] Shulaker M M，Hills G，Park R S，et al. Three-dimensional integration of nanotechnologies for computing and data storage on a single chip. Nature，2017，547：74-78.

[87] Backmann N，Zahnd C，Huber F，et al. A label-free immunosensor array using single-chain antibody fragments. Proceedings of the National Academy of Sciences of the United States of America，2005，102（41）：14587-14592.

[88] Fritz J，Baller M K，Lang H P，et al. Translating biomolecular recognition into nanomechanics. Science，2000，288（5464）：316-318.

[89] Zhang J，Lang H P，Huber F，et al. Rapid and label-free nanomechanical detection of biomarker transcripts in human RNA. Nature Nanotechnology，2006，1（3）：214-220.

[90] Wee K W，Kang G Y，Park J，et al. Novel electrical detection of label-free disease marker proteins using piezoresistive self-sensing micro-cantilevers. Biosensors and Bioelectronics，2005，20（10）：1932-1938.

[91] Yoshikawa G，Akiyama T，Gautsch S，et al. Nanomechanical membrane-type surface stress sensor. Nano Letters，2011，11（3）：1044-1048.

[92] Ekinci K L，Yang Y T，Roukes M L. Ultimate limits to inertial mass sensing based upon nanoelectromechanical systems. Journal of Applied Physics，2004，95（5）：2682-2689.

[93] Moser J，Eichler A，Güttinger J，et al. Nanotube mechanical resonators with quality factors of up to 5 million. Nature Nanotechnology，2014，9：1007-1011.

[94] Lassagne B，Garcia-Sanchez D，Aguasca A，et al. Ultrasensitive mass sensing with a nanotube electromechanical resonator. Nano Letters，2008，8（11）：3735-3738.

[95] Chaste J，Eichler A，Moser J，et al. A nanomechanical mass sensor with yoctogram resolution. Nature Nanotechnology，2012，7：301-304.

[96] Gil-Santos E，Baker C，Nguyen D T，et al. High-frequency nano-optomechanical disk resonators in liquids. Nature Nanotechnology，2015，10：810-816.

[97] Burg T P，Godin M，Knudsen S M，et al. Weighing of biomolecules，single cells and single nanoparticles in fluid. Nature，2007，446（7139）：1066-1069.

[98] Mennel L，Symonowicz J，Wachter S，et al. Ultrafast machine vision with 2D material neural network image sensors. Nature，2020，579（7797）：62-66.

[99] Zhu Q B，Li B，Yang D D，et al. A flexible ultrasensitive optoelectronic sensor array for neuromorphic vision

systems. Nature Communications，2021，12（1）：1798.

[100] Shockley W，Queisser H J. Detailed balance limit of efficiency of p-n junction solar cells. Journal of Applied Physics，1961，32（3）：510-519.

[101] Polman A，Knight M，Garnett E C，et al. Photovoltaic materials：present efficiencies and future challenges. Science，2016，352（6283）：aad4424.

[102] Kayes B M，Atwater H A，Lewis N S. Comparison of the device physics principles of planar and radial p-n junction nanorod solar cells. Journal of Applied Physics，2005，97（11）：114302.

[103] Mizuno K，Ishii J，Kishida H，et al. A black body absorber from vertically aligned single-walled carbon nanotubes. Proceedings of the National Academy of Sciences，2009，106（15）：6044-6047.

[104] Kelzenberg M D，Boettcher S W，Petykiewicz J A，et al. Enhanced absorption and carrier collection in Si wire arrays for photovoltaic applications. Nature Materials，2010，9（3）：239-244.

[105] Anttu N. Shockley-Queisser detailed balance efficiency limit for nanowire solar cells. ACS Photonics，2015，2（3）：446-453.

[106] Garnett E，Yang P. Light trapping in silicon nanowire solar cells. Nano Letters，2010，10（3）：1082-1087.

[107] Cui Y，Wang J，Plissard S R，et al. Efficiency enhancement of InP nanowire solar cells by surface cleaning. Nano Letters，2013，13（9）：4113-4117.

[108] Wallentin J，Anttu N，Asoli D，et al. InP nanowire array solar cells achieving 13.8% efficiency by exceeding the ray optics limit. Science，2013，339（6123）：1057-1060.

[109] McDonald S A，Konstantatos G，Zhang S，et al. Solution-processed PbS quantum dot infrared photodetectors and photovoltaics. Nature Materials，2005，4（2）：138-142.

[110] Lan X，Voznyy O，Kiani A，et al. Passivation using molecular halides increases quantum dot solar cell performance. Advanced Materials，2016，28（2）：299-304.

[111] Hao M，Bai Y，Zeiske S，et al. Ligand-assisted cation-exchange engineering for high-efficiency colloidal $Cs_{1-x}FA_xPbI_3$ quantum dot solar cells with reduced phase segregation. Nature Energy，2020，5（1）：79-88.

[112] O'Regan B，Grätzel M. A low-cost，high-efficiency solar cell based on dye-sensitized colloidal TiO_2 films. Nature，1991，353：737-740.

[113] Grätzel M. Photoelectrochemical cells. Nature，2001，414（6861）：338-344.

[114] Chiba Y，Islam A，Watanabe Y，et al. Dye-sensitized solar cells with conversion efficiency of 11.1%. Japanese Journal of Applied Physics，2006，45（25）：L638-L640.

[115] Green M A，Hishikawa Y，Dunlop E D，et al. Solar cell efficiency tables（version 53）. Progress in Photovoltaics：Research and Applications，2019，27（1）：3-12.

[116] Yin W J，Shi T，Yan Y. Unusual defect physics in $CH_3NH_3PbI_3$ perovskite solar cell absorber. Applied Physics Letters，2014，104（6）：063903.

[117] Huang J，Yuan Y，Shao Y，et al. Understanding the physical properties of hybrid perovskites for photovoltaic applications. Nature Reviews Materials，2017，2：17042.

[118] Kojima A，Teshima K，Shirai Y，et al. Novel photoelectrochemical cell with mesoscopic electrodes sensitized by lead-halide compounds（2）. ECS Meeting Abstracts，2006，MA2006-02（7）：397.

[119] Kim H S，Lee C R，Im J H，et al. Lead iodide perovskite sensitized all-solid-state submicron thin film mesoscopic solar cell with efficiency exceeding 9%. Scientific Reports，2012，2：591.

[120] Stranks S D，Eperon G E，Grancini G，et al. Electron-hole diffusion lengths exceeding 1 micrometer in an organometal trihalide perovskite absorber. Science，2013，342（6156）：341-344.

[121] Lee M M，Teuscher J，Miyasaka T，et al. Efficient hybrid solar cells based on meso-superstructured organometal halide perovskites. Science，2012，338（6107）：643-647.

[122] Burschka J，Pellet N，Moon S J，et al. Sequential deposition as a route to high-performance perovskite-sensitized solar cells. Nature，2013，499：316-319.

[123] Liu M，Johnston M B，Snaith H J. Efficient planar heterojunction perovskite solar cells by vapour deposition. Nature，2013，501：395-398.

[124] Arora N，Dar M I，Hinderhofer A，et al. Perovskite solar cells with CuSCN hole extraction layers yield stabilized efficiencies greater than 20%. Science，2017，358（6364）：768-771.

[125] Wang Y，Wu T，Barbaud J，et al. Stabilizing heterostructures of soft perovskite semiconductors. Science，2019，365（6454）：687.

[126] Dai Z，Yadavalli Srinivas K，Chen M，et al. Interfacial toughening with self-assembled monolayers enhances perovskite solar cell reliability. Science，2021，372（6542）：618-622.

[127] Shih C F，Zhang T，Li J，et al. Powering the future with liquid sunshine. Joule，2018，2（10）：1925-1949.

[128] Barber J. Photosynthetic energy conversion：natural and artificial. Chemical Society Reviews，2009，38（1）：185-196.

[129] Ross R T，Hsiao T L. Limits on the yield of photochemical solar energy conversion. Journal of Applied Physics，1977，48（11）：4783-4785.

[130] Fujishima A，Honda K. Electrochemical photolysis of water at a semiconductor electrode. Nature，1972，238（5358）：37-38.

[131] Asahi R，Morikawa T，Irie H，et al. Nitrogen-doped titanium dioxide as visible-light-sensitive photocatalyst：designs，developments，and prospects. Chemical Reviews，2014，114（19）：9824-9852.

[132] Liu G，Wang L，Sun C，et al. Band-to-band visible-light photon excitation and photoactivity induced by homogeneous nitrogen doping in layered titanates. Chemistry of Materials，2009，21（7）：1266-1274.

[133] Yang Y，Yin L C，Gong Y，et al. An unusual strong visible-light absorption band in red anatase TiO_2 photocatalyst induced by atomic hydrogen-occupied oxygen vacancies. Advanced Materials，2018，30（6）：1704479.

[134] Maeda K，Takata T，Hara M，et al. GaN:ZnO solid solution as a photocatalyst for visible-light-driven overall water splitting. Journal of the American Chemical Society，2005，127（23）：8286-8287.

[135] Maeda K，Teramura K，Lu D，et al. Photocatalyst releasing hydrogen from water. Nature，2006，440（7082）：295-295.

[136] Wang X，Maeda K，Thomas A，et al. A metal-free polymeric photocatalyst for hydrogen production from water under visible light. Nature Materials，2009，8（1）：76-80.

[137] Liu J，Liu Y，Liu N，et al. Metal-free efficient photocatalyst for stable visible water splitting via a two-electron pathway. Science，2015，347（6225）：970-974.

[138] Wang Q，Hisatomi T，Jia Q，et al. Scalable water splitting on particulate photocatalyst sheets with a solar-to-hydrogen energy conversion efficiency exceeding 1%. Nature Materials，2016，15（6）：611-615.

[139] Yang H G，Sun C H，Qiao S Z，et al. Anatase TiO_2 single crystals with a large percentage of reactive facets. Nature，2008，453：638-641.

[140] Mu L，Zhao Y，Li A，et al. Enhancing charge separation on high symmetry $SrTiO_3$ exposed with anisotropic facets for photocatalytic water splitting. Energy & Environmental Science，2016，9（7）：2463-2469.

[141] Takata T，Jiang J，Sakata Y，et al. Photocatalytic water splitting with a quantum efficiency of almost unity. Nature，2020，581（7809）：411-414.

[142] Nishiyama H，Yamada T，Nakabayashi M，et al. Photocatalytic solar hydrogen production from water on a 100-m^2 scale. Nature，2021，598（7880）：304-307.

[143] Landman A，Dotan H，Shter G E，et al. Photoelectrochemical water splitting in separate oxygen and hydrogen cells. Nature Materials，2017，16（6）：646-651.

[144] Peharz G，Dimroth F，Wittstadt U. Solar hydrogen production by water splitting with a conversion efficiency of 18%. International Journal of Hydrogen Energy，2007，32（15）：3248-3252.

[145] Jia J，Seitz L C，Benck J D，et al. Solar water splitting by photovoltaic-electrolysis with a solar-to-hydrogen efficiency over 30%. Nature Communications，2016，7（1）：13237.

[146] Reece S Y，Hamel J A，Sung K，et al. Wireless solar water splitting using silicon-based semiconductors and earth-abundant catalysts. Science，2011，334（6056）：645-648.

[147] Luo J，Im J H，Mayer M T，et al. Water photolysis at 12.3% efficiency via perovskite photovoltaics and earth-abundant catalysts. Science，2014，345（6204）：1593-1596.

[148] U.S. Energy Information Administration（EIA）. Annual Energy Outlook 2020：with Projections to 2050. 2020.

[149] Kuhl K P，Cave E R，Abram D N，et al. New insights into the electrochemical reduction of carbon dioxide on metallic copper surfaces. Energy & Environmental Science，2012，5（5）：7050-7059.

[150] Gao D，Zhou H，Wang J，et al. Size-dependent electrocatalytic reduction of CO_2 over Pd nanoparticles. Journal of the American Chemical Society，2015，137（13）：4288-4291.

[151] Hori Y，Kikuchi K，Suzuki S. Production of CO and CH_4 in electrochemical reduction of CO_2 at metal electrodes in aqueous hydrogen carbonate solution. Chemistry Letters，1985，14（11）：1695-1698.

[152] Zhong M，Tran K，Min Y，et al. Accelerated discovery of CO_2 electrocatalysts using active machine learning. Nature，2020，581（7807）：178-183.

[153] Dinh C T，Burdyny T，Kibria M G，et al. CO_2 electroreduction to ethylene via hydroxide-mediated copper catalysis at an abrupt interface. Science，2018，360（6390）：783-787.

[154] de Arquer F P G，Dinh C T，Ozden A，et al. CO_2 electrolysis to multicarbon products at activities greater than 1 $A\cdot cm^{-2}$. Science，2020，367（6478）：661-666.

[155] Inoue T，Fujishima A，Konishi S，et al. Photoelectrocatalytic reduction of carbon dioxide in aqueous suspensions of semiconductor powders. Nature，1979，277（5698）：637-638.

[156] Sorcar S，Hwang Y，Lee J，et al. CO_2，water，and sunlight to hydrocarbon fuels：a sustained sunlight to fuel（Joule-to-Joule）photoconversion efficiency of 1%. Energy & Environmental Science，2019，12（9）：2685-2696.

[157] Wang Q，Warnan J，Rodríguez-Jiménez S，et al. Molecularly engineered photocatalyst sheet for scalable solar formate production from carbon dioxide and water. Nature Energy，2020，5（9）：703-710.

[158] Halmann M. Photoelectrochemical reduction of aqueous carbon dioxide on p-type gallium phosphide in liquid junction solar cells. Nature，1978，275（5676）：115-116.

[159] Nakada A，Uchiyama T，Kawakami N，et al. Solar water oxidation by a visible-light-responsive tantalum/nitrogen-codoped rutile titania anode for photoelectrochemical water splitting and carbon dioxide fixation. ChemPhotoChem，2019，3（1）：37-45.

[160] Jeon H S，Koh J H，Park S J，et al. A monolithic and standalone solar-fuel device having comparable efficiency to photosynthesis in nature. Journal of Materials Chemistry A，2015，3（11）：5835-5842.

[161] Schreier M，Curvat L，Giordano F，et al. Efficient photosynthesis of carbon monoxide from CO_2 using perovskite photovoltaics. Nature Communications，2015，6（1）：7326.

[162] Schreier M，Héroguel F，Steier L，et al. Solar conversion of CO_2 to CO using earth-abundant electrocatalysts

prepared by atomic layer modification of CuO. Nature Energy，2017，2（7）：17087.

[163] Kibria M G，Edwards J P，Gabardo C M，et al. Electrochemical CO_2 reduction into chemical feedstocks：from mechanistic electrocatalysis models to system design. Advanced Materials，2019，31（31）：1807166.

[164] Erisman J W，Sutton M A，Galloway J，et al. How a century of ammonia synthesis changed the world. Nature Geoscience，2008，1（10）：636-639.

[165] MacFarlane D R，Cherepanov P V，Choi J，et al. A roadmap to the ammonia economy. Joule，2020，4（6）：1186-1205.

[166] Van Tamelen E E，Akermark B. Electrolytic reduction of molecular nitrogen. Journal of the American Chemical Society，1968，90（16）：4492-4493.

[167] Van Tamelen E E，Seeley D A. Catalytic fixation of molecular nitrogen by electrolytic and chemical reduction. Journal of the American Chemical Society，1969，91（18）：5194.

[168] Giddey S，Badwal S P S，Kulkarni A. Review of electrochemical ammonia production technologies and materials. International Journal of Hydrogen Energy，2013，38（34）：14576-14594.

[169] McEnaney J M，Singh A R，Schwalbe J A，et al. Ammonia synthesis from N_2 and H_2O using a lithium cycling electrification strategy at atmospheric pressure. Energy & Environmental Science，2017，10（7）：1621-1630.

[170] Zhou F，Azofra L M，Ali M，et al. Electro-synthesis of ammonia from nitrogen at ambient temperature and pressure in ionic liquids. Energy & Environmental Science，2017，10（12）：2516-2520.

[171] Greenlee L F，Renner J N，Foster S L. The use of controls for consistent and accurate measurements of electrocatalytic ammonia synthesis from dinitrogen. ACS Catalysis，2018，8（9）：7820-7827.

[172] Suryanto B H R，Du H L，Wang D，et al. Challenges and prospects in the catalysis of electroreduction of nitrogen to ammonia. Nature Catalysis，2019，2（4）：290-296.

[173] Tang C，Qiao S Z. How to explore ambient electrocatalytic nitrogen reduction reliably and insightfully. Chemical Society Reviews，2019，48（12）：3166-3180.

[174] Sales B C. Electron crystals and phonon glasses：a new path to improved thermoelectric materials. MRS Bulletin，1998，23（1）：15-21.

[175] Zhao L D，Dravid V P，Kanatzidis M G. The panoscopic approach to high performance thermoelectrics. Energy & Environmental Science，2014，7（1）：251-268.

[176] Hicks L D，Dresselhaus M S. Effect of quantum-well structures on the thermoelectric figure of merit. Physical Review B，1993，47（19）：12727-12731.

[177] Hicks L D，Dresselhaus M S. Thermoelectric figure of merit of a one-dimensional conductor. Physical Review B，1993，47（24）：16631-16634.

[178] Hung N T，Hasdeo E H，Nugraha A R T，et al. Quantum effects in the thermoelectric power factor of low-dimensional semiconductors. Physical Review Letters，2016，117（3）：036602.

[179] Mahan G D，Sofo J O. The best thermoelectric. Proceedings of the National Academy of Sciences，1996，93（15）：7436-7439.

[180] Ohta H，Kim S，Mune Y，et al. Giant thermoelectric seebeck coefficient of a two-dimensional electron gas in $SrTiO_3$. Nature Materials，2007，6（2）：129-134.

[181] Hochbaum A I，Chen R，Delgado R D，et al. Enhanced thermoelectric performance of rough silicon nanowires. Nature，2008，451（7175）：163-167.

[182] Boukai A I，Bunimovich Y，Tahir-Kheli J，et al. Silicon nanowires as efficient thermoelectric materials. Nature，2008，451（7175）：168-171.

[183] Lee E K，Yin L，Lee Y，et al. Large thermoelectric figure-of-merits from SiGe nanowires by simultaneously measuring electrical and thermal transport properties. Nano Letters，2012，12（6）：2918-2923.

[184] Biswas K，He J，Blum I D，et al. High-performance bulk thermoelectrics with all-scale hierarchical architectures. Nature，2012，489（7416）：414-418.

[185] Bahk J H，Fang H，Yazawa K，et al. Flexible thermoelectric materials and device optimization for wearable energy harvesting. Journal of Materials Chemistry C，2015，3（40）：10362-10374.

[186] Jin Q，Jiang S，Zhao Y，et al. Flexible layer-structured Bi_2Te_3 thermoelectric on a carbon nanotube scaffold. Nature Materials，2019，18（1）：62-68.

[187] He J，Tritt T M. Advances in thermoelectric materials research：looking back and moving forward. Science，2017，357（6358）：eaak9997.

[188] Elliott D. A balancing act for renewables. Nature Energy，2016，1（1）：15003.

[189] Larcher D，Tarascon J M. Towards greener and more sustainable batteries for electrical energy storage. Nature Chemistry，2015，7：19-29.

[190] Winter M，Brodd R J. What are batteries，fuel cells，and supercapacitors? Chemical Reviews，2004，104（10）：4245-4270.

[191] Liu X H，Zhong L，Huang S，et al. Size-dependent fracture of silicon nanoparticles during lithiation. ACS Nano，2012，6（2）：1522-1531.

[192] Chan C K，Peng H，Liu G，et al. High-performance lithium battery anodes using silicon nanowires. Nature Nanotechnology，2008，3：31-35.

[193] Han J，Tang D M，Kong D，et al. A thick yet dense silicon anode with enhanced interface stability in lithium storage evidenced by *in situ* TEM observations. Science Bulletin，2020，65（18）：1563-1569.

[194] Chen F，Han J，Kong D，et al. 1000 $W \cdot h \cdot L^{-1}$ lithium-ion batteries enabled by crosslink-shrunk tough carbon encapsulated silicon microparticle anodes. National Science Review，2021，8（9）：nwab012.

[195] Monroe C，Newman J. Dendrite growth in lithium/polymer systems. Journal of the Electrochemical Society，2003，150（10）：A1377.

[196] Ding F，Xu W，Graff G L，et al. Dendrite-free lithium deposition via self-healing electrostatic shield mechanism. Journal of the American Chemical Society，2013，135（11）：4450-4456.

[197] Raji A R O，Villegas Salvatierra R，Kim N D，et al. Lithium batteries with nearly maximum metal storage. ACS Nano，2017，11（6）：6362-6369.

[198] Lu Y，Tu Z，Archer L A. Stable lithium electrodeposition in liquid and nanoporous solid electrolytes. Nature Materials，2014，13（10）：961-969.

[199] Cheng X B，Hou T Z，Zhang R，et al. Dendrite-free lithium deposition induced by uniformly distributed lithium ions for efficient lithium metal batteries. Advanced Materials，2016，28（15）：2888-2895.

[200] Mikhaylik Y V，Akridge J R. Polysulfide shuttle study in the Li/S battery system. Journal of the Electrochemical Society，2004，151（11）：A1969.

[201] Fang R，Li G，Zhao S，et al. Single-wall carbon nanotube network enabled ultrahigh sulfur-content electrodes for high-performance lithium-sulfur batteries. Nano Energy，2017，42：205-214.

[202] Fang R，Zhao S，Pei S，et al. Toward more reliable lithium-sulfur batteries：an all-graphene cathode structure. ACS Nano，2016，10（9）：8676-8682.

[203] Zhang L，Liu D，Muhammad Z，et al. Single nickel atoms on nitrogen-doped graphene enabling enhanced kinetics of lithium-sulfur batteries. Advanced Materials，2019，31（40）：1903955.

[204] Li B Q，Kong L，Zhao C X，et al. Expediting redox kinetics of sulfur species by atomic-scale electrocatalysts in lithium-sulfur batteries. InfoMat，2019，1（4）：533-541.

[205] Wang Z L，Xu D，Xu J J，et al. Oxygen electrocatalysts in metal-air batteries：from aqueous to nonaqueous electrolytes. Chemical Society Reviews，2014，43（22）：7746-7786.

[206] Mirzaeian M，Hall P J. Preparation of controlled porosity carbon aerogels for energy storage in rechargeable lithium oxygen batteries. Electrochimica Acta，2009，54（28）：7444-7451.

[207] Peng Z，Freunberger S A，Chen Y，et al. A reversible and higher-rate Li-O_2 battery. Science，2012，337（6094）：563-566.

[208] Asadi M，Sayahpour B，Abbasi P，et al. A lithium-oxygen battery with a long cycle life in an air-like atmosphere. Nature，2018，555（7697）：502-506.

[209] Chmiola J，Yushin G，Gogotsi Y，et al. Anomalous increase in carbon capacitance at pore sizes less than 1 nanometer. Science，2006，313（5794）：1760-1763.

[210] Largeot C，Portet C，Chmiola J，et al. Relation between the ion size and pore size for an electric double-layer capacitor. Journal of The American Chemical Society，2008，130（9）：2730-2731.

[211] Wang D W，Li F，Liu M，et al. 3D Aperiodic hierarchical porous graphitic carbon material for high-rate electrochemical capacitive energy storage. Angewandte Chemie International Edition，2008，47（2）：373-376.

[212] Li H，Tao Y，Zheng X，et al. Ultra-thick graphene bulk supercapacitor electrodes for compact energy storage. Energy & Environmental Science，2016，9（10）：3135-3142.

[213] Tao Y，Xie X，Lv W，et al. Towards ultrahigh volumetric capacitance：graphene derived highly dense but porous carbons for supercapacitors. Scientific Reports，2013，3：2975.

[214] Li Z，Gadipelli S，Li H，et al. Tuning the interlayer spacing of graphene laminate films for efficient pore utilization towards compact capacitive energy storage. Nature Energy，2020，5（2）：160-168.

[215] Cano Z P，Banham D，Ye S，et al. Batteries and fuel cells for emerging electric vehicle markets. Nature Energy，2018，3（4）：279-289.

[216] Yoshida T，Kojima K. Toyota MIRAI fuel cell vehicle and progress toward a future hydrogen society. Interface Magazine，2015，24（2）：45-49.

[217] Kodama K，Nagai T，Kuwaki A，et al. Challenges in applying highly active Pt-based nanostructured catalysts for oxygen reduction reactions to fuel cell vehicles. Nature Nanotechnology，2021，16（2）：140-147.

[218] Huang X，Zhao Z，Cao L，et al. High-performance transition metal-doped Pt_3Ni octahedra for oxygen reduction reaction. Science，2015，348（6240）：1230-1234.

[219] Chen C，Kang Y，Huo Z，et al. Highly crystalline multimetallic nanoframes with three-dimensional electrocatalytic surfaces. Science，2014，343（6177）：1339-1343.

[220] Stamenkovic V R，Mun B S，Arenz M，et al. Trends in electrocatalysis on extended and nanoscale Pt-bimetallic alloy surfaces. Nature Materials，2007，6：241-247.

[221] Strasser P，Koh S，Anniyev T，et al. Lattice-strain control of the activity in dealloyed core-shell fuel cell catalysts. Nature Chemistry，2010，2：454-460.

[222] Wu J，Qi L，You H，et al. Icosahedral platinum alloy nanocrystals with enhanced electrocatalytic activities. Journal of the American Chemical Society，2012，134（29）：11880-11883.

[223] 联合国开发计划署. 2014 年人类发展报告. 2014.

[224] Luo G，Gao S J. Global health concerns stirred by emerging viral infections. Journal of Medical Virology，2020，92（4）：399-400.

[225] Lemire J A，Harrison J J，Turner R J. Antimicrobial activity of metals：mechanisms，molecular targets and applications. Nature Reviews Microbiology，2013，11（6）：371-384.

[226] Ermini M L，Voliani V. Antimicrobial nano-agents：the copper age. ACS Nano，2021，15（4）：6008-6029.

[227] Sánchez-López E，Gomes D，Esteruelas G，et al. Metal-based nanoparticles as antimicrobial agents：an overview. Nanomaterials，2020，10（2）：292.

[228] Hashimoto K，Irie H，Fujishima A. TiO_2 Photocatalysis：a historical overview and future prospects. Japanese Journal of Applied Physics，2005，44（12）：8269-8285.

[229] Fujishima A，Zhang X，Tryk D A. TiO_2 photocatalysis and related surface phenomena. Surface Science Reports，2008，63（12）：515-582.

[230] Sekiguchi Y，Yao Y，Ohko Y，et al. Self-sterilizing catheters with titanium dioxide photocatalyst thin films for clean intermittent catheterization：basis and study of clinical use. International Journal of Urology，2007，14（5）：426-430.

[231] Chen J，Loeb S，Kim J H. LED revolution：fundamentals and prospects for UV disinfection applications. Environmental Science：Water Research & Technology，2017，3（2）：188-202.

[232] Tellier R，Li Y，Cowling B J，et al. Recognition of aerosol transmission of infectious agents：a commentary. BMC Infectious Diseases，2019，19（1）：101.

[233] Chu D K，Akl E A，Duda S，et al. Physical distancing，face masks，and eye protection to prevent person-to-person transmission of SARS-CoV-2 and COVID-19：a systematic review and meta-analysis. Lancet，2020，395（10242）：1973-1987.

[234] Feng S，Shen C，Xia N，et al. Rational use of face masks in the COVID-19 pandemic. Lancet Respiratory Medicine，2020，8（5）：434-436.

[235] Shin M D，Shukla S，Chung Y H，et al. COVID-19 vaccine development and a potential nanomaterial path forward. Nature Nanotechnology，2020，15（8）：646-655.

[236] Florindo H F，Kleiner R，Vaskovich-Koubi D，et al. Immune-mediated approaches against COVID-19. Nature Nanotechnology，2020，15（8）：630-645.

[237] Nel A E，Miller J F. Nano-enabled COVID-19 vaccines：meeting the challenges of durable antibody plus cellular immunity and immune escape. ACS Nano，2021，15（4）：5793-5818.

[238] Pardi N，Hogan M J，Porter F W，et al. mRNA vaccines：a new era in vaccinology. Nature Reviews Drug Discovery，2018，17（4）：261-279.

[239] Chung Y H，Beiss V，Fiering S N，et al. COVID-19 vaccine frontrunners and their nanotechnology design. ACS Nano，2020，14（10）：12522-12537.

[240] Kim J，Campbell A S，de Ávila B E F，et al. Wearable biosensors for healthcare monitoring. Nature Biotechnology，2019，37（4）：389-406.

[241] Acarón Ledesma H，Li X，Carvalho-de-Souza J L，et al. An atlas of nano-enabled neural interfaces. Nature Nanotechnology，2019，14（7）：645-657.

[242] Tian B，Liu J，Dvir T，et al. Macroporous nanowire nanoelectronic scaffolds for synthetic tissues. Nature Materials，2012，11（11）：986-994.

[243] Kang S K，Murphy R K J，Hwang S W，et al. Bioresorbable silicon electronic sensors for the brain. Nature，2016，530：71-76.

[244] Shehada N，Cancilla J C，Torrecilla J S，et al. Silicon nanowire sensors enable diagnosis of patients via exhaled breath. ACS Nano，2016，10（7）：7047-7057.

[245] Shin T H，Choi Y，Kim S，et al. Recent advances in magnetic nanoparticle-based multi-modal imaging. Chemical Society Reviews，2015，44（14）：4501-4516.

[246] Huang X，El-Sayed I H，Qian W，et al. Cancer cell imaging and photothermal therapy in the near-infrared region by using gold nanorods. Journal of the American Chemical Society，2006，128（6）：2115-2120.

[247] Gao X，Cui Y，Levenson R M，et al. *In vivo* cancer targeting and imaging with semiconductor quantum dots. Nature Biotechnology，2004，22（8）：969-976.

[248] Wang Y F，Liu G Y，Sun L D，et al. Nd^{3+}-sensitized upconversion nanophosphors：efficient *in vivo* bioimaging probes with minimized heating effect. ACS Nano，2013，7（8）：7200-7206.

[249] Li Y，Tang J，Pan D X，et al. A versatile imaging and therapeutic platform based on dual-band luminescent lanthanide nanoparticles toward tumor metastasis inhibition. ACS Nano，2016，10（2）：2766-2773.

[250] Chouly C，Pouliquen D，Lucet I，et al. Development of superparamagnetic nanoparticles for MRI：effect of particle size，charge and surface nature on biodistribution. Journal of Microencapsulation，1996，13（3）：245-255.

[251] Bellin M F，Zaim S，Auberton E，et al. Liver metastases：safety and efficacy of detection with superparamagnetic iron oxide in MR imaging. Radiology，1994，193（3）：657-663.

[252] Denys A，Arrive L，Servois V，et al. Hepatic tumors：detection and characterization at 1-T MR imaging enhanced with AMI-25. Radiology，1994，193（3）：665-669.

[253] Wunderbaldinger P，Josephson L，Bremer C，et al. Detection of lymph node metastases by contrast-enhanced MRI in an experimental model. Magnetic Resonance in Medicine，2002，47（2）：292-297.

[254] Mouli S K，Zhao L C，Omary R A，et al. Lymphotropic nanoparticle enhanced MRI for the staging of genitourinary tumors. Nature Reviews Urology，2010，7（2）：84-93.

[255] Viola K L，Sbarboro J，Sureka R，et al. Towards non-invasive diagnostic imaging of early-stage Alzheimer's disease. Nature Nanotechnology，2015，10（1）：91-98.

[256] Ventola C L. Progress in nanomedicine：approved and investigational nanodrugs. P & T：A Peer-Reviewed Journal for Formulary Management，2017，42（12）：742-755.

[257] Tsoi K M，MacParland S A，Ma X Z，et al. Mechanism of hard-nanomaterial clearance by the liver. Nature Materials，2016，15（11）：1212-1221.

[258] Du B，Yu M，Zheng J. Transport and interactions of nanoparticles in the kidneys. Nature Reviews Materials，2018，3（10）：358-374.

[259] Soo Choi H，Liu W，Misra P，et al. Renal clearance of quantum dots. Nature Biotechnology，2007，25（10）：1165-1170.

[260] Ruggiero A，Villa C H，Bander E，et al. Paradoxical glomerular filtration of carbon nanotubes. Proceedings of the National Academy of Sciences，2010，107（27）：12369-12374.

[261] Shin T H，Cheon J. Synergism of nanomaterials with physical stimuli for biology and medicine. Accounts of Chemical Research，2017，50（3）：567-572.

[262] Yamaguchi M，Ito A，Ono A，et al. Heat-inducible gene expression system by applying alternating magnetic field to magnetic nanoparticles. ACS Synthetic Biology，2014，3（5）：273-279.

[263] Paithankar D，Hwang B H，Munavalli G，et al. Ultrasonic delivery of silica-gold nanoshells for photothermolysis of sebaceous glands in humans：nanotechnology from the bench to clinic. Journal of Controlled Release，2015，206：30-36.

[264] Rastinehad A R，Anastos H，Wajswol E，et al. Gold nanoshell-localized photothermal ablation of prostate tumors in a clinical pilot device study. Proceedings of the National Academy of Sciences，2019，116（37）：18590-18596.

[265] Heller D A，Jena P V，Pasquali M，et al. Banning carbon nanotubes would be scientifically unjustified and damaging to innovation. Nature Nanotechnology，2020，15（3）：164-166.

[266] Alidori S，Thorek D L J，Beattie B J，et al. Carbon nanotubes exhibit fibrillar pharmacology in primates. PLoS One，2017，12（8）：e0183902.

[267] Geim A K，Novoselov K S. The rise of graphene. Nature Materials，2007，6：183-191.

[268] Edwards B C. Design and deployment of a space elevator. Acta Astronautica，2000，47（10）：735-744.

[269] Pugno N M. On the strength of the carbon nanotube-based space elevator cable：from nanomechanics to megamechanics. Journal of Physics：Condensed Matter，2006，18（33）：S1971-S1990.

[270] Brenner S S. Tensile strength of whiskers. Journal of Applied Physics，1956，27（12）：1484-1491.

[271] Foygel M，Morris R D，Anez D，et al. Theoretical and computational studies of carbon nanotube composites and suspensions：electrical and thermal conductivity. Physical Review B，2005，71（10）：104201.

[272] Bhattacharyya S，Sinturel C，Bahloul O，et al. Improving reinforcement of natural rubber by networking of activated carbon nanotubes. Carbon，2008，46（7）：1037-1045.

[273] Tang Z，Kotov N A，Magonov S，et al. Nanostructured artificial nacre. Nature Materials，2003，2（6）：413-418.

[274] Cheng Q，Wu M，Li M，et al. Ultratough artificial nacre based on conjugated cross-linked graphene oxide. Angewandte Chemie International Edition，2013，52（13）：3750-3755.

[275] Suhr J，Koratkar N，Keblinski P，et al. Viscoelasticity in carbon nanotube composites. Nature Materials，2005，4（2）：134-137.

[276] Koratkar N A，Suhr J，Joshi A，et al. Characterizing energy dissipation in single-walled carbon nanotube polycarbonate composites. Applied Physics Letters，2005，87（6）：063102.

[277] De Volder M F L，Tawfick S H，Baughman R H，et al. Carbon nanotubes：present and future commercial applications. Science，2013，339（6119）：535-539.

[278] Blighe F M，Young K，Vilatela J J，et al. The effect of nanotube content and orientation on the mechanical properties of polymer-nanotube composite fibers：separating intrinsic reinforcement from orientational effects. Advanced Functional Materials，2011，21（2）：364-371.

[279] Behabtu N，Young C C，Tsentalovich D E，et al. Strong，light，multifunctional fibers of carbon nanotubes with ultrahigh conductivity. Science，2013，339（6116）：182-186.

[280] Xin G，Yao T，Sun H，et al. Highly thermally conductive and mechanically strong graphene fibers. Science，2015，349（6252）：1083-1087.

[281] Ryu S，Chou J B，Lee K，et al. Direct insulation-to-conduction transformation of adhesive catecholamine for simultaneous increases of electrical conductivity and mechanical strength of CNT fibers. Advanced Materials，2015，27（21）：3250-3255.

[282] Xu Z，Gao C. Graphene chiral liquid crystals and macroscopic assembled fibres. Nature Communications，2011，2：571.

[283] Xu Z，Gao C. Graphene in macroscopic order：liquid crystals and wet-spun fibers. Accounts of Chemical Research，2014，47（4）：1267-1276.

[284] Li P，Yang M，Liu Y，et al. Continuous crystalline graphene papers with gigapascal strength by intercalation modulated plasticization. Nature Communications，2020，11（1）：2645.

[285] Chang D，Liu J，Fang B，et al. Reversible fusion and fission of graphene oxide-based fibers. Science，2021，372（6542）：614-617.

[286] Seliuta D，Subačius L，Kašalynas I，et al. Electrical conductivity of single-wall carbon nanotube films in strong

electric field. Journal of Applied Physics，2013，113（18）：183719.

[287] Koerner H，Liu W，Alexander M，et al. Deformation-morphology correlations in electrically conductive carbon nanotube-thermoplastic polyurethane nanocomposites. Polymer，2005，46（12）：4405-4420.

[288] Blanchet G B，Fincher C R，Gao F. Polyaniline nanotube composites：a high-resolution printable conductor. Applied Physics Letters，2003，82（8）：1290-1292.

[289] Du J，Zhao L，Zeng Y，et al. Comparison of electrical properties between multi-walled carbon nanotube and graphene nanosheet/high density polyethylene composites with a segregated network structure. Carbon，2011，49（4）：1094-1100.

[290] Luo X C，Chung D D L. Electromagnetic interference shielding reaching 130 dB using flexible graphite. Carbon，1996，34（10）：1293-1294.

[291] Li Q，Zhang Z，Qi L，et al. Toward the application of high frequency electromagnetic wave absorption by carbon nanostructures. Advanced Science，2019，6（8）：1801057.

[292] Chen H，Ginzburg V V，Yang J，et al. Thermal conductivity of polymer-based composites：fundamentals and applications. Progress in Polymer Science，2016，59：41-85.

[293] Berber S，Kwon Y K，Tománek D. Unusually high thermal conductivity of carbon nanotubes. Physical Review Letters，2000，84（20）：4613-4616.

[294] Balandin A A，Ghosh S，Bao W，et al. Superior thermal conductivity of single-layer graphene. Nano Letters，2008，8（3）：902-907.

[295] Cai Q，Scullion D，Gan W，et al. High thermal conductivity of high-quality monolayer boron nitride and its thermal expansion. Science Advances，2019，5（6）：eaav0129.

[296] Nan C W，Liu G，Lin Y，et al. Interface effect on thermal conductivity of carbon nanotube composites. Applied Physics Letters，2004，85（16）：3549-3551.

[297] Bonnet P，Sireude D，Garnier B，et al. Thermal properties and percolation in carbon nanotube-polymer composites. Applied Physics Letters，2007，91（20）：201910.

[298] Huang H，Liu C H，Wu Y，et al. Aligned carbon nanotube composite films for thermal management. Advanced Materials，2005，17（13）：1652-1656.

[299] Li Q，Guo Y，Li W，et al. Ultrahigh thermal conductivity of assembled aligned multilayer graphene/epoxy composite. Chemistry of Materials，2014，26（15）：4459-4465.

[300] Cola B A，Xu X，Fisher T S. Increased real contact in thermal interfaces：a carbon nanotube/foil material. Applied Physics Letters，2007，90（9）：093513.

[301] Ping L，Hou P X，Liu C，et al. Surface-restrained growth of vertically aligned carbon nanotube arrays with excellent thermal transport performance. Nanoscale，2017，9（24）：8213-8219.

[302] Tee B C K，Wang C，Allen R，et al. An electrically and mechanically self-healing composite with pressure-and flexion-sensitive properties for electronic skin applications. Nature Nanotechnology，2012，7（12）：825-832.

[303] Foroughi J，Spinks G M，Wallace G G，et al. Torsional carbon nanotube artificial muscles. Science，2011，334（6055）：494-497.

[304] Lee J A，Li N，Haines C S，et al. Electrochemically powered，energy-conserving carbon nanotube artificial muscles. Advanced Materials，2017，29（31）：1700870.

[305] Chu H，Hu X，Wang Z，et al. Unipolar stroke，electroosmotic pump carbon nanotube yarn muscles. Science，2021，371（6528）：494-498.

[306] Shi X，Zuo Y，Zhai P，et al. Large-area display textiles integrated with functional systems. Nature，2021，591（7849）：240-245.

第7章 低维材料的既往、当下与未来

纳米科技的发展也许可分为三个阶段：①自由探索，发现基础规律；②技术集成与应用，解决实际问题；③探索未知领域，创造人类新文明。本章将回顾低维材料研究取得的成就，探索当前面临的挑战与机遇，最后从低维极限和突破两个方面展望未来。

7.1 低维材料的既往：基础构建

7.1.1 理论的新发展

技术革命往往源自基础科学的突破，低维理论是理解和设计低维材料与器件的基础。近代科学的发展有两个重要方向。一个是深入，从宏观牛顿力学到原子论，再到电子、原子核乃至更小基本粒子的发现；另一个是统一，如麦克斯韦方程组对光与电磁波的统一，爱因斯坦相对论对时间与空间、能量与物质的统一，量子力学对粒子和波的统一。

低维材料的理论基础主要是量子力学在低维体系中的应用，是低维度周期势场中电子、声子、光子等相互作用的多体量子力学问题，包括稳定结构、能量分布等基态，与光相互作用等产生的激发态，声子和电子输运过程等非平衡态等问题。在数学形式上，低维材料中的电子行为和性质，可能与相对论量子力学有对应关系。著名的例子是二维石墨烯的能带结构中，由于其晶格的对称性，K点附近的电子具有线性色散关系特征，表现为狄拉克方程描述的零质量狄拉克费米子[1]。

对于单分子小体系，可通过第一性原理精确求解薛定谔方程研究其性质。对于更大尺度、包含更复杂相互作用和过程的低维材料与器件，要在不同尺度上抓住本质和主要矛盾，结合多尺度计算和模拟。可采用密度泛函理论对电子密度进行计算来获得基态性质；采用格林函数方法研究激发态；采用非平衡格林函数方法计算非平衡过程[2]。

本书中我们接触到很多理论基础的相通点，如对称性原理在探索电子、光子能带拓扑相中的应用[3, 4]；傅里叶变换在晶体结构-倒空间、能量-动量空间等对应关系中以及各种波在周期结构中散射和成像中的应用；低维材料中电子、声子等能量载体输运过程相似的量子化和相干散射等。在低维材料体系中有很多基础方面的惊喜发现，如转角双层石墨烯与高温超导材料相似的量子相变和超导转变等[5]。

7.1.2　新结构的发现

如果把各种元素的所有可能组合看成一个材料星空，其中大部分空间都是空的，稳定的材料体系是闪亮的“星系”，而低维材料新体系、新结构则是具有超高能量、最为耀眼的“超新星”。C_{60} 被称为最完美的分子，是 Smalley、Curl 和 Kroto 等对于宇宙深处有机分子的好奇心驱动下偶然发现的[6]。碳纳米管的发现则要归功于 Iijima 等对高分辨电子显微技术的发展和应用[7]。石墨烯等二维材料在经典统计力学理论中被认为不能稳定存在，而 Novoselov 和 Geim 等却用最简单的胶带法将其分离出来了[8, 9]。

由“超新星”引爆产生的星云，逐渐发展成低维材料体系，包括零维纳米晶、一维纳米线和纳米管、多个二维材料家族，群星璀璨。随着对生长机理的深入认识和对生长条件的逐步优化，科学家已经能够对低维结构进行相当精准的控制，如纳米晶的尺寸分布、晶面形状、异质结构等[10]；碳纳米管的生长位置、方向、直径、导电属性甚至手性等[11]；石墨烯等二维材料的层数、晶粒大小、边缘结构、洁净程度，甚至层间排列方式等[12-14]。

低维结构由于其低维度、小尺度、高比表面积等特点，可能具有与相同成分宏观材料完全不同的性质。传统意义上最为惰性的金在纳米尺度下是优异的催化剂[15]；由于表面没有悬键，低维碳材料表现出微米级的电子弹道输运等电学性质[16]；基于低维结构的组装体和超结构可体现出与组成单元完全不同的性质；微晶格桁架蜂窝结构具有轻质、高刚度的特点[17]，而软硬相搭配构成的层状和层次结构具有比组成单元更优异的韧性[18]。

7.1.3　新技术的发明

低维材料的发现与新技术的发明相伴，相互促进。一方面，随着扫描隧道显微镜（STM）、透射电子显微镜（TEM）等的出现，单个低维结构才能够被发现、表征和测量；另一方面，伴随着低维材料的成功制备和应用，也涌现出越来越多的新技术[19]。

STM 和以原子力显微镜（AFM）为代表的扫描探针显微镜（SPM）用“触摸”的方式获得原子级分辨率的成像观察，对单个分子中的单个化学键进行表征，实现了单原子和单分子水平的操纵，借助这些技术能够组装出具有奇特量子效应的人工结构。TEM 则是用“看”的方式，以电子为“光”探究低维材料的内部结构。随着球差矫正技术的发明和分辨率的提升，不但可以直接看到原子排列方式和晶体结构缺陷，而且以电子束扫描的方式可获得局部成分、化学价态等信息。将 SPM 和 TEM 集成在一起，结合了 TEM“看”的高效率与 SPM“摸”的操纵与测量功能，可将结构-过程-性质直接关联。最近我们采用 TEM-SPM 结合技术实现了对单根单壁碳纳米管手性的改造，获得了金属-半导体可控转变，在金属性源漏碳纳米管之间构造出半导体导电沟道，搭建的场效应晶体管在室温下表现出量子相干输运性质[20]。

7.1.4 材料研发的新范式

材料科学的任务是理解结构-性质的关联，在理论阐释的基础上设计材料。通常设计材料时有明确的目标、大概的方向和一些线索，但没有完整的信息，有点像猜谜。如果把元素周期表看成一个棋盘，把材料成分设计看成下棋解谜的话，各种元素组合出来的成分可谓无穷无尽。传统材料设计只能局限在一个很小的范围内，依靠经验积累、试错法优化和偶然的灵感。而计算和理论设计也仍然受限于计算精度、规模、复杂度、时间[21]。

新材料的发现、开发和应用周期很长，一般都要十年甚至更长时间。2011 年，美国提出了材料基因组计划，采用生物基因工程类似的策略，在国家层面上建设基础设施和协同平台，应用先进的信息和数据科学技术，缩短材料研发周期，提升制造业竞争力。基于机器学习和人工智能的材料研究新范式，将通过高通量实验和高通量计算建立起大规模数据库，应用数据挖掘方法，从大数据中揭示隐藏的模式和规律；运用机器学习的方法建立模型，预测未知的材料结构与性质[22]。

机器学习已经开始应用于低维材料的研究中，包括机器人自动实验和优化[23]、文献挖掘[24]、结构表征等[25]，发现新型金属有机骨架（MOF）结构[26]、储能材料[27]和热电材料等[24]。

7.2 低维材料的当下：实际应用

7.2.1 应用成果

2000 年，美国时任总统克林顿在启动国家纳米技术计划（NNI）时提出了纳米技术的应用愿景：密度只有钢的几分之一、强度是钢的十倍的超级力学材料；将国会图书馆所有信息储存在一块方糖大小的高密度存储器内；只有几个细胞大小的癌症病灶的早期发现[28]。经过 20 多年来科学家的不懈努力和各国政府及企业在纳米技术方面的持续投入，已涌现出一系列纳米产品。NPD（Nanotechnology

Products Database）统计，含有纳米材料的产品已经达到 10000 多种，由 60 多个国家的 2600 多个公司生产，覆盖催化剂、晶体管、疫苗、检测、治疗、电池、清洁水、显示、环境等众多领域[29]。根据 Research and Markets 的数据，2020 年全球纳米市场约 542 亿美元，2018～2024 年纳米市场年均增长率预计将达到 17%[30]。

半导体产业是低维材料发展和应用的集中体现。随着量子理论在晶体中的应用，产生了半导体能带理论。半个多世纪以来，从手工焊接制作的点接触晶体管到微米级集成电路，再到目前单个晶体管尺寸小于 10nm 的超大规模集成电路芯片处理器，已经普及到全球每个角落的几乎每一个人手中，开启了移动数字时代，改变了整个世界的面貌与人们的生活方式。近年来，石墨烯高导热膜也应用于华为等公司生产的高端智能手机中。

在显示和照明应用领域，纳米晶量子点具有能量转化效率高、亮度高、波长可调的优势。欧司朗公司采用 CdSe 发光量子点作荧光层，应用到 GaN 基 LED 白光照明芯片上[31]。三星电子推出了由量子点构成绿色和红色发光像素单元的量子点“QLED”显示器，尺寸达到 85in，具有全彩、高亮度、低功耗的特点[32]。

在新能源领域，新型沸石纳米结构催化剂已经在全球石油精炼工业中被广泛采用[33]。碳纳米管作为导电添加剂已有效提高了锂离子电池的循环寿命[34]，江苏天奈科技股份有限公司是这一行业的领先企业，该企业采用清华大学开发的碳纳米管生长技术，2021 年初发布公告称已达到生产 5 万 t 导电浆料的生产能力。

在医疗健康领域，低维材料已经成功应用于疫苗和基因测序中。脂质纳米颗粒能够提高基因序列在人体内的稳定性，从而提高 m-RNA 疫苗输送效率[35, 36]。美国端粒到端粒联盟采用牛津纳米孔技术，利用其读取超长基因片段的优势，覆盖了所有着丝粒和端粒染色体等复杂区域的测序，最终完成了人类基因组测序工作[37, 38]。

7.2.2　行业规范

纳米科技发展迅速，各国政府持续投入，论文数量逐年递增，器件性能指标不断攀升，但研究成果“可信度”和“可重复性”是一个不容忽视的问题。2018 年，Novoselov 等对市场上石墨烯产品进行了调查，发现 60 多个产品中的大部分的石墨烯含量不到 10%[39]。2019 年，丹麦技术大学 Chorkendorff 等对文献中电化学合成氨气的催化剂进行了重复实验，仅一项研究成果获得了重复验证[40]。Schmidt-Mende 等分析了 2011～2012 年发表在 13 个杂志上的 375 篇关于有机、有机-无机杂化太阳能电池的论文，发现约三分之一论文中报道的短路电流与外量子效率不一致[41]。Grätzel 指出钙钛矿太阳能电池研究中存在的问题，包括转化效率的准确和可靠测量，其中要特别注意电流-电压扫描回滞引起的假象[42]。

出现“可信度”和“可重复性”危机的原因可能有很多。有科研评估的因素，也有论文发表方面的压力。科研本身当然有成有败，通常需要经历多年多次的失败才能最终获得成功，而论文却往往只发表正面结果。低维材料的合成对条件敏感、性能与结构关联性强，是不同实验室难以重复其他小组结果的重要原因。以金纳米棒为例，水质、pH、化学药品批次都可能会影响生长结果，Korgel 等使用从不同厂家购买的表面活性剂，就生长出了完全不一样的金纳米晶[43]。

解决科研信任危机需要建立标准与规范，已经有很多领域开始建立，包括无机纳米晶合成[44]、晶体管迁移率[45]、太阳能电池[46, 47]、锂离子电池[48, 49]、超级电容器[50, 51]、LED[52]、催化[53]、电催化[54]、光催化[55]、纳米生物作用[56]等。

太阳能电池领域的研究成果要求经过标准实验室认证，包括美国国家可再生能源实验室（NREL）、日本产业技术综合研究所（AIST）、弗劳恩霍夫太阳能系统研究所（Fraunhofer ISE）。只有经过认证的效率，才会收录于美国国家光伏中心（NCPV）数据库以及关于太阳能电池效率的官方正式图表中。2015 年开始，《自然-光子学》杂志要求所有投稿论文都需填写一张核对表，包括器件面积、电流-电压扫描范围与顺序、转化效率与外量子效率、光源校正方法、掩模板尺寸、独立性能认证书、性能统计、长期稳定性等[57]。

在锂离子电池领域，中国科学院物理研究所李泓指出，发表论文时应该提供关于正极、负极、电解质、隔膜、电池组的尺寸、质量、密度、厚度、活性物质比例等测试参数，并给出电压范围、倍率测试电流密度、库仑效率、能量密度等综合参数[48]。德国亥姆霍兹研究所 Winter 等呼吁电池能量计算要更加透明，需从六个层次对电池容量进行评估：电极体系的理论与实际容量估算，电极加电解液体系的理论与实际容量估算，考虑非活性物质的容量及考虑振实密度等因素的电池组容量[49]。

7.3 低维材料的未来：突破极限

低维材料无论在基础研究方面还是在产业化方面都取得了诸多成果。低维材料的未来如何发展？还有哪些难题需要解决？在哪些方面有更大潜力？发展极限在哪里？如何突破极限？还有很多问题值得深入探寻。

低维与宏观，是否存在量子到经典理论的分界线？

是否有可能实现全空间、时间尺度的材料模拟？

在催化反应等过程中，活性位点的本质是什么？

在低维材料合成中如何理解反应中间过程与机理？

是否有可能在大规模生成中实现对材料结构的原子级控制？

如何宏量得到手性均一的碳纳米管？

如何精确控制纳米晶的尺寸、取向和表面结构？

是否有可能将一个个的原子进行大规模组装并制造实际应用的异质结构与器件？

如何解明分子药物与生物体的相互作用过程？

是否可能通过合成手段控制获得DNA、蛋白质等生物大分子，乃至创造新的生命形态？

如何准确获取DNA序列中蕴含的信息？可否实现个性化精准医疗？

是否可以通过无机材料模拟、理解甚至实现大脑功能？

……

一个基本问题是，低维材料乃至人类文明的发展是否有极限？极限在哪里？根据增长理论[58]，资源限制体系规模（N）的增长往往符合 Logistic 模式：$\frac{\mathrm{d}N}{\mathrm{d}t}=r\left(\frac{K-N}{K}\right)N$，其中，$K$为承载极限。这是一个S型曲线，发展初期时$N$很小，接近指数增长；$N$接近$K$极限时，增长率下降，接近零增长。

人类文明是一个典型的资源限制体系，进入现代科学和工业时代后，经历了爆炸性指数增长，包括总人口、信息知识、太阳能电池效率、晶体管尺寸、化石燃料的消耗量、CO_2排放等。人类在取得巨大进步的同时，对自然环境造成了巨大破坏和压力。人类利用的能量与物质已经超过其他生命的总和，南极冰原不可逆缩小、格陵兰岛冰川加速融化、大西洋环流减弱、亚马孙雨林去森林化，都敲响了不可逆转灾难的警钟[59]。突破S型发展曲线的机会在于突破“资源有限”这一条件。如果能够实现物质循环和能量再生，充分利用实际上对人类而言能量接近无限大的太阳能，则有可能突破S型曲线，进入人类文明的新阶段。

实现可再生能源和物质循环的颠覆性科学和技术创新的机会可能蕴含在低维材料中。低维材料发展的极限是充分利用每一个原子。现在商业化晶体管的尺寸已经接近3nm，大约十多个原子的长度，单原子晶体管[60]和单分子开关[61]也已有报道；单原子催化剂的催化活性是理论能达到的催化活性极限[62]；很多储能体系的容量已经接近或者达到理论容量[63, 64]；很多低维材料的力学强度也已经接近理论强度[65]；随着人类基因组测序的最终完成，科学家已经获得了DNA的所有碱基对序列[66]。

我们或许可以畅想，原子还不是低维材料的终极极限，是否可能探索、控制和利用“更低维度”，实现维度突破？近年来发展迅速的量子信息材料也许可以给我们一些启示。传统的信息比特0或者1，通常用电荷、电压、磁矩等表示，可看作一个数字，存储的极限密度即原子密度。在量子力学中，量子态在薛定谔方程中用波函数表示，在矩阵力学中用矢量表示，可看成矢量$|0\rangle$和$|1\rangle$的线性叠加，有限中蕴含着无限。从“强度”到“相位”，物理上没有限制，数学上很自然。充分挖掘量子信息，进行量子设计，在此基础上人类可能建立起“量子文明”。若是如此，“超低维材料”或将成为量子层次上信息、物质、能量的存储、输运与转化的物质基础。

7.4 结语

低维材料是21世纪以来最为活跃的科学前沿之一，成果层出不穷，发展日新月异。本书尝试对这个领域进行一次梳理，从理论基础、结构控制和表征、性质和应用，到可能的极限与突破。我们看到了很多奇妙的科学发现、令人惊叹的新技术、越来越多的实际应用，同时仍面临众多难题和挑战。“路漫漫其修远兮”，但我们相信“大道至简”，低维材料将是解决当前人类所面临的能源、信息、环境等重大难题的物质基础，而超越低维则蕴含着人类文明下一次突破的种子。希望本书对从事低维材料领域的科研人员及工程师能有所帮助，能够引起进一步的思考和讨论。

参考文献

[1] Novoselov K S，Geim A K，Morozov S V，et al. Two-dimensional gas of massless Dirac fermions in graphene. Nature，2005，438（7065）：197-200.

[2] Louie S G，Chan Y H，da Jornada F H，et al. Discovering and understanding materials through computation. Nature Materials，2021，20（6）：728-735.

[3] He C，Sun X C，Liu X P，et al. Photonic topological insulator with broken time-reversal symmetry. Proceedings of the National Academy of Sciences，2016，113（18）：4924-4928.

[4] Fu L，Kane C L. Topological insulators with inversion symmetry. Physical Review B，2007，76（4）：045302.

[5] Cao Y，Fatemi V，Fang S，et al. Unconventional superconductivity in magic-angle graphene superlattices. Nature，2018，556（7699）：43-50.

[6] Kroto H W，Heath J R，O'Brien S C，et al. C_{60}：buckminsterfullerene. Nature，1985，318：162-163.

[7] Iijima S. Helical microtubules of graphitic carbon. Nature，1991，354（6348）：56-58.

[8] Novoselov K S，Geim A K，Morozov S V，et al. Electric field effect in atomically thin carbon films. Science，2004，306（5696）：666-669.

[9] Novoselov K S，Jiang D，Schedin F，et al. Two-dimensional atomic crystals. Proceedings of the National Academy of Sciences of the United States of America，2005，102（30）：10451-10453.

[10] Jing L，Kershaw S V，Li Y，et al. Aqueous based semiconductor nanocrystals. Chemical Reviews，2016，116（18）：10623-10730.

[11] Yang F，Wang M，Zhang D，et al. Chirality pure carbon nanotubes：growth，sorting，and characterization. Chemical Reviews，2020，120（5）：2693-2758.

[12] Ma T，Ren W，Zhang X，et al. Edge-controlled growth and kinetics of single-crystal graphene domains by chemical vapor deposition. Proceedings of the National Academy of Sciences，2013，110（51）：20386-20391.

[13] Ma T，Liu Z，Wen J，et al. Tailoring the thermal and electrical transport properties of graphene films by grain size engineering. Nature Communications，2017，8：14486.

[14] Lin L，Zhang J，Su H，et al. Towards super-clean graphene. Nature Communications，2019，10（1）：1912.

[15] Haruta M，Yamada N，Kobayashi T，et al. Gold catalysts prepared by coprecipitation for low-temperature oxidation

of hydrogen and of carbon monoxide. Journal of Catalysis，1989，115（2）：301-309.

[16] Mayorov A S，Gorbachev R V，Morozov S V，et al. Micrometer-scale ballistic transport in encapsulated graphene at room temperature. Nano Letters，2011，11（6）：2396-2399.

[17] Berger J B，Wadley H N G，McMeeking R M. Mechanical metamaterials at the theoretical limit of isotropic elastic stiffness. Nature，2017，543：533-537.

[18] Wegst U G K，Bai H，Saiz E，et al. Bioinspired structural materials. Nature Materials，2014，14：23-26.

[19] Jain M，Olsen H E，Paten B，et al. The Oxford Nanopore MinION：delivery of nanopore sequencing to the genomics community. Genome Biology，2016，17（1）：239.

[20] Tang D M，Erohin S V，Kvashnin D G，et al. Semiconductor nanochannels in metallic carbon nanotubes by thermomechanical chirality alteration. Science，2021，374（6575）：1616-1620.

[21] Curtarolo S，Hart G L W，Nardelli M B，et al. The high-throughput highway to computational materials design. Nature Materials，2013，12（3）：191-201.

[22] Warren J A. The materials genome initiative and artificial intelligence. MRS Bulletin，2018，43（6）：452-457.

[23] King R D，Whelan K E，Jones F M，et al. Functional genomic hypothesis generation and experimentation by a robot scientist. Nature，2004，427（6971）：247-252.

[24] Tshitoyan V，Dagdelen J，Weston L，et al. Unsupervised word embeddings capture latent knowledge from materials science literature. Nature，2019，571（7763）：95-98.

[25] Spurgeon S R，Ophus C，Jones L，et al. Towards data-driven next-generation transmission electron microscopy. Nature Materials，2020，20：274-279.

[26] Raccuglia P，Elbert K C，Adler P D F，et al. Machine-learning-assisted materials discovery using failed experiments. Nature，2016，533（7601）：73-76.

[27] Zhang Y，He X，Chen Z，et al. Unsupervised discovery of solid-state lithium ion conductors. Nature Communications，2019，10（1）：5260.

[28] Downey M L，Moore D T，Bachula G R，et al. National Nanotechnology Initiative（NNI）：Leading to the Next Industrial Revolution. A Report by the Interagency Working Group on Nanoscience，Engineering and Technology. https://clintonwhitehouse4.archives.gov/media/pdf/nni.pdf[2021-07-15].

[29] Nanotechnology Products Database（NPD）. https://product.statnano.com/[2022-08-08].

[30] Research and Markets. Global Nanotechnology Market Outlook 2024. 2020.

[31] OSRAM. Quantum dots from Osram make LEDs even more efficient. 2019.

[32] Efros A L，Brus L E. Nanocrystal quantum dots：from discovery to modern development. ACS Nano，2021，15（4）：6192-6210.

[33] Dusselier M，Davis M E. Small-pore zeolites：synthesis and catalysis. Chemical Reviews，2018，118（11）：5265-5329.

[34] Wen L，Li F，Cheng H M. Carbon nanotubes and graphene for flexible electrochemical energy storage：from materials to devices. Advanced Materials，2016，28（22）：4306-4337.

[35] Sahin U，Muik A，Derhovanessian E，et al. COVID-19 vaccine BNT162b1 elicits human antibody and T_H1 T cell responses. Nature，2020，586（7830）：594-599.

[36] Corbett K S，Flynn B，Foulds K E，et al. Evaluation of the mRNA-1273 vaccine against SARS-CoV-2 in nonhuman primates. New England Journal of Medicine，2020，383（16）：1544-1555.

[37] Logsdon G A，Vollger M R，Hsieh P，et al. The structure，function and evolution of a complete human chromosome 8. Nature，2021，593（7857）：101-107.

[38] Nurk S，Koren S，Rhie A，et al. The complete sequence of a human genome. Science，2022，376（6588）：44-53.

[39] Kauling A P，Seefeldt A T，Pisoni D P，et al. The worldwide graphene flake production. Advanced Materials，2018，30（44）：1803784.

[40] Andersen S Z，Čolić V，Yang S，et al. A rigorous electrochemical ammonia synthesis protocol with quantitative isotope measurements. Nature，2019，570（7762）：504-508.

[41] Zimmermann E，Ehrenreich P，Pfadler T，et al. Erroneous efficiency reports harm organic solar cell research. Nature Photonics，2014，8：669-672.

[42] Grätzel M. The light and shade of perovskite solar cells. Nature Materials，2014，13：838-842.

[43] Smith D K，Korgel B A. The importance of the CTAB surfactant on the colloidal seed-mediated synthesis of gold nanorods. Langmuir，2008，24（3）：644-649.

[44] Murphy C J，Buriak J M. Best practices for the reporting of colloidal inorganic nanomaterials. Chemistry of Materials，2015，27（14）：4911-4913.

[45] Choi H H，Cho K，Frisbie C D，et al. Critical assessment of charge mobility extraction in FETs. Nature Materials，2017，17：2-7.

[46] Wang Y，Liu X，Zhou Z，et al. Reliable measurement of perovskite solar cells. Advanced Materials，2019，31（47）：1803231.

[47] Jeong S H，Park J，Han T H，et al. Characterizing the efficiency of perovskite solar cells and light-emitting diodes. Joule，2020，4（6）：1206-1235.

[48] Li H. Practical evaluation of Li-ion batteries. Joule，2019，3（4）：911-914.

[49] Betz J，Bieker G，Meister P，et al. Theoretical versus practical energy：a plea for more transparency in the energy calculation of different rechargeable battery systems. Advanced Energy Materials，2019，9（6）：1803170.

[50] Zhang S，Pan N. Supercapacitors performance evaluation. Advanced Energy Materials，2015，5（6）：1401401.

[51] Li H，Qi C，Tao Y，et al. Quantifying the volumetric performance metrics of supercapacitors. Advanced Energy Materials，2019，9（21）：1900079.

[52] Forrest S R，Bradley D D C，Thompson M E. Measuring the efficiency of organic light-emitting devices. Advanced Materials，2003，15（13）：1043-1048.

[53] Bligaard T，Bullock R M，Campbell C T，et al. Toward benchmarking in catalysis science：best practices，challenges，and opportunities. ACS Catalysis，2016，6（4）：2590-2602.

[54] Appel A M，Helm M L. Determining the overpotential for a molecular electrocatalyst. ACS Catalysis，2014，4（2）：630-633.

[55] Rajeshwar K，Thomas A，Janáky C. Photocatalytic activity of inorganic semiconductor surfaces：myths，hype，and reality. Journal of Physical Chemistry Letters，2015，6（1）：139-147.

[56] Faria M，Björnmalm M，Thurecht K J，et al. Minimum information reporting in bio-nano experimental literature. Nature Nanotechnology，2018，13（9）：777-785.

[57] Nature Publishing Group. A solar checklist. Nature Photonics，2015，9：703.

[58] Smil V. Growth：from Microorganisms to Megacities. Cambridge：MIT Press：2019.

[59] 联合国开发计划署（UNDP）. 2020 年人类发展报告. 2020.

[60] Fuechsle M，Miwa J A，Mahapatra S，et al. A single-atom transistor. Nature Nanotechnology，2012，7：242-246.

[61] Terabe K，Hasegawa T，Nakayama T，et al. Quantized conductance atomic switch. Nature，2005，433：47-50.

[62] Qiao B，Wang A，Yang X，et al. Single-atom catalysis of CO oxidation using Pt_1/FeO_x. Nature Chemistry，2011，3：634-641.

[63] Dunn B，Kamath H，Tarascon J M. Electrical energy storage for the grid：a battery of choices. Science，2011，334（6058）：928-935.

[64] Larcher D，Tarascon J M. Towards greener and more sustainable batteries for electrical energy storage. Nature Chemistry，2015，7：19-29.

[65] Zhu T，Li J. Ultra-strength materials. Progress in Materials Science，2010，55（7）：710-757.

[66] Miga K H，Koren S，Rhie A，et al. Telomere-to-telomere assembly of a complete human X chromosome. Nature，2020，585（7823）：79-84.

关键词索引